陈敏恒先生简历

陈敏恒（1933～），教授，浙江诸暨人，化学工程专家，原华东理工大学校长。1953年加入中国共产党。1955年毕业于华东化工学院（今华东理工大学）有机系。历任华东化工学院副教授、教授、化学工程系主任、院长，华东理工大学校长，国务院学位委员会第二届学科评议组成员，中国化学工程学会第一届副理事长。曾出版《化工原理》（第一版～第四版）、《化学反应工程基本原理》、《工业反应器的开发方法》等。

陈敏恒多年来坚持为本科生讲授"化工原理"课程，孜孜不倦致力于化工原理课程的改革与建设，其水平之高、影响之大在当年化工教育界可说是独步一时。由他主编的教材《化工原理》至今仍是各高校化工专业使用教材的首选。

陈敏恒受聘担任顾问教授合影，2005年12月9日

本书作者合影，从左至右，潘鹤林、陈敏恒、齐鸣斋，2017年5月5日

化工原理
教学指导与内容精要

陈敏恒　潘鹤林　齐鸣斋　编著

化学工业出版社
·北京·

华东理工大学原校长陈敏恒教授多年来坚持为本科生讲授"化工原理"课程，其水平之高、影响之大在当年化工教育界可说是独步一时。由他主编的教材《化工原理》至今仍是各高校化工专业使用教材的首选。

陈敏恒教授孜孜不倦致力于化工原理课程的改革与建设，重视学生的能力培养和学习积极性的调动，对教学内容、教学过程、学生的学习方式都有很深的感悟。近年来，又提出在化工原理的教学中应该着力于帮助学生构筑知识框架的观点。《化工原理教学指导与内容精要》结构与陈敏恒《化工原理》基本一致，全书紧紧围绕"加强学生应用能力方面的培养，适当增强实际工程应用方面知识"的理念，进一步阐释了"以传递过程为主线，面向科学研究，面向工业应用，面向技术经济"的教材编写框架，系统梳理了各章的教学方法指导、教学随笔、教学内容精要。

《化工原理教学指导与内容精要》可作为高等学校化工及相关专业化工原理课程的教学参考书，也可供化工及相关专业部门从事科研、设计和生产的技术人员参考。

图书在版编目（CIP）数据

化工原理教学指导与内容精要/陈敏恒，潘鹤林，齐鸣斋编著．—北京：化学工业出版社，2017.6（2022.1重印）
ISBN 978-7-122-29528-6

Ⅰ．①化⋯　Ⅱ．①陈⋯②潘⋯③齐⋯　Ⅲ．①化工原理-高等学校-教学参考资料　Ⅳ．①TQ02

中国版本图书馆 CIP 数据核字（2017）第 085488 号

责任编辑：杜进祥　徐雅妮　丁建华　　　　　　　装帧设计：韩　飞
责任校对：王　静

出版发行：化学工业出版社（北京市东城区青年湖南街 13 号　邮政编码 100011）
印　　装：北京虎彩文化传播有限公司
710mm×1000mm　1/16　印张 21　彩插 1　字数 407 千字　2022 年 1 月北京第 1 版第 4 次印刷

购书咨询：010-64518888　　　　　　　　售后服务：010-64518899
网　　址：http://www.cip.com.cn
凡购买本书，如有缺损质量问题，本社销售中心负责调换。

定　　价：78.00 元　　　　　　　　　　　　　　版权所有　违者必究

前　言

我 1956 年毕业于华东化工学院燃料化学工学专业。至今恰六个十年。

第一个十年是勤奋学习的十年。在从事化工原理教学之余，学习化学反应工程。这十年正是化学反应工程从襁褓到成人的十年，从 1957 年化学反应工程学科（Chemical Reaction Engineering）正式命名，到 1964 年第一本化学反应工程著作问世，我有幸亲历了一门学科建立的全过程。在学习之余，也做些研究，但是，没有什么值得一提的贡献，充其量，只是推动国内反应工程的学习和研究。

第二个十年是受批判的十年。这十年的批判改变了我的业务方向，我放弃了学术的研究，下决心为国家创造财富。

第三个十年是成长的十年。我依靠自己的学术素养做技术开发工作，做了好几个项目，例如，在青岛化工厂做了五年的氯丁二烯开发；受原化工部的委托用了两年时间协助北京燕山石化公司开发丁烯氧化脱氢反应工艺及反应器，并获得国家科技进步二等奖。在实践的基础上，我编写了《化工原理》教材，这本教材后来被评为国家优秀教材；还写了两本小册子《反应工程基本原理》和《工业反应器的开发方法》。我力图改变当时的逐级放大的经验方法，将开发工作置于学科理论和方法论的指导下。

第四个十年是奉献的十年。在十年的校长工作中我完全放弃了正顺利开展的业务工作。对一个无意于官场的"自由主义者"，放弃自己的业务，从事十年之久的行政工作，根本的原因是"奉献"，是在为母校效力。

第五个十年是清算的十年。我用了十年时间，剔骨削肉，为过去的十年作出了交代，也用这十年的时间洗尽了铅华，回归了自己。

第六个十年是重操旧业的十年。我办了个小公司，为企业提供技术服务。最近的十年中为企业建了几套万吨线工业装置，例如，目前国内最先进的香兰素装置、两种不同原料路线的愈创木酚装置，为企业创造了利润，为社会创造着财富。我已是七老八十的高龄，不能再去大海经受惊涛骇浪，也就在湖里追波逐流，颐养晚年了。

20 世纪 80 年代，我在《化工高等教育》杂志上以教学随笔的形式连载了 13 篇文章。前些日华东理工大学化工原理教研组与化学工业出版社商量将这些文章结集出版，征求我的同意。我糊里糊涂地同意了。及至出版社准备付诸实施时，我重看了这些文章，发觉内容实在单薄，自惭形秽，不得不提笔重写。

在重写之时，思考今日的教学与三十年前的教学发生了什么变化，我们的教学该做哪些调整。

20 世纪 50～60 年代，学习前苏联，大学培养的目标是工程师，化工系培养的是化工厂的工程师，要求他们有足够的知识和技能以适应工厂工作的需要。那时，学生以化工原理课为重头课，课内课外花相当多的时间，为的是胜任未来的工作。 当时，师生不厌其烦地在知识和技能（计算）上下工夫。 可如今呢？有多少学生在学习时考虑如何适应未来的具体工作的需要？

80 年代，鉴于 Chemical Engineering Science 的长足进步，当时编写的教材学科味重，对化工原理的研究方法给予更多的重视。 可如今，化工原理课的学生中有多少未来会从事化工原理的研究工作？ 他们怎会对这样的内容感兴趣呢？

这是学生学习的主观意愿方面的变化。 客观上，解决实际问题需要很多具体、深入的知识，在课程中是不可能提供的，而在资讯如此发达的今天，完全可以很方便地收集到解决具体问题所需的资讯。 同时，这三十年来，我国在化工设备方面，在单元操作方面，已经有很多专业的设备制造厂，这些厂家的技术人员已经具有相当丰富的知识和经验，与三十年前截然不同，在真要解决具体问题时完全可以请教他们、与他们商量。 总之，即便是实际工作，需要的不是有具体知识和技能的人，而是一个"明白人"，能够驾驭问题的人。

鉴于学习的主客观条件发生了如此大的变化，我认为，在化工原理的教学中不可能也不需要求全，应该着力于帮助学生构筑知识框架，以便将来可以用各种知识碎片予以充实和外延。

我一直在考虑，我们在课内孜孜不倦地教给学生的东西，在他们离校时还有多少留在他们的脑海中？ 如果从这个观点来检验我们的教学，我们会发现我们的教学有多失败。 要让这些知识留存在学生的脑海中，就需要在学生学习期间让这些知识"内化"，与他们自己的意识融合，成为他们观察分析事物的观点。

为了达到这个目的，需要做两件事。

一是按这个观点筛选、精简教学内容，尽量避免"节外生枝"。 让学生的时间、精力聚焦于建立知识框架。

二是组织好教学内容，分清从属。 每个单元操作的内容除工艺目的及其经济性外，不外乎过程的物理化学基础、过程的分析、过程的数学描述、过程的计算。 我认为不应当以设计计算为最终目的，而应当以过程分析为中心，让物理化学基础、数学描述和计算（例题和习题）的教学内容为过程分析服务。

我就按这两个观点写了我的新教学随笔、教学方法指导。 我所写的就是我期望学生在毕业离校时脑海中能留下的。 连同原先的老教学随笔以及教学内容精要汇编成本书。 书中可能存在各种疏漏，恳请读者批评指正。

陈敏恒

2017 年 2 月

目 录

第3章 液体搅拌   50

第4章 流体通过颗粒层的流动   61

绪　　论

0.1　关于教学内容的精选

化工原理课程的教学内容，从学科体系上说，应包括化工单元操作、化学反应工程和化工传递过程等三个部分。目前的课程体系，仅局限于各单元操作，反应工程和传递过程都单独设课。在三门课尚未能合并时，化工原理课程的教学中应当充分考虑到后两门学科分支的发展，密切与其联系和衔接。从学科的发展历史看，这两门学科分支的发展，曾大大深化了人们对各单元操作的认识，推动了单元操作的发展。例如，返混的概念，起源于反应工程，但其基本观点适用于所有的连续过程，当然也包括单元操作；又如数学模型方法，其产生、发展和成熟，都是近二十年的事，但是，这一方法的基本要素，在化工原理的各个单元操作中，早已应用，只是没有上升到模型方法论的高度贯穿于整个教学过程，这些近代发展的新理论、新概念，理应在化工原理课程的教学内容中有所反映，教育要面向现代化，课程教学内容必须现代化。就化工原理当前教学内容的现代化而言，重要的一点，就是要将近代化学工程学科的发展渗透到各个传统单元操作的教学中去。

现行的化工原理课程教学内容主要围绕各单元操作而展开：每个单元操作又都包括过程和设备两个部分，长期以来，课程教学一直存在着重过程、轻设备的问题。这个问题之所以长期难以解决，根本原因在于教师缺乏生产实际的知识和有关流体力学与传递过程的知识，对设备无从进行深入的分析；同时，学生方面也缺乏必要的流体力学基础。虽然。从目前的学科发展水平来说还难以对各种设备均作深入的分析，但是，这并不排斥在教学中选择几个典型的、重要的设备作深一步的分析和讲解，因为这样的分析和讲解是十分必要的，也是可能做到的，如对板式塔等设备，完全可以达到上述的教学要求。

众所周知，各个单元操作都是根据一定的物理或物理化学的原理以达到某个特定的工程目的的。在教学中，要求学生对每个单元操作都应掌握"发展、选择、设计和操作"这四个方面。

所谓"发展"，即是要求学生弄清如何根据某个物理或物理化学原理而发展成为一个单元操作的。寻本求源，这是教学的核心，也是培养具有创新能力人材的重要一环。就分离操作而言，物性的差异是实现分离的依据，也就是存在可能性，它并非就能直接达到高纯度的分离，也就是可能性与现实性之间，还存在着一定的距离，工程工作者的任务，就在于将可能性变为现实性，"发展"或"开发"的意义，就在于此。同样，颗粒尺寸大小不同，这是颗粒分级的基础，但如何实现清楚的分级？溶解度的差异、挥发度的差异是吸收和精馏过程的基础，但如何实现高纯度的分离？这里就需要工程技术人员调动某种工程手段，以弥合可能性与现实性、弥合过程的内在依据和工程目的之间的间隙。这一点，恰恰就是各单元操作的核心，也是常常在教学中被忽视的。

所谓"选择"，是工程技术人员解决实际问题的必由之路，为了达到或实现某一工程目的，你能否进行过程和设备的合理选择和组合？这是检验人们对各单元操作是否牢固掌握的主要标志。"选择"不是照搬硬套，要"合理"；合理，既意味着科学性，也意味着先进性。

所谓"设计"，这里包含两个方面的含义。一是对已经掌握的过程和设备，能够直接进行设计计算；另一是对并不十分掌握的，则需要通过进行必要的实验，测取有关的设计数据，或进行逐级放大等，因此，除了掌握计算方法外，还需要掌握如何经济有效地组织实验以达到测取设计数据或放大的目的，不同的实验目的，可以通过不同的实验方法予以实现，从这个角度上说，实验是必须以实验的理论予以指导的。

所谓"操作"，这是现场工作人员必备的知识，学生在课内、校内自然难以全面掌握操作知识；但是，在课内、校内应当学会如何根据自己对基本原理的认识而预测操作性能；如何根据基本原理寻找可能出现的各种不正常操作的现象、原因及其可能采取的调节措施。教学过程中应当善于利用操作问题的讨论而检验学生对基本原理掌握的程度以及运用基本原理解决问题的能力。

如何精选课堂教学内容和课外作业内容，我认为，可以尝试从上述的"发展、选择、设计、操作"四个方面着手。

0.2 关于课堂教学的组织

教学内容体系和讲课内容的安排未必相一致。实际上，也只有破除这个"一致性"，才能避免照本宣科式的课堂讲授。如在过程的讲解方面，可以采用如下的程式：

$$\boxed{过程分析} \rightarrow \boxed{过程的数学描述} \rightarrow \boxed{实例分析}$$

采用这样的程式，便于体现"定性——定量——应用"三个不同的层次。在过程的分析中，以单元操作的物理或物理化学原理为起点，以工程目的为终点。在分析时，暂时摆脱定量的公式，充分运用思维逻辑和推理，提出问题、讨论问题、解决问题。这里以吸收的过程分析为例，设计如下的讲解程序。

0.2.1　吸收操作过程分析

——吸收的工程目的：气体混合物的高纯度分离，达到一定纯度的产物或有用物质的回收率；

——吸收所依据的物理化学原理：组分溶解度的差异；

——完整的工业吸收过程：实现高纯度分离的工程手段，把吸收和解吸作为一个整体，介绍各种解吸方法；

——吸收过程的经济性：吸收剂的选择、解吸方法的选择以及基于提高过程经济性而考虑的工业吸收过程的各种变形；

——吸收过程的操作特性和操作参数：温度、压力、吸收剂流量等参数对过程的影响；

——吸收过程的机理：分子扩散和对流传质。

通过上述的过程分析，力图使学生定性地掌握吸收操作全过程，并借此训练学生的思维能力。

0.2.2　过程的数学描述

对任一过程进行数学描述的方法，不外采取控制体、列衡算方程（力平衡方程、热量平衡方程、物料衡算方程）、建立过程的特征方程（本构方程、相平衡方程、传递速率方程），然后联立求解，并将结果整理成便于使用的形式。在讲授时，除介绍上述内容外，着重讲清进行过程的数学描述中所遇到的种种困难以及为了克服这些困难所采用的技巧（包括过程的分解与简化等），借以训练学生的能力。

在化工原理各单元操作中采用了大量的各种工程处理方法，透彻地说清这些处理方法的实质，是课堂教学是否抓住根本的关键所在。工程处理方法的讲解，不外乎包括下列三个方面：

——对过程进行定量描述所遭遇到的困难；

——采用此工程处理方法的基础或前提；

——采用此工程处理方法所欲达到的目的。

例如，引入理论板和板效率的概念，一方面固然是由于板上传质速率问题过于复杂，一时难以弄清，因此，也可以说是出于无奈；另一方面，或者说是更为重要的方面，是为了将过程和设备加以了解。理论板数是纯过程的特征，板效率是设备的特征，这样的分解给予工程实际问题的处理带来极大的方便，使得人们有可能在未确定设备型式之前先进行过程的计算，然后由计算结果确定设备的选型。所以，把塔板上的过程分解成理论板和板效率，是一个巧妙的技巧，是一种科学的工程处理方法。传质单元数和传质单元高度这两个概念的引入也同样是巧妙的技巧。

0.2.3　实例分析

通过上述的过程分析和数学描述，使学生具备对过程的全貌的洞察和运用工程方法建立数学模型的能力。教师如能穿插介绍自己在科学研究和解决工程实际问题中运用基本理论和基本方法的切身体会与感受，不但可以加深学生对理论与方法实质的理解，而且也有助于提高学生分析与解决工程问题的能力。当然，教师各自的经历不同，感受不同，因此不能强求一致。但从教学角度说，教师参加科研，是十分必要的。

至于对设备的讲授，可以按如下的程式展开：

——设备的物理（流体力学）基础；

——工业设备性能的评价标准；

——影响工业设备性能的有利和不利的工程因素；

——调动有利的工程因素、抑制不利因素的某些方法以使各种设备结构得以改进；

——工业设备的设计方法。

化工原理课程中的各单元操作，乍看上去似乎是彼此独立的，但这只是就各单元操作的工程目的和其所依据的基本原理而言的。实际上在内容和方法上都存在着许多统一性，否则，它不可能成为一门统一的学科。课堂教学中要十分注意阐述各单元操作之间的统一性即共性。然而，由于各单元操作在各自发展中遗留下许多历史的痕迹，许多本应是统一一致的，却采用不统一的或不一致的方法和名词。课堂讲授及教材编写中，应对此加以纠正。例如，同样是多级过程，但在进行数学描述时，精馏中是以塔段作为控制体的，而在萃取中则是以萃取级作为控制体，其所以会出现这种不一致，是由于精馏中过去一直采取梯级法作图处理的需要，故以塔段为控制体；计算技术的发展，在采用电子计算机计算时，完全可以取塔板为控制体，列出计算式。因此说，精馏中的取塔段为控制体，是学科历史发展遗留下的痕迹，在课堂讲授中应予以还本求原。

在充分体现各单元操作之间的统一性基础上，还应更多地阐述各单元操作各自的特征性。比如可以着重分析吸收传质和传热的差异、精馏和吸收的差异、萃取和吸收的差异、干燥与吸收精馏的差异等，并由这些差异引出不同的工程处理方法。通过这种统一性与特殊性的反复阐述，使学生懂得学科知识的继承和发展的辩证关系，也使讲课内容有层次、有重点地展开，不断深化、不断提高。

0.3　关于学生的自主学习

学生的学习通常有三种形式：听课—复习；预习—听课—复习；自学—听课

一复习。自学是学生真正掌握教学内容的关键。但不能在同一学期中门门课程都搞自学。对于非主干课程，一般只能要求第一、第二种形式，对主干课程可以要求第三种形式。采用自学—听课—复习的学习方法，有助于培养学生的自学能力，有利于在讲课中增加深度、训练思维，当然，这对教师的讲课提出了更高的要求，需要教师重新组织讲课内容。根据我个人几年来的实践，对于基础较好的、学习积极性也较高的同学，采用第三种方式，可以大大提高教学效果，并可将讲课时数由 120 学时降到 96 学时。

化工原理课程的习题作业，由于计算复杂，往往占用了学生大量的课外时间，当然，从训练学生的运算能力来讲是十分必要的，但作为教师，应当珍惜学生的宝贵时间。这就要求对习题作业必须进行精选。这里提出两个选题标准，一是思想性，也就是使每道习题都具有有助于学生深入地定量地掌握某个概念、某个观点或某种工程处理方法；另一是真实性，也就是使学生通过习题作业了解生产实践中可能遇到的问题（包括设计型和操作型问题），从而使习题作业成为学生在校内学习期间的理论联系实际的一个窗口。鉴于计算技术的蓬勃发展，因此有必要选择若干大型习题用计算机计算，这种计算将有助于学生定量地探讨一些课堂教学中无法解决的问题，特别是一些操作型的问题，如多种操作方案的对比优化等，这是课堂教学的重要延伸。

按照思想性和真实性的习题选题标准而完善的习题课，完全可以单独设课，给予一定的学时，习题课教师同样也应是主讲教师。

实验课是学生学习和自己研究问题的重要环节。实验课一方面要注意训练学生的实验技巧和动手能力。同时要训练学生运用理论知识解决实际问题的能力。实验内容的选择可以附加两条标准：一是训练学生运用理论、组织实验、测取设计数据；二是训练学生运用理论进行优化操作。建议参照这两条标准改造原有的实验，更好地发挥实验的效果。

自学、习题、实验，构成了课程教学的另一个重要方面。如同课堂教学要发挥教师的主导作用一样，在自学、习题、实验这些方面，更要注意发挥学生的自主作用，充分调动学习的积极性。自主不是放任自流，自主更需要指导。我曾尝试在课外以兴趣学习小组形式带教几名学生，既可更直接获取来自学生的对教学过程的反馈信息，又可对学生的自学等加以引导与指导，并通过兴趣学习小组成员的切身体会，去影响或带动一些没有参加兴趣小组的学生，收到一定的效果。当然，采取什么方法进行指导，不必拘泥于形式，重要的是教师的思想上要确立学生的自主学习思想，不能包办代替，不能照老习惯抱着走。

要搞好化工原理课程的教学，首先要对课程的全貌和性质有一个深刻的了解，对课程教学全过程的组织，有一个总体的规划。这部分的综述，是个人在这方面多次教学实践的感受与体会，抛砖之谈，意在引玉，为进一步提高化工原理课程的教学质量，共同努力。

第1章

流 体 流 动

1.1 教学方法指导

在思考这一章的教学目的时，一直有一种冲动，希望将这一章称为流体力学基础。绝大多数单元操作中处理的物料对象是流体，所发生的过程绝大部分是在流动中发生的，因此，让学生掌握流体力学的基础知识应该是重要的和有益的。就现在的实际内容看，这一章介绍的只是流体输送这一单元操作的基础知识，也就是，定态管流的基本知识。因此，在讲解时不如开宗明义地说明以定态管流为教学目的。

尽管教学内容限于定态管流，但是，让学生从以往的质点力学的视野转到流体力学领域却是教学的重要目的。在学习中，需要实现三个转变。

第一个转变是考察方法。学生过去学习质点力学时，考察的是一个确定的质点（物体），考察的是其运动状态随时间的变化。但是，在管流中，我们不考察分子，考察的是微团，管流中存在着无数个微团，尤其是，在运动中微团之间可以混合再分散，因此，跟踪微团已不可能。在研究定态管流时，我们采用的考察方法是欧拉法，即不再跟踪物料，考察的是管内不同位置的状态（流速、压强等），考察运动参数随位置的变化。定态流动时，运动参数不随时间而变。很多学生在学完这章后没有实现这个转变，我遇到过很多实际工作者，尤其是在实验室进行间歇小试的工艺研究人员，他们很难建立欧拉的考察方法。所以，这一章的教学应当担起这个责任，通过讲解、习题等环节实现这个转变。

第二个转变是确立静压能的概念。在质点力学中，学生们很牢固地树立了位能和动能的概念，熟悉物体运动时在位移中实现位能和动能的互换。在定态管流中，出现了静压强和与之对应的静压能。因此，在流动中出现的不只是位能与动能的互换，更主要的是，静压能与动能的互换。很多流体机械的原理基于静压能与动能的互换。

第三个转变是对流动阻力的理解。在质点力学中，学生们熟知，运动的阻力造成速度的减小，阻力消耗了动能。可是，在定态管流中，由于质量守恒定律的约束，只要管径不变，流速是不变的，阻力只能体现在静压的降低，阻力消耗的是静压能。这是在定态管流中援用伯努利方程进行分析的结果。然而，不少同学会问，一根因锈蚀而受阻的水管出水量会减小，显示阻力降低了流速。应该让学生明白，这是两个不同的管流的比较，这不是伯努利方程的分析方法。还应该让学生认识到，定态管流中，任一位置上，静压强的升高，问题出在下游而不是上游。

总之，我们可以不以流体力学基础为己任，将内容限于流体输送和定态管流，但是，我们必须努力灌输一些基本的流体力学观点，努力使学生们从认知到理解，再内化为自己分析问题的基本观点。否则，让这一章匆匆学过，思想认识仍停留在早先接受的质点力学阶段，就不能算是成功的教学。

至于管流的内部结构，这章中只是作了知识传授，没有深入讨论，因此，应当力求给予简明的图像，这就是：

层流，分子随机运动，抛物线速度分布；

湍流，微团随机运动，层流内层和湍流核心。

旋涡是湍流的拉格朗日描述，速度脉动是湍流的欧拉描述。

如果我们期望这些图像能不易磨灭地刻入学生的头脑中，讲述就应当力求简明，避免节外生枝。

本章教学的另一个重点是研究方法。本门课程是学生大学阶段第一次接触工程学科。因此，需要向学生介绍工程学科处理问题的方法与物理的区别所在。物理通常是将问题简化，然后对简化了的问题作严格的科学的处理。例如自由落体，忽略空气的阻力，严密地推导出自由落体定律。而解决工程问题，必须面对各种复杂的因素。

通过直管阻力问题，可以清晰地展示两种解决方法。层流时的直管阻力，可以采用物理的方法，用黏度表达分子的随机运动，推导出泊谡叶 Poiseuille 方程，既解决了阻力计算问题，也导出了抛物线速度分布。

湍流时，出现了微团的随机运动，它不是物性，不能进行理论推导，只能求助于实验。这时，需要实验方法论的指导。在这一节里，我们利用直管阻力问题介绍量纲理论。

无量纲数群是学生非常生疏的事物，需要设法引入门。雷诺实验和雷诺数可以成为非常好的一个入口。雷诺实验是个非常简明的实验，揭示了一个非常重要的事实，即层流向湍流的转变。问题是，我们需要知道层流向湍流转变的转折点。通过物理的分析，可以推断这个转折点与四个因素有关，即物性（黏度和密度）和客观条件（管径和速度）。我们可以改变这四个因素用实验测定这个转折点，这样不仅实验工作量异常庞大，实验结果也需要列成一厚叠表备查。然后，量纲理论预见到转折点应在雷诺数的某个值，实验测得该值为2000。

一个原本异常繁难的问题一举成为如此简明的问题，显示量纲理论的巨大威力。我认为，应当用这个例子极力渲染量纲理论的威力，激起学生们的兴趣，让他们乐意接受无量纲数群。

湍流时的直管阻力也在量纲理论的指导下用实验测得计算式。学生常问，这类计算公式是否需要记住。我的回答通常是，计算公式都不需要记住，因为在实际工作中未必需要计算，即便需要时，都可以参照工程设计手册进行。但是，对这类公式中提供的重要信息应当尽数挖掘出来。以直管阻力计算公式为例，我们很想知道：

① 哪个因素是最敏感的因素？该公式告诉我们，速度最敏感，呈平方关系，速度倍增，阻力将增大 4 倍。

② 管的粗细长短影响如何？该公式告诉我们起影响的是长径比。

③ 什么因素本以为有影响，但实际上没有影响？黏度。高度湍流时微团随机运动的影响远大于分子的随机运动。

经过如此挖掘后，尽管公式无需记住，实际上，已了然于胸。

在流量测量节中，我认为应当对转子流量计进行重点的宣传，将它作为原理的智慧运用的典型例子。孔板流量计利用动能与静压能互换的原理测得流量。但是，流量测量要求相当宽的测量范围，如果要求低流量时有足够的压差读数，那么，大流量时的压差就太大，造成过大的能耗。出路是压差读数基本不变，改变的是孔径。转子流量计应运而生。巧妙的是微锥形的管。制作时需要解决的是微锥形管的精确制造。我希望学生对转子流量计留下深刻的印象。

1.2 教学随笔

1.2.1 流动过程

▲化工原理课程涉及的物料绝大部分是流体；涉及的过程绝大部分是在流动的条件下进行的，开设流体力学以作为化工原理先修课，是十分必要的。

▲流动的宏观规律的讲解，着眼于用已有的固体质点力学的认识去研究新的流体力学领域，从新领域的特殊性中领悟、树立新的观念和概念，使学生体察科学继承与发展的关系。

▲考察方法的变化，是流体流动与固体质点运动之间差异的必然反映。

▲伯努利方程的推导，重点不在于纯数学的处理，而应有助于学生体察工程观点与常用的工程处理方法。

▲通过层流和湍流时所采用的两种不同研究方法，阐明方法论的原则，是能力培养的一个重要方面。

▲湍流有湍流强度和湍流尺度两个特征值，给学生以"尺度"的概念，是很有用的。

1.2.1.1　从研究对象谈起

化工原理课程涉及的物料绝大部分是流体，涉及的过程绝大部分是在流动的条件下进行的。由于各个化工设备中的流体力学现象大都比较复杂，如果不了解管流、绕流、射流、尾流、二次流等各种流动；不了解滴、泡、膜的流体力学行为，就很难真正理解各种化工设备中所发生的过程。过去，在化工原理课程教学中之所以存在重过程、轻设备的重要原因之一，就在于师生双方都缺乏必要的流体力学知识，因而难以对设备的性能作进一步的分析。现行各种版本教材中的流体流动这一章，远不能满足教学的需要；有的院校开设传递过程原理课，也替代和弥补不了这一欠缺。我倾向于应开设流体力学课，以作为化工原理课程的先修课。当然，按经典的流体力学开设课程，过深过多；组织力量编写一本内容深浅适度，结合化工特点的流体力学教材，是十分必要的。这似乎是题外之话，但既已"随笔"记下，也就顺带一吐为快。

1.2.1.2　流动的宏观规律讲授的着眼点

目前化工原理教材中，在流体流动这一章实际上只讨论管流，对流动的研究，无非包含两个方面的内容：一是关于流动的宏观规律；另一是关于流动的内部结构。

在教学内容方面的剪辑与教学过程的处理上，针对流动的宏观规律的讲授，我采用了与固体质点力学相仿的方式加以展开，亦即流动的宏观规律讲授的着眼点，在于按照对运动的描述（速度、加速度）、受力分析、力与运动的关系（牛顿定律）、守恒原理而依次展开。之所以采用这样的处理，是基于流体力学与固体质点力学同属力学现象的统一性，亦即其共同性；同时，与统一性相对应，又便于着力体现流体力学与固体质点力学的差异性，也就是流体力学的特殊性。因此，从传授知识内容角度说，它比较完善地体现了承前启后的作用；从开发学生智力角度说，它有助于训练学生坚持用已有的认识（对固体质点力学的认识）去研究新的领域（流体力学领域），并从新领域的特殊性中领悟与树立新的观点和概念，体察科学的继承和发展的关系。

1.2.1.3　关于考察方法的转变

流体运动与固体质点运动，存在着许多差异性。但其主要的或基本的差异，表现在对运动的描述和其受力分析两个方面，其他都是从属的。

固体质点力学与流体力学，其考察的基本对象，都是众多分子组成的微团（质点），只是流体力学必须考察众多的微团（质点）同时发生的运动，这既是它与固体质点运动的一个差异，也造成了流体运动描述方面的复杂性。幸而，发生在化工设备中的流动绝大多数是连续、定态的流动，因而可采用欧拉坐标，用流场的方法对运动进行描述，此时，速度、加速度等运动参数已不再是微团的属性，而成了空间点的属性。这样，研究与考察的对象，不再是某个微团的行为随时间变化的经历，而是不随时间而变化的、无始无终的流场了。

在多年的教学经历中，我感觉到并非多数学生都能自觉地意识到考察场与考察方法这一转变，由此导致了许多认识上的模糊与混乱。不少学生在课堂上似乎已经接受了这一考察方法，但离开课堂后在复习和思考问题时往往仍沿用考察固体运动的拉格朗日坐标，为此，考虑在化工原理课程教学的全过程中，进行预先的设计，在多次涉及这类问题的不同章节内容中，反复阐明这种考察方法的转变。

流体微团运动和固体质点运动的另一个基本不同点是其受力种类的差异，较之固体质点，流体微团在受力方面有两点特殊：一是静压力，二是内摩擦力。

流体可以在任何方向传递压力，这是静压力出现的前提。流体微团不仅在重力场中而且在压力场中运动。摩擦力虽然是固体质点力学中已经熟知的，但流体力学中的内摩擦力却遵循着特殊的规律。

按照力与能的已知关系，在讲解受力分析时，已可预见机械能守恒式中必将出现静压能项，这是因为流体在压力场内对抗压力差运动必然获得静压能；而顺着压力差运动必将释出静压能。与内摩擦力相对应的能，就是流动过程中的机械能耗散。这种耗散，不是流体与壁面摩擦的结果，而是流体的内摩擦的结果。

1.2.1.4 伯努利方程怎样推导？

运动的守恒原理，不论是机械能守恒还是动量守恒，都是牛顿定律的反映，它直接将两个状态或两个空间位置上的运动参数联系起来，而避免了各中间过程。这一点，在固体质点力学和流体力学中都是相同的，但在具体处理时，流体力学采取了不同的形式，其原因已在对运动的描述和受力分析中作了阐述。

伯努利方程是流体流动章节涉及的一个重要方程，怎么推导伯努利方程呢？伯努利方程有不同的推导方法，我认为，采用什么推导方法合适，要取决于教学目的。我是主张开设流体力学课以作为化工原理课程的先修课，自然更喜欢采用流体力学的推导方法，以便使学生更好地掌握流体力学的研究方法。为了与固体质点力学相衔接，我常采用拉格朗日坐标以导出沿轨线的机械能守恒式；为了对学生再一次强调考察方法的转变，又将沿轨线的守恒式转变为沿流线的守恒式，然后再作种种假定和修正，进一步把沿流线的守恒式演变为沿管道的机械能守恒，以体现如何将理想条件下的公式修正应用于实际条件下的各种讨论对象，使学生体察这种常用的工程处理方法。这种推导和讲授，不再是纯数学的处理，而着重于工程观点和工程方法的阐明。教学过程要注意从单纯的知识传授转变为兼顾能力的培养，就要在备课中下点"苦功夫"，挖掘反映事物本质的内在规律性，而不满足于教本的简单演释。

伯努利方程系以单位流体为基准，又以流体微团与周围流体不发生能量和动量交换为前提，因此，它原则上不适用于合流，也不适用于分流。因为在合流与分流中，都会发生两流股间的能量和动量交换。这是学生经常容易产生理解错误的地方。讲清这一点，就不难理解为什么在三通分流时，有时阻力系数会出现负值的情况。

动量守恒定律和能量守恒定律都源自牛顿第二定律，动量守恒定律也同样适用于流体流动。在解决流体流动问题时，可以在能量或动量守恒定律中选用一个，也只能选择一个，这就应该明确选何者为宜。以往在国内各种版本的化工原理教材中大多不讲动量守恒，这是有欠缺的。因为在选用伯努利方程时，其前提是机械能耗散可以确知、有公式可以计算，或是能预先判定其可以忽略不计；实际上，毕竟仍有许多重要情况的机械能耗散尚未得知，而其受力情况可以作出分析并能作出相应的判断，或者所求的未知量是力，这时，动量守恒定律就行之有效了。完全不讲动量守恒，不仅失去了力学体系的完整性，而且缩小了学生的视野，从开发学生智力角度来讲，是不利的。

1.2.1.5　要致力于实验方法论的阐述

在应用上述宏观守恒原理解决管流问题时，并不深入探讨流动的内部结构。对管流来说，内部结构的首要问题是流体的速度分布。

在讲授泊谡叶方程时曾遇到一个问题，它究竟是作为阻力公式来推导呢？还是作为速度分布来推导呢？怎样提出问题呢？

细想之后，我作了这样的处理：从过程的数学描述这个一般性的命题着手，在进行过程分析（运动和受力状况）的基础上，力图将所有定性的分析以定量的数学描述。

数学描述的基本点是：

① 按流动空间的几何形状选取合适的微元体；

② 对该微元体列写守恒式和过程特征方程式。

对管流来讲，守恒式就是力平衡式，层流流动过程的特征方程就是流体的本构方程（对牛顿流体就是牛顿黏性定律）。

有了过程的数学描述，就可在其求解中寻找所关心的答案，如速度分布或阻力等。

在湍流时，力平衡方程仍然有效，但流动过程的特征方程未能建立，这时只有求助于实验。

化工原理课程中，在处理层流与湍流时采用了不同的研究方法，即解析法和实验法。之所以采取这两种不同的方法，一方面是由于人们对湍流认识尚不足以达到从理论上导出过程特征方程的定量表达式；另一方面则借此以说明化工常用的实验研究方法。数学解析法和实验法都是在理论指导下进行的，前者是在严格的本门学科（流体力学）的理论指导下进行的；后者则是在指导实验的理论（量纲理论）指导下进行的。在化工原理教学过程中，阐明这种实验理论的方法论和原则是很重要的，是能力培养的一个重要方面。如果教学中只着眼于导出阻力计算的经验式，就是单纯知识传授的一种反映。应该指出的是，即使采用实验方法，也不能脱离本门学科的理论指导。没有对运动和受力状况的定性分析，就不可能正确地列出有关变量，同时也就不可能有效地运用量纲分析的方法和实验方法以解决实际问题，在化工过程中是屡见不鲜的，这是对过程的现有认识与实验方法论巧妙结合的结果。

1.2.1.6　给学生以"尺度"的概念

在流体流动这一章中，要对湍流的本质作深入介绍是不可能的；但是，这并不排斥对湍流作出合理的图像性的描述的必要性。湍流可以视作平均流动上叠加轴向和横向的速度脉动，因此，湍流有脉动频率和平均振幅这两个特征量，但它们都没有体现出相邻两点之间的相关程度。湍流的另一种图像，是在平均流动上叠加大大小小以不同速度旋转的旋涡，这种旋涡有旋转速度和旋涡大小尺寸之分，由此引起湍流的湍流强度和湍流尺度两个特征值。引出和树立尺度这一概念是很有用的，如液滴破碎变小到一定程度时，大尺度的湍流值对之已无能为力，液滴破碎的最终尺寸取决于小尺度的湍流，而与大尺度的湍流无关。

湍流的上述两种图像描述，各有不同的用处，在讲解中最好都进行介绍，在后续章节教学中也是有用的。

总之，流体流动这一章属基础理论，因此，应着重于教学内容的内在逻辑，严格按科学的体系展开；同时由于流体流动具有广泛的应用性，因此，还应着重于工程处理方法的阐述和提炼若干重要的工程观点。这就是我在这一章的教学中所体会的两个要点。

1.2.2　流动阻力问题的研究方法

▲流动阻力这一节内容，可作为在传授知识同时着重进行能力培养的极好的典型材料，应予充分发挥。

▲解决阻力问题，可采用数学分析法、半经验半理论的数学模型法和量纲理论指导下的实验归纳成经验方程等三种不同的方法。教学中应通过这三种方法的阐述和剖析，点明基础学科和工程学科研究中的重要区别，给学生以方法论的启迪与引导。这也是在教学中如何既传授知识又培养学生能力的关键之一。

▲不同的研究对象，要求采用不同的研究方法。在化工原理第一章的教学中，就帮助学生完成这一认识上的转变，极为重要。它不仅是学好化工原理课程之所必须，也是学好各种工程学科的必要条件。

流体流动这一章，在流体力学一般原理的讲解之后，接着介绍圆管内的流动阻力。流动阻力是管路计算时所必需的知识，当然是应该传授的；这一节同时又是用以说明如何应用已有的理论知识去解决实际问题的极好的典型材料，是对学生进行能力培养的极好机会，课堂教学中应加以科学剪裁，充分发挥典型材料的教育作用。

在解决阻力问题时，通常采用了三种不同的方法，它们是：数学分析法、半经验半理论的数学模型法、量纲理论指导下的实验方法。

1.2.2.1　数学分析法

解决层流流动阻力时，采用了数学分析法，导出了著名的伯努利方程。我在讲解伯努利方程时曾遇到过困难：如何提出问题呢？伯努利方程从结果看，自然是计算层流阻力的公式；但在推导时，它是先作为速度分布导出的，经转化后才成为阻力公式的。这里就存在一个这样的问题：讨论的命题是阻力的计算，但却是从流体速度分布着手，明显存在着与命题不相对应的矛盾，换句话说，为了解决流动的阻力计算问题，怎么会想到从讨论流体的速度分布着手呢？仔细考虑这一问题后，发现过去教学中大多是基于先知道伯努利公式的存在前提下而着手展开的，如果事先根本不知道伯努利公式的存在，我们将如何着手解决问题呢？我觉得，课堂教学的重点，应该是从这个角度去挖掘，才能有助于对学生的培养，给学生以思维上的启迪。这就是教育中所谓的"再发现法"的教学方法。

作为数学分析法，即不论对什么问题，均可以在对过程作出分析并有了正确理解的基础上，进行过程的数学描述。描述过程的数学方程不外乎两种：各种衡算方程和过程的特征方程。对于圆管内的流动，所谓衡算方程应是力平衡方程；所谓过程的特征方程，则是力与流动的关系，亦即本构方程，如对于牛顿型流体，即是牛顿黏性定律。这样，根据对象的几何特征，适当选择控制体（这里是轴对称的圆柱体），列出上述方程，即完成了过程的数学描述。有了过程的数学描述以后，有关这一流动的所有力学问题，应当都能从方程的求解中得出，也就是说，不论是速度分布、剪应力分布或是阻力问题，都可从方程的求解中得出。只是不同的问题，整理的方式不同而已。由此，可将解决实际问题的数学分析法归纳为：

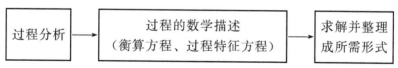

数学分析法用于湍流流动时就发生了困难。困难何在呢？力平衡方程并不因流型的变化而改变，问题出在剪应力和流动的关系上，由于湍流脉动的存在，因而不能采用牛顿黏性定律加以描述。

是否可以采用湍流黏度以替代？当然可以，但它并未消除困难，湍流黏度不是物性，它随流动条件改变而变化的关系不清楚，仍无法求解。

怎么办？如果根据对过程的理解，可以作出某种假设，例如认为湍流黏度的起源是流体微团的脉动运动,其机理与分子的热运动相仿,存在一个平均的自由径 l,由此设想可以导出湍流黏度 ε:

$$\varepsilon = l \frac{\mathrm{d}u}{\mathrm{d}y}$$

式中,$\mathrm{d}u/\mathrm{d}y$ 为速度梯度。有了此式,过程的数学描述也就完成了,这就是普朗特的混合长理论。

应该着重指出的是:上述机理的设想,显然不可能是湍流的逼真描述,而是对过程的一种简化和概括,因此它只能算是一种简化的模型,其所作出的数学描述,也只能称为数学模型。

有了数学模型方程就可以求解了,但问题至此仍未完全得到解决,过程机理假设的真实性尚待检验,自由径 l 仍为未知值,这时就要借助于实验,从实验测得的速度分布和从方程解得的速度分布的对比中,检验假设模型的真实性并求出 l 的值,故称这种方法是半理论半经验的。

1.2.2.2　量纲论指导下的实验方法——经验方程

解决湍流流动阻力的另一种方法就是实验研究方法。依靠实验以测定流动阻力,从而归纳成经验方程式,这种方法完全是纯经验的。如果课堂讲授时只是简单地列写阻力系数的经验关联式,单纯作为一种知识讲授,往往会导致学生的误解。"化工原理无理"之说,往往由此而引起。化工原理课程中,涉及这一类内容占有相当比重。教学中应该首先介绍实验研究所遭遇到的困难,在充分阐明困难后,介绍量纲理论如何成功地解决困难,就会引起学生的浓厚兴趣。

实验研究所遭遇到的困难,首先在于实验的工作量。如果实验的工作量大到人们无法容忍的程度,那么这种方法就无效了。在解决流动阻力问题时,如果实验研究必须遍及所有一切的流体类别和一切可能的几何尺寸,那么,所谓实验研究就失去"研究"的意义,它只能是实测结果的记录和汇编而已。众所周知,化工生产中涉及的物料千变万化,涉及的设备尺寸大小悬殊,实验工作量之大之难,可想而知。因此,实验研究必须具有两个功能方有成效,其一是应能由此及彼,其二是可由小见大。量纲理论恰恰可以非常成功地使实验研究方法具有这两个功能,故赋予"量纲理论指导下的实验方法"。在过去的历次政治运动中曾经批判化工原理实验总是用水和空气作为物料,称作是典型的"理论脱离实际"。实际上,这正是化学工程的看家本领之一,是化学工程的精华所在。在量纲理论指导下的实验,不需要对过程的深入理解,不需要采用真实的物料、真实流体或实际的设备尺寸,只需借助模拟物料(如空气、水、黄沙等)在实验室规模的小设备中,由一些预备性的实验或理性的推断得出过程的影响因素,从而加以归纳和概括成经验方程。这种量纲理论指导下的实验研究方法,确实是解决难以作出数学描述的复杂问题的有效方法。

至此，还应该向学生阐明，在大学一、二年级中，学生学习的大多是基础科学，采用的方法是理论的、严密的，但其所处理的对象却是简单的、基本的甚至是理想的；而从三年级开始，面对的是复杂的实际问题和工程问题，这时，无法指望用严密的数学分析法去解决这些问题，不能指望对实际过程作出如实的、逼真的数学描述，有时甚至根本无法进行数学描述，比如壁面的粗糙度问题等。这样，数学模型方法和量纲理论指导下的实验研究方法，就成为研究工程问题的两个基本方法，它反映了基础学科和工程学科的一种重要区别。

不同的研究对象，要求采用不同的研究方法。在化工原理第一章的教学中，就帮助学生完成这一认识上的转变，极为重要。它不仅是学好化工原理课程之所必须，也是学好各种工程学科的必要条件。

1.2.2.3　研究方法的选择

数学模型方法和因次论指导下的实验研究方法的最大区别在于：后者并不要求研究者对过程的内在规律有任何认识，因此，对于十分复杂的问题，它都是有效的方法；而前者则要求研究者对过程有深刻的认识，能作出高度概括，即能得出足够简化而又不过于失真的模型，做不到这一点，数学模型方法也就不能奏效。

应该指出，因次论指导下的实验研究方法虽然可以起到由此及彼、由小见大的作用，但是，如果影响因素较多，实验工作量仍会非常之大，对于复杂的多变量问题仍然困难重重，解决这类问题的基本方法是过程的分解，即将所待解决的问题分解成若干个弱交联的子问题，使每个子问题所包含的变量数大大减小。这种分解的方法，是研究复杂问题的一种基本方法，有关这一方法留待以后再予论述。

在实际应用时，常常将各种方法结合使用。例如在解决孔板流量计的问题时，先按数学分析法，引进若干个参数，如孔流系数后，用理论方法列出方程，再用经验方法，由实验求得孔流系数的关联式。这就是两种方法结合应用的典型例子。

在流体流动章中介绍了各种研究方法，使学生获得初步概念，而在以后各章教学中处理各种问题时，要说明所选用的研究方法以及选择该方法的原因，例如在研究对流传热、沸腾传热和冷凝传热时所用的研究方法都截然不同，都应加以说明。这样经过多次反复，使学生一般都能掌握化学工程中常用的研究方法及其选择的原则。

1.2.2.4　关于"当量"和"有效"的概念

在将圆管内流动的研究结果推广应用于非圆管内的流动时，引入当量直径的概念；将直管内的流动阻力的研究结果推广应用于局部阻力时引入了当量长度

（或有效长度）的概念。这也是工程上沿用已有的研究成果对复杂问题作近似处理时的常用方法。

这种处理方法当然不是十分准确的，只能是近似的，但是，如果充分认识到所处理问题的复杂性，学生就会从感情上接受，不会视之为"低级"，反而会认为它不失为一种虽近似但很实用的方法。以阀件为例，其流体通道的几何形状很复杂，而且各厂家生产的阀件也未必尺寸相同，不可能奢望方法的准确而只能退而求其简捷。在以后各章教学中经常出现类似的处理，如有效膜厚度、当量热导率等。

知识和能力是紧密相连而又不同的两个范畴。在教学中如何体现既传授了知识又培养了能力，关键之一是既介绍了结论又说明获得结论的必由之路，即研究问题和解决问题的方法。

1.3 教学内容精要

1.3.1 概述

1.3.1.1 流体流动的考察方法

连续性假定 假定流体是由大量质点组成的、彼此间没有间隙、完全充满所占空间的连续介质。流体的物理性质及运动参数在空间作连续分布，引入连续性假定旨在使用连续函数数学工具描述流体流动过程。

运动的描述方法 包括拉格朗日法和欧拉法。选定一个流体质点，对其跟踪观察，描述其运动参数与时间的关系，该考察方法称为拉格朗日法。在固定空间位置上观察流体质点的运动情况，这种考察方法称为欧拉法。欧拉法是直接描述各有关运动参数在空间各点的分布情况和随时间的变化。简言之，拉格朗日法描述的是同一质点在不同时刻的状态；欧拉法描述的则是空间各点的状态及其与时间的关系。

定态流动与非定态流动 如果运动空间各点的状态不随时间而变化，则该流动称为定态流动；任一流动状态参数随时间变化，则为非定态流动。

流线与轨线 轨线是某一流体质点的运动轨迹。轨线是采用拉格朗日法考察流体运动所得的结果。流线表示的则是同一瞬间不同质点的速度方向的连线。在定态流动时流线与轨线重合。

考察方法的选择 在物理学中考察单个固体质点的运动时，通常都采用拉格朗日法。一般情况下，采用欧拉法，尤其在流动是定态时，采用欧拉法来描述流动状态就显得更为方便。当所研究的系任一质点均遵循的一般规律时，才采用拉格朗日法。

1.3.1.2 流体流动中的作用力

流动中的流体受到的作用力可分为体积力和表面力两种。

体积力　体积力作用于流体的每一个质点上，并与流体的质量成正比，所以也称质量力，对于均质流体（不可压缩流体）也与流体的体积成正比，此时称体积力。

表面力——压力与剪力　表面力与表面积成正比。取流体中任一微小平面，作用于其上的表面力可分为垂直于表面的力和平行于表面的力。前者称为压力，后者称为剪力（或切力）。单位面积上所受的压力称为压强；单位面积上所受的剪力称为剪应力。

压强的单位　压强是单位面积上的压力，其单位应为 N/m^2，也称为帕斯卡（Pa），其 10^6 倍称为兆帕（MPa）。

剪应力　对大多数流体，剪应力 τ 服从下列牛顿黏性定律：

$$\tau = \mu \frac{\mathrm{d}u}{\mathrm{d}y} \tag{1-1}$$

牛顿黏性定律指出，剪应力与法向速度梯度成正比，与法向压力无关。运动着的黏性流体内部的剪切力亦称为内摩擦力。

静止流体是不能承受剪应力抵抗剪切变形的。

黏度因流体而异，是流体的一种物性。黏度愈大，同样的剪应力将造成较小的速度梯度。剪应力及流体的黏度只是有限值，故速度梯度也只能是有限值。

黏性的物理本质是分子间的引力和分子的运动与碰撞。黏性就是这种分子微观运动的一种宏观表现。

牛顿黏性定律表明动量传递的方向与速度梯度方向相反，即由高速层向低速层传递。因此，剪应力 τ 的大小即代表此项动量传递的速率。

流体的黏度是影响流体流动的一个重要的物理性质。通常液体的黏度随温度增加而减小。气体的黏度成百倍地小于液体的黏度，而且随温度呈现相反的变化。气体的黏度随温度上升而增大。

将黏度 μ 和密度 ρ 以比值的形式出现，故定义运动黏度：

$$\nu = \frac{\mu}{\rho} \tag{1-2}$$

黏度为零的流体称为理想流体，黏度不为零的流体称为实际流体。

层流时服从牛顿黏性定律的流体称为牛顿流体。层流时不服从牛顿黏性定律的流体称为非牛顿型流体。

1.3.1.3　流体流动中的机械能

流体所含的能量包括内能和机械能。

流动流体中除位能、动能外，还存在另一种机械能——压强能。流体流动时将存在着三种机械能的相互转换。气体在流动过程中因压强变化而发生体积变化，在内能与机械能之间也存在相互转换。

此外，流体黏性所造成的剪力可看作是一种内摩擦力，它将消耗部分机械能使之转化为热能而耗失。因此，流体的黏性使流体在流动过程中产生机械能损失。

1.3.2 流体静力学

1.3.2.1 静压强在空间的分布

静压强 在静止流体中，空间各点的静压强其数值不同，是空间位置的函数。作用于某一点不同方向上的压强在数值上是相等的，即一点的压强只要说明它的数值即可。同种流体内部，压强相等的点组成的面称为等压面，等压面即等高面。

流体静力学微分方程

$$\frac{\mathrm{d}p}{\rho} = X\,\mathrm{d}x + Y\,\mathrm{d}y + Z\,\mathrm{d}z \tag{1-3}$$

重力场流体静力学积分方程 流体所受的体积力仅为重力，并取 z 轴方向与重力方向相反，$X=0$，$Y=0$，$Z=-g$，故有

$$\mathrm{d}p + \rho g\,\mathrm{d}z = 0$$

$$\int \frac{\mathrm{d}p}{\rho} + g\int \mathrm{d}z = 0 \tag{1-4}$$

设流体不可压缩，即密度 ρ 与压强无关，上式积分得

$$\frac{p}{\rho} + gz = 常数 \tag{1-5}$$

对于静止流体中任意两点 1 和 2

$$\frac{p_1}{\rho} + gz_1 = \frac{p_2}{\rho} + gz_2 \tag{1-6}$$

或

$$p_2 = p_1 + \rho g(z_1 - z_2) = p_1 + \rho gh \tag{1-7}$$

可见在重力场中静止的不可压缩流体压强能和位能之和为常数。式(1-7) 表明静压强仅与垂直位置有关，而与水平位置无关。

1.3.2.2 静力学方程的物理意义

gz 项是单位质量流体所具有的位能，$\frac{p}{\rho}$ 是单位质量流体所具有的压强能，位能与压强能都是势能。静力学方程表明，静止流体存在着两种形式的势能（位能和压强能）。同种静止流体内处于不同位置的微元其位能和压强能各不相同，但其和即总势能保持不变。若以符号 $\frac{\mathscr{P}}{\rho}$ 表示单位质量流体的总势能，则

$$\frac{\mathscr{P}}{\rho} = gz + \frac{p}{\rho} \tag{1-8}$$

$\mathscr{P}$ 可理解为一种虚拟的压强

$$\mathscr{P} = \rho g z + p \tag{1-9}$$

对不可压缩流体,同种静止流体各点的总势能处处相等。$\mathscr{P}$ 的大小与密度 ρ 有关,使用虚拟压强时,必须指定流体种类。

1.3.2.3　压强的表示方法

压强的其他表示方法　压强的单位除直接以 Pa 表示外,工程上尚有另两种表示方法:①间接地以流体柱高度表示法;②以大气压作为计量单位。其间可以换算,1atm(标准大气压)$= 1.013 \times 10^5$ Pa,即 0.1013MPa,相当于 760mmHg 或 10.33mH$_2$O。

压强的基准　压强的大小常以两种不同的基准来表示:一是绝对真空,以绝对真空为基准测得的压强称为绝对压强;另一是大气压强,以大气压强为基准量得的压强称为表压或真空度。大气压、表压、绝对压、真空度之间关系如下:

$$表压 = 绝对压 - 大气压$$
$$真空度 = 大气压 - 绝对压$$

真空度是真空表直接测量的读数,其数值表示绝对压比大气压低多少。

1.3.2.4　压强的静力学测量方法

简单测压管　测得的点压强的简单测定方法,适用于高于大气压的液体压强的测定,不能适用于气体。此外,如被测压强 p_A 过大,读数 R 也将过大,测压很不方便。反之,如被测压强与大气压过于接近,读数 R 将很小,使测量误差增大。

U 形测压管　测量点压强的方法。用某种液体作为指示液,指示液必须与被测流体不发生化学反应且不互溶,其密度 ρ_i 大于被测流体的密度 ρ。

U 形压差计　当压差计两端的流体相同时,U 形压差计直接测得的读数 R 实际上并不是真正的压差,而是两点虚拟压强之差 $\Delta\mathscr{P}$(总势能差)。读数 R 和势能差 $\Delta\mathscr{P}$ 之间的关系为:

$$\Delta\mathscr{P} = Rg(\rho_i - \rho)$$

当指示剂密度小于被测流体密度时,可以采用倒 U 形压差计。

1.3.3　流体流动中的守恒原理

1.3.3.1　质量守恒

流量　单位时间内流过管道某一截面的物质量称为流量。流过的量如以体积表示,称为体积流量,以符号 q_V 表示,常用的单位有 m^3/s 或 m^3/h。如以质量表示,则称为质量流量,以符号 q_m 表示,常用的单位有 kg/s 或 kg/h。

体积流量 q_V 与质量流量 q_m 之间存在下列关系:

$$q_m = q_V \rho \tag{1-10}$$

流量是一种瞬时的特性，不是某段时间内累计流过的量，故因时而异。当流体作定态流动时，流量不随时间而变。

平均流速 单位时间内流体在流动方向上流经的距离称为流速，以符号 u 表示，单位为 m/s。流体在管内流动时，因存在黏性，流速沿管截面各点的值彼此不等而形成某种分布。工程上常用一个平均速度来代替速度的分布。流体流动中通常按流量相等的原则来确定平均流速。平均流速以符号 $\overline{u}$ 表示，即

$$\overline{u} = \frac{\int_A u\,\mathrm{d}A}{A} \tag{1-11}$$

平均流速与流量的关系为

$$q_V = \overline{u}A$$

$$\overline{u} = \frac{q_V}{A}$$

或 $$q_m = q_V \rho = \overline{u}A\rho \tag{1-12}$$

质量流速 $$G = \frac{q_m}{A} = \overline{u}\rho \tag{1-13}$$

质量守恒方程 根据质量守恒定理，单位时间内流进和流出控制体的质量之差应等于单位时间控制体内物质的累积量。即

$$\rho_1 \overline{u}_1 A_1 - \rho_2 \overline{u}_2 A_2 = \frac{\partial}{\partial t}\int \rho\,\mathrm{d}V \tag{1-14}$$

定态流动时

$$\rho_1 \overline{u}_1 A_1 = \rho_2 \overline{u}_2 A_2 \tag{1-15}$$

式(1-15)称为流体在管道中作定态流动时的质量守恒方程式。对不可压缩流体，ρ 为常数

$$\overline{u}_1 A_1 = \overline{u}_2 A_2$$

或 $$\frac{\overline{u}_2}{\overline{u}_1} = \frac{A_1}{A_2} \tag{1-16}$$

表明：受质量守恒原理的约束，不可压缩流体的平均流速其数值只随管截面的变化而变化，即截面增加，流速减小；截面减小，流速增加。流体在均匀直管内作定态流动时，平均流速 $\overline{u}$ 沿程保持定值，并不因内摩擦而减速！

1.3.3.2 机械能守恒

机械能守恒微分方程

$$(X\mathrm{d}x + Y\mathrm{d}y + Z\mathrm{d}z) - \frac{1}{\rho}\mathrm{d}p = \mathrm{d}\left(\frac{u^2}{2}\right) \tag{1-17}$$

重力场中的流动，取 z 轴垂直向上，$X=Y=0$，$Z=-g$

$$g\,\mathrm{d}z+\frac{\mathrm{d}p}{\rho}+\mathrm{d}\frac{u^2}{2}=0 \tag{1-18}$$

对于不可压缩流体，ρ 为常数，式(1-18) 的积分形式为

$$gZ+\frac{p}{\rho}+\frac{u^2}{2}=常数 \tag{1-19}$$

此式称为伯努利方程，适用于重力场不可压缩的理想流体作定态流动的情况。

表明：流动的流体中存在着三种形式的机械能，即位能、压强能、动能。伯努利方程表明在流体流动中此三种机械能可相互转换，但其和保持不变。

对于不可压缩的流体，位能和压强能均属势能，其和以总势能 $\mathscr{P}/\rho$ 表示，因此伯努利方程又可写成

$$\frac{\mathscr{P}}{\rho}+\frac{u^2}{2}=常数 \tag{1-20}$$

实际流体管流的机械能衡算　对黏性流体，因黏性流体流动时的内摩擦而导致机械能损耗，常称阻力损失。外界也可对控制体内流体加入机械能，如用流体输送机械等。

$$\frac{\mathscr{P}_1}{\rho}+\left(\frac{\overline{u}_1^{\,2}}{2}\right)+h_e=\frac{\mathscr{P}_2}{\rho}+\left(\frac{\overline{u}_2^{\,2}}{2}\right)+h_f \tag{1-21}$$

伯努利方程的几何意义　理想流体伯努利方程中各项均为单位质量流体的机械能，分别为位能、压强能和动能，其单位为 J/kg。伯努利方程的另一种以单位重量流体为基准的表达形式

$$z+\frac{p}{\rho g}+\frac{u^2}{2g}=常数 \tag{1-22}$$

其物理意义，左端各项为单位重量流体所具有的机械能，与高度单位一致，在 SI 制中为每牛顿重量流体具有的能量焦耳，即 J/N＝m。

伯努利方程的几何意义，z 为单位重量流体所具有的位能，称为位头；$\dfrac{p}{\rho g}$ 是单位重量流体所具有的压强能，称为压头；$\dfrac{u^2}{2g}$ 是单位重量流体所具有的动能，称为速度头。

伯努利方程表示流体在管道流动时的压力变化规律。类似地有

$$z_1+\frac{p_1}{\rho g}+\frac{u_1^2}{2g}+H_e=z_2+\frac{p_2}{\rho g}+\frac{u_2^2}{2g}+H_f \tag{1-23}$$

1.3.3.3　动量守恒

管流中的动量守恒　对定态流动，动量累积项为零，$\sum F_x$、$\sum F_y$、$\sum F_z$

为作用于控制体内流体上的外力之和在三个坐标轴上的分量，动量守恒定律可表达为：

$$\left.\begin{array}{l}\sum F_x = W(u_{2x} - u_{1x}) \\ \sum F_y = W(u_{2y} - u_{1y}) \\ \sum F_z = W(u_{2z} - u_{1z})\end{array}\right\} \qquad (1\text{-}24)$$

动量守恒定律和机械能守恒定律的关系　动量守恒定律和机械能守恒定律都从牛顿第二定律出发导出，两者都反映了流动流体各运动参数变化规律。流动流体必应同时遵循这两个规律，但在实际应用的场合上却有所不同。

1.3.4　流体流动的内部结构

1.3.4.1　流动的类型

两种流型——层流和湍流　流体流动存在着两种截然不同的流型。流体质点作直线运动，即流体分层流动，层次分明，彼此互不混杂（此处仅指宏观运动，不是指分子扩散），称为层流或滞流。流体在总体上沿管道向前运动，同时还在各个方向作随机的脉动，正是这种混乱运动使着色线抖动、弯曲以至断裂冲散，称为湍流或紊流。

流型的判据——雷诺数 Re　雷诺发现，可以将这些影响因素综合成一个无量纲的数群 $\dfrac{du\rho}{\mu}$ 作为流型的判据，此数群被称为雷诺数，以符号 Re 表示。

① 当 $Re < 2000$ 时，必定出现层流，此为层流区。

② 当 $2000 < Re < 4000$ 时，有时出现层流，有时出现湍流，依赖于环境。此为过渡区。

③ 当 $Re > 4000$ 时，一般都出现湍流，此为湍流区。

以 Re 为判据将流动划分为三个区：层流区、过渡区、湍流区，但是只有两种流型。

1.3.4.2　湍流的基本特征

时均速度与脉动速度　湍流时流体质点在沿管轴流动的同时还作着随机的脉动，空间任一点的速度（包括方向和大小）都随时变化。实际的湍流流动是在一个时均流动上叠加了一个随机的脉动量。

湍流的强度和尺度　湍流强度通常用脉动速度的均方根值表示。湍流尺度与旋涡大小有关，它是以相邻两点的脉动速度是否有相关性为基础来度量的。

湍流黏度　湍流的基本特征是出现了速度的脉动。湍流时，则出现了径向的脉动速度，脉动加速了径向的动量、热量和质量的传递。湍流时仿照牛顿黏性定律的形式来表示剪应力与速度梯度间的关系，写成：

$$\tau = (\mu + \mu') \frac{\mathrm{d}\overline{u}_x}{\mathrm{d}y} \tag{1-25}$$

式(1-25) 只是保留了牛顿黏性定律的形式而已。和黏度 μ 完全不同，湍流黏度 μ' 已不再是流体的物理性质，而是表述速度脉动的一个特征，它随不同流场及离壁的距离而变化。

1.3.4.3　边界层及边界层脱体

边界层　定义流速降为未受边壁影响流速（来流速度 u_0）的 99% 以内的区域为边界层。简言之，边界层是边界影响所及的区域。边界层的划分对许多工程问题具有重要的意义。

湍流时的层流内层和过渡层　高度湍流条件下，近壁面处仍有一薄层保持着层流特征，该薄层就称为层流内层。湍流区和层流内层间还有一过渡层。湍流流动分为湍流核心和层流内层两个部分。层流内层一般很薄，其厚度随 Re 的增大而减小。在湍流核心内，径向的传递过程因速度的脉动而大大强化。而在层流内层中，径向的传递只能依赖于分子运动。因此，层流内层成为传递过程主要阻力之所在。

边界层的分离现象　流体在逆压强梯度推动下倒流，产生大量旋涡，造成机械能耗损，表现为流体的阻力损失增大。①流道扩大时必造成逆压强梯度；②逆压强梯度容易造成边界层的分离；③边界层分离造成大量旋涡，大大增加机械能消耗。

1.3.4.4　圆管内流体运动的数学描述

流体的力平衡　流体在均匀直管内作等速运动，各外力之和必为零，即

$$\mathscr{P}_1 - \mathscr{P}_2 + F_g \sin\alpha - F = 0$$

剪应力分布　将 $\mathscr{P}_1$、$\mathscr{P}_2$、F 和 F_g 代入上式可得

$$\tau = \frac{\mathscr{P}_1 - \mathscr{P}_2}{2l} r \tag{1-26}$$

此式表示圆管中沿管截面上的剪应力分布。剪应力分布与流动截面的几何形状有关，与流体种类、层流或湍流无关，即对层流和湍流皆适用。由此式可以看出，在圆形直管内剪应力与半径 r 成正比。在管中心 $r=0$ 处，剪应力为零；在管壁 $r=R$ 处，剪应力最大，其值为 $\frac{\mathscr{P}_1 - \mathscr{P}_2}{2l} R$。

层流时的速度分布　流体在管内作层流流动时，管中心的最大流速为

$$u_{\max} = \frac{\mathscr{P}_1 - \mathscr{P}_2}{4\mu l} R^2 \tag{1-27}$$

$$u = u_{\max}\left[1 - \left(\frac{r}{R}\right)^2\right] \tag{1-28}$$

层流时圆管截面上的速度呈抛物线分布。

$$\bar{u} = \frac{1}{2}u_{\max} = \frac{\mathscr{P}_1 - \mathscr{P}_2}{8\mu l}R^2 \tag{1-29}$$

圆管内作层流流动时的平均速度为管中心最大速度的一半！

层流时的平均速度和动能校正系数 α 当流体在圆管内作层流流动时，以平均速度 $\bar{u}$ 计算平均动能，动能校正系数 α 值为 2。

圆管内湍流的速度分布 湍流时的速度分布通常表示成下列经验关系式：

$$\frac{u}{u_{\max}} = \left(1 - \frac{r}{R}\right)^n \tag{1-30}$$

式中，n 是与 Re 有关的指数，在不同的 Re 范围内取不同的分数值。

湍流时的平均速度及动能校正系数 α 湍流时截面速度分布比层流时均匀得多，即湍流时的平均速度应比层流时更接近于管中心的最大速度 $u_{\max}$。发达的湍流下，其平均速度约为最大流速的 0.8 倍，即

$$\bar{u} = 0.8 u_{\max} \tag{1-31}$$

湍流时的动能校正系数接近 1。

1.3.5　阻力损失

1.3.5.1　两种阻力损失

直管阻力和局部阻力 直管造成的机械能损失称为直管阻力损失；管件造成的机械能损失称为局部阻力损失。作此划分是因为两种不同阻力损失起因于不同的外部条件，并不意味着两者有质的不同。此外，应注意将直管阻力损失与固体表面间的摩擦损失相区别。固体摩擦仅发生在接触的外表面，而直管阻力损失发生在流体内部，紧贴管壁的流体层与管壁之间并没有相对滑动。

阻力损失表现为流体势能的降低 流体在均匀直管中作定态流动，有

$$h_{\mathrm{f}} = \left(\frac{p_1}{\rho} + z_1 g\right) - \left(\frac{p_2}{\rho} + z_2 g\right) = \frac{\mathscr{P}_1 - \mathscr{P}_2}{\rho} \tag{1-32}$$

无论是直管阻力或是局部阻力，也不论是层流或湍流，阻力损失均主要表现为流体势能的降低，即 $\Delta \mathscr{P}/\rho$。该式同时表明，只有水平管道，才能以 Δp（即 $p_1 - p_2$）代替 $\Delta \mathscr{P}$ 以表达阻力损失。

层流时直管阻力损失 流体在直管中作层流流动时，因阻力损失造成的势能差可直接求出

$$\Delta \mathscr{P} = \frac{32\mu l u}{d^2} \tag{1-33}$$

此式称为泊谡叶（Poiseuille）方程。层流阻力损失为：

$$h_{\mathrm{f}} = \frac{32\mu l u}{\rho d^2} \tag{1-34}$$

1.3.5.2　湍流时直管阻力损失的实验研究方法

量纲分析法

基本步骤如下：①析因实验——寻找影响过程的主要因素；②规划实验——减少实验工作量；③数据处理——实验结果的正确表达。

湍流时阻力损失写成如下的无量纲形式

$$\left(\frac{h_f}{u^2}\right)=\varphi\left(\frac{du\rho}{\mu},\frac{l}{d},\frac{\varepsilon}{d}\right) \tag{1-35}$$

经变量组合和无量纲化后，自变量数目由原来的 6 个减少到 3 个。实验时只要逐个地改变 Re、(l/d) 和 (ε/d) 即可。故所需实验次数将大大减少，避免了大量的实验工作量。

1.3.5.3　直管阻力损失的计算式

统一的表达方式　对于直管阻力损失，无论是层流或湍流，均写成如下的统一形式

$$h_f=\lambda\,\frac{l}{d}\times\frac{u^2}{2} \tag{1-36}$$

$$\lambda=\varphi\left(Re,\frac{\varepsilon}{d}\right) \tag{1-37}$$

摩擦系数 λ　对 $Re<2000$ 的层流直管流动

$$\lambda=\frac{64}{Re}\qquad(Re<2000) \tag{1-38}$$

湍流时的摩擦系数 λ 可用下式计算

$$\frac{1}{\sqrt{\lambda}}=1.74-2\lg\left(\frac{2\varepsilon}{d}+\frac{18.7}{Re\sqrt{\lambda}}\right) \tag{1-39}$$

式(1-39) 关系制成图线，为莫迪图。湍流时阻力损失 h_f 与流速 u 的平方成正比时，常称为充分湍流区或阻力平方区。

粗糙度对 λ 的影响　层流时，粗糙度对 λ 值无影响。进入湍流区时，只有较高的凸出物才对 λ 值显示其影响，较低的凸出物则毫无影响。随着 Re 的增大，越来越低的凸出物相继发挥作用，影响 λ 的数值。

实际管的当量粗糙度　人工粗糙管是将大小相同的砂粒均匀地黏着在普通管壁上，人为地造成粗糙度，因而其粗糙度可以精确测定。工业管道内壁的凸出物形状不同，高度也参差不齐，粗糙度无法精确测定。实践上是通过试验测定阻力损失并计算 λ 值，然后由 Moody 图反求出相当的相对粗糙度，称之为实际管道的当量相对粗糙度。由当量相对粗糙度可求出当量的绝对粗糙度 ε。

非圆形管的当量直径　对于非圆形管内的湍流流动，如采用下面定义的当量直径 d_e 代替圆管直径，其阻力损失仍可按式(1-36) 和 Moody 图进行计算。

$$d_e = \frac{4 \times 管道截面积}{浸润周边} = \frac{4A}{\Pi}$$ (1-40)

非圆形管中稳定层流的临界雷诺数同样是 2000。

1.3.5.4 局部阻力损失

各种管件都会产生阻力损失，这种阻力损失集中在管件所在处，故称为局部阻力损失。局部阻力损失是由于流道的急剧变化使流动边界层分离，所产生的大量旋涡消耗了机械能。

突然扩大与突然缩小　突然扩大时产生阻力损失的原因在于边界层脱体。流道突然扩大，下游压强上升，流体在逆压强梯度下流动，极易发生边界层分离而产生旋涡。

流道突然缩小时，流体在顺压强梯度下流动，不致发生边界层脱体现象。因此，在收缩部分不发生明显的阻力损失。突然缩小造成的阻力主要还在于突然扩大。

局部阻力损失的计算——局部阻力系数与当量长度　两种近似方法。

① 近似地认为局部阻力损失服从平方定律

$$h_f = \zeta \frac{u^2}{2}$$ (1-41)

② 近似地认为局部阻力损失可以相当于某个长度的直管，即

$$h_f = \lambda \frac{l_e}{d} \times \frac{u^2}{2}$$ (1-42)

1.3.6　流体输送管路的计算

1.3.6.1 管路分析

简单管路　任何局部阻力系数的增加将使管内的流量下降；下游阻力增大将使上游压强上升；上游阻力增大将使下游压强下降；阻力损失总是表现为流体机械能的降低。

分支管路　关小阀门使所在的支管流量下降，与之平行的支管内流量上升，但总管的流量还是减少了。

两种极端情况：①总管阻力可以忽略、支管阻力为主；任一支管情况的改变不致影响其他支管的流量，城市供水、煤气管线的铺设应尽可能属于这种情况。②总管阻力为主、支管阻力可以忽略，城市供水管路不希望出现的情况。

1.3.6.2 管路计算

简单管路的数学描述　管路中各参数之间关系的方程只有三个：

质量守恒式 $$q_V = \frac{\pi}{4} d^2 u \tag{1-43a}$$

机械能衡算式 $$\left(\frac{p_1}{\rho} + g z_1\right) = \left(\frac{p_2}{\rho} + g z_2\right) + \left(\lambda \frac{l}{d} + \sum \zeta\right) \frac{u^2}{2} \tag{1-43b}$$

或 $$\frac{\mathscr{P}_1}{\rho} = \frac{\mathscr{P}_2}{\rho} + \left(\lambda \frac{l}{d} + \sum \zeta\right) \frac{u^2}{2}$$

摩擦系数计算式 $$\lambda = \varphi\left(\frac{du\rho}{\mu}, \frac{\varepsilon}{d}\right) \tag{1-43c}$$

当被输送的流体已定，其物性 μ、ρ 已知，上述方程组共包含 9 个变量（q_V、d、u、$\mathscr{P}_1$、$\mathscr{P}_2$、λ、l、$\sum\zeta$、ε）。若能给定其中独立的 6 个变量，其他 3 个就可求出。

管路计算按工程目的可分为设计型计算与操作型计算两类。不同类型的计算问题所给出的已知量不同，计算方法都是解上述联立方程组，但两类计算问题有各自的特点。

简单管路的设计型计算　典型的设计型命题如下：

设计要求：规定输送任务 q_V，确定最经济的管径 d 及须由供液点提供的势能 $\mathscr{P}_1/\rho$。

给定条件：

① 供液与需液点间的距离，即管长 l；

② 管道材料及管件配置，即 ε 及 $\sum\zeta$；

③ 需液点的势能 $\mathscr{P}_2/\rho$。

选择最经济合理的管径 d_{opt}，算出管径，再根据管道标准圆整。

选择流速时，应考虑流体的性质。

简单管路的操作型计算　操作型计算问题是管路已定，要求核算在某给定条件下管路的输送能力或某项技术指标。命题如下：

给定条件：d、l、$\sum\zeta$、ε、$\mathscr{P}_1$（即 $p_1 + \rho g z_1$）、$\mathscr{P}_2$（即 $p_2 + \rho g z_2$）；

计算目的：输送量 q_V。

或给定条件：d、l、$\sum\zeta$、ε、$\mathscr{P}_2$、q_V；

计算目的：所需的 $\mathscr{P}_1$。

可见计算的目的不同，命题中需给定的条件亦不同。各种操作型问题中，给定了 6 个变量，方程组有唯一解。$\lambda = \varphi\left(Re, \dfrac{\varepsilon}{d}\right)$ 的非线性是使求解必须用试差或迭代计算的根本原因。由于 λ 的变化范围不大，试差计算时，可将摩擦系数 λ 作试差变量。通常可取流动已进入阻力平方区的 λ 作为计算初值。

操作型问题常需试差求解是其特点。

分支与汇合管路的计算　流体由槽 1 流至槽 2 与槽 3，则可列出如下方程：

$$\frac{\mathscr{P}_1}{\rho} = \frac{\mathscr{P}_2}{\rho} + \left(\lambda\frac{l}{d}\right)_1\frac{u_1^2}{2} + \left(\lambda\frac{l}{d}\right)_2\frac{u_2^2}{2}$$

$$\frac{\mathscr{P}_1}{\rho} = \frac{\mathscr{P}_3}{\rho} + \left(\lambda\frac{l}{d}\right)_1\frac{u_1^2}{2} + \left(\lambda\frac{l}{d}\right)_3\frac{u_3^2}{2} \Bigg\} \qquad (1\text{-}44)$$

$$u_1\frac{\pi}{4}d_1^2 = u_2\frac{\pi}{4}d_2^2 + u_3\frac{\pi}{4}d_3^2$$

并联管路的计算 单位质量流体由 A 流到 B，阻力损失应是相等的，即

$$h_{f1} = h_{f2} = h_{f3} = h_f \qquad (1\text{-}45)$$

$$h_{fi} = \lambda_i\frac{l_i}{d_i}\times\frac{u_i^2}{2} \qquad (1\text{-}46)$$

式中，l_i 为支管总长，包括了各局部阻力的当量长度。

据此可求出各支管的流量分配。如只有三个支管，则

$$q_{V1} : q_{V2} : q_{V3} = \sqrt{\frac{d_1^5}{\lambda_1 l_1}} : \sqrt{\frac{d_2^5}{\lambda_2 l_2}} : \sqrt{\frac{d_3^5}{\lambda_3 l_3}} \qquad (1\text{-}47)$$

由质量守恒知总流量

$$q_V = q_{V1} + q_{V2} + q_{V3} \qquad (1\text{-}48)$$

1.3.6.3 可压缩流体的管路计算

无黏性可压缩气体的机械能衡算 由管路的截面 1 至截面 2 的机械能衡算式为

$$gz_1 + \frac{u_1^2}{2} + \int_{p_2}^{p_1}\frac{\mathrm{d}p}{\rho} = gz_2 + \frac{u_2^2}{2} \qquad (1\text{-}49)$$

要计算式(1-49)中的 $\int_{p_2}^{p_1}\frac{\mathrm{d}p}{\rho}$ 项，必须知道流动过程中 ρ 随 p 的变化规律。

（1）等温过程 对等温过程，$pv = p_1v_1 =$ 常数（式中 $v = \frac{1}{\rho}$ 为气体的比体积），于是

$$\int_{p_2}^{p_1}\frac{\mathrm{d}p}{\rho} = \int_{p_2}^{p_1}v\,\mathrm{d}p = \int_{p_2}^{p_1}\frac{p_1v_1}{p}\mathrm{d}p = p_1v_1\ln\frac{p_1}{p_2} \qquad (1\text{-}50)$$

（2）绝热过程 对绝热过程，$pv^\gamma =$ 常数

$$\int_{p_2}^{p_1}\frac{\mathrm{d}p}{\rho} = \int_{p_2}^{p_1}\left(\frac{p_1v_1^\gamma}{p}\right)^{1/\gamma}\mathrm{d}p = \frac{\gamma}{\gamma-1}(p_1v_1 - p_2v_2) \qquad (1\text{-}51)$$

式中，γ 称绝热指数，系气体的定压比热容 c_p 与定容比热容 c_V 之比，通常约为 1.2～1.4。

（3）多变过程 在此过程中 $pv^k =$ 常数。k 为多变指数，其值多介于 1 与 γ

之间，取决于气体和环境的传热情况。此时式(1-51)仍可应用，只是应以 k 代替 γ，即

$$\int_{p_2}^{p_1} \frac{\mathrm{d}p}{\rho} = \frac{k}{k-1}(p_1 v_1 - p_2 v_2) \tag{1-52}$$

黏性可压缩气体的管路计算　管路计算中考虑气体的黏性，有

$$gz_1 + \frac{u_1^2}{2} + \int_{p_2}^{p_1} \frac{\mathrm{d}p}{\rho} = gz_2 + \frac{u_2^2}{2} + h_{\mathrm{f}} \tag{1-53}$$

将上式改写成微分形式，则

$$g\,\mathrm{d}z + \mathrm{d}\frac{u^2}{2} + v\,\mathrm{d}p + \lambda\frac{\mathrm{d}l}{d} \times \frac{u^2}{2} = 0 \tag{1-54}$$

式中，$v = \dfrac{1}{\rho} = \dfrac{RT}{Mp}$ 为气体的比容，m^3/kg；M 是气体分子量。

气体流速 u 随 p 降低而增加，为管长 l 的函数。如将流速 u 用质量流速 G 表示

$$u = \frac{G}{\rho} = Gv \tag{1-55}$$

整理得

$$\frac{g\,\mathrm{d}z}{v^2} + G^2\frac{\mathrm{d}v}{v} + \frac{\mathrm{d}p}{v} + \lambda G^2\frac{\mathrm{d}l}{2d} = 0 \tag{1-56}$$

积分为

$$G^2\ln\frac{v_2}{v_1} + \int_{p_1}^{p_2} \frac{\mathrm{d}p}{v} + \lambda G^2\frac{l}{2d} = 0 \tag{1-57}$$

对于等温流动，$pv = $ 常数，式(1-57)成为

$$G^2\ln\frac{p_1}{p_2} + \frac{p_2^2 - p_1^2}{2p_1 v_1} + \lambda\frac{l}{2d}G^2 = 0 \tag{1-58}$$

或

$$G^2\ln\frac{p_1}{p_2} + \frac{p_2^2 - p_1^2}{\dfrac{2RT}{M}} + \lambda\frac{l}{2d}G^2 = 0 \tag{1-59}$$

设在平均压强 $p_{\mathrm{m}} = \dfrac{p_1 + p_2}{2}$ 下的密度为 ρ_{m}，经整理可得

$$\frac{p_1 - p_2}{\rho_{\mathrm{m}}} = \lambda\frac{l}{2d}\left(\frac{G}{\rho_{\mathrm{m}}}\right)^2 + \left(\frac{G}{\rho_{\mathrm{m}}}\right)^2\ln\frac{p_1}{p_2} \tag{1-60}$$

气体在输送过程中，因压强降低和体积膨胀，温度往往要下降。以上诸式虽在等温条件下导出，但对非等温条件，可按 $pv^k = $ 常数代入式(1-57)经积分得

$$\frac{G^2}{k}\ln\frac{p_1}{p_2} + \frac{k}{k+1}\left(\frac{p_1}{v_1}\right)\left[\left(\frac{p_2}{p_1}\right)^{\frac{k+1}{k}} - 1\right] + \lambda\frac{l}{2d}G^2 = 0 \tag{1-61}$$

1.3.7 流速和流量的测定

1.3.7.1 毕托管

毕托管测得的是点速度，用毕托管可以测得沿截面的速度分布。为测得流量，必须先测出截面的速度分布，然后进行积分。常用方法是测量管中心的最大流速 u_{max}。然后根据最大流速与平均流速 $\bar{u}$ 的关系，求出截面的平均流速，进而求出流量。

毕托管的安装 ①必须保证测量点位于均匀流段；②必须保证管口截面严格垂直于流动方向；③毕托管直径 d_0 应小于管径 d 的 $\dfrac{1}{50}$，即 $d_0 < \dfrac{d}{50}$。

1.3.7.2 孔板流量计

孔板流量计的测量原理 机械能守恒原理。孔板的流量计算式为

$$q_V = C_0 A_0 \sqrt{\frac{2gR(\rho_i - \rho)}{\rho}} \tag{1-62}$$

式中，C_0 为孔板的流量系数。C_0 除与面积 m 有关外还与收缩与阻力等因素有关。只有在 C_0 能正确地确定的情况下，孔板流量计才能真正用来进行流量测定。

孔板流量计的安装和阻力损失 孔板流量计的缺点是阻力损失大。这一阻力损失是由于流体与孔板的摩擦阻力以及在缩脉后流道突然扩大形成大量旋涡造成的。阻力损失正比于压差计读数 R，说明读数 R 是以机械能损失为代价取得的。选用孔板流量计的中心问题是选择适当的面积比 m 以期兼顾适宜的读数和阻力损失。孔板流量计特点是恒截面、变压差。

文丘里流量计 将孔板流量计测量管段制成渐缩渐扩管，避免了突然的缩小和突然的扩大，必然可以大大降低阻力损失。这种流量计称为文丘里流量计。文丘里流量计的主要优点是能耗少，大多用于低压气体的输送。

1.3.7.3 转子流量计

转子流量计的工作原理 转子处于平衡位置时，流体作用于转子的力应与转子重力相等，即

$$(p_1 - p_2)A_f = V_f \rho_f g \tag{1-63}$$

转子流量计的体积流量为

$$q_V = C_R A_0 \sqrt{\frac{2V_f(\rho_f - \rho)g}{\rho A_f}} \tag{1-64}$$

转子流量计的特点——恒流速、恒压差、变截面。

转子流量计的刻度换算　在同一刻度下，A_0 相同，体积流量之比为

$$\frac{q_{V,\mathrm{B}}}{q_{V,\mathrm{A}}}=\sqrt{\frac{\rho_{\mathrm{A}}(\rho_{\mathrm{f}}-\rho_{\mathrm{B}})}{\rho_{\mathrm{B}}(\rho_{\mathrm{f}}-\rho_{\mathrm{A}})}} \tag{1-65}$$

质量流量之比

$$\frac{q_{m,\mathrm{B}}}{q_{m,\mathrm{A}}}=\sqrt{\frac{\rho_{\mathrm{B}}(\rho_{\mathrm{f}}-\rho_{\mathrm{B}})}{\rho_{\mathrm{A}}(\rho_{\mathrm{f}}-\rho_{\mathrm{A}})}} \tag{1-66}$$

1.3.8　非牛顿流体与流动

1.3.8.1　非牛顿流体的基本特性

非牛顿流体所受剪应力 τ 与产生的变形率（即剪切率）$\dfrac{\mathrm{d}u}{\mathrm{d}y}$ 之间存在复杂的函数关系，依据这一关系，非牛顿流体显示出不同于牛顿流体的特性，非牛顿流体按照剪应力与速度梯度的关系分为若干类型。对非牛顿流体，黏度概念无意义，但常用表观黏度描述其黏性。

假塑性（pseudoplastic）**流体**　表观黏度随剪切速率的增加而减小，这类非牛顿流体称为假塑性流体。其典型特征是有剪切稀化性质。

胀塑性（dilatant）**流体**　表观黏度随剪切速率的增加而增大，这类非牛顿流体称为胀塑性流体。其典型特征是具有剪切增稠性质。

塑性流体　某些非牛顿流体流动时存在屈服剪应力，剪应力低于此屈服剪应力时，不能流动，当剪应力大于此屈服剪应力时，才开始流动。一旦流动后，剪应力和剪切率线性变化，这种非牛顿流体称为塑性流体［也称宾汉塑性（Bingham plastic）流体］。

非牛顿流体的依时性　较多非牛顿流体受力产生的剪切率还与剪应力的作用时间有关。随着剪应力作用时间的延长，剪切率增大，表观黏度减小。当某剪应力作用时间足够长，表观黏度达到动态的平衡值，这一行为称为**触变性**。表观黏度随剪切力作用时间延长而增大的行为则称为**震凝性**。触变性和震凝性是非牛顿流体表观黏度依时性的两种相反体现，同种非牛顿流体，在不同的剪切率范围内可能表现出不同的依时性。

非牛顿流体的黏弹性　非牛顿流体不但具有黏性，时常还表现出弹性。非牛顿流体的弹性行为典型的有三种：爬杆效应、挤出胀大和无管虹吸。

1.3.8.2　非牛顿流体流动与减阻现象

定态层流流动的本构方程　对剪切稀化现象，常用如下的幂律表示：

$$\tau=K\left(\frac{\mathrm{d}u}{\mathrm{d}y}\right)^{n} \tag{1-67}$$

对假塑性流体 $n<1$，牛顿流体 $n=1$。式(1-67)同样可以表示涨塑性行为，

此时 $n>1$。服从式(1-67)的流体简称为幂律流体。

幂律流体管内层流流动时的阻力损失　管流的剪应力分布与流体性质无关，故对非牛顿流体，剪应力分布式(1-26)同样适用。对幂律流体，流量 q_V 与压差 $\Delta \mathscr{P}$ 的关系如下：

$$q_V = \frac{\pi n}{3n+1} \left(\frac{d}{2}\right)^{3+1/n} \left(\frac{\Delta \mathscr{P}}{2Kl}\right)^{1/n} \tag{1-68}$$

管内平均流速与最大流速之比为

$$\frac{\bar{u}}{u_{\max}} = \frac{1+n}{1+3n} \tag{1-69}$$

仿照牛顿流体，将管内流动阻力表示成 h_f，即

$$h_f = \frac{\Delta \mathscr{P}}{\rho} = 4f \frac{l}{d} \times \frac{u^2}{2} \tag{1-70}$$

式中，f 为范宁（Fanning）摩擦因子，即为 $\lambda/4$，它与雷诺数有关。在层流流动时

$$f = \frac{16}{Re_{MR}} \tag{1-71}$$

式中，Re_{MR} 为非牛顿流体的广义雷诺数。对幂律流体

$$Re_{MR} = \frac{d^n u^{2-n} \rho}{K\left(\dfrac{1+3n}{4n}\right)^n 8^{n-1}} \tag{1-72}$$

幂律流体管内湍流的流动阻力　幂律流体在光滑管中作湍流流动时范宁摩擦因子为

$$\frac{1}{\sqrt{f}} = \frac{4.0}{n^{0.75}} \lg(Re_{MR} f^{1-n/2}) - \frac{0.4}{n^{1.2}} \tag{1-73}$$

在 $n=0.36 \sim 10$，$Re_{MR} = 2900 \sim 3600$ 范围内上式的计算结果与实验很好相符。在 $n=0.2 \sim 10$ 范围内，幂律流体由层流向湍流过渡的临界雷诺数 Re_{MR} 为 $2100 \sim 2400$。

湍流减阻　在水或有机液中加入微量高分子物而成为稀溶液时，可以明显降低它在湍流流动时的阻力，此称为减阻现象。减阻的效果可用如下的减阻百分数 DR 表示

$$DR = \left(1 - \frac{\Delta \mathscr{P}}{\Delta \mathscr{P}_s}\right) = 1 - \frac{f}{f_s} \tag{1-74}$$

减阻效果常与管径、高分子物的种类、浓度等因素有关，且当 Re 超过某一临界值后才有明显效果。当溶液流经泵、阀门时遭受高剪切后，由于高分子链的断裂，减阻效果下降。

第2章

流体输送机械

2.1　教学方法指导

在实际工作中，我们只会选择输送机械，不会设计和制造这种机械。在作出选择时，我们可以查找各种样本，甚至向制造厂的技术人员请教，商议如何作出选择。这些知识是学校教学中无法给予也无需给予的。如此，在学校教学中应当给学生怎样的知识呢？我总在琢磨，学生学完这门课后在离校时在脑海里还能留下什么。我们期望能留下什么？

在作出选择前，首先需要知道，我们要解决的问题（流体输送任务）是一个常规任务，不难完成的任务，还是一个特殊任务，麻烦的任务。如果要完成的任务是个非常麻烦的任务，那就需要反思，是否有必要设定这样的任务。

所设定的输送任务是常规的还是特殊的，决定于目前常规设备的水平和能力。因此，首先需要知道目前常规的输送机械是什么。也就是说，在介绍各种输送机械时，不一定是按原理分类，可以是按常规使用与特殊使用分类介绍。常规的输送机械是离心泵和离心通风机。自然需要突出介绍这种机械。

输送任务的指标是输送流量（生产需要）和压头（管路特性）。从现有生产厂的样本不难明确我们所要解决的问题是否属常规任务。

过高的压头和过大的输送量会使任务从常规转为特殊。如果输送量过大但压头要求不高，可以选用轴流泵和轴流通风机；如果压头很大，但输送量不大，问题也不大，可以选用正位移泵和鼓风机、压缩机。但是，当输送量大、压头又高时，就成为麻烦的特殊任务了。

当然，如果能进一步记住，大流量的通风不困难，但是，大流量的鼓风就麻烦多了，而通风机与鼓风机的压头分界线是 15kPa，那他就具备工程师潜质了。

对最常用的离心泵的工作原理多一些了解便于更好地使用。高速旋转流体的外缘的静压比中心处大、其切向线速度也比中心处大，因此，流体从中心处向外缘作径向运动时，既获得了静压能又获得了动能，大体上各占一半。叶片和蜗壳形状的设计是为了在获得能量和转换能量时减少能耗，提高泵的能量效率。因此，泵的额定扬程决定泵是否可用，额定流量则是泵使用是否经济的指标。这点与正位移泵不同，正位移泵输出量是确定的，提供的是管路要求的静压能。

由此，也引出了调节方法的区别。离心泵可以用阀改变管路特性实现流量的调节，正位移泵则只能用旁路调节。

应该让学生注意到，现场调节，无论是阀调节和旁路调节，都是以消耗能量为代价的。泵的选择是个经济问题。

2.2 教学随笔

2.2.1 流体输送

▲离心泵是作为流体力学应用的一个实例而安排的，因此，在讲解及选择推导方法时，应尽可能与流体流动章保持一致，不宜另起炉灶，另搞一套。

▲管路特性曲线反映了管路对输送机械的要求。讲授流体输送，应从此处着手。

▲为了启发与诱导学生的思维能力和创造能力，就要从几类不同结构的泵的作用原理比较中，让学生体察到如何依据一定的物理原理、发展有效的过程、调用可靠的机械手段，以达到一定的工程目的，从而避免给学生枯燥、烦琐的知识灌输的错觉。

流体输送这一章的内容，是以离心泵作为重点的。根据学生今后的工作去向，很少会直接进行离心泵的设计，多数情况下，只是进行泵的选择和了解泵的操作。从实用观点看，原本没有必要进行详细的理论推导和定量分析。在化工原理课程教学中，安排对离心泵作较为深入讨论的教学目的，在于是作为流体力学应用的一个实例。因此，在讲解中或是在选择推导方法时，应当尽可能地运用流体运动章中已讲述过的原理和公式，而不宜另起炉灶，另搞一套。

流体输送这一章是将"输送"作为一种单元操作看待的，这就要求我们在讲授时，应当从分析流体输送的工程目的着手分析。为了达到这一工程目的所能调用的工程手段，探讨为了实现这一过程需用的设备或机械的结构及其操作性能。

2.2.2 管路对输送机械的要求

任何单元操作的讲解都应从工程目的着手。液体输送的工程目的，在于将低能位的液体自供液点输送到高能位的受液点。在这个过程中，管路是既定的，因此，最好首先分析在给定管路的情况及规定输送任务的前提下，将对泵的操作提出要求。运用伯努利定律不难得出液体在泵前和泵后所应有的机械能位的提高，这就是管路的特性曲线所决定的。所以我认为，流体输送这一章应从管路的特性曲线开始，它反映了管路对泵提出的要求。同时，运用伯努利定律也不难发现，液体能位的提高，主要是静压能的提高。换言之，在规定的输送任务下，输送机械所给予液体的能量，最终必须以静压能的形式而不是其他形式的能量。

2.2.3　可调用的工程手段

为了给液体以机械能量，可供采用的工程手段很多。最常用的是旋转运动和往复运动，由此引出了往复式输送机械和旋转式输送机械。当然，最均衡的运动方式是旋转运动。但是，同样是进行旋转运动，仍然可以有多种形式的结构、采用不同的作用原理，如离心泵、轴流泵、齿轮泵、涡轮泵等，各自依据不同的作用原理，相应地具有不同的结构。在化工原理课程中进行流体输送的教学，就要善于从这几类泵的作用原理的比较中，让学生体察到在工程实际中，人们是如何依据一定的物理原理，发展有效的过程，调用有效的机械，以达到一定的工程目的的。这样的分析比较，既有助于启发学生的思维，诱导学生的创造能力，也可避免给学生以枯燥的灌输的错觉。

2.2.4　离心泵的工作原理和理论指导

离心泵的工作原理的讲授，应当紧扣工程目的而展开。我在进行这一部分内容的教学时，先是提出了一系列问题。离心泵的叶轮迫使液体作旋转运动，在旋转中给液体以机械能。问题是旋转机械给流体以什么形式的能量，是以动能为主，还是以静压能为主呢？

为了简化起见，在回答这一问题时，先考察简化的情况，即假设流体流量为极小时的极限情况，亦即为零流量的情况。此时可认为流体只作旋转运动，径向运动可以忽略。如果考察者以同样的角速度作旋转运动，那么，叶轮里的液体是相对静止的。这样我们所考察的问题就可以用静力学原理加以解决，这就使得问题得到大大简化了，即所待处理的问题是离心场下的静力学问题，之所以这样处理，主要在于启发学生如何对复杂问题进行简化，如何选择恰当的考察点。比如这里通过取极限的情况，使得本来是二维的平面运动的动力学问题，变成为简单的静力学问题。

运用在流体力学章中已学过的重力场下的静力学方程的推导方式，不难导出离心力场下的静力学方程。如果在教学上做好安排，那么，在静力学的习题中可以给出一道习题，让学生们自己去推导离心力场下的静力学方程，训练学生举一反三的能力。

从离心力场下的静力学方程可以看出，叶轮外缘液体较之叶轮内缘液体在静压能方面有所提高。从简单的运动学可以得出叶轮外缘液体的动能较之内缘液体的动能也有所提高。而且，静压能的提高值和动能的提高值恰好相等。由此可以看出，迫使液体作旋转运动，叶轮既给液体以动能也给液体以静压能，不分主次，两者并重。

从零流量转到正常输送时，仍可应用伯努利定律，同样可以得知，静压能的增值有所增大，动能的增值有所减少。

从以上定量的分析可以得出结论：离心泵内叶轮给液体的机械能中，静压能占一半甚至更多一些，绝不是像有些学生直觉感到的以动能为主那样的错觉。尽管如此，动能所占的份额仍不小。但是，如前所述，管路对泵的要求是给液体以静压能，因此，泵体内除叶轮外，必须有能量转换装置，使液体获得的动能转化为静压能。由此可以引出结论：离心泵必须由两部分组成——给能和转能。这就决定了离心泵壳体形状和出口位置与方向。

这样，离心泵公式推导，紧紧扣住一个主题，离心泵的叶轮给液体以何种形式的能量，是以动能为主还是以静压能为主，使得推导过程具有强烈的针对性，把定性分析和定量分析结合起来，在推导过程中培养学生运用已学过的流体力学原理回答问题和解决问题的能力，而绝不仅仅是为推导而推导。

2.2.5 离心泵的效率

离心泵作为一种机械，自然有能力的问题。但是作为一种工程机械，还存在有效率的问题，应当让学生明确离心泵的能力和效率是两个不同的概念，不能混淆，在日常用语中这两个词都经常被混淆。

在工程问题中能力固然重要，但效率尤为重要。在离心泵的结构设计中，能力和效率往往是矛盾的，在处理这一对矛盾时，需要兼顾，而且往往以效率为主。采用后弯叶片显然就是为了照顾效率而牺牲了一些能力的一种考虑。

离心泵的效率曲线是两头低中间高，即在某特定流量下效率最高。在讲解效率问题时应紧紧抓住这一主题：为什么在特定流量下效率最高，流量过大或过小，都使效率降低。

解决这一问题时，着重的是泵的水力效率和水力损失。解决这一问题的途径，是弄清液体的运动轨迹。在叶轮区，液体在作旋转运动的同时作径向运动，由于不同半径处液体的切向速度必须加大，而加速又需要一定的时间，因此液体向外缘运动达到一定的半径位置时，总不能达到应有的切向速度，这样，在叶轮区，相对于叶轮其轨迹是后弯的。为了减少液体和叶轮间的碰撞，以减小水力损失，叶片也应取后弯的形式。但在不同流量时，其轨迹的形状是不同的，故在设计时必须先规定一个流量即额定流量作为基准，然后设计叶片形状以适应该流量时的轨迹形状。这样，叶片形状只适应于额定流量，这就不难理解在额定流量时效率最高，而其他流量时其水力损失必然较大，效率相应降低。

叶轮区如此，转能区也必然如此。蜗壳的形状、导轮的形状，都是按照额定流量下的液体轨迹设计的，因而也只能是在额定流量下转能效率最高。

2.3　教学内容精要

2.3.1　概述

管路特性方程

$$H = \frac{\Delta \mathscr{P}}{\rho g} + K q_V^2 \tag{2-1}$$

$$K = \sum \frac{8 \left(\lambda \dfrac{l}{d} + \zeta \right)}{\pi^2 d^4 g}$$

式(2-1) 称为管路特性方程式，它表明管路中流体的流量与所需补加能量的关系。由式(2-1) 可知，**输送流体所需的能量**即需向流体提供的能量用于提高流体的势能和克服管路的阻力损失；其中阻力损失项与被输送的流体量有关。显然，低阻力管路系统的特性曲线较为平坦（K 值较小），高阻管路的特性曲线较为陡峭（K 值大）。

压头和流量是流体输送机械的主要技术指标　通常将输送机械向单位重量流体提供的能量称为该机械的压头或扬程。

流体输送机械的分类　依作用原理不同，可将它们作如下分类：动力式（叶轮式），包括离心式、轴流式等；容积式（正位移式），包括往复式、旋转式等；其他类型，指不属于上述两类的其他型式，如喷射式等。

2.3.2　离心泵

2.3.2.1　离心泵的工作原理

离心泵工作原理　离心泵在工作时，叶轮由电机驱动作高速旋转运动（1000～3000r/min），迫使叶片间的液体作近于等角速度的旋转运动，同时因离心力的作用，使液体由叶轮中心向外缘作径向运动。在叶轮中心处吸入低势能、低动能的液体，液体在流经叶轮的运动过程中获得能量，在叶轮外缘可获得高势能、高动能的液体。液体进入蜗壳后，由于流道的逐渐扩大而减速，又将部分动能转化为势能，最后沿切向流入压出管道。在液体受迫由叶轮中心流向外缘的同时，在叶轮中心形成低压。液体在吸液口和叶轮中心处的势能差的作用下源源不断地吸入叶轮。

离心泵的主要构件——叶轮和蜗壳　离心泵的主要工作部件是旋转叶轮和固定的泵壳。叶轮是离心泵直接对液体做功的核心部件（供能装置）。蜗壳是转能装置。

液体在叶片间的运动　离心泵在输送液体时，液体在叶轮内部除以切向速度

u 随叶轮旋转外，还以相对速度 w 沿叶片之间的通道流动。液体在叶片之间任一点的绝对速度 c 等于该点的切向速度 u 和相对速度 w 的向量和。

等角速度旋转运动的考察方法　考察等角速度旋转运动的方法有两种，一种是以静止坐标为参照系，另一种是以与流体一起作等角速度运动的旋转坐标为参照系。以旋转坐标为参照系，所观察到的是流体与叶轮之间的相对运动。若要考察流体的总机械能时，仍以静止坐标为参照系。

离心力场中的机械能守恒　设叶轮具有无限多叶片并绕轴以角速度 ω 旋转。离心泵正常工作时，流体作等角速度旋转运动的同时，还将沿叶片通道由内缘流向外缘。旋转坐标为参照系，并假设液体是理想流体，无摩擦阻力损失；流动是定态的则流体质点在叶片通道内的相对运动速度 w 应满足

$$X\mathrm{d}x+Y\mathrm{d}y+Z\mathrm{d}z-\frac{\mathrm{d}p}{\rho}=\mathrm{d}\left(\frac{w^2}{2}\right) \tag{2-2}$$

泵内流动流体质点除受重力作用外，还受到惯性离心力的作用。

重力　　　　　　　　　　　　$Z=-g$

惯性离心力　　　　　　　　　　$F=\omega^2 r$

此离心力在 x 和 y 方向的投影是　　　$X=\omega^2 x$ ；　　　$Y=\omega^2 y$

将 X、Y、Z 代入式(2-2) 中，并积分得

$$\left(\frac{p}{\rho g}+z-\frac{u^2}{2g}\right)+\frac{\omega^2}{2g}=C$$

此式表明，理想流体由无限多叶片构成的叶片通道内作定态流动时，其总机械能守恒。在重力与离心力的同时作用下，此总机械能由总势能 $\left(\frac{p}{\rho g}+z-\frac{u^2}{2g}\right)$ 与

以相对运动速度计的动能 $\frac{\omega^2}{2g}$ 构成，两者可以转换但总量不变。这样可对叶轮进、出口截面列出机械能守恒式：

$$\left(\frac{p_1}{\rho g}+z_1-\frac{u_1^2}{2g}\right)+\frac{\omega_1^2}{2g}=\left(\frac{p_2}{\rho g}+z_2-\frac{u_2^2}{2g}\right)+\frac{\omega_2^2}{2g} \tag{2-3}$$

或　　　　　　　$$\frac{p_2-p_1}{\rho g}=\frac{u_2^2-u_1^2}{2g}+\frac{\omega_1^2-\omega_2^2}{2g} \tag{2-4}$$

离心泵的理论压头　以静止物体为参照系，具有径向运动的旋转流体所具有的机械能应是势能 $\frac{p}{\rho g}$ 和以绝对速度计的动能 $\frac{c^2}{2g}$。离心泵叶轮对单位重量流体所提供的能量等于流体在进、出口截面的总机械能之差，即

$$H_T=\frac{p_2-p_1}{\rho g}+\frac{c_2^2-c_1^2}{2g} \tag{2-5}$$

将式(2-4) 代入式(2-5)，可得离心泵的理论压头为

$$H_T = \frac{u_2^2 - u_1^2}{2g} + \frac{\omega_1^2 - \omega_2^2}{2g} + \frac{c_2^2 - c_1^2}{2g} \tag{2-6}$$

上两式表明，离心泵是以势能和动能两种形式向流体提供能量。对于通常的具有后弯叶片的叶轮，$\frac{c_2^2 - c_1^2}{2g} < \frac{u_2^2 - u_1^2}{2g}$，且 $\omega_1 < \omega_2$，其中势能部分将占更大的比例。

利用泵内流体质点的切向速度 u、相对速度 w 和绝对速度 c 之间的关系可推得

$$H_T = \frac{u_2 c_2 \cos\alpha_2 - u_1 c_1 \cos\alpha_1}{g} \tag{2-7}$$

为得到较大的压头，在离心泵设计时，通常使液体不产生预旋，从径向进入叶轮，即 $\alpha_1 = 90°$。于是，泵的理论压头

$$H_T = \frac{u_2 c_2 \cos\alpha_2}{g} \tag{2-8}$$

流量对理论压头的影响　理论压头 H_T 和泵的流量之间的关系为

$$H_T = \frac{u_2^2}{g} - \frac{u_2}{g A_2} q_V \mathrm{ctg}\beta_2 \tag{2-9}$$

式(2-9) 表示不同形状的叶片在叶轮尺寸和转速一定时，泵的理论压头和流量的关系。这个关系是离心泵的主要特征。

叶片形状对理论压头的影响　叶片形状不同，离心泵的理论压头 H_T 与流量 q_V 的关系也不同。对径向叶片，$\mathrm{ctg}\beta_2 = 0$，泵的理论压头 H_T 与流量 q_V 无关；对于前弯叶片，$\mathrm{ctg}\beta_2 < 0$，泵的理论压头 H_T 随流量 q_V 增加而增大；对于后弯叶片，$\mathrm{ctg}\beta_2 > 0$，泵的理论压头 H_T 随流量 q_V 增加而减小。

为获得较高的能量利用率，离心泵总是采用后弯叶片。

液体密度的影响　液体密度未出现在理论压头关系式中，表明理论压头与液体密度无关。故同一台泵不论输送何种液体，所能提供的理论压头是相同的。但是，离心泵的压头是以被输送流体的流体柱高度表示的。在同一压头下，泵进、出口的压差却与流体的密度成正比。如果泵启动时，泵体内是空气，而被输送的是液体，则启动后泵产生的压头虽为定值，但因空气密度太小，造成的压差或泵吸入口的真空度很小而不能将液体吸入泵内。因此，离心泵启动时须先使泵内充满液体，这一操作称为灌泵。如果泵的位置处于吸入液面之下，液体可借位差自动进入泵内，则不必人工灌泵。

泵在运转时吸入管路和泵的轴心处常处于负压状态，若管路及轴封密封不良，则因漏入空气而使泵内流体的平均密度下降。若平均密度下降严重，泵将无法吸上液体，此称为"气缚"现象。

2.3.2.2 离心泵的特性曲线

泵的有效功率和效率 泵在运转过程中由于存在种种损失，使泵的实际（有效）压头和流量均较理论值为低，而输入泵的功率较理论值为高。

$$P_e = \rho g q_V H_e \tag{2-10}$$

由电机输入离心泵的功率称为泵的轴功率，以 P_a 表示。有效功率与轴功率之比值定义为泵的（总）效率 η，即

$$\eta = \frac{P_e}{P_a} \tag{2-11}$$

离心泵内的容积损失、水力损失和机械损失是构成泵的效率的主要因素。容积损失是指叶轮出口处高压液体因机械泄漏返回叶轮入口所造成的能量损失。水力损失是由于实际流体在泵内有限叶片作用下各种摩擦阻力损失，包括液体与叶片和壳体的冲击而形成旋涡，由此造成的机械能损失。机械能损失则包括旋转叶轮盘面与液体间的摩擦以及轴承机械摩擦所造成的能量损失。

离心泵的特性曲线 离心泵的有效压头 H_e（扬程）、效率 η、轴功率 P_a 均与输液量 q_V 有关，其间关系可用泵的特性曲线表示，其中尤以扬程和流量的关系最为重要。

离心泵的理论压头 H_T 与流量 q_V 的关系只能通过实验测定。离心泵出厂前均由泵制造厂测定 $H_e \sim q_V$、$\eta \sim q_V$、$P_a \sim q_V$ 三条曲线，列于产品样本供用户参考。

在额定流量 q_V 下，压头损失最小，效率最高。

液体黏度对特性曲线的影响 泵制造厂所提供的特性曲线是用常温清水进行测定的，若用于输送黏度较大的实际工作介质，特性曲线将有所变化。因此，选泵时应先对原特性曲线进行修正，然后根据修正后的特性曲线进行选择。

转速对特性曲线的影响 同一台离心泵在不同转速运转时其特性曲线不同。转速相差不大，转速改变后的特性曲线可从已知的特性曲线近似地换算求出，换算的条件是设转速改变前后液体离开叶轮的速度三角形相似，则泵的效率相等。

离心泵的比例定律如下：

如果流量之比

$$\frac{q_V'}{q_V} = \frac{n'}{n} \text{（为速度三角形相似的条件）} \tag{2-12}$$

则扬程之比

$$\frac{H_e'}{H_e} = \left(\frac{n'}{n}\right)^2 \tag{2-13}$$

轴功率之比

$$\frac{P_a'}{P_a} = \left(\frac{n'}{n}\right)^3 \tag{2-14}$$

据此可从某一转速下的特性曲线换算出另一转速下的特性曲线，但是仅以转速变化 $\pm 20\%$ 以内为限。当转速变化超出此范围，泵的特性曲线应通过实验重新

测定。

2.3.2.3　离心泵的流量调节和组合操作

安装在管路中的泵其输液量即为管路的流量，在该流量下泵提供的扬程必恰等于管路所要求的压头。因此，离心泵的实际工作情况（流量、压头）是由泵特性和管路特性共同决定的。

离心泵的工作点　若管路内的流动处于阻力平方区，在管路中的离心泵其工作点（扬程和流量）必同时满足：

管路特性方程　　　　　　　　　$H = f(q_V)$　　　　　　　　　　　(2-15)

泵的特性方程　　　　　　　　　$H_e = \varphi(q_V)$　　　　　　　　　(2-16)

联立求解此两方程即得管路特性曲线和泵特性曲线的交点，此交点为泵的工作点。

流量调节　如果工作点的流量大于或小于所需要的输送量，应设法改变工作点的位置，即进行流量调节。

最简单的调节方法是在离心泵出口处的管路上安装调节阀。改变阀门的开度即改变管路阻力系数［式(2-1)中的 K 值］可改变管路特性曲线的位置，使调节后管路特性曲线与泵特性曲线的交点移至适当位置，满足流量调节的要求。这种通过管路特性曲线的变化来改变工作点的调节方法，不仅增加了管路阻力损失（在阀门关小时），且使泵在低效率点工作，在经济上很不合理。但用阀门调节流量的操作简便、灵活，故应用很广。对于调节幅度不大而经常需要改变流量时，此法尤为适用。

另一类调节方法是改变泵的特性曲线，如改变转速等。用这种方法调节流量不额外增加管路阻力，而且在一定范围内可保持泵在高效率区工作，能量利用较为经济，但调节不方便，一般只有在调节幅度大，时间又长的季节性调节中才使用。

当需较大幅度增加流量或压头时可将几台泵加以组合。离心泵的组合方式原则上有两种：并联和串联。

并联泵的合成特性曲线　设有两台型号相同的离心泵并联工作，而且各自的吸入管路相同，则两泵的流量和压头必相同。因此，在同样的压头下，并联泵的流量为单台泵的两倍。由于管路阻力损失的增加，两台泵并联的总输送量 $q_{V并}$ 必小于原单泵输送量 q_V 的两倍。

串联泵的合成特性曲线　两台相同型号的泵串联工作时，每台泵的压头和流量也是相同的。因此，在同样的流量下，串联泵的压头为单台泵的两倍。由于串联后的总输液量 $q_{V串}$ 即是组合中的单泵输液量 q_V，故总效率也为 $q_{V串}$ 时的单泵效率。

组合方式的选择　如果管路两端的势能差 $\dfrac{\Delta \mathscr{P}}{\rho g}$ 大于单泵所能提供的最大扬程，

则必须采用串联操作。但在许多情况下，单泵可以输液，只是流量达不到指定要求。此时可针对管路的特性选择适当的组合方式，以增大流量。

对于低阻输送管路，并联优于串联组合；对于高阻输送管路，则采用串联组合更为适合。

2.3.2.4 离心泵的安装高度

汽蚀现象 提高泵的安装位置，叶轮进口处的压强可能降至被输送液体的饱和蒸气压，引起液体部分汽化。含气泡的液体进入叶轮后，因压强升高，气泡立即凝聚。气泡的消失产生局部真空，周围液体以高速涌向气泡中心，造成冲击和振动。尤其当气泡的凝聚发生在叶片表面附近时，众多液体质点犹如细小的高频水锤撞击着叶片；另外气泡中还可能带有些氧气等对金属材料发生化学腐蚀作用。泵在这种状态下长期运转，将导致叶片的过早损坏。这种现象称为泵的汽蚀。

离心泵在产生汽蚀条件下运转，泵体振动并发生噪声，流量、扬程和效率都明显下降，严重时甚至吸不上液体。为避免汽蚀现象，泵的安装位置不能太高，以保证叶轮中各处压强高于液体的饱和蒸气压。

临界汽蚀余量（NPSH）$_c$ 与必需汽蚀余量（NPSH）$_r$ 在泵内刚发生汽蚀的临界条件下，泵入口处液体的机械能 $\left(\dfrac{p_{1,\min}}{\rho g} + \dfrac{u_1^2}{2g}\right)$ 比液体汽化时的势能超出 $\left(\dfrac{u_K^2}{2g} + \sum H_{f(1-K)}\right)$。此超出量称为离心泵的临界汽蚀余量，并以符号（NPSH）$_c$ 表示，即

$$(NPSH)_c = \frac{p_{1,\min}}{\rho g} + \frac{u_1^2}{2g} - \frac{p_v}{\rho g} = \frac{u_K^2}{2g} + \sum H_{f(1-K)} \tag{2-17}$$

为使泵正常运转，泵入口处的压强 p_1 必须高于 $p_{1,\min}$，即实际汽蚀余量（亦称装置汽蚀余量）：

$$NPSH = \frac{p_1}{\rho g} + \frac{u_1^2}{2g} - \frac{p_v}{\rho g} \tag{2-18}$$

必须大于临界汽蚀余量（NPSH）$_c$ 一定的量。

临界汽蚀余量作为泵的一个特性，须由泵制造厂通过实验测定。

为确保离心泵工作正常，根据有关标准，将所测定的（NPSH）$_c$ 加上一定的安全量作为必需汽蚀余量（NPSH）$_r$，并列入泵产品样本。标准还规定实际汽蚀余量 NPSH 要比（NPSH）$_r$ 大 0.5m 以上。

最大安装高度 H_{gmax} 与最大允许安装高度 $[H_g]$ 在一定流量下，泵的安装位置越高，泵的入口处压强 p_1 越低，叶轮入口处的压强 p_K 更低。当泵的安装位置达到某一极限高度时，则 $p_1 = p_{1,\min}$，$p_K = p_v$，汽蚀现象遂将发生。此极

限高度称为泵的最大安装高度 H_{gmax}。从吸入液面和叶轮入口截面 K-K 之间列机械能衡算式，可求得最大安装高度

$$H_{gmax} = \frac{p_0}{\rho g} - \frac{p_v}{\rho g} - \sum H_{f(0-1)} - \left[\frac{u_K^2}{2g} + \sum H_{f(1-K)} \right]$$

$$= \frac{p_0}{\rho g} - \frac{p_v}{\rho g} - \sum H_{f(0-1)} - (NPSH)_c \qquad (2\text{-}19)$$

式中，$\dfrac{p_0}{\rho g}$ 和 $\dfrac{p_v}{\rho g}$ 为已知量，在一定流量下 $\sum H_{f(0-1)}$ 可根据吸入管的具体情况求出，$(NPSH)_c$ 由泵制造厂提供，故最大安装高度 H_{gmax} 可以计算。

为安全起见，通常是将最大安装高度 H_{gmax} 减去一定量作为安全高度的上限，称为最大允许安装高度 $[H_g]$。最大允许安装高度 $[H_g]$ 可由式（2-20）计算

$$[H_g] = \frac{p_0}{\rho g} - \frac{p_v}{\rho g} - \sum H_{f(0-1)} - [(NPSH)_r + 0.5] \qquad (2\text{-}20)$$

必须指出，$(NPSH)_r$ 与流量有关，流量大时的 $(NPSH)_r$ 较大。因此在计算泵的最大允许安装高度 $[H_g]$ 时，必须以使用过程中可能达到的最大流量进行计算。

2.3.2.5　离心泵的类型与选用

离心泵的类型　离心泵的种类很多，化工生产中常用的离心泵有：清水泵、耐腐蚀泵、油泵、液下泵、屏蔽泵、杂质泵、管道泵和低温用泵等。

离心泵的选用　离心泵的选用原则上可分为两步进行：

① 根据被输送液体的性质和操作条件，确定泵的类型；

② 根据具体管路对泵提出的流量和压头要求确定泵的型号。

离心泵的选择是一个设计型问题，有时会有几种型号的泵同时在最佳工作范围内满足 H 和 q_V 的要求。遇到这种情况，可分别确定各泵的工作点，比较各泵在工作点的效率。一般总是选择其中效率最高的，也应参考泵的价格。

2.3.3　往复泵

2.3.3.1　往复泵的作用原理和类型

作用原理　往复泵主要由泵缸、活柱（或活塞）和活门组成。活柱在外力推动下作往复运动，由此改变泵缸内的容积和压强，交替地打开和关闭吸入、压出活门，达到输送液体的目的。由此可见，往复泵是通过活柱的往复运动直接以压强能的形式向液体提供能量的。

往复泵的类型　按往复泵的动力来源可分为：①电动往复泵；②汽动往复

泵。按照作用方式可将往复泵分为：①单动往复泵；②双动往复泵。

2.3.3.2　往复泵的流量调节

往复泵的流量原则上应等于单位时间内活塞在泵缸中扫过的体积。它与往复频率、活塞面积和行程及泵缸数有关。

流量的不均匀是往复泵的严重缺点，提高管路流量均匀性的常用方法有两个：①采用多缸往复泵；②装置空气室。

往复泵的流量调节　往复泵的理论流量是由活塞所扫过的体积所决定，而与管路特性无关。而往复泵提供的压头则只决定于管路情况。这种特性称为正位移特性，具有这种特性的泵称为正位移泵。

往复泵不能采用出口阀门来调节流量。往复泵的流量调节方法是：①旁路调节；②改变曲柄转速和活塞行程。

2.3.4　其他化工用泵

2.3.4.1　非正位移泵

（1）轴流泵　轴流泵的转轴带动轴头转动，轴头上装有叶片。液体进入泵壳，经过叶片，然后又经过固定于泵壳的导叶流入压出管路。

轴流泵叶片扭角随半径增大而增大，因而液体的角速度 ω 随半径增大而减小。如适当选择叶片扭角，使 ω 在半径方向按某种规律变化，可以使势能 $\left(\dfrac{p}{\rho g}+z\right)$ 沿半径基本保持不变，从而消除液体的径向流动。通常把轴流泵叶片制成螺旋桨式，其目的就在于此。

轴流泵提供的压头一般较小，但输液量却很大，特别适用于大流量、低压头的流体输送。

轴流泵一般不设置出口阀，调节流量是采用改变泵的特性曲线的办法实现的。常用方法有：①改变叶轮转速；②改变叶片安装角度。

（2）旋涡泵　旋涡泵主要工作部分是叶轮及叶轮与泵体组成的流道。流道用隔舌将吸入口和压出口分开。叶轮旋转时，在边缘区形成高压强，因而构成一个与叶轮周围垂直的径向环流。在径向环流的作用下，液体自吸入至排出的过程中可多次进入叶轮并获得能量。旋涡泵的效率相当低，一般为 $20\%\sim50\%$。

2.3.4.2　正位移泵

（1）隔膜泵　隔膜泵实际上就是活柱往复泵。隔膜系采用耐腐蚀橡皮或弹性金属薄片制成。当活柱作往复运动时，迫使隔膜交替地向两边弯曲，将液体吸入和排出。

（2）计量泵 化工生产中，有时要求精确地输送流量恒定的液体或将几种液体按比例输送。计量泵能够很好地满足这些要求。计量泵的基本构造与往复泵相同，但设有一套可以准确而方便地调节活塞行程的机构。隔膜式计量泵可用来定量输送剧毒、易燃、易爆和腐蚀性液体。

多缸计量泵每个活塞的行程可单独调节，能实现多种液体按比例输送或混合。

（3）齿轮泵 齿轮泵是正位移泵的另一种类型，齿轮泵泵壳中有一对相互啮合的齿轮，将泵内空间分成互不相通的吸入腔和排出腔。齿轮旋转时，封闭在齿穴和泵壳间的液体被强行压出。齿轮脱离啮合时形成真空并吸入液体，排出腔则产生管路需要的压强。此种齿轮泵容易制造，工作可靠，有自吸能力，但流量和压头有些波动，且有噪声和振动。

齿轮泵的流量较小，但可产生较高的压头。

（4）螺杆泵 螺杆泵是泵类产品中出现较晚的、较为新型的一种。螺杆泵按螺杆的数目，可分为单螺杆泵、双螺杆泵、三螺杆泵和五螺杆泵。

2.3.4.3 各类化工用泵的比较与选择

离心泵由于其适用性广、价格低廉是化工厂中应用最广泛的泵，它依靠高速回转的叶轮完成输送任务，故易于达到大流量，较难产生高压头。往复泵是靠往复运动的柱塞挤压排送液体的，因而易于获得高压头而难以获得大流量。流量较大的往复泵其设备庞大，造价昂贵。旋转泵（齿轮泵、螺杆泵等）也是靠挤压作用产生压头的，但输液腔一般很小，故只适用于流量小而压头较高的的场合，对高黏度料液尤其适宜。

2.3.5 气体输送机械

气体输送机械的结构和原理与液体输送机械大体相同。但是气体具有可压缩性和比液体小得多的密度（约为液体密度的 1/1000 左右），从而使气体输送具有某些不同于液体输送的特点。

对一定的质量流量，气体由于密度很小，其体积流量很大。因此，气体输送管路中的流速要比液体输送管路的流速大得多。由前可知，液体在管道中的经济流速为 $1 \sim 3 \mathrm{m/s}$，而气体为 $15 \sim 25 \mathrm{m/s}$，约为液体的 10 倍。这样，若利用各自最经济流速输送同样的质量流量，经相同管长后气体的阻力损失约为液体阻力损失的 10 倍。换句话说，气体输送管路对输送机械所提出的压头要求比液体管路要大得多。

气体因具有可压缩性，故在输送机械内部气体压强发生变化的同时，体积和温度也将随之发生变化。这些变化对气体输送机械的结构、形状有很大影响。因此，气体输送机械除按其结构和作用原理进行分类外，还根据它所能产生的进、出口压强差（如进口压强为大气压，则压差即为表压计的出口压强）或压强比（称为压缩比）进行分类，以便于选择。

① 通风机：出口压强不大于 14.7kPa（表压），压缩比为 1～1.15。

② 鼓风机：出口压强为 14.7kPa～0.3MPa（表压），压缩比小于 4。

③ 压缩机：出口压强为 0.3MPa（表压）以上，压缩比大于 4。

④ 真空泵：用于减压，出口压力为 0.1MPa（表压），其压缩比由真空度决定。

2.3.5.1 通风机

工业上常用的通风机有轴流式和离心式两类。

（1）轴流式通风机　轴流式通风机的结构与轴流泵类似，轴流式通风机排送量大，但所产生的风压甚小，一般只用来通风换气，而不用来输送气体。化工生产中，在空冷器和冷却水塔的通风方面，轴流式通风机的应用还是很广的。

（2）离心式通风机　离心式通风机的工作原理与离心泵完全相同，其构造与离心泵也大同小异。对于通风机，习惯上将压头表示成单位体积气体所获得的能量，其量纲为 $[ML^{-1} \cdot T^{-2}]$，SI 单位为 N/m^2，与压强相同。所以风机的压头称为全压（又称风压）。根据所产生的全压大小，离心式通风机又可分为低压、中压、高压离心式通风机。

为适应输送量大和压头高的要求，通风机的叶轮直径一般是比较大的。通风机的叶片形状并不一定是后弯的，为产生较高压头也有径向或前弯叶片。前弯叶片可使结构紧凑，但效率低，功率曲线陡升，易造成原动机过载。因此，所有高效风机则都是后弯叶片。

离心式通风机的主要参数和离心泵相似，主要包括流量（风量）、全压（风压）、功率和效率。但是，关于通风机的全压须作以下说明。

通风机的风压与气体密度成正比。如取 $1m^3$ 气体为基准，对通风机进、出口截面（分别以下标 1、2 表示）作能量衡算，可得通风机的全压：

$$p_T = H \rho g = (z_2 - z_1)\rho g + (p_2 - p_1) + \frac{\rho(u_2^2 - u_1^2)}{2} \qquad (2\text{-}21)$$

因式中 $(z_2 - z_1)\rho g$ 可以忽略，当空气直接由大气进入通风机时，u_1 也可以忽略，则上式简化为：

$$p_T = (p_2 - p_1) + \frac{u_2^2 \rho}{2} = p_S + p_K \qquad (2\text{-}22)$$

从式(2-22)可以看出，通风机的压头由两部分组成：其中压差 $(p_2 - p_1)$ 习惯上称为静风压 p_S；而 $\frac{u_2^2 \rho}{2}$ 称为动风压 p_K。在离心泵中，泵进、出口处的动能差很小，可以忽略，但在离心式通风机中，气体出口速度很大，动能差不能忽略。因此，与离心泵相比，通风机的性能参数多了一个动风压 p_K。

通风机在出厂前，必须通过试验测定其特性曲线，试验介质是压强 101325Pa（1atm）、温度为 20℃的空气（$\rho' = 1.2kg/m^3$）。因此，在选用通风机时，如所输送气体的密度与试验介质相差较大，应先将实际所需全压 p_T 换算成试验状况下的全压 p_T'，然后根据产品样本中的数据确定风机的型号。全压换算可按下式进行：

$$p_T' = p_T \left(\frac{\rho'}{\rho}\right) = p_T \left(\frac{1.2}{\rho}\right) \tag{2-23}$$

2.3.5.2　鼓风机

在工厂中常用的鼓风机有旋转式和离心式两种类型。

（1）罗茨鼓风机　罗茨鼓风机是旋转式鼓风机应用最广的一种。罗茨鼓风机属于正位移型，其风量与转速成正比，而与出口压强无关。罗茨鼓风机的风量为 $0.03\sim9m^3/h$，出口压强不超过 80kPa。出口压强太高，泄漏量增加，效率降低。

罗茨鼓风机的出口应安装稳压气柜与安全阀，流量用旁路调节。出口阀不可完全关闭。罗茨鼓风机工作时，温度不能超过 85℃，否则因转子受热膨胀易发生卡住现象。

（2）离心鼓风机　离心鼓风机又称透平鼓风机，其工作原理与离心式通风机相同，但由于单级通风机不可能产生很高风压（一般不超过 50kPa），故压头较高的离心鼓风机都是多级的。其结构和多级离心泵类似。

离心鼓风机的出口压强一般不超过 0.3MPa（表压）。离心鼓风机的选用方法同离心式通风机。

2.3.5.3　压缩机

化工厂所用的压缩机主要有往复式和离心式两大类。

（1）往复式压缩机　往复式压缩机的基本结构和工作原理与往复泵相似。但因为气体的密度小、可压缩，故压缩机的吸入和排出活门必须更加灵巧精密；为移除压缩放出的热量以降低气体的温度，必须附设冷却装置。

（2）离心式压缩机　离心式压缩机又称为透平压缩机，其工作原理与离心鼓风机完全相同。

与往复式压缩机相比，离心式压缩机具有体积小、重量轻、运转平稳、操作可靠、调节容易、维修方便、流量大而均匀、压缩气可不受油污染等一系列优点。因此，近年来在化工生产中，往复式压缩机已越来越多地为离心式压缩机所代替。

2.3.5.4 真空泵

真空泵就是在负压下吸气、一般在大气压下排气的输送机械，用来维持工艺系统要求的真空状态。

（1）往复式真空泵　往复真空泵的构造和原理与往复式压缩机基本相同。往复式真空泵所排放的气体不应含有液体，如气体中含有大量蒸汽，必须把可凝性气体设法（一般采用冷凝）除掉之后再送入泵内，即它属于干式真空泵。

（2）水环真空泵　水环真空泵的外壳呈圆形，其中有一叶轮偏心安装。水环泵工作时，泵内注入一定量的水，当叶轮旋转时，由于离心力的作用，将水甩至壳壁形成水环。此水环具有密封作用，使叶片间的空隙形成许多大小不同的密封室。由于叶轮的旋转运动，密封室由小变大形成真空，将气体从吸入口吸入；继而密封室由大变小，气体由压出口排出。

水环真空泵在吸气中可允许夹带少量液体，属于湿式真空泵，结构简单紧凑，高真空度可达 85%。水环泵运转时，要不断地充水以维持泵内液封，同时也起冷却的作用。

（3）液环真空泵　液环真空泵又称纳氏泵，其外壳呈椭圆形，其中装有叶轮，叶轮带有很多爪形叶片。当叶轮旋转时，液体在离心力作用下被甩向四周，沿壁成一椭圆形液环。壳内充液量应使液环在椭圆短轴处充满泵壳与叶轮的间隙，而在长轴方向上形成两月牙形的工作腔。和水环泵一样，工作腔也是由一些大小不同的密封室组成的。但是，水环泵的工作腔只有一个，系由于叶轮的偏心所造成，而液环泵的工作腔有两个，是由于泵壳的椭圆形状所形成。

液环泵除用作真空泵外，也可用作压缩机，产生的压强可高达 0.5～0.6MPa（表压）。

（4）旋片真空泵　是旋转式真空泵的一种，当带有两个旋片的偏心转子按箭头方向旋转时，旋片在弹簧的压力及自身离心力的作用下，紧贴泵体内壁滑动，吸气工作室不断扩大，被抽气体通过吸气口经吸气管进入吸气工作室，当旋片转至垂直位置时，吸气完毕，此时吸入的气体被隔离。转子继续旋转，被隔离的气体逐渐被压缩，压强升高。当压强超过排气阀片上的压强时，则气体经排气管顶开阀片，通过油液从泵排气口排出。泵在工作过程中，旋片始终将泵腔分成吸气、排气两个工作室，转子每旋转一周，有两次吸气、排气过程。

旋片泵的主要部分浸没于真空油中，为的是密封各部件间隙，充填有害的余隙和得到润滑。此泵属于干式真空泵。

旋片泵可达较高的真空度 [约为 $5×10^{-3}$ Torr（1Torr＝133.322Pa）绝对压强]，抽气速率比较小，适用于抽除干燥或含有少量可凝性蒸气的气体。不适宜用于抽除含尘和对润滑油起化学作用的气体。

（5）喷射真空泵　喷射泵是利用高速流体射流时压强能向动能转换所造成的真空，将气体吸入泵内，并在混合室通过碰撞、混合以提高吸入气体的机械能，气体和工作流体一并排出泵外。

喷射泵的工作流体可以是水蒸气也可以是水,前者称为蒸汽喷射泵,后者称为水喷射泵。

单级蒸汽喷射泵仅能达到 90% 的真空度。为获得更高的真空度可采用多级蒸汽喷射泵,工程上最多采用五级蒸汽喷射泵,其极限真空可达 1.3Pa(绝压)。

喷射泵的优点是工作压强范围广,抽气量大,结构简单,适应性强(可抽吸含有灰尘以及腐蚀性、易燃、易爆的气体等),其缺点是效率很低,一般只有 10%～25%。因此,喷射泵多用于抽真空,很少用于输送目的。

真空泵的主要特性　真空泵的最主要特性是极限真空和抽气速率:

① 极限真空(残余压强)是真空泵所能达到的稳定最低压强,习惯上以绝对压强表示,单位为 Pa 或 Torr;

② 抽气速率(简称抽率)是单位时间内真空泵吸入口吸进的气体体积。注意,这是在吸入口的温度和压强(极限真空)条件下的体积流量,常以 m^3/h 或 L/s 表示。

这两个特性是选择真空泵的依据。

第3章

液体搅拌

3.1 教学方法指导

现在已有许多专业制造搅拌设备的企业，这些企业的技术人员对搅拌器的结构、设计和制造有丰富的知识和经验。我们并不需要深入细致地掌握搅拌装置的结构和设计，我们需要的是，清楚正确地理解对搅拌的需求，以便向这些专业企业提出要求，同时，需要对混合的过程及搅拌器应有的功能有正确的理解，以便与这些专业企业对话。我想这也应该是我们的教学要求。

"配料"是最简单的混合任务，两种互溶液体按比例均匀混合后备用。混合的过程是，将一种液体"破碎"成微团，将这些微团"均布"于另一液体中。

液液两相的搅拌的目的是将一个液相"破碎"成小滴，将这些小滴"均布"于另一种液体中。液滴会凝并并重力分层，因此，搅拌的实质是"破碎和均布"过程与"凝并和分层"过程的对抗。

液固两相的搅拌的目的是将固体颗粒"卷起"并"均布"于液体中。固体颗粒会因重力而沉降，因此，液固搅拌的实质是"卷起"和"沉降"的对抗。

卷起和均布靠的是主体流动，破碎靠的是湍流强度，由此导出搅拌器的两个功能：主体流动和湍流强度。常用的两种搅拌桨为旋桨和涡轮桨，前者以主体流动为主，后者以湍流强度为主。

搅拌要消耗能量。流体输送要求尽量减少能耗，搅拌则不同，消耗能量愈大，搅拌效果愈好。因此，搅拌的问题不是能量节约的问题，而是能量是否正确使用了。应当首先弄清楚，能量应该用于加大主体流动，还是用于增加湍流强度。

这个问题不仅关系到搅拌桨形式的选择，也关系到桨叶直径和转速的选择。在相同搅拌功率下，大直径桨叶有利于增大主体流动，高转速有利于增大湍流强度。

我希望以上这些成为常识留在学生的脑海中。

这只是搅拌的常规问题。不妨也告诉学生一些非常规的情况。

50

气液搅拌时，由于气泡合并。上浮后脱离液相，难于重新卷入液相，搅拌桨需要有自吸功能。

液相均相快速反应时要求两个液相反应组分瞬间均匀混合，要求超强的湍流强度，达到尽可能小的微团尺寸。

以上叙述都不适用于高黏度液体的搅拌，高黏度液体的搅拌需要特殊的搅拌桨叶。

3.2　教学随笔

3.2.1　液体搅拌

▲搅拌这一章的核心，在于从过程的定性分析着手，揭示混合过程的实质，导出搅拌装置的选择和放大的若干指导原则。

▲混合是由破碎和输送两个过程组成的。破碎依靠的是小尺度的湍动；输送则要依靠大尺度的环流。因此，要使破碎的动力——旋涡的尺寸愈小，液滴才能破碎得愈小。

▲搅拌装置应具备的功能，一是一定的输送量，另一是人工诱发的湍动。搅拌装置的这种功能要求，决定了搅拌装置的结构和选择原则。

▲高能耗是高强度搅拌器的标志，因此，能耗愈大的搅拌器才是高效的搅拌器。当然，搅拌装置也仍然存在着能量的有效利用问题。

▲搅拌这一章是学生首次接触"放大"的概念，要充分利用它介绍放大的含义以及放大判据的含义。

"液体的搅拌"这一章着重讨论以流体力学方法实现均相或非均相系的混合。搅拌过程涉及很复杂的流体力学原理。在化工原理课程中，搅拌是一个小章，在很有限的篇幅和授课时数中，不可能对搅拌作深入的定量的讨论，但仍然应当而且可以从过程的定性分析着手，揭示混合过程的实质，导出搅拌装置的选择和放大的若干指导原则，使学生体会到如何运用定性理论来指导实践，这是搅拌这一章的核心。以往的教材中缺少这一方面的内容，而单纯着眼于功率的计算，这是不符合能力培养要求的。

3.2.2　混合过程的定性分析

混合过程的实质是将一相分散并使之均布于另一相中，因此，它由两个过程组成：破碎和输送。

破碎依靠的是小尺度的湍动；输送依靠的是大尺度的环流。这样，对一个搅拌装置来说，应当同时具备两种功能：人工诱发的湍动和人为造成的主体循环。

以液液两相混合为例，一个液相由大液滴破碎成小液滴，不是由于搅拌桨叶的直接打击作用，而是由于搅拌桨旋转时造成的旋涡。旋涡对液滴作绕流运动时产生的压差促进液滴变形，成为扁平状，然后在剪切力的作用下分裂。

液滴的破碎不仅有速率的问题，而且更令人感兴趣的是破碎的极限——在足够时间的搅拌后液滴所能达到的最小尺寸。既然液滴破碎的动力是湍流流体中的旋涡，那么，旋涡的尺寸越小，液滴可破碎到愈小。湍流流体中存在着大大小小的旋涡，旋涡的尺寸决定于雷诺数。搅拌的雷诺数愈大，最小的旋涡尺寸愈小，液滴也就能破碎得愈小。

液-液非均相系统搅拌时，一相以液滴形状均布于另一相中，分散相的液滴的尺寸通常都是不均匀的，存在着一定的大小分布。这是因为在液滴破碎时存在着另一个相反的过程，即液滴的碰撞合并过程。实际过程中液滴的大小分布正是破碎和合并两个过程抗衡的结果，搅拌容器内湍流程度愈不均匀，液滴大小分布愈宽。即使搅拌容器内各处的湍流程度相同，合并过程依然存在，液滴尺寸仍然存在着一定的分布。只有设法使液滴在相互碰撞过程中不能合并，例如加入表面活性剂，才有可能获得尺寸均匀的液滴。

3.2.3　搅拌装置的功能

从混合过程的定性分析得知，混合是由破碎与输送两个过程完成，由此可以推论，搅拌装置应同时具备两个功能：一定的输送量和人工诱发的湍动。

从一定的输送量来看，搅拌装置实质上就是一种泵。两种典型的搅拌桨——涡轮桨和旋桨，实际上就是敞式的离心泵和轴流泵的变型。因此，运用液体输送这一章中已经学过的知识不难理解这两种桨叶的输送性能；泵与桨不同之处在于作液体输送时，应尽量防止不必要的湍动，以减少不必要的损耗；而作为搅拌器，则不仅不应防止而且还要人工诱发湍动。因此，作为离心泵，要采用后弯叶片，而作为搅拌器，则都用平直桨叶。

湍动的诱发依靠速度间断面。涡轮桨端面上存在速度间断面，因而其搅拌湍流程度高，旋桨搅拌湍流程度相对较低，因此涡轮桨有利于破碎，旋桨有利于输送。当混合过程以输送为主时，例如液-固混合时不需要破碎，自然宜选用旋桨，液-液混合要求高分散度时，自然宜用涡轮桨。

3.2.4　搅拌装置的能耗

一般的过程，总希望在达到目的的前提下减少能耗，而搅拌装置则不同。只有能输入能量给液体才能达到搅拌的目的，无论是输送量还是湍动程度都是要耗能的。因此，高强度的搅拌器的标志是高能耗，能耗愈大的搅拌器才是高效的搅拌器。例如涡轮式搅拌器，如果液体以相同的角速度随桨叶旋转，则既不存在速度间断面，也就不会有高的湍动程度，当然也就不会有强烈的破碎作用。

尽管如此，搅拌装置仍然存在着能量的有效利用问题，搅拌所耗能量部分用于输送量，部分用于湍动。如果实际混合过程的控制因素是快速的均布，则应将能量用于增大输送量；反之，如果控制因素是高的破碎度，则应用之于增大湍动。不合理的配置会造成能量的无效利用，正是这一因素决定着搅拌桨的直径和转速的合理选择。一般而言，在同样能耗下，高转速与小直径的配置使较多的能量用之于湍动，有利于破碎；低转速大直径，则有利于输送。

3.2.5　搅拌装置的放大

在搅拌章中，学生首次遇到"放大"这一概念，因此，应当充分利用搅拌章的教学，介绍放大的含义以及放大判据的含义。

在流体流动一章中，有关管路的设计都是采用计算的方法，不论计算式是如何得来的。而搅拌不仅过程复杂，搅拌目的各异，涉及的物系又是千变万化的，因此，难以建立完备的计算式。

面对这样复杂的问题，目前只能采用放大的方法。对于搅拌装置，遵循几何相似的原则，可以确定搅拌桨叶的尺寸；问题是如何决定转速。在经验放大中只能通过不同规模的中间试验以寻找放大的判据，然后据此确定转速。当然这种放大方法是纯经验的，以真实的物系进行试验，不同过程的实质和机理，只从实际的结果中去寻找经验的判据。

另一种方法是从过程的定性分析中寻找判据。例如，对一个液-液反应过程，如果从反应过程的机理得知，反应的结果决定于液滴大小的分布。那么，搅拌器的放大判据就是如何确定转速以获得相同的液滴大小分布。这样，就不需进行热模的中间试验，可以通过冷模试验以找寻放大规律。

搅拌时液滴大小分布一般近似于正态分布，这样，液滴的大小分布可用两个数值表征——平均直径和离散度。实验结果表明，放大时在满足几何相似的条件下，按平均直径相同的原则选择的转速与按离散度选择的转速并不一致，也就是说，在几何相似放大时，不可能获得相同的液滴大小分布；为了获得相同的液滴大小分布应该放弃几何相似的原则。

从这一例子中可以看出，后一种方法较之前一种方法科学一些。前一种方法是纯经验的，后一种方法则部分地掺入了机理的分析。这就表明在放大中，应尽可能选用后一种方法。

3.3　教学内容精要

3.3.1　概述

液体搅拌的目的大致为：①加快互溶液体的混合；②使一种液体以液滴形式

均匀分散于另一种不互溶的液体中；③使气体以气泡的形式分散于液体中；④使固体颗粒在液体中悬浮；⑤加强冷、热液体之间的混合以及强化液体与器壁的传热。

在工业上达到以上目的最常用的方法是机械搅拌。机械搅拌装置由搅拌釜、搅拌器和若干附件所组成。工业上常用的搅拌釜是一个圆筒形容器，其底部侧壁的结合处应以圆角过渡，以消除流动不易到达的死区。搅拌釜装有一定高度的液体。搅拌器由电机直接或通过减速装置传动，在液体中作旋转运动，其作用类似于泵的叶轮，向液体提供能量，促使液体在搅拌釜中作某种循环流动。

3.3.1.1 搅拌器的类型

各种搅拌器，按工作原理可分为两大类。一类是以旋桨式为代表，其工作原理与轴流泵叶轮相同，具有流量大，压头低的特点，液体在搅拌釜内主要作轴向和切向运动；另一类以涡轮式为代表，其工作原理则与离心泵叶轮相似，液体在搅拌釜内主要作径向和切向运动，与旋桨式相比具有流量较小、压头较高的特点。

3.3.1.2 混合效果的度量

视搅拌操作工艺过程的目的不同而采用不同的评价方法以衡量搅拌装置及其操作状况的优劣。若为加强传热或传质，可用传热系数或传质系数的大小来评价；若为促进化学反应过程，可用反应转化率等指标来衡量。但多数搅拌器操作均以两种或多种物料的混合为基本目的，因而常用混合的调匀度（主要对均相物系）和分隔尺度（主要对非均相物系）作为搅拌效果的评价准则。

调匀度　设 A、B 两种液体、各取体积 V_A 及 V_B 置于一容器中，则容器内液体 A 的平均体积浓度为

$$c_{A0} = \frac{V_A}{V_A + V_B} \tag{3-1}$$

引入一调匀度来表示样品与均匀状态的偏离程度。定义某一样品的调匀度 I 为

$$\left. \begin{aligned} I &= \frac{c_A}{c_{A0}} \text{（当样品中 } c_A < c_{A0} \text{ 时）} \\ I &= \frac{1 - c_A}{1 - c_{A0}} \text{（当样品中 } c_A > c_{A0} \text{ 时）} \end{aligned} \right\} \tag{3-2}$$

或

显然，调匀度 I 不可能大于 1，即 $I \leqslant 1$。

若对全部 m 个样品的调匀度取平均值，得平均调匀度

$$\overline{I} = \frac{I_1 + I_2 + \cdots + I_m}{m} \tag{3-3}$$

平均调匀度 $\overline{I}$ 可用以度量整个液体的混合效果，即均匀程度。当混合均匀时，$\overline{I}=1$。

分隔尺度　若需用搅拌将液体或气体以液滴或气泡的形式分散于另一种不互溶的液体中，此时单凭调匀度并不足以说明物系的均匀程度，因此，对多相分散物系，分隔尺度（如气泡、液滴和固体颗粒的大小和直径分布）是搅拌操作的重要指标。

宏观混合与微观混合　当考察尺度缩小到微团或最小的旋涡尺度，即宏观混合的优劣不同。如果从分子尺度上考察物系的均匀性即微观混合，真正的微观混合只有依赖于分子扩散，达到分子尺度上的均匀性。

3.3.2　混合机理

3.3.2.1　搅拌器的两个功能

为达均匀混合，搅拌器应具备两种功能：即在釜内形成一个循环流动，称为总体流动；同时希望产生强剪切或湍动。

釜内的总体流动与大尺度的混合　为达到釜内液体在大尺度上的均匀混合，必须合理地设计搅拌器，使总体流动遍及釜内各处，消除釜内不流动的死区。

强剪切或高度湍动与小尺度的混合　高速射流核心与周围流体交界处因速度梯度很大而形成强剪切，对低黏度流体则产生大量旋涡。旋涡的分裂使流体微团分散的尺度减小。对高黏度液体，釜内只作层流流动，但搅拌桨直接推动的液体与周围运动迟缓的流体之间形成较大的速度梯度，由此造成的强剪切力将流体微团分散。微团分散成较小的尺度，使釜内液体达到小尺度的均匀混合，缩短分子扩散的时间，促进微观混合。

3.3.2.2　均相液体的混合机理

低黏度液体的混合　总体流动将液体破碎成较大的液团并带至釜内各处，更小尺度上的混合则是由高度湍动液流中的旋涡造成的，并非搅拌桨叶直接打击的结果。不同尺寸和不同强度的旋涡对液团有不同程度的破碎作用。旋涡尺寸越小，破碎作用越大，所形成的液团也越小。

旋涡的尺寸和强度取决于总体流动的湍动程度。总体流动的湍动程度越高，旋涡的尺寸越小，数量也越多。

高黏度及非牛顿流体的混合　对高黏度流体在经济的操作范围内不可能获得高度湍动而只能在层流状态下流动，此时的混合机理主要依赖于充分的总体流动，同时希望在桨叶端部造成高剪切区，借剪切以分割液团，达到预期的宏观混合。为此，常使用大直径搅拌器，如框式、锚式和螺带式等。为加强轴向流动，采用带上、下往复运动的旋转搅拌器则效果更佳。

多数非牛顿液体具有明显剪切稀化特性，桨叶端部的液体由于高速度梯度使黏度减小而易于流动；但在桨叶以外区域则呈现高黏度而更难流动。这对混合及釜内进行的过程产生严重影响。所以也用大直径搅拌器以促进总体流动，使釜内的剪切力场尽可能均匀。

3.3.2.3　非均相物系的混合机理

液滴或气泡的分散　两种不互溶液体搅拌时，其中必有一种被破碎成液滴，称为分散相，而另一种液体称为连续相。气体在液体中分散时，气泡为分散相。

为达到小尺度的宏观混合，必须尽可能减小液滴或气泡的尺寸。液滴或气泡的破碎主要依靠高度湍动。

此外，在搅拌釜各处流体湍动程度不均也是造成液滴尺寸不均匀分布的重要因素。

固体颗粒的分散　细颗粒投入液体中搅拌时，首先发生固体颗粒的表面润湿过程，即液体取代颗粒表面层的气体，并进入颗粒之间的间隙；接着是颗粒团聚体被流体动力所打散，即分散过程。通常的搅拌不会改变颗粒的大小，因此与气泡和液滴分散一样，只能达到小尺度的宏观混合。

3.3.3　搅拌器的性能

3.3.3.1　几种常用搅拌器的性能

旋桨式搅拌器　旋桨式搅拌器类似于一个无外壳的轴流泵，其直径比容器小，但转速较高，叶片端部的圆周速度一般为 $5\sim15\text{m/s}$，适用于低黏度（$\mu<10\text{Pa}\cdot\text{s}$）液体的搅拌。

涡轮式搅拌器　涡轮式搅拌器类似于一只无泵壳的离心泵，其工作情况与双吸式离心泵的叶轮极为相似。涡轮式搅拌器的直径一般为容器直径的 $0.3\sim0.5$ 倍。转速较高，端部切线速度一般为 $3\sim8\text{m/s}$，适用于低黏度或中等黏度（$\mu<50\text{Pa}\cdot\text{s}$）的液体搅拌。

大叶片低转速搅拌器　旋桨式和涡轮式搅拌器都具有直径小转速高的特点。这两种搅拌器对黏度不很高的液体很有效。对于高黏度液体，采用低转速、大叶片的搅拌器（包括桨式、锚式、框式、螺带式等）比较合适。

3.3.3.2　改善搅拌效果的措施

提高液流的湍动程度与增加循环回路的阻力损失是同一回事。为此可从以下两方面来采取措施：

① 提高搅拌器的转速；

② 阻止容器内液体的圆周运动。

抑制釜内液体的快速圆周运动，其方法有：在搅拌釜内装挡板、破坏循环回路的对称性和安装导流筒。

在容器中设置导流筒，可以严格地控制流动方向，既消除了短路现象也有助于消除死区。

3.3.4　搅拌功率

3.3.4.1　搅拌器的混合效果与功率消耗

与泵相同，搅拌器所消耗的功率用于向液体提供能量。设搅拌器所输出的液体量为 q_V，搅拌器对单位重量流体所做之功即压头为 H，则搅拌功率为

$$P = \rho g q_V H \tag{3-4}$$

为达到一定的混合效果，必须向搅拌器提供足够的功率。对于低黏度液体，搅拌器的设计是设法增加搅拌器的功率，即设法通过搅拌器把更多的能量输入到被搅拌的液体中，涡轮式搅拌器采用效率很低的径向叶片，搅拌釜内设置挡板等，其目的都是为了增加搅拌器的功率消耗。正因为如此，搅拌釜内单位体积液体的能耗往往是断定过程进行得好坏的一个判据。

3.3.4.2　功率曲线

影响搅拌功率的几何因素有：搅拌器的直径 d，搅拌器叶片数、形状以及叶片长度 l 和宽度 B，容器直径 D，容器中所装液体的高度 h，搅拌器距离容器底部的距离 h_1 和挡板的数目及宽度 b。

影响搅拌的物理因素也很多，对于均相液体搅拌过程，主要因素为液体的密度 ρ、黏度 μ、搅拌器转速 n。此外，当容器中液体表面有下凹现象时，必有部分液体被推到高于平均液面的位置，此部分液体须克服重力做功，故重力也是影响搅拌功率的物理因素。

对安装挡板的搅拌装置，搅拌功率 P 应是 ρ、μ、n、d 以及 α_1、α_2……等的函数，即

$$P = f(\rho, \mu, n, d, \alpha_1, \alpha_2 \cdots) \tag{3-5}$$

利用量纲分析法可将上式转化为无量纲形式

$$\frac{P}{\rho n^3 d^5} = \varphi\left(\frac{\rho n d^2}{\mu}, \alpha_1, \alpha_2 \cdots\right) \tag{3-6}$$

$\dfrac{\rho n d^2}{\mu}$ 中的 $nd \propto u$，故称为搅拌雷诺（准）数 Re_{M}。

对于一系列几何相似的搅拌装置，对比变量 α_1、α_2……都为常数，式（3-6）可简化为：

$$\frac{P}{\rho n^3 d^5} = \varphi\left(\frac{\rho n d^2}{\mu}\right)$$

或 $$P = K \rho n^3 d^5 \tag{3-7}$$

式中 $$K = \varphi(Re_M) \tag{3-8}$$

这样，在特定的搅拌装置上，由上式安排实验不难测得功率数 K 与搅拌雷诺数 $\rho n d^2 / \mu$ 的关系。将此关系标绘在双对数坐标图上即得功率曲线。如果用函数式

$$K = C\left(\frac{\rho n d^2}{\mu}\right)^m \tag{3-9}$$

或 $$\lg K = \lg C + m \lg Re_M$$

层流区的搅拌功率为

$$P = C \mu n^2 d^3 \tag{3-10}$$

3.3.4.3 搅拌功率的分配

为获得一定的搅拌效果，必须向搅拌器提供足够的功率。为提高能量的利用率，还存在一个能量的合理分配问题。

如果搅拌的目的只要大尺度上的均匀性，希望有较大的流量 q_V，而并不追求压头 H 高；如果搅拌的目的要求快速地分散成微小液团，则应有较小的 q_V 和较大的 H。因此，在同样的功率消耗条件下，通过调节流量 q_V 和压头 H 的相对大小，功率可作不同的分配。对不同的搅拌目的，可作不同的选择。

搅拌器流量取决于面积与速度（$u \propto nd$）的乘积，即

$$q_V \propto nd^3 \tag{3-11}$$

压头 H 与速度 u 的平方成正比，即

$$H \propto n^2 d^2 \tag{3-12}$$

由式(3-11)、式(3-12) 得

$$\frac{q_V}{H} \propto \frac{d}{n} \tag{3-13}$$

在湍流区当搅拌功率指定时，$n^3 d^5$ 为一定值，则

$$n \propto d^{-\frac{5}{3}} \tag{3-14}$$

$$d \propto n^{-\frac{3}{5}} \tag{3-15}$$

分别将式(3-14) 和式(3-15) 代入式(3-13) 得
功率 $P =$ 常数时

$$\frac{q_V}{H} \propto d^{\frac{8}{3}} \tag{3-16}$$

$$\frac{q_V}{H} \propto n^{-\frac{8}{5}} \tag{3-17}$$

以上两式表明，在等功率条件下，加大直径降低转速，更多的功率消耗于总体流动，有利于大尺度上的调匀；反之，减小直径提高转速，则更多的功率消耗

于湍动，有利于微观混合。因此，为达到功率消耗小，而混合效果好，必须根据混合要求，正确地选择搅拌器的直径转速，否则将徒然浪费功率。

3.3.5　搅拌器的放大

对于不同的搅拌过程和搅拌目的，有以下一些放大准则可供选择：

① 保持搅拌雷诺数 $\dfrac{\rho n d^2}{\mu}$ 不变。

因物料相同，由此准则可导出小型搅拌器和大型搅拌器之间应满足

$$n_1 d_1^2 = n_2 d_2^2 \tag{3-18}$$

下标 1、2 分别表示小型、大型搅拌器。

② 保持单位体积能耗 $\dfrac{P}{V_0}$ 不变。

这里的 V_0 系指釜内所装液体体积，$V_0 \propto d^3$。由此准则可导出充分湍流区小型和大型搅拌器之间应满足

$$n_1^3 d_1^2 = n_2^3 d_2^2 \tag{3-19}$$

③ 保持叶片端部切向速度 $\pi n d$ 不变。

由此可导出小型和大型搅拌器之间应满足

$$n_1 d_1 = n_2 d_2 \tag{3-20}$$

④ 保持搅拌器的流量和压头之比值，即 $\dfrac{q_V}{H}$ 不变。

据此准则，可导出小型和大型搅拌器之间应满足下述关系

$$\frac{d_1}{n_1} = \frac{d_2}{n_2} \tag{3-21}$$

至于针对具体的搅拌过程究竟哪一个放大准则比较适用，需通过逐级放大试验来确定。

逐级放大试验的步骤为：在几个（一般为三个）几何相似大小不同的小型或中型试验装置中，改变搅拌器转速进行试验，以获得同样满意的混合效果。然后根据式(3-18)～式(3-21)判定哪一个放大准则较为适用，并据此放大准则外推求出大型搅拌器的尺寸和转速。

必须指出，有时常会出现以上四个放大准则皆不适用的情况，此时，必须进一步探索放大规律，再行放大。

大型搅拌器的功率可根据小型试验装置的功率曲线来确定。

3.3.6　其他混合设备

静态混合器　静态混合器用途日益广泛。可用于各种物系（均相、非均相、

低黏度液、高黏度液、非牛顿流体）的混合、分散、传质、传热、化学反应、pH 值控制及粉体混合等操作。静态混合器的特点是没有运动部件，维修方便，操作易连续化，操作费用低。

常用的静态混合器由若干个混合元件组成，被装置在直管段内。当流体逐次流过每个元件时，即被分割成越来越薄的薄片，其数量按元件数的幂次方增加，最后由分子扩散达到均匀混合状态。由于流体在混合器中扰动强烈，所以，即使在层流区域其壁面给热系数也很大。通常，静态混合器的给热系数是空管的 5～8 倍。压降是静态混合器的一项重要指标。静态混合器的选择要根据具体的工艺要求而定，不同物性有不同的与之相适应的结构元件。

管道混合器　也称管路机械搅拌器，由扩大管路截面积形成的，腔内装有一级或二级叶轮。因管路搅拌器多用于搅拌低黏度液体，故多采用涡轮式或旋桨式叶轮。为防止液体在空腔内旋转，产生离心分离现象，在空腔内常设有挡板或多孔板等内部构件。

射流混合　射流由喷嘴射出，在紧靠喷嘴的一个相当短的区域内，造成很大的速度梯度，形成旋涡。这些旋涡导致射流对周围流体的夹带，引起槽内流体的总体流动。槽内的射流混合，因喷嘴的安装位置不同而产生不同的总体流动。被夹带流体的流量随离喷嘴的距离增加而加大。因此，必须有足够的空间使射流得以充分发展，才能使两种流体较好地混合。须考虑流体的性质和槽体的大小，以确定喷嘴的安装位置。

第4章

流体通过颗粒层的流动

4.1 教学方法指导

教材中的叙述顺序是，先考察流体通过颗粒层的流动，然后介绍过滤这个单元操作。这是从一般到具体，即从一般原理到具体应用，这是学术型的叙述方法。认识规律则相反，从具体到一般，即从具体应用上升到一般原理。对学生来说，也许应该遵循认识规律，先了解具体的应用，再讨论一般原理，这样更容易接受和掌握。在这一章中，颗粒层中压降与流速的关系，是一个一般原理，没有明确的目的。作为过滤操作，在怎样的压力下过滤能达到怎样的生产能力，是一个非常明确具体的问题。

这一章的主要结果是康采尼方程。康采尼方程的导出建立在以下两个概念的基础上：

① 在滤饼层内进行的是极慢的流动，即爬流，雷诺数极小，应当使用层流的泊谡叶 Poisseille 方程；

② 由于属爬流，通道的崎岖没有重大影响，重要的是表面积；由此，可以根据通道截面积和浸润周边得出当量直径；即由空隙率和比表面积得出当量直径。

如此，康采尼方程只是以前已有的层流阻力方程和非圆管当量直径公式的直接结果。唯一新的概念是爬流。

可是，化工原理教材中，从非球形颗粒的形状系数、面积当量直径、体积当量直径，到颗粒群的粒度分布、颗粒群的平均直径，这些概念都不是必要的，典型的节外生枝。

康采尼公式提供的知识是：

① 过滤速率与压差成正比，这是层流的特征，意料之中。

② 过滤速度与黏度成反比，体现过滤温度的影响，这也是层流的特征，意料之中。

③ 过滤速度与滤饼特性空隙率与比表面积有关，尤其是，空隙率非常敏感。

这第三点对实际工作是否有意义呢？试想，在实际工作中是否可能通过测定比表面积和孔隙率以计算过滤速度？何不直接进行过滤试验，得出上述滤饼特性？所以，掌握以上知识，懂得滤饼特性的构成，是让你成为一个有理论素养的实际工作者，如果真拘泥于比表面和孔隙率的测定，那就是迂腐了。

至于欧根方程，我认为可有可无。需要用上欧根方程时，过滤速度已很大，不成为问题了。即便需要，需要时可以从手册中找到。从认识规律来看，初学者面对这全新的事物，不可能一次细致入微，教学内容的组织上本就应当削枝强干，不宜节外生枝。

数学模型方法应该是本章的一个教学重点。量纲理论在变量少时固然有很大的威力，但是，当变量多时，就无能为力了。数学模型法是现代流行的研究方法。与量纲理论不同，这种方法是基于对问题本身有深刻的认识，分清主次，对问题作出合理的简化，以便对简化了的问题作出数学描述。同时，也使实验的目的发生了变化，实验不只是为了找出结果，而首先是检验简化的合理性。

过滤作为液固分离的单元操作是一个很聪明的方法。将固体颗粒拦截下来依靠的是滤饼而不是滤布，其拦截颗粒的能力随粒径减少而自动增强，确保得到纯净的清液。最常用的设备板框过滤机是一套简单的设备（泵＋板框）。其设计也是极为容易的，只需要实验测定过滤速率［清液量 $m^3/(m^2 \cdot h)$］，得出康采尼方程，估算所需过滤面积。这个实验可以由过滤机生产厂进行，也可以在实验室中用布氏漏斗进行。

如果测得的过滤速率太低，所需过滤面积太大，所需的板框过滤机过于庞大，不能接受，就必须设法改变滤饼的结构，或者加入助滤剂，改变通道结构，或者加入絮凝剂增大粒径。如果颗粒是结晶产物，可以设法改进结晶过程得到较大的晶粒。如果以上方法都无效，那么，就得放弃过滤方法，寻求其他方法。

板框过滤容易上手但又是很麻烦的。间歇操作，笨重的板框的装卸，滤布的洗涤等操作原先都是人工进行的，操作繁重，环境脏乱。为此，研制了多种自动化和连续化的过滤装置可供选择。

板框过滤机的另一个问题是滤饼含液量太大，达到百分之几十，滤饼洗涤、烘干等后续操作任务过重。离心过滤可以将滤饼含液量降到百分之几，大大减轻了后续操作。

但特殊条件下，只要求浓缩悬浮液快速分出清液时，可以采用动态过滤。这种过滤方法保持滤饼一定厚度，避免过厚的滤饼降低了过滤速度。

总之，以板框过滤为对象，分析过滤过程，从板框过滤机的问题引出各种新的过滤方法和设备，力求叙述的生动。

4.2　教学随笔

4.2.1　过程总论

　　▲流体通过颗粒层的流动，其流体通道是不均匀的纵横交错的网状通道，无法沿用严格的流体力学方法处理，要通过研究过程的特殊性，寻找简化的途径。

　　▲紧紧抓住极慢流动这一特殊性，设想此时流动的阻力主要来自表面摩擦，与通道的形状关系甚小，据此就可对流动过程作出大幅度的简化，并用非球形颗粒的当量直径、非均匀颗粒的平均直径、通道的当量直径和当量长度等参数，把复杂的不均匀的网状通道简化为由许多平行排列的均匀细管组成的管束通道。

　　▲"当量"的概念在工程上经常应用。讲授中要讲清"当量"的特定含义：一个复杂事物不可能用另一个简单事物予以全面替代，而只能在某一个侧面上达到某种等价。这就是对非球形颗粒的特征参数为什么不是一个、三个或四个，而只能是两个的道理。

　　▲构筑在流体力学的一般性原理和特定操作过程的特殊性相结合基础上的理论分析和简化处理，是多数工程问题处理方法的基点，当然，这种简化处理必须通过实验检验和修正。

　　▲由简化处理和实验检验与修正后得到的半理论半经验公式在付诸实用前，应对各有关参量进行粗略的灵敏度分析，比如空隙率就是一个灵敏参量。如果将颗粒人为地堆积后测取的空隙率作为设计基础是极危险的，因此，将公式应用于某一特定操作过程时，应充分考虑实验条件能否保证造成实际生产中将会出现的空隙率。这是工程处理方法的另一个特点，由此体现出理论分析对实验设计的指导意义。

　　流体通过颗粒层的流动，就其流动过程本身来说，并没有什么特殊性，问题的复杂性在于流体通道所呈现的不规则的几何形状。一般说来，构成颗粒层的各个颗粒，不但几何形状是不规则的；而且颗粒的大小不均匀，表面粗糙。由这样的颗粒组成的颗粒层的通道，必然是不均匀的纵横交错的网状通道，对网状通道，倘若仍像流体通过平直空管那样沿用严格的流体力学方法予以处理，就必须列出流体通过颗粒层的边界条件，这是很难做到的。为此，处理流体通过颗粒层的流动问题，必须寻求简化的工程处理方法。

4.2.2　理论分析

　　寻求简化途径的基本思路是研究过程的特殊性，并充分利用特殊性作出有效的简化。

　　流体通过颗粒层的流动具有什么样的特殊性呢？不难想象，流体通过颗粒层的流动可以有两个极限，一是极慢流动，另一是高速流动。在极慢流动的情况下，流动阻力主要来自表面摩擦；而在高速流动时，流动阻力主要是形体阻力。化工原理中这一章的工程背景是过滤操作，对于难以过滤而需要认真对待的过滤问题，其滤饼都是由细小的不规则的颗粒组成，流体在其中的流动是极其缓慢的，因此，可以紧紧抓住极慢流动这一特殊性，对流动过程作出大幅度的简化。

极慢流动又称爬流。此时，可以设想流动边界所造成的流动阻力主要来自表面摩擦，因而，其流动阻力与颗粒总表面积成正比，而与通道的形状关系甚小。这样，就把通道的几何形状的复杂性问题一举而消除了，留下的问题，就是如何来描述颗粒的总表面积。处理的方法是：

① 根据几何面积相等的原则，确定非球形颗粒的当量直径。

"当量"的概念，在工程实际上经常使用；这里必须指出的是，一个复杂的事物不可能用另一个简单的事物予以全面替代；一个简单的事物，只可能在一个或几个侧面上与另一个复杂事物等价。我们试图对一个非球形颗粒给予一个当量直径时，必须先弄清是在哪个侧面上与球形颗粒等价。比如，可以有一个体积当量直径，即对非球形颗粒用该当量直径描述后，可与球形颗粒在体积上等价；同样，也可以有一个面积当量直径，即在几何表面积上等价。对同一个非球形颗粒，其体积当量直径和面积当量直径是不等的，针对本章讨论的流体通过颗粒层流动，在作出极慢流动时的简化处理以后，既需要用到体积当量直径，又需要表面当量直径。可见，对于一个球形颗粒，只需用一个特征参数予以表征；而对于非球形颗粒，就需要用两个参数——体积当量直径和面积当量直径予以表征。在工程实际上，为使处理形象化起见，常采用当量直径和形状系数来替代，这里的当量直径实际上是体积当量直径。这样的处理并没有改变过程的本质，因为形状系数的导出是按面积当量导出的。这一点在课堂教学中应当引起注意，这个形象化的处理往往使学生没能理解到问题的实质。为此，应当在讲授时讲清楚非球形颗粒的特征参数为什么不是一个，也不是三个、四个，而恰恰是两个；应当讲清楚"当量"的特定含义，现在所用的当量直径实际上只是体积当量直径；现在所用的形状系数也只是几何表面相当的形状系数，不代表任何其他的形状特征。因此，组织好形状系数的推导过程，得出表面积的计算公式。

② 根据总面积相等的原则确定非均匀颗粒的平均直径。

颗粒层是由大小不均匀的许多颗粒组成的，对大小不均匀的颗粒群应当用一个分布予以表征，如用频率函数或者用分布函数，任何一个分布当然可以用数字特征表示，但是必须用无限多的数字特征才能加以完全表征，正如任一个函数可以展开成无穷级数那样。如果只需要在一个侧面上等价，就可以用一个数字特征表示。对极慢流动来说，既然总表面积是唯一重要的因素，不必细究这一总表面积是如何组成的，那么，就可以设法按总面积相等的原则寻找一个数字特征来表征细颗粒群的群体特征以代表一个"分布"。这一数字特征取名为平均直径，也只是一个形象化的说法而已。平均值有多种平均方法，如算术平均、加权平均、几何平均、对数平均等，而平均颗粒直径则是倒数的加权平均。其所以采取这种平均方法，还是源自于总面积相等。

③ 按总自由空间相等和总面积相等的原则，确定通道的当量直径和当量长度。

采用这样的处理后，复杂的不均匀网状通道就简化成由许多平行排列的均匀细管组成的管束，对这样的管束内的流动，就可以采用早先学过的伯努利方程加以描述。

应当说明，在进行上述分析过程中，引入了颗粒层系均匀堆置且各向同性的假定，实际上，器壁附近颗粒的堆积情况有所不同，同时由于堆积中的偶然性因素也会导致出现局部不均匀的情况，有待进行必要的检验与修正。

4.2.3　实验检验与修正

以上的理论分析是建立在流体力学的一般知识和过滤操作特点相结合的基础上的，也即是在一般性和特殊性相结合的基础上的。这一点正是多数工程复杂问题处理方法的共同基点。忽视流动的基本原理，不懂得爬流的基本特征，就会走向纯经验化的处理上去；抓不住对象的特殊性，就找不到简化的途径，就会走向教条式、八股式的处理上去。

以上的理论分析，正是抓住了流体通过颗粒层流动的一般性与特殊性的特征的结合。应当指出，所有上述的分析或构思，都应在进行系统的实验之前完成。当然，它并不排除在理论分析之前进行一些初期的认识性的实验。

如果上述的理论分析和随后作出的理论推导是严格准确的，按理就可以伯努利方程作出定量的描述而无需实验或者只需由实验证实，但是事实上，在理论分析与推导中已经清醒地估计到所作出的简化难免与实际情况有所出入。因此，留上一个待定的参数——摩擦系数 λ 以及它和雷诺数 Re 的关系，有待通过实验予以确定。这时，实验的检验，包含在摩擦系数 λ 与雷诺数 Re 关系的测定之中。如果所有实验结果归纳出统一的摩擦系数 λ 与雷诺数 Re 的关系，就可以认为所作的理论分析与构思得到了实验的检验，否则，必须进行若干修正。

事实上，康采尼公式证明了上述理论构思是正确的，但只限于雷诺数小于 2 的极慢流动；欧根公式表明在雷诺数增大时，由极慢流动这一特殊性所引出的一系列"当量"，已不是完全有效的，因而在压降公式中出现了速度的两次项。

4.2.4　实际应用

在将所得到的半理论半经验的公式付诸实用之前，还应当对各有关参量进行一次粗略的灵敏度分析。不难看出，公式中出现了 $\dfrac{(1-\varepsilon)^2}{\varepsilon^3}$ 项，式中的 ε 表示颗粒层的空隙率，通常空隙率值 ε 在 0.4～0.5 之间，因此，该项粗略地与空隙率 ε 的 5 次方成反比，可见空隙率 ε 是影响极大的灵敏参量，这是问题的一方面；而问题的另一方面是，空隙率 ε 的值不只是颗粒的特性，而且与颗粒的堆积方法有关。同样的颗粒，用不同的堆积方法，会得到不同的空隙率值，这是大家熟知的现象，把这两方面的问题结合起来，可以看出，在实际过程之外，将颗粒人为地堆积后测取空隙率值，并把它作为设计基础是极为危险的。因此，在将理论分析所得到的公式应用于过滤操作时，只能将其归并到一个过滤常数中，从而在实验性的过滤操作中测定该过滤常数，这又是工程处理方法的另一个特点。在设计实验性的过滤操作时，应充分考虑实验的条件是否能保证造成工业实际中将会出现的空隙率。这里，就体现出理论分析对实验设计的指导意义。教学的重点，正是要让同学们体察理论对实验设计的这种指导意义，锤炼这方面的能力。

4.3 教学内容精要

4.3.1 概述

众多固体颗粒堆积而成的静止的颗粒层称为固定床。许多化工操作都与流体通过固定床的流动有关，此外，吸附、地下水或石油的渗流等也是流体通过固定床流动的较复杂的实例。流体通过颗粒层的基本流动规律（主要是压降）对各有关操作却是共同的。

4.3.2 颗粒床层的特性

4.3.2.1 单颗粒的特性

球形颗粒 对颗粒层中流体通道有重要影响的单颗粒特性主要是颗粒的大小（体积）、形状和表面积。

对于球形颗粒存在以下两个关系：

$$v = \frac{\pi}{6} d_{\mathrm{p}}^{3} \tag{4-1}$$

$$s = \pi d_{\mathrm{p}}^{2} \tag{4-2}$$

球形颗粒的各有关特性可用单一参数——直径 d_{p} 全面表示。

单位体积固体颗粒所具有的表面积即比表面积的概念以表征颗粒表面积的大小。球形颗粒的比表面积

$$a_{球} = \frac{s}{v} = \frac{6}{d_{\mathrm{p}}} \tag{4-3}$$

非球形颗粒 通常试图将非球形颗粒以某种当量的球形颗粒代表，以使所考察的领域内非球形颗粒的特性与球形颗粒等效，这一球的直径称为当量直径。

① 在体积方面等效，即使当量球形颗粒的体积 $\frac{\pi}{6}d_{ev}^3$ 等于真实颗粒的体积 v，则体积当量直径应定义为

$$d_{ev}=\sqrt[3]{\frac{6v}{\pi}} \tag{4-4}$$

② 在表面积方面等效，即使当量球形颗粒的表面积 πd_{es}^2 等于真实颗粒的表面积 s，则面积当量直径应定义为

$$d_{es}=\sqrt{\frac{s}{\pi}} \tag{4-5}$$

③ 在比表面积方面等效，即使当量球形颗粒的比表面积 $\frac{6}{d_{ea}}$ 等于真实颗粒的表面积 a，则比表面当量直径应定义为

$$d_{ea}=\frac{6}{a}=\frac{6}{s/v} \tag{4-6}$$

显然，d_{ev}、d_{es} 和 d_{ea} 在数值上是不等的，但根据各自的定义式可以推出三者之间有如下关系：

$$d_{ea}=\frac{d_{ev}^3}{d_{es}^2}=\left(\frac{d_{ev}}{d_{es}}\right)^2 d_{ev} \tag{4-7}$$

记 $\left(\dfrac{d_{ev}}{d_{es}}\right)^2=\psi$，则可得

$$d_{ea}=\psi d_{ev}=\psi^{1.5} d_{es} \tag{4-8}$$

可以看出 ψ 的物理含义是

$$\psi=\frac{d_{ev}^2}{d_{es}^2}=\frac{\pi d_{ev}^2}{\pi d_{es}^2}=\frac{与非球形颗粒体积相等的球的表面积}{非球形颗粒的表面积}$$

故可称为形状系数。体积相同时球形颗粒的表面积最小，因此，任何非球形颗粒的形状系数 ψ 皆小于 1。

综上所述，对球形颗粒，以一个参数即颗粒直径 d_p 便可唯一地确定其体积、表面积和比表面积；对非球形颗粒，则必须定义两个参数才能确定其体积、表面积和比表面积。通常定义体积当量直径 d_{ev}（以下为方便起见简写为 d_e）和形状系数 ψ，此时

$$v=\frac{\pi}{6}d_e^3 \tag{4-9}$$

$$s=\frac{\pi d_e^2}{\psi} \tag{4-10}$$

$$a=\frac{6}{\psi d_e} \tag{4-11}$$

4.3.2.2 颗粒群的特性

在任何颗粒群中，各单颗粒的尺寸都不可能完全一样，从而形成一定的尺寸（粒度）分布。为研究颗粒分布对颗粒层内流动的影响，首先必须设法测量并定量表示这一分布。颗粒粒度测量的方法有筛分法、显微镜法、沉降法、电阻变化法、光散射与衍射法、表面积法等。它们各自基于不同的原理，适用于不同的粒径范围，所得的结果也往往略有不同。

粒度分布的筛分分析 对大于 $70\mu m$ 的颗粒，也就是工业固定床经常遇到的情况，通常采用一套标准筛进行测量。这种方法称为筛分分析。

筛分使用的标准筛系金属丝网编织而成。常用的泰勒制是以每英寸边长上的孔数为筛号或称目数。目前各种筛制正向国际标准组织（ISO）筛系统一。每一筛号的金属丝粗细和筛孔的净宽是规定的，通常相邻的两筛号的筛孔尺寸之比约为 $\sqrt{2}$。当使用某一号筛子时，通过筛孔的颗粒量称为筛过量，截留于筛面上的颗粒量则称为筛余量。

现将一套标准筛按筛孔尺寸、上大下小地叠在一起，将已称量的一批颗粒放在最上一号筛子上。然后，将整套筛子用振荡器振动过筛，颗粒因粒度不同而分别被截留于各号筛面上，称取各号筛面上的颗粒筛余量即得筛分分析的基本数据。

筛分分析结果的图示——分布函数和频率函数

（1）分布函数曲线 令某号筛子（其筛孔尺寸为 d_{pi}）的筛过量（即该筛号以下的颗粒质量的总和）占试样总量的分率为 F_i，不同筛号的 F_i 与其筛孔尺寸 d_{pi} 可标绘成曲线，此曲线称为分布函数。

分布函数曲线有两个重要特性：

① 对应于某一尺寸 d_{pi} 的 F_i 值表示直径小于 d_{pi} 的颗粒占全部试样的质量分率；

② 在该批颗粒的最大直径 d_{pmax} 处，其分布函数为 1。

（2）频率函数曲线 设某号筛面上的颗粒占全部试样的质量分数为 x_i，这些颗粒的直径介于相邻两号筛孔直径 d_{i-1} 与 d_i 之间。现以粒径 d_p 为横坐标，将该粒径范围内颗粒的质量分率 x_i 用一矩形的面积表示，矩形的高度等于

$$\overline{f}_i = \frac{x_i}{d_{i-1} - d_i} \tag{4-12}$$

如果 d_{i-1} 与 d_i 相差不大，可以把这一范围内的颗粒视为具有相同直径的均匀颗粒，且取

$$d_{pi} = \frac{1}{2}(d_{i-1} + d_i) \tag{4-13}$$

如果相邻两号筛孔直径无限接近，则矩形数目无限增多，而每个矩形的面积无限缩小并趋近一条直线。将这些直线的顶点连接起来，可得到一条光滑的曲

线，称为频率函数曲线。曲线上任一点的纵坐标 f_i 称为粒径为 d_{pi} 的颗粒的频率函数。

分布函数和频率函数两者之间的关系为

$$f_i = \frac{\mathrm{d}F}{\mathrm{d}(d_p)}\bigg|_{d_p = d_{pi}} \tag{4-14}$$

或

$$F_i = \int_0^{d_{pi}} f \mathrm{d}(d_p) \tag{4-15}$$

频率函数曲线有两个重要特性：

① 在一定粒度范围内的颗粒占全部颗粒的质量分数等于该粒度范围内频率函数曲线下的面积；原则上讲，粒度为某一定值的颗粒的质量分数为零；

② 频率函数曲线下的全部面积等于 1。

颗粒群的平均直径　尽管颗粒群具有某种粒度分布，任何一个平均值都不能全面代替一个分布函数，而只能在某个侧面与原分布函数等效。

固体颗粒尺寸较小，流体在颗粒层内的流动是极其缓慢的爬流，无边界层脱体现象发生。这样，流动阻力主要由颗粒层内固体表面积的大小决定，而颗粒的形状并不重要。基于对流体过程的此种认识，应以比表面积相等作为准则，确定实际颗粒群的平均直径。

设有一批大小不等的球形颗粒，其总质量为 G，颗粒密度为 ρ_p。经筛分分析得知，相邻两号筛之间的颗粒质量为 G_i，其直径为 d_{pi}。根据比表面积相等的原则，由式(4-3) 可立即写出颗粒群的平均直径应为

$$\frac{1}{d_m} = \sum\left(\frac{1}{d_{pi}}\frac{G_i}{G}\right) = \sum\frac{x_i}{d_{pi}} \tag{4-16}$$

或

$$d_m = \frac{1}{\sum\dfrac{x_i}{d_{pi}}} \tag{4-17}$$

式(4-17) 对非球形颗粒仍然适用，由式(4-8) 可知，只需以 $(\psi d_e)_i$ 代替式中的 d_{pi} 即可。

以比表面相等为准则求取该批颗粒的平均直径 d_m

$$d_m = \frac{1}{\sum\dfrac{x_i}{d_{pi}}}$$

4.3.2.3　床层特性

床层的空隙率　众多颗粒按某种方式堆积成固定床时，床层中颗粒堆积的疏密程度可用空隙率来表示。空隙率 ε 的定义如下：

$$\varepsilon = \frac{床层体积 - 颗粒所占的体积}{床层体积}$$

颗粒的形状、粒度分布都影响床层空隙的大小。可以证明：均匀的球形作最松排列时的空隙率为 0.48，作最紧密排列时空隙率为 0.26。非球形颗粒的直径越小，形状与球的差异越大，组成床层时的空隙率超越 0.26～0.48 的可能性也越大。乱堆的非球形颗粒床层空隙率往往大于球形颗粒，而非均匀颗粒的床层空隙率则比均匀颗粒小。一般乱堆床层的空隙率大致在 0.47～0.7 之间。

床层的各向同性 工业上的小颗粒床层通常是乱堆的。若颗粒是非球形，各颗粒的定向应是随机的，从而可以认为床层是各向同性的。

各向同性床层的一个重要特点，是床层横截面上可供流体通过的空隙面积（即自由截面）与床层截面之比在数值上等于空隙率 ε。

实际上，壁面附近的空隙率总是大于床层内部。因阻力较小，流体在近壁处的流速必大于床层内部，这种现象称为壁效应。对于直径 D 较大的床层，近壁区所占的比例较小，壁效应的影响可以忽略；而当床层直径较小（即 D/d_p 较小）时，壁效应的影响则往往必须考虑。

床层的比表面 单位床层体积（不是颗粒体积）具有的颗粒表面积称为床层的比表面 a_B。忽略因颗粒相互接触而使裸露的颗粒表面减少，则 a_B 与颗粒的比表面 a 之间具有如下关系：

$$a_B = a(1-\varepsilon) \tag{4-18}$$

4.3.3　流体通过固定床的压降

4.3.3.1　颗粒床层的简化模型

床层的简化物理模型 流体通过颗粒层的流动多呈爬流状态，单位体积床层所具有的表面积对流动阻力有决定性的作用。为解决压降问题，在保证单位体积表面积相等的前提下，将颗粒层内的实际流动过程大幅度地简化，使之可以用数学方程式加以描述。经简化而得到的等效流动过程称为原真实流动过程的物理模型。

将床层中的不规则通道简化成长度为 L_e 的一组平行细管，并规定：①细管的内表面积等于床层颗粒的全部表面；②细管的全部流动空间等于颗粒床层的空隙容积。

根据上述假定，可求得这些虚拟细管的当量直径 d_e

$$d_e = \frac{4 \times 通道的截面积}{润湿周边}$$

分子、分母同乘 L_e，则有

$$d_e = \frac{4 \times 床层的流动空间}{细管的全部内表面}$$

以 $1m^3$ 床层体积为基准，则床层的流动空间为 ε，每 $1m^3$ 床层的颗粒表面

即为床层的比表面 a_B，因此

$$d_e = \frac{4\varepsilon}{a_B} = \frac{4\varepsilon}{a(1-\varepsilon)} \qquad (4\text{-}19)$$

按此简化模型，流体通过固定床的压降等同于流体通过一组当量直径为 d_e，长度为 L_e 的细管的压降。

流体压降的数学模型　应用第 1 章的理论作出如下数学描述：

$$h_f = \frac{\Delta \mathscr{P}}{\rho} = \lambda \frac{L_e}{d_e} \times \frac{u_1^2}{2} \qquad (4\text{-}20)$$

式中，u_1 为流体在细管内的流速。u_1 可取为实际填充床中颗粒空隙间的流速，它与空床流速（表观流速）u 的关系为

$$u = \varepsilon u_1 \text{ 或 } u_1 = \frac{u}{\varepsilon} \qquad (4\text{-}21)$$

将式(4-19)、式(4-21) 代入式(4-20) 得

$$\frac{\Delta \mathscr{P}}{L} = \left(\lambda \frac{L_e}{8L} \right) \frac{(1-\varepsilon)a}{\varepsilon^3} \rho u^2$$

细管长度 L_e 与实际床层高度 L 不等，但可认为 L_e 与实际床层高度 L 成正比，即 $\dfrac{L_e}{L} =$ 常数，并将其并入摩擦系数中去，于是

$$\frac{\Delta \mathscr{P}}{L} = \lambda' \frac{(1-\varepsilon)a}{\varepsilon^3} \rho u^2 \qquad (4\text{-}22)$$

$$\lambda' = \frac{\lambda}{8} \frac{L_e}{L}$$

式中，$\dfrac{\Delta \mathscr{P}}{L}$ 为单位床层高度的虚拟压强差，当重力可以忽略时

$$\frac{\Delta \mathscr{P}}{L} \approx \frac{\Delta p}{L}$$

为简化起见，$\Delta \mathscr{P}$ 在本章中均称为压降。

式(4-22) 即为流体通过固定床压降的数学模型，其中包括一个未知的待定系数 λ'。λ' 称为模型参数，就其物理含义而言，也可称为固定床的流动摩擦系数。

模型的检验和模型参数的估值　床层的简化处理只是一种假定，其有效性必须经过实验检验，其中的模型参数 λ' 亦必须由实验测定。

康采尼（Kozeny）对此进行了实验研究，发现在流速较低、雷诺数 $Re' < 2$ 的情况下，实验数据能较好地符合下式

$$\lambda' = \frac{K'}{Re'} \qquad (4\text{-}23)$$

式中，K' 称为康采尼常数，其值为 5.0；Re' 称为床层雷诺数，可由下式

计算

$$Re' = \frac{d_e u_1 \rho}{4\mu} = \frac{\rho u}{a(1-\varepsilon)\mu} \tag{4-24}$$

在实验确定参数 λ' 的同时，也检验了简化模型的合理性。

将式（4-23）代入式（4-22）得

$$\frac{\Delta \mathscr{P}}{L} = K' \frac{a^2(1-\varepsilon)^2}{\varepsilon^3} \mu u \tag{4-25}$$

此式称为康采尼方程。它仅适用于低雷诺数范围（$Re' < 2$）。

欧根（Ergun）在较宽的 Re' 范围内研究了 λ' 与 Re' 的关系，获得如下的关联式

$$\lambda' = \frac{4.17}{Re'} + 0.29 \tag{4-26}$$

将式（4-26）代入式（4-22）可得

$$\frac{\Delta \mathscr{P}}{L} = 4.17 \frac{(1-\varepsilon)^2 a^2}{\varepsilon^3} \mu u + 0.29 \frac{(1-\varepsilon)a}{\varepsilon^3} \rho u^2 \tag{4-27}$$

或

$$\frac{\Delta \mathscr{P}}{L} = 150 \frac{(1-\varepsilon)^2}{\varepsilon^3 d_p^2} \mu u + 1.75 \frac{(1-\varepsilon)}{\varepsilon^3 d_p} \rho u^2 \tag{4-28}$$

对非球形颗粒，以 ψd_e 代替上式中的 d_p。

式（4-28）称为欧根方程，其实验范围为 $Re' = 0.17 \sim 420$。当 $Re' < 3$ 时，等式右方第二项可以略去；当 $Re' > 100$ 时，右方第一项可以略去。

从康采尼或欧根公式可以看出，影响床层压降的变量有三类：操作变量 u、流体物性 μ 和 ρ 以及床层特性 ε 和 a。在所有这些因素中，影响最大的是空隙率 ε。例如，若维持其他条件不变而使空隙率 ε 从 0.5 降为 0.4，由式（4-25）不难算出，单位床层压降将增加 2.81 倍。可见，床层压降对空隙率异常敏感。另一方面，空隙率又随装填情况而变，同一种物料用同样方式装填，其空隙率也未必能够重复。因此，在进行设计计算时，空隙率 ε 的选取应当十分慎重。

4.3.3.2 量纲分析法和数学模型法的比较

指导实验的理论包括两个方面，一是化学工程学科本身的基本规律和基本观点，一是正确的实验方法论。

用量纲分析法规划实验，决定成败的关键在于能否如数地列出影响过程的主要因素。在量纲分析法指导下的实验研究只能得到过程的外部联系，而对于过程的内部规律则不甚了然，如同"黑箱"。

数学模型法则与此相反。此法是立足于对所研究过程的深刻理解，按以下主要步骤进行工作：

① 将复杂的真实过程本身简化成易于用数学方程式描述的物理模型；

② 对所得到的物理模型进行数学描述即建立数学模型；

③ 通过实验对数学模型的合理性进行检验并测定模型参数。

由此工作步骤可以看出，对于数学模型法，决定成败的关键是对复杂过程的合理简化，即能否得到一个足够简单即可用数学方程式表示而又不失真的物理模型。所谓不失真，并不是要求模型与原型在每个方面都惟妙惟肖（如是这样，就根本没有简化的余地），而是要求在某一个侧面，物理模型与真实过程是等效的。

只有充分地认识了过程的特殊性并根据特定的研究目的加以利用，才有可能对真实的复杂过程进行大幅度的简化，同时在指定的某一侧面保持等效。对于流体通过颗粒层的流动过程，研究目的是为获得流体通过床层的压降。爬流状态下，阻力损失主要决定于固体表面积；于是，便自然地想到能否以单位流动空间的表面积相等作为准则来保证阻力损失即压降的等效性。

由此可见，数学模型法的精髓是紧紧抓住过程的特征和研究的目的这两方面的特殊性，对具体问题作具体分析，即对不同的过程，不同的研究目的，做出不同的简化。在这一方面，数学模型法与对各种问题皆采用同一模式进行处理的量纲分析法形成鲜明的对照。

还须指出，数学模型法不能摆脱实验，最后还要通过实验解决问题。显然，检验性的实验要比搜索性的实验简易得多。

由以上所述不难看出，在两种实验规划方法中，数学模型法更具有科学性。数学模型法的发展并不意味着量纲分析法可以完全抛弃；相反，两种方法应同时并存，各有所用，相辅相成。

4.3.4 过滤原理及设备

4.3.4.1 过滤原理

过滤操作是利用重力或人为造成的压差使悬浮液通过某种多孔性过滤介质，悬浮液中的固体颗粒被截留，滤液则穿过介质流出。

两种过滤方式 常用的为滤饼过滤和深层过滤，还有以压差为推动力、用人工合成带均匀细孔的膜作过滤介质的膜过滤，它可分离小于 $1\mu m$ 的细小颗粒。

过滤介质 工业操作使用的过滤介质主要有以下几种：

（1）织物介质 此类介质可截留颗粒的最小直径为 $5\sim65\mu m$。

（2）多孔性固体介质 此类介质包括素瓷、烧结金属（或玻璃），或由塑料细粉黏结而成的多孔性塑料管等，能截留小至 $1\sim3\mu m$ 的微小颗粒。

（3）堆积介质 此类介质是由各种固体颗粒（砂、木炭、石棉粉）或非编织纤维（玻璃棉等）堆积而成，一般用于处理含固体量很少的悬浮液，如水的净化处理等。

此外，工业滤纸也可与上述介质组合，用以拦截悬浮液中少量微细颗粒。

　　过滤介质的选择要根据悬浮液中固体颗粒的含量及粒度范围，介质所能承受的温度和它的化学稳定性、机械强度等因素来考虑。

　　滤饼的压缩性　某些悬浮液中的颗粒所形成的滤饼具有一定的刚性，滤饼的空隙结构并不因为操作压差的增大而变形，这种滤饼称为不可压缩的。另一些滤饼在操作压差作用下会发生不同程度的变形，致使滤饼或滤布中的流动通道缩小（即滤饼中的空隙率 ε 减少），流动阻力急骤增加。这种滤饼称为可压缩滤饼。

　　为减少可压缩滤饼的流动阻力，可采用某种助滤剂以改变滤饼结构，增加滤饼刚性。另外，当所处理的悬浮液含有细微颗粒而且黏度很大时，也可采用适当助滤剂增加滤饼空隙率，减少流动阻力。

　　滤饼的洗涤　某些过滤操作需要回收滤饼中残留的滤液或除去滤饼中的可溶性盐，则在过滤操作结束时用清水或其他液体通过滤饼流动，称为洗涤。

　　过滤过程的特点　液体通过过滤介质和滤饼空隙的流动乃是流体经过固定床流动的一种具体情况。所不同的是，过滤操作中的床层厚度（滤饼厚度）不断增加，在一定压差下，滤液通过速率随过滤时间的延长而减小，即过滤操作系一非定态过程。但是，由于滤饼厚度的增加是比较缓慢的，过滤操作可作为拟定态处理。

　　设过滤设备的过滤面积为 A，在过滤时间为 τ 时所获得的滤液量为 V，则过滤速率 u 可定义为单位时间、单位过滤面积所得的滤液量，即

$$u = \frac{dV}{A\,d\tau} = \frac{dq}{d\tau} \tag{4-29}$$

　　在恒定压差下过滤，由于滤饼的增厚，过滤速率 $\frac{dq}{d\tau}$ 必随过滤时间的延续而降低，即 q 随时间 τ 的增加速率逐步趋于缓慢。对滤饼的洗涤过程，由于滤饼厚度不再增加，压差与速率的关系与固定床相同。

4.3.4.2　过滤设备

　　过滤机可按产生压差的方式不同而分成两大类：

　　① 压滤和吸滤：如叶滤机、板框压滤机、回转真空过滤机等；

　　② 离心过滤：有各种间歇卸渣和连续卸渣离心机。

　　叶滤机　叶滤机的主要构件是矩形或圆形滤叶。滤叶是由金属丝网组成的框架其上覆以滤布所构成，多块平行排列的滤叶组装成一体并插入盛有悬浮液的滤槽中。滤槽可以是封闭的，以便加压过滤。

　　过滤时，滤液穿过滤布进入网状中空部分并汇集于下部总管中流出，滤渣沉积在滤叶外表面。根据滤饼的性质和操作压强的大小，滤饼层厚度可达 2～35mm。每次过滤结束后，可向滤槽内通入洗涤水进行滤饼的洗涤，也可将带有滤饼的滤叶移入专门的洗涤槽中进行洗涤，然后用压缩空气、清水或蒸汽反向吹

卸滤渣。

叶滤机的操作密封，过滤面积较大（一般为 $20\sim100\text{m}^2$），劳动条件较好。在需要洗涤时，洗涤液与滤液通过的途径相同，洗涤比较均匀。

板框压滤机　板框压滤机是一种具有较长历史但仍沿用不衰的间歇式压滤机，它由多块带棱槽面的滤板和滤框交替排列组装于机架所构成。滤板和滤框的个数在机座长度范围内可自行调节，一般为 $10\sim60$ 块不等，过滤面积约为 $2\sim80\text{m}^2$。

板框压滤机的优点是结构紧凑，过滤积大，主要用于过滤含固量多的悬浮液。由于它可承受较高的压差，其操作压强一般为 $0.3\sim1\text{MPa}$，因此可用以过滤细小颗粒或液体黏度较高的物料。它的缺点是装卸、清洗大部分借手工操作，劳动强度较大。

厢式压滤机　厢式压滤机与板框压滤机相比，外表相似，但厢式压滤机仅由滤板组成。每块滤板凹进的两个表面与另外的滤板压紧后组成过滤室。料浆通过中心孔加入，滤液在下角排出，带有中心孔的滤布覆盖在滤板上，滤布的中心加料孔部位压紧在两壁面上或把两壁面的滤布用编织管缝合。

回转真空过滤机　回转真空过滤机是工业上使用较广的一种连续式过滤机。转鼓浸入悬浮液的面积约为全部转鼓面积的 $30\%\sim40\%$。在不需要洗涤滤饼时，浸入面积可增加至 60%，脱离吸滤区后转鼓表面形成的滤饼厚度约为 $3\sim40\text{mm}$。

回转真空过滤机的过滤面积不大，压差也不高，但它操作自动连续，对于处理量较大而压差不需很大的物料的过滤比较合适。在过滤细、黏物料时，采用助滤剂预涂的操作也比较方便，此时可将卸料刮刀略微离开转鼓表面一定的距离，以使转鼓表面的助滤剂层不被刮下而在较长的操作时间内发挥助滤作用。

离心机　离心过滤是借旋转液体产生的径向压差作为过滤的推动力。离心过滤在各种间歇或连续操作的离心过滤机中进行。间歇式离心机中又有人工及自动卸料之分。

三足式离心机的转鼓直径一般较大，转速不高（$<2000\text{r}/\text{min}$），过滤面积约 $0.6\sim2.7\text{m}^2$。它与其他型式的离心机相比，具有构造简单、运转周期可灵活掌握等优点，一般可用于间歇生产过程中的小批量物料的处理，尤其适用于各种盐类结晶的过滤和脱水，晶体较少受到破损。它的缺点是卸料时的劳动条件较差，转动部件位于机座下部，检修不方便。

刮刀卸料式离心机　悬浮液从加料管进入连续运转的卧式转鼓，机内设有耙齿以使沉积的滤渣均布于转鼓内壁。待滤饼达到一定厚度时，停止加料，进行洗涤、沥干。然后，借液压传动的刮刀逐渐向上移动，将滤饼刮入卸料斗卸出机外，继而清洗转鼓。整个操作周期均在连续运转中完成，每一步骤均采用自动控制的液压操作。

刮刀卸料式离心机每一操作周期约 35～90s，连续运转，生产能力较大，劳动条件好，适宜于过滤连续生产工艺过程中＞0.1mm 的颗粒。对细、黏颗粒的过滤往往需要较长的操作周期，采用此种离心机不够经济，而且刮刀卸渣也不够彻底。使用刮刀卸料时，晶体颗粒也会遭到一定程度的破损。

活塞往复式卸料离心机 加料过滤、洗涤、沥干、卸料等操作同时在转鼓内的不同部位进行。料液加入旋转的锥形料斗后被洒在近转鼓底部的一小段范围内，形成约 25～75mm 厚的滤渣层。转鼓底部装有与转鼓一起旋转的推料活塞，其直径稍小于转鼓内壁。活塞与料斗还一起作往复运动，将滤渣逐步推向加料斗的右边。该处的滤渣经洗涤、沥干后，被卸出转鼓外。活塞的冲程约为转鼓全长的 1/10，往复次数约 30 次/分。

活塞往复式卸料离心机每小时可处理 0.3～25t 的固体，对过滤固含量＜10%、粒径＞0.15mm 的悬浮液比较合适，在卸料时晶体也较少受到破损。

4.3.5 过滤过程计算

4.3.5.1 过滤过程的数学描述

物料衡算 对指定的悬浮液，获得一定量的滤液必形成相对应量的滤饼，其间关系取决于悬浮液中的固含量，并可由物料衡算方法求出。通常表示悬浮液固含量的方法有两种，即质量分数 w（kg 固体/kg 悬浮液）和体积分数 ϕ（m^3 固体/m^3 悬浮液）。对颗粒在液体中不发生溶胀的物系，按体积加和原则，两者的关系为

$$\phi = \frac{w/\rho_p}{w/\rho_p + (1-w)/\rho} \tag{4-30}$$

式中，ρ_p、ρ 分别为固体颗粒和滤液的密度。

物料衡算时，可对总量和固体物量列出两个衡算式

$$V_{悬} = V + LA \tag{4-31}$$

$$V_{悬}\,\phi = LA(1-\varepsilon) \tag{4-32}$$

式中，$V_{悬}$ 为获得滤液量 V 并形成厚度为 L 的滤饼时所消耗的悬浮液总量；ε 为滤饼空隙率。由上两式不难导出滤饼厚度 L 为

$$L = \frac{\phi}{1-\varepsilon-\phi}q \tag{4-33}$$

此式表明，在过滤时若滤饼空隙率 ε 不变，则滤饼厚度 L 与单位面积累计滤液量 q 成正比。一般悬浮液中颗粒的体积分数 ϕ 较滤饼空隙率 ε 小得多，分母中 ϕ 值可以略去，则有

$$L = \frac{\phi}{1-\varepsilon}q \tag{4-34}$$

过滤速率　$\dfrac{dq}{d\tau}$ 即为某瞬时流体经过固定床的表观速度 u。由康采尼方程可得

$$u=\frac{dq}{d\tau}=\frac{\varepsilon^3}{(1-\varepsilon)^2a^2}\times\frac{1}{K'\mu}\times\frac{\Delta\mathscr{P}}{L} \tag{4-35}$$

将式(4-34)的滤饼厚度 L 代入式(4-35)，并令

$$r=\frac{K'a^2(1-\varepsilon)}{\varepsilon^3} \tag{4-36}$$

式(4-35)可写为

$$\frac{dq}{d\tau}=\frac{\Delta\mathscr{P}}{r\phi\mu q} \tag{4-37}$$

式(4-37)中的分子 $\Delta\mathscr{P}$ 是施加于滤饼两端的压差，可看作过滤操作的推动力，而分母 $(r\phi\mu q)$ 可视为滤饼对过滤操作造成的阻力，故该式也可写成

$$过滤速率=\frac{过程的推动力(\Delta\mathscr{P})}{过程的阻力(r\phi\mu q)} \tag{4-38}$$

以上述方式表示过滤速率，其优点在于同电路中的欧姆定律具有相同的形式，在串联过程中的推动力及阻力分别具有加和性。

滤液通过过滤介质同样具有阻力，过滤介质阻力的大小可视为通过单位过滤面积获得某当量滤液量 q_e 所形成的虚拟滤饼层的阻力。设 $\Delta\mathscr{P}_1$、$\Delta\mathscr{P}_2$ 分别为滤饼两侧和过滤介质两侧的压强差，则根据式(4-37)可分别写出滤液经过滤饼与经过过滤介质的速率式

$$\frac{dq}{d\tau}=\frac{\Delta\mathscr{P}_1}{r\phi\mu q}$$

及

$$\frac{dq}{d\tau}=\frac{\Delta\mathscr{P}_2}{r\phi\mu q_e}$$

将以上两式的推动力和阻力分别加和可得

$$\frac{dq}{d\tau}=\frac{\Delta\mathscr{P}_1+\Delta\mathscr{P}_2}{r\phi\mu(q+q_e)}$$

或

$$\frac{dq}{d\tau}=\frac{\Delta\mathscr{P}}{r\phi\mu(q+q_e)} \tag{4-39}$$

令

$$K=\frac{2\Delta\mathscr{P}}{r\phi\mu} \tag{4-40}$$

则

$$\frac{dq}{d\tau}=\frac{K}{2(q+q_e)} \tag{4-41}$$

或

$$\frac{\mathrm{d}V}{\mathrm{d}\tau} = \frac{KA^2}{2(V+V_e)} \tag{4-42}$$

式(4-41) 称为过滤速率基本方程。它表示某一瞬时的过滤速率与物系性质、操作压差及该时刻以前的累计滤液量之间的关系，同时亦表明了过滤介质阻力的影响。

过滤速率式(4-41) 的推导中引入了 K 与 q_e 两个参数，通常称为过滤常数。K 值与悬浮液的性质及操作压差 $\Delta\mathscr{P}$ 有关。显然对指定的悬浮液，只有当操作压差不变时 K 值才是常数。常数 r 反映了滤饼的特性，称为滤饼的比阻。由式(4-36) 可知，比阻 r 表示滤饼结构对过滤速率的影响，其数值大小可反映过滤操作的难易程度。不可压缩滤饼的比阻 r 仅取决于悬浮液的物理性质；可压缩滤饼的比阻 r 则随操作压差的增加而加大，一般服从如下的经验关系：

$$r = r_0 \Delta\mathscr{P}^s \tag{4-43}$$

式中，r_0、s 均为实验常数，s 称为压缩指数。对于不可压缩滤饼，$s=0$；可压缩滤饼的压缩指数 s 约为 $0.2 \sim 0.8$。

4.3.5.2 间歇过滤的滤液量与过滤时间的关系

过滤过程的典型操作方式有两种：一是在恒压差、变速率的条件下进行，称为恒压过滤；另一是在恒速率、变压差的条件下进行，称为恒速过滤。

恒速过滤方程 用隔膜泵将悬浮液打入过滤机是一种典型的恒速过滤。此时，过滤速率 $\dfrac{\mathrm{d}q}{\mathrm{d}\tau}$ 为一常数，由式(4-41) 可得

$$\frac{\mathrm{d}q}{\mathrm{d}\tau} = \frac{K}{2(q+q_e)} = 常数$$

即

$$\frac{q}{\tau} = \frac{K}{2(q+q_e)}$$

$$q^2 + qq_e = \frac{K}{2}\tau \tag{4-44}$$

或

$$V^2 + VV_e = \frac{K}{2}A^2\tau \tag{4-45}$$

式(4-44)、式(4-45) 为恒速过滤方程。

恒压过滤方程 在恒定压差下，K 为常数。若过滤一开始就是在恒压条件下操作，由式(4-41) 可得

$$\int_{q=0}^{q=q} (q+q_e)\mathrm{d}q = \frac{K}{2}\int_{\tau=0}^{\tau=\tau} \mathrm{d}\tau$$

$$q^2 + 2qq_e = K\tau \tag{4-46}$$

或
$$V^2 + 2VV_e = KA^2\tau \tag{4-47}$$

此两式表示了恒压条件下过滤时累计滤液量 q（或 V）与过滤时间 τ 的关系，称为恒压过滤方程。

若在压差达到恒定之前，已在其他条件下过滤了一段时间 τ_1 并获得滤液量 q_1，由式（4-41）可得

$$\int_{q=q_1}^{q=q} (q + q_e)\mathrm{d}q = \frac{K}{2}\int_{\tau=\tau_1}^{\tau=\tau} \mathrm{d}\tau$$

$$(q^2 - q_1^2) + 2q_e(q - q_1) = K(\tau - \tau_1) \tag{4-48}$$

或
$$(V^2 - V_1^2) + 2V_e(V - V_1) = KA^2(\tau - \tau_1) \tag{4-49}$$

过滤常数的测定　恒压过滤方程及恒速过滤方程中均包含过滤常数 K、q_e。过滤常数的测定是用同一悬浮液在小型设备中进行的。

实验在恒压条件下进行，此时式（4-46）可写成

$$\frac{\tau}{q} = \frac{1}{K}q + \frac{2}{K}q_e \tag{4-50}$$

此式表明在恒压过滤时 $\left(\dfrac{\tau}{q}\right)$ 与 q 之间具有线性关系，直线的斜率为 $\dfrac{1}{K}$，截距为 $\dfrac{2q_e}{K}$。在不同的过滤时间 τ，记取单位过滤面积所得的滤液量 q，可以根据式（4-50）求得过滤常数 K 和 q_e。

式（4-50）仅对过滤一开始就是恒压操作有效。若在恒压过滤之前的 τ_1 时间内单位过滤面积已得滤液 q_1，可将式（4-48）改写成

$$\frac{\tau - \tau_1}{q - q_1} = \frac{1}{K}(q - q_1) + \frac{2}{K}(q_e + q_1) \tag{4-51}$$

显然，$\dfrac{\tau - \tau_1}{q - q_1}$ 与 $q - q_1$ 之间具有线性关系，同样可求出常数 q_e 及恒压操作的 K 值。

必须注意，因 $K = \dfrac{2\Delta\mathscr{P}}{r\mu\phi}$，其值与操作压差有关，故只有在试验条件与工业生产条件相同时才可直接使用试验测定的结果。实际上这一限制并非必要。如能在几个不同的压差下重复上述实验，从而求出比阻 r 与压差 $\Delta\mathscr{P}$ 的关系，则实验数据将具有更广泛的使用价值。

4.3.5.3　洗涤速率与洗涤时间

在洗涤过程中滤饼不再增厚，洗涤速率为一常数，从而不再有恒速与恒压的区别。

叶滤机的洗涤速率　此类设备中洗涤液流经滤饼的通道与过滤终了时滤液的

通道相同。洗涤液通过的滤饼面积亦与过滤面积相等，故洗涤速率 $(dq/d\tau)_w$ 可由式(4-41)计算，即

$$\left(\frac{dq}{d\tau}\right)_w = \frac{\Delta\mathscr{P}_w}{r\mu_w\phi(q+q_e)} \tag{4-52}$$

式中，下标 w 表示洗涤；q 为过滤终了时单位过滤面积的累计滤液量。

当单位面积的洗涤液用量 q_w 已经确定，则洗涤时间 τ_w 为

$$\tau_w = \frac{q_w}{(dq/d\tau)_w} \tag{4-53}$$

当洗涤与过滤终了时的操作压强相同、洗涤液与滤液的黏度相等，则洗涤速率与最终过滤速率相等，即（记 $V_e = Aq_e$）

$$\left(\frac{dV}{d\tau}\right)_w = \frac{KA^2}{2(V+V_e)} \tag{4-54}$$

$$\tau_w = \frac{V_w}{\left(\dfrac{dV}{d\tau}\right)_w} = \frac{2(V+V_e)V_w}{KA^2} \tag{4-55}$$

实际操作中洗涤液的流动途径可能因滤饼的开裂而发生沟流、短路，由式(4-55)计算的洗涤速率只是一个近似值。

板框压滤机的洗涤速率 板框压滤机在过滤终了时，滤液通过滤饼层的厚度为框厚的一半，过滤面积则为全部滤框面积之和的两倍。但在滤渣洗涤时，由板框压滤机操作简图可知，洗涤液将通过两倍于过滤终了时滤液的途径，故洗涤速率应为式(4-52)计算值的 1/2，即

$$\left(\frac{dq}{d\tau}\right)_w = \frac{\Delta\mathscr{P}_w}{2r\mu_w\phi(q+q_e)} \tag{4-56}$$

洗涤时间仍可用式(4-53)计算，即

$$\tau_w = \frac{q_w}{\left(\dfrac{dq}{d\tau}\right)_w}$$

式中，q_w 为单位洗涤面积的洗涤液量，m^3/m^2。但应注意，此时的洗涤面积仅为过滤面积的一半，故用同样体积的洗涤液，此种板框压滤机的洗涤时间为叶滤机的四倍。当洗涤液与滤液黏度相等、操作压强相同时，板框压滤机的洗涤时间为

$$\tau_w = \frac{8(V+V_e)V_w}{KA^2} \tag{4-57}$$

4.3.5.4 过滤过程的计算

过滤计算可分为设备选定之前的设计计算和现有设备的操作状态的核算两种类型。

在设计问题中，设计者应首先进行小型过滤实验以测取必要的设计数据，如过滤常数 q_e、K 等，并为过滤介质和过滤设备的选型提供依据。然后由设计任务给定的滤液量 V 和过滤时间 τ，选择操作压强 $\Delta\mathscr{P}$，计算过滤面积 A。在操作型计算中，则是已知设备尺寸和参数，给定操作条件，核算该过程设备可以完成的生产任务；或已知设备尺寸和参数，给定生产任务，求取相应的操作条件。

间歇式过滤机的生产能力　已知过滤设备的过滤面积 A 和指定的操作压差 $\Delta\mathscr{P}$，计算过滤设备的生产能力，这是典型的操作型问题。叶滤机和压滤机都是典型的间歇式过滤机，每一操作周期由以下三部分组成：

① 过滤时间 τ；

② 洗涤时间 τ_w；

③ 组装、卸渣及清洗滤布等辅助时间 τ_D。

一个完整的操作周期所需的总时间为

$$\sum\tau = \tau + \tau_w + \tau_D \tag{4-58}$$

过滤时间 τ 及洗涤时间 τ_w 的计算方法如前文所述，辅助时间须根据具体情况而定。间歇过滤机的生产能力即单位时间得到的滤液量为

$$Q = \frac{V}{\sum\tau} \tag{4-59}$$

对恒压过滤，过分延长过滤时间 τ 并不能提高过滤机的生产能力。

回转真空过滤机的生产能力　回转真空过滤机是在恒定压差下操作的。设转鼓的转速为 $n(1/s)$，转鼓浸入面积占全部转鼓面积的分率为 φ，则每转一周转鼓上任何一点或全部转鼓面积的过滤时间为

$$\tau = \frac{\varphi}{n} \tag{4-60}$$

这样就把真空回转过滤机部分转鼓表面的连续过滤转换为全部转鼓表面的间歇过滤，使恒压过滤方程依然适用。

将式(4-45) 改写成

$$q = \sqrt{q_e^2 + K\tau} - q_e \tag{4-61}$$

设转鼓面积为 A，则回转真空过滤机的生产能力（单位时间的滤液量）为

$$Q = nAq$$

$$Q = nA\left(\sqrt{q_e^2 + K\,\frac{\varphi}{n}} - q_e\right) \tag{4-62}$$

若过滤介质阻力可略去不计，则上式可写成

$$Q = \sqrt{KA^2\varphi n} \tag{4-63}$$

此式近似地表达了诸参数对回转真空过滤机生产能力的影响。

4.3.6 加快过滤速率的途径

过滤技术的改进大体包括两个方面：寻找适当的过滤方法和设备以适应物料的性质；加快过滤速率以提高过滤机的生产能力。

加快过滤速率的三种途径 加快过滤速率原则上有改变滤饼结构、改变悬浮体中的颗粒聚集状态和限制滤饼厚度增长三种途径。

---- 第5章 ----

颗粒的沉降和流态化

5.1 教学方法指导

过滤操作利用滤饼拦截颗粒，既是一种智慧，也是一个局限。当颗粒太细，滤饼空隙率太低，过滤速度降到极低，过滤操作就不可行了。利用密度差进行沉降分离成为另一种可供选择的分离方法。这里，需要突出方法的选择。方法的选择重于设备的选择，它是第一位的。除沉降分离外还有其他的分离方法，利用颗粒的其他性质，如带电性和黏附性等。

沉降分离的基本原理集中体现在斯托克斯定律，即沉降速度公式。我认为没有必要关注阿仑区和牛顿区的情况，也不必涉及干扰沉降。在入门课程中不该求全，应当突出重点，避免节外生枝。在实用中，难分离的是细颗粒，我们应当集中注意于细颗粒。

非球形颗粒也不重要，因为实际工作中不可能通过测定形状系数计算沉降速度。沉降速度由专门的仪器测定。甚至在实验室中在量筒中也可以测定沉降距离、沉降时间，得出粗略的沉降速度。沉降速度是沉降操作中颗粒的主要特性，我们需要知道的是沉降速度而不是颗粒直径。

斯托克斯定律中沉降速度与颗粒与液体的密度差成正比，与液体的黏度成反比，这两点应该是意料之中的事。斯托克斯定律提供给我们的重要信息是，沉降速度与颗粒直径的平方成正比，颗粒直径是敏感因素。

沉降速度与重力加速度成正比，印证了离心沉降的潜力。颗粒细小时重力沉降速度太小，沉降设备将过于庞大。当颗粒直径小到 $1\mu m$ 时，颗粒会受分子布朗运动的影响而不沉降，雾霾就是一例。采用离心沉降可以数十倍地提高沉降速度。中等程度的离心沉降可以用流体力学的方法实现，如旋流分离器和旋风分离器。高强度的离心沉降需要采用机械的方法，如离心机。

沉降分离设备唯一的要素是沉降面积，也就是，沉降面积是唯一的生产力。这点在教科书中、在课堂上一定都已反复强调。但是，实际上，我发现不少人在日后的工作中仍然会违背这个原则。因此，仅仅正面强调重要的是面积，未能触及其认识上的误区。应当指出，任何增长沉降距离的构型，任何与沉降方向相反的流动速度都是无效的或者有害的，因此，沉降设备应当是卧式而不应该是立式的，重要的是沉降面积而非体积，也非停留时间。

液固沉降分离的概念可以延伸到液液、气固、气液的分离。但是，需要指出其间的区别。液滴比颗粒容易分离。问题不在沉降速度，液滴由于滴内可以有流动而减少了沉降阻力，沉降速度可以大些，但这不是主要的。主要的是液滴沉降后会凝并，附着于器壁，颗粒则在沉降后有可能被重新卷起。旋风分离器内的旋转切向速度会将径向沉降到器壁的颗粒重新卷起，使旋风分离器的效率大大降低。湿法除尘比干法除尘容易得多。

固体流态化这一节放置在这一章中，是因为沉降速度在流态化技术中具有重要地位。因此，在解释流态化技术时应当紧扣沉降速度这个概念。

固体颗粒能被气流带走，对学生来说并不生疏。狂风下飞沙走石是常见的现象。因此，对于用作气流输送的稀相流态化，学生们不难理解和接受。其条件就是气流或液流的垂直速度超过颗粒的沉降速度。但是，这样的流态化，气流或液流中的固含量太低，设备的空间利用率太小，应用上有局限。浓相流化床的存在才是流态化技术的真义。

考察最简单的情况，即均匀颗粒的流态化。浓相流化床存在的物理条件是：

① 流体的表观速度小于颗粒的沉降速度；

② 颗粒床内的真实速度达到颗粒的沉降速度。

由于前者，颗粒不会被带出，由于后者，颗粒会浮起。如此，浓相流化床内所有颗粒都浮起，彼此脱离接触，又不被带出。这样一种状态像流体一样可以混合、出料、输送，名副其实地流态化了。

重要的是，这样的状态可以存在于一定的表观速度范围内，是一种稳定的状态，不同的表观流速对应于一个空隙率。发现了这样的浓相流化床，许多重要的有固体参与的过程采用流态化技术实现了连续化。

实际情况自然不像均匀颗粒那样简单，流化现象也不均匀。有两点值得关注：

① 聚式流态化：固体颗粒有团聚的倾向，从而形成空穴，造成流化床的不均匀性；

② 流化床的内在不稳定性：流体优先向阻力低的方向流动，一旦空穴形成，流体优先流向空穴，促使空穴进一步增大。

因此，需要采取措施促使流化的均匀，如更好的气流分布、床内构件等。

我觉得用这样的逻辑组织教学内容可以给学生留下更深的印象。

5.2　教学内容精要

5.2.1　概述

由固体颗粒和流体组成的两相流动物系,流体为连续相,固体则为分散相悬浮于流体中。

流、固两相物系中,不论作为连续相的流体处于静止还是作某种运动,只要固体颗粒的密度大于流体的密度,那么在重力场中,固体颗粒将在重力方向上与流体作相对运动;在离心力场中,则与流体作离心力方向上的相对运动。

① 两相物系的沉降分离,其中依靠重力的称为重力沉降,依靠离心力的则称为离心沉降。

② 流、固两相之间进行某种物理和化学过程,如固体物料的干燥、粉状矿物的焙烧及在固体催化剂作用下的化学反应等。

③ 固体颗粒的流动输送。

固体颗粒对流体的相对运动规律与物理学中的自由落体运动规律的根本区别是后者不考虑流体对固体运动的阻力。当固体尺寸较大时,阻力远小于重力,因而可以略去。但当颗粒尺寸较小,或流体为液体时,阻力不容忽略。由此可见,对流-固两相物系中的相对运动的考察应从流体对颗粒运动的阻力着手。

5.2.2　颗粒的沉降运动

5.2.2.1　流体对固体颗粒的绕流

流体与固体颗粒相对运动时流体对颗粒的作用力——曳力。两者的关系是作用力和反作用力的关系。

流体与固体颗粒之间的相对运动可以有各种情况:或固体颗粒静止,流体对其作绕流;或流体静止,颗粒作沉降运动;或两者都运动但保持一定的相对速度。假设颗粒静止,流体以一定的流速对之作绕流,分析流体对颗粒的作用力。此作用力就是颗粒相对于流体作运动时所受到的阻力。

两种曳力——表面曳力和形体曳力　流体作用于颗粒表面任何一点的力必可分解为与表面相切及垂直的两个分力,即表面上任何一点同时作用着剪应力 τ_w 和压强 p。在颗粒表面上任取一微元面积 dA,作用于其上的剪力为 $\tau_w dA$,压力为 $p dA$。设所取微元面积 dA 与流动方向成夹角 α,则剪力在流动方向上的分力为 $\tau_w dA \sin\alpha$。将此分力沿整个颗粒表面积分而得该颗粒所受剪力在流动方向上的总和,称为表面曳力。

同样,压力 $p dA$ 在流动方向上的分力为 $p dA \cos\alpha$,将此力沿整个颗粒表面

积分可得

$$\oint_A p\cos\alpha\,\mathrm{d}A = \oint_A \mathscr{P}\cos\alpha\,\mathrm{d}A - \oint_A \rho g z \cos\alpha\,\mathrm{d}A$$

上式等号右端第一项 $\oint_A \mathscr{P}\cos\alpha\,\mathrm{d}A$ 称为形体曳力，第二项 $-\oint_A \rho g z \cos\alpha\,\mathrm{d}A$ 即颗粒所受的浮力。当颗粒与流体无相对运动时，则不存在表面曳力与形体曳力，但仍有浮力作用其上。

由此可见，流体对固体颗粒作绕流运动时，在流动方向上对颗粒施加一个总曳力，其值等于表面曳力和形体曳力之和。

总曳力与流体的密度 ρ、黏度 μ、流动速度 u 有关，而且受颗粒的形状与定向的影响，问题较为复杂。黏性流体对圆球的低速绕流（也称爬流）总曳力的理论式为

$$F_D = 3\pi\mu d_p u \tag{5-1}$$

此式称为斯托克斯（Stokes）定律。当流速较高时，此定律并不成立。因此，对一般流动条件下的球形颗粒及其他形状的颗粒，曳力的数值尚需通过实验来解决。

曳力系数　对光滑圆球，影响曳力的诸因素为

$$F_D = F(d_p, u, \rho, \mu) \tag{5-2}$$

应用量纲分析可以得出

$$\left(\frac{F_D}{A_p\,\dfrac{1}{2}\rho u^2}\right) = \phi\left(\frac{d_p u \rho}{\mu}\right)$$

若令

$$Re_p = \frac{d_p u \rho}{\mu} \tag{5-3}$$

$$\zeta = \phi(Re_p) \tag{5-4}$$

则有

$$F_D = \zeta A_p\,\frac{1}{2}\rho u^2 \tag{5-5}$$

5.2.2.2　静止流体中颗粒的自由沉降

沉降的加速阶段　静止流体中，颗粒在重力（或离心力）作用下将沿重力方向（或离心力方向）作沉降运动。设颗粒的初速度为零，起初颗粒只受重力和浮力的作用。如果颗粒的密度大于流体的密度，作用于颗粒上的外力之和不等于零，颗粒将产生加速度。一旦颗粒开始运动，颗粒即受到流体施予的曳力。因此，在沉降过程中颗粒的受力为：

（1）场力 F

重力场 $\qquad F_g = mg \qquad$ (5-6)

离心力场 $\qquad F_c = mr\omega^2 \qquad$ (5-7)

（2）浮力 F_b　颗粒在流体中所受的浮力在数值上等于同体积流体在力场中所受到的场力。设流体的密度为 ρ，则有

重力场 $\qquad F_b = \dfrac{m}{\rho_p}\rho g \qquad$ (5-8)

离心力场 $\qquad F_b = \dfrac{m}{\rho_p}\rho r\omega^2 \qquad$ (5-9)

（3）曳力 F_D $\qquad F_D = \zeta A_p\left(\dfrac{1}{2}\rho u^2\right) \qquad$ (5-10)

根据牛顿第二定律可得

$$F - F_b - F_D = m\frac{du}{d\tau} \qquad (5\text{-}11)$$

或

$$\frac{du}{d\tau} = \left(\frac{\rho_p - \rho}{\rho_p}\right)g - \frac{\zeta A_p}{2m}\rho u^2 \qquad (5\text{-}12)$$

对球形颗粒，可得

$$\frac{du}{d\tau} = \left(\frac{\rho_p - \rho}{\rho_p}\right)g - \frac{3\zeta}{4d_p \rho_p}\rho u^2 \qquad (5\text{-}13)$$

沉降的等速阶段　随着下降速度的不断增加，式(5-13)右侧第二项（曳力项）逐渐增大，加速度逐渐减小。当下降速度增至某一数值时，曳力等于颗粒在流体中的净重（表观重量），加速度 $\dfrac{du}{d\tau}$ 等于零，颗粒将以恒定不变的速度 u_t 继续下降。此 u_t 称为颗粒的沉降速度或终端速度。对于小颗粒，沉降的加速阶段很短，加速段所经历的距离也很小。

颗粒的沉降速度　对球形颗粒，当加速度 $\dfrac{du}{d\tau} = 0$ 时，由式(5-13)可得

$$u_t = \sqrt{\frac{4(\rho_p - \rho)gd_p}{3\rho\zeta}} \qquad (5\text{-}14)$$

式中 $\qquad \zeta = \phi\left(\dfrac{d_p\rho u_t}{\mu}\right) \qquad$ (5-15)

当颗粒直径较小，处于斯托克斯定律区时

$$u_t = \frac{gd_p^2(\rho_p - \rho)}{18\mu} \qquad (5\text{-}16)$$

当流体作水平运动时，固体颗粒一方面以与流体相同的速度伴随流体作水平运动，同时又以沉降速度 u_t 垂直向下运动。由此不难求得颗粒的运动轨迹。

无论流体是否流动，在研究颗粒与流体之间的相对运动时，颗粒与流体的综

合特性可用沉降速度 u_t 来表示。

其他因素对沉降速度的影响   以上是单个球形颗粒的自由沉降，实际颗粒的沉降尚需考虑下列各因素的影响：

干扰沉降、端效应、分子运动、非球形以及液滴或气泡的运动。

5.2.3 沉降分离设备

沉降分离的基础是悬浮系中的颗粒在外力作用下的沉降运动，而这又是以两相的密度差为前提的。悬浮颗粒的直径越大、两相的密度差越大，使用沉降分离方法的效果就越好。

根据作用于颗粒上的外力不同，沉降分离设备可分为重力沉降和离心沉降两大类。

5.2.3.1 重力沉降设备

降尘室   借重力沉降以除去气流中的尘粒，此类设备称为降尘室。含尘气体进入降尘室后流动截面增大，流速降低，在室内有一定的停留时间使颗粒能在气体离室之前沉至室底而被除去。

设有流量为 $q_V(\mathrm{m^3/s})$ 的含尘气体进入降尘室，降尘室的底面积为 A，高度为 H。若气流在整个流动截面上均匀分布，则任一流体质点进入至离开降尘室的时间间隔（停留时间）τ_r 为

$$\tau_r = \frac{\text{设备内的流动容积}}{\text{流体通过设备的流量}} = \frac{AH}{q_V} \tag{5-17}$$

位于降尘室最高点的该种颗粒降至室底所需时间（沉降时间）τ_t 为

$$\tau_t = \frac{H}{u_t} \tag{5-18}$$

为满足除尘要求，气流的停留时间至少必须与颗粒的沉降时间相等，即应有 $\tau_r = \tau_t$。由式（5-22）与式（5-23）得

$$\frac{AH}{q_V} = \frac{H}{u_t}$$

或 $$q_V = Au_t \tag{5-19}$$

上式表明，对一定物系，降尘室的处理能力只取决于降尘室的底面积，而与高度无关。正因为如此，降尘室应设计成扁平形状，或在室内设置多层水平隔板。

细小颗粒的沉降处于斯托克斯定律区，其沉降速度可用式（5-16）计算，即

$$u_t = \frac{d_{min}^2 (\rho_p - \rho) g}{18\mu} \tag{5-20}$$

在设计型问题中，给定生产任务，即已知待处理的气体流量 q_V，并已知有

关物性（μ、ρ 和 ρ_p）及要求全部除去的最小颗粒尺寸 d_{min}，可计算所需降尘室面积 A。

在操作型问题中，降尘室底面积一定，可根据物系性质及要求全部除去的最小颗粒直径核算降尘室的处理能力；或根据物系性质及气体处理量计算能够全部除去的最小颗粒直径。当流体作湍流流动时旋涡对颗粒沉降的影响，流体的湍流流动使分离效果变劣。

增稠器　增稠器通常是一个带锥形底的圆池，悬浮液于增稠器中心距液面下 0.3~1.0m 处连续加入，然后在整个增稠器的横截面上散开，液体向上流动，清液由四周溢出。固体颗粒在器内逐渐沉降至底部，器底设有缓慢旋转的齿耙，将沉渣慢慢移至中心，并用泥浆泵从底部出口管连续排出。

颗粒在增稠器内的沉降大致分为两个阶段。在加料口以下一段距离内固体颗粒浓度很低，颗粒在其中大致为自由沉降。在增稠器下部颗粒浓度逐渐增大，颗粒作干扰沉降，沉降速度很慢。

增稠器有澄清液体和增稠悬浮液的双重功能。为获得澄清的液体，清液产率取决于增稠器的直径。

分级器　利用重力沉降可将悬浮液中不同粒度的颗粒进行粗略的分级，或将两种不同密度的物质进行分类。分级器由几根柱形容器组成，悬浮液进入第一柱的顶部，水或其他密度适当的液体由各级柱底向上流动。控制悬浮液的加料速率，使柱中的固体浓度<1%~2%，此时柱中颗粒基本上是自由沉降。在各沉降柱中，凡沉降速度较向上流动的液体速度为大的颗粒，均沉于容器底部，而直径较小的颗粒则被带入后一级沉降柱中。适当安排各级沉降柱流动面积的相对大小，适当选择液体的密度并控制其流量，可将悬浮液中不同大小的颗粒按指定的粒度范围加以分级。

5.2.3.2　离心沉降设备

对两相密度差较小、颗粒粒度较细的非均相系，可利用颗粒作圆周运动时的离心力以加快沉降过程。同一颗粒所受离心力与重力之比为

$$\alpha = \frac{r\omega^2}{g} = \frac{u^2}{gr} \tag{5-21}$$

比值 α 称为离心分离因数，其数值的大小是反映离心分离设备性能的重要指标。

旋风分离器　含固体颗粒的气体由矩形进口管切向进入器内，以造成气体与颗粒的圆周运动。颗粒被离心力抛至器壁并汇集于锥形底部的集尘斗中，被净化后的气体则从中央排气管排出。旋风分离器的构造简单，没有运动部件，操作不受温度、压强的限制。视设备大小及操作条件不同，旋风分离器的离心分离因数约为 5~2500，一般可分离气体中 5~75μm 直径的粒子。

评价旋风分离器性能的主要指标有两个，一是分离效率，一是气体经过旋风分离器的压降。

旋风分离器内的气流以内旋涡旋转上升时，在锥底形成升力。即使在常压下操作，出口气直接排入大气，也会在锥底造成显著的负压。如果锥底集尘斗密封不良，少量空气窜入器内将使分离效率严重下降。

气力旋流分级　借离心沉降可将气流中夹带的颗粒进行分级。

转鼓式离心机　与重力沉降器的原理相同，在沉降式离心机中，凡沉降所需时间 τ_t 小于流体在设备内的停留时间 τ_r 的颗粒均可被沉降除去。颗粒在离心力场中的运动方程可参照式(5-13)写为

$$\frac{du}{d\tau}=\frac{\rho_p-\rho}{\rho_p}\omega^2 r-\frac{3\zeta}{4d_p\rho_p}\rho u^2 \tag{5-22}$$

细小颗粒的沉降一般在斯托克斯定律区，且此时 $\frac{du}{d\tau}\approx 0$，上式成为

$$u=\frac{(\rho_p-\rho)d_p^2}{18\mu}\omega^2 r \tag{5-23}$$

离心机内壁上的沉渣厚度一般不大，R_B 可取转鼓的内半径。此时颗粒由 R_A 沉降至 R_B 所需的沉降时间为

$$\tau_t=\frac{18\mu}{\omega^2(\rho_p-\rho)d_p^2}\ln\frac{R_B}{R_A} \tag{5-24}$$

颗粒的停留时间取与流体在设备内的停留时间相同，即

$$\tau_r=\frac{\text{设备内流动流体的持留量}}{\text{流体通过设备的流量}}=\frac{\pi(R_B^2-R_A^2)H}{q_V} \tag{5-25}$$

当给定处理量 q_V，只有直径 d_p 满足 $\tau_t\leqslant\tau_r$ 的颗粒才能全部除去。反之，当要求被全部除去的颗粒直径 d_p 给定时，设备的处理量为

$$q_V=\frac{\pi H\omega^2(\rho_p-\rho)d_p^2}{18\mu}\times\frac{R_B^2-R_A^2}{\ln\frac{R_B}{R_A}} \tag{5-26}$$

此关系式反映了小颗粒在离心沉降时各参数对沉降式离心机处理能力的影响。

碟式分离机　碟式分离机的转鼓内装有许多倒锥形碟片，碟片直径一般为 0.2~0.6m，碟片数约为 50~100 片。转鼓以 4700~8500r/min 的转速旋转，分离因数可达 4000~10000。这种分离机可用作澄清悬浮液中少量细小颗粒以获得清净的液体，也可用于乳浊液中轻、重两相的分离，如油料脱水等。

管式高速离心机　在转鼓的机械强度限定的条件下，增加转速，缩小转鼓直径可以提高离心分离因数 α。基于这一原理设计而成的管式高速离心机的转速常达 15000r/min 以上，分离因数可达 12500 左右。

5.2.4　固体流态化技术

将大量固体颗粒悬浮于运动的流体之中，从而使颗粒具有类似于流体的某些表观特性，这种流固接触状态称为固体流态化。

5.2.4.1　流化床的基本概念

流体自下而上地流过颗粒层，则根据流速的不同，会出现三种不同的情况。

固定床阶段　如果流体通过床层的表观速度（即空塔速度）u 较低，颗粒空隙中流体的实际流速 u_1 小于颗粒的沉降速度 u_t，则颗粒基本上静止不动，颗粒层为固定床。为保持固定床状态，理论上流体自下而上的最大表观速度为

$$u_{\max} = u_t \varepsilon$$

流化床阶段　如果表观速度 u 大于上述固定床阶段的最大表观速度 $u_{\max}$，流体通过颗粒空隙的实际流速 u_1 大于颗粒的沉降速度 u_t，此时床内颗粒将"浮起"，颗粒层将"膨胀"。颗粒层的膨胀意味着床内空隙率 ε 的增大。已知床层内流体的实际流速 u_1 与表观速度 u 有如下关系

$$u_1 = \frac{u}{\varepsilon} \tag{5-27}$$

故而，床层空隙率 ε 的增大，必使流体的实际流速 u_1 下降。因此，当床层膨胀到一定程度，颗粒间的实际流速等于颗粒的沉降速度时，床层不再膨胀而颗粒则悬浮于流体中。这种床层称为流化床。

在流化床内，每一个表观速度有一个相应的空隙率。表观速度越大，空隙率也越大，而通过床层的实际流速不变，总是等于颗粒的沉降速度 u_t。

流化床存在的基础是大量颗粒的群居。群居的大量颗粒可以通过床层的膨胀以调整空隙率，从而能够在一个相当宽的表观气速范围内悬浮于气流之中。这就是流化床之可能存在的物理基础。

颗粒输送阶段　如果床层的表观速度 u 超过颗粒的沉降速度 u_t，则颗粒必将获得上升速度。此时颗粒将被流体带出器外，这是颗粒输送阶段。据此原理，可以实现固体颗粒的气力和液力输送。

若在床层上部安装旋风分离器将带出的颗粒重新返回床层，从而在很高的表观速度下仍可实现流固间的各种过程。此种方式称为载流床。

5.2.4.2　实际的流化现象

从床内流体和颗粒的运动状况来看，实际上存在着两类截然不同的流化现象。

散式流化　这种流化现象一般发生于液-固系统。当表观流速达到某个临界值 u_{mf} 时，颗粒摇摆而开始流化，称为起始流化，u_{mf} 称为起始流化速度。若表观流速继续增大，则进入流化床阶段。此时床层膨胀，颗粒均布于流体之中并作

随机运动，忽上忽下，忽左忽右，造成床内固体颗粒充分混合。

聚式流化　这种流化现象一般发生于气-固系统。当表观流速超过起始流化速度 u_{mf} 而开始流化后，床内就出现一些空穴，气体将优先取道穿过各个空穴至床层顶部逸出。由于过量的气体涌向空穴，该处流速较大，空穴顶部的颗粒被推开，其结果是空穴向上移动并在床的界面处"破裂"。

空穴的移动和合并，就其表面现象看来，酷似气泡的运动。因此，聚式流化床有时称为鼓泡流化床。这样，床内存在两个相，可分别称为气泡相与乳化相。乳化相内的状态接近于起始流化状态，其中的空隙率接近于起始流化时的空隙率。超过起始流化速度以上的气体量则相继经空穴（气泡相）而通过床层。

聚式流化的床层上界面不如散式流化那样平稳，而是频繁的起伏波动。界面以上的空间也会有一定量的固体颗粒，其中一部分是由于颗粒直径过小，被气体带出；另一部分是由于"气泡"在界面处破裂而被抛出。流化床界面以下区域称为浓相区，界面以上的区域称为稀相区。

5.2.4.3　流化床的主要特性

液体样特性　从整体上看，流化床宛如沸腾着的液体，显示某些液体样的性质，所以往往把流化床称为沸腾床。

固体的混合　流化床内颗粒处于悬浮状态并不停地运动，从而造成床内颗粒的混合。

如果在流化床内进行一个放热反应的操作，由于固体颗粒的强烈混合，很易获得均匀的温度，这是流化床的主要优点。

气流的不均匀分布和气-固的不均匀接触　气固流化床中气流的不均匀分布可能导致以下两种现象：

（1）腾涌或节涌　空穴在上升过程中会合并增大，如果床层直径较小而浓相区的高度较高，则空穴可能大至与床层直径相等的程度。此时空穴将床层分节，整段颗粒如活塞般的向上移动，部分颗粒在空穴四周落下，或者在整个截面上均匀洒落。这种现象称为腾涌或节涌。流化床在操作时一旦发生腾涌，较多的颗粒被抛起和跌落造成设备震动，甚至将床内构件冲坏，流体动力损失也较大，一般应尽量予以避免。

（2）沟流　在大直径床层中，由于颗粒堆积不匀或气体初始分布不良，可在床内局部地方形成沟流。此时，大量气体经过局部地区的通道上升，而床层的其余部分仍处于固定床状态而未被流化（死床）。显然，当发生沟流现象时，气体不能与全部颗粒良好接触，将使工艺过程严重恶化。

恒定的压降　床层一旦流化，全部颗粒处于悬浮状态。对床层作受力分析并应用动量守恒定律，不难求出流化床的床层压降为

$$\Delta \mathscr{P}=\frac{m}{A\rho_{p}}(\rho_{p}-\rho)g \qquad (5-28)$$

由式(5-28)可知，流化床的压降等于单位截面床内固体的表观重量（即重量－浮力），它与气速无关而始终保持定值。

5.2.4.4　流化床的操作范围

起始流化速度 u_{mf}　如果床层由均匀颗粒组成，则起始流化时床层的表观速度为

$$u_{mf} = \varepsilon u_t \tag{5-29}$$

设流化床的床层高度为 L，床层空隙率为 ε，则由式(5-28)可得

$$\Delta\mathscr{P} = \frac{m}{A\rho_p}(\rho_p - \rho)g = L(1-\varepsilon)(\rho_p - \rho)g \tag{5-30}$$

又根据欧根方程，在小颗粒（$Re_p < 20$）条件下固定床压降为

$$\Delta\mathscr{P} = 150\frac{(1-\varepsilon)^2}{\varepsilon^3} \times \frac{\mu L}{\psi^2 d_e^2}u \tag{5-31}$$

起始流化点，L 应为起始流化时的床高 L_{mf}，ε 应为床层起始流化时的空隙率 ε_{mf}。令式(5-30)与式(5-31)相等，可得起始流化速度为

$$u_{mf} = \frac{\psi^2\varepsilon_{mf}^3}{150(1-\varepsilon_{mf})} \times \frac{d_e^2(\rho_p - \rho)g}{\mu} \tag{5-32}$$

如果确知床层的起始流化空隙率 ε_{mf} 及颗粒的球形度 ψ 值，可利用式(5-32)计算 u_{mf}。但实际上 ε_{mf} 和 ψ 的可靠数据很难获得。实验发现，对工业常见颗粒 $\dfrac{1-\varepsilon_{mf}}{\psi^2\varepsilon_{mf}^3} \approx 11$，于是

$$u_{mf} = \frac{d_e^2(\rho_p - \rho)g}{1650\mu} \tag{5-33}$$

对非均匀颗粒群，式中 d_e 为平均直径，其值可按式(4-17)计算。

带出速度　当床层的表观速度达到颗粒的沉降速度时，大量颗粒将被流体带出器外，故流化床的带出速度为单个颗粒的沉降速度 u_t。一般说来，此表观速度为流化床操作范围的上限。

5.2.4.5　改善流化质量的措施

流化质量反映了流化床内流体分布及流-固两相接触的均匀程度。

床层的内生不稳定性　流化床层的内生不稳定性是导致流化质量不高的根源，它使床层内部产生大量空穴，严重时可能产生沟流和死床。

为抑制流化床的这一不利工程因素，通常采用以下几种措施。

增加分布板的阻力　气体通过流化床的压降 $\Delta\mathscr{P}$ 由分布板压降 $\Delta\mathscr{P}_D$ 和床层压降 $\Delta\mathscr{P}_B$ 两部分组成，即

$$\Delta\mathscr{P} = \Delta\mathscr{P}_D + \Delta\mathscr{P}_B \tag{5-34}$$

采用内部构件　流化床内部构件可分为水平挡板和垂直构件两类。

采用小直径、宽分布的颗粒　均匀而较大的颗粒未必能获得良好的流化质量，加入少量细粉可起"润滑剂"的作用，常可使床层流化更为均匀。因此，宽分布、细颗粒的流化床可在气速变动幅度较大的范围内良好流化。

采用细颗粒、高气速流化床　细颗粒、高气速流化床不仅提供了气-固两相间较多的接触界面，而且增进了两相接触的均匀性。

5.2.5　气力输送

5.2.5.1　概述

利用气体在管内的流动来输送粉粒状固体的方法称为气力输送。空气是最常用的输送介质；但在输送易燃、易爆的粉料时，也可用其他惰性气体。

根据颗粒在输送管内的密集程度的不同，可将气力输送分为稀相输送和密相输送两大类。

衡量管内的颗粒密集程度的常用参数是单位管道容积含有的颗粒质量，即颗粒的松密度 ρ'，kg/m^3 管道容积，它与颗粒的真密度 ρ_p 的关系为

$$\rho' = \rho_p(1-\varepsilon) \tag{5-35}$$

颗粒在静置堆放时（如固定床）的松密度常称为颗粒的堆积密度，工业常遇的粉体物料其堆积密度可在手册中查到。

单位质量气体所输送的固体量称为固气比 R，它是气力输送装置常用的一个经济指标。

$$R = \frac{M}{G} \tag{5-36}$$

5.2.5.2　气力输送装置

稀相输送　稀相输送是借管内高速气体（约 $18\sim30m/s$）将粉状物料彼此分散、悬浮在气流中进行输送。

密相输送　密相输送是用高压气体压送物料，气源压强可高达 0.7MPa（表压），通常在输送管进口处设置各种形式的压力罐存放待输送的物料。

密相输送的特点是低风量和高固气比，物料在管内呈流态化或柱塞状运动。

粉粒捕捉　在气力输送装置中，粉粒的捕捉是一个重要部分。常用的粉粒捕捉设备有旋风分离器和袋式过滤器。袋式过滤器简称袋滤器，能捕集很细的粉尘。

第6章

传　热

6.1　教学方法指导

这一章的教学内容由三部分组成，"给热"、"传热"和换热器。教科书上叙述的顺序是从给热到传热再到换热器。这是学科的叙述方法。化工原理是应用性课程，单元操作是为了完成特定的工程任务。因此，我认为，应当从任务的概述开始，首先让学生掌握传热过程，然后再介绍各种给热过程的机理，再介绍各种换热器。这是应用者（不是研究者）的思维顺序。

在概述中要介绍典型的传热过程，如换热过程、蒸发过程、冷凝过程，在介绍时要着重说明加热剂和冷却剂的选择。最常用的自然是水蒸气和冷却水，要说明其界限。加热到更高温度需要载热剂。冷却到更低温度需要冷冻剂。这些属于该有的常识。

现在的教材中给热、传热过程和换热器这三部分的篇幅是，给热占一半，传热占1/4，换热器占1/4。给热部分占据了一半的篇幅和时间。给热部分中简单介绍各种给热的机理，提供给热系数的各种经验关联式。我们该想一想，学生中有多少人以后会从事给热的研究和实验测定工作，有多少人会用这些经验关联式计算给热系数、设计换热器？在学生毕业时，这些内容还会有多少留在学生的脑海中？总之，这一半的篇幅是否值得？

我认为这一章的核心是传热，而不是给热。传热的核心是过程的分析和理解。常规的三段式套路过程分析、数学描述和设计计算中，过程的分析是核心。数学描述和设计计算是为了更深入地定量地分析和理解。

传热过程的基本概念是两个：一个是热衡算，另一个是传热速率。完成一个冷却任务，需要有足够的冷却水流量带走热量，同时，需要有足够的传热面积和传热速率将这些热量传过去。热衡算的概念学生已经建立，本章的主要任务是将传热速率的概念内化到学生的思想中去，不是会解题就是已经确立了概念。

举例来说，现场一个冷却器，用30℃冷却水将物料温度降到50℃，现在希望冷却到更低温度，比如，冷却到45℃，该如何？当然，学生都会回答，开大冷却水流量。问题是，回答的时候是根据热衡算观点，还是传热速率的观点？热衡算观点只说明，增大冷却水流量为达到新要求提供了可能，但是否能实现决定于能否传过所需的热量，这就是传热速率的观点。根据传热速率的观点，开大冷却水流量的目的是使冷却水出口温度降低，以增大传热推动力 ΔT（此处，忽略了冷却水流速增大提高的 K 值）。我们需要的是让学生建立起这样的观点，用这样的观点去分析问题。

接下来的问题是，ΔT 能否有足够的增大。如果原来的工作状态下，冷却水的出口温度已经很低，例如 35℃，开大冷却水还会有效吗？在这种工况下，开大冷却水，ΔT 已难有大的提高。

在我看来，如果让学生停留在热衡算的观点，不能确立传热速率的观点，就没使其真正理解热衡算方程和传热速率方程的联立求解。这一章的教学就不能算成功。

传热过程分析中下一层次的概念是，传热推动力和传热阻力的加和性。这点学生不难掌握，物理课中，串联电阻中，电流相等，电阻的加和性和电压的加和性学生都已熟知。我们需要告诉他们的只是这个概念在工业应用上用以确定控制步骤和壁温。控制步骤是分析问题时要点所在。壁温也有实际意义，过高的壁温会引起副反应和壁上结垢。

再下一个重要概念是换热器的平均推动力。学生们以前熟悉的是算术平均值和几何平均值，现在又添上对数平均值。我们需要说明的是，选用何种平均值不是经验的，是理论推导出来的。对数平均值的主要特点是，两个端值中对对数平均值影响大的是较小的那一个端值。两个端值相近，最为合理。

根据这一点，引出逆流的优越性。逆流是一个重要的概念。通过对数平均值这个概念论证逆流的优越性既巩固了对数平均值的概念，又让逆流的概念有更好的理论依据。

总之，我希望学生在毕业离校前在脑海中还保有这三个概念：传热速率的观点，加和性的概念和对数平均值的概念，我们就需要在教学内容的组织和展开上下工夫。

关于热量传递的三种机理，传导、对流和辐射，这是通常物理的范畴，不是工程的内容，可以从简。需要认识的是，固体内的热传递只能依靠传导。固体有热导率很大的，如金属，因此，其热阻可以忽略，也有热导率很小的，可以用来做绝热材料；而流体特别是气体，热导率介于其间，热阻是较大的。幸好，流体能流动，可以借助对流加速热量传递。尤其是湍流时，湍流核心中因微团的随机运动，热量传递很快，热阻集于层流内层，在这个薄薄的层流内层中还是依靠传导。

关于各种情况下的给热，我认为，无需求全。实际工作中当真需要估算给热系数时可以参考更为详尽化学工程手册，不会求助于教科书。教学中只需选择几种常见的典型情况，如管内强制湍流给热、沸腾给热和冷凝给热。给出经验关联式也不是为了计算给热系数，而是将关联式与机理彼此印证或者将关联式与应用相结合。

管内强制湍流时的给热，讨论流动条件 Re 的影响和物性 Pr 的影响时都要紧扣层流内层的厚薄，与机理印证。给热系数与流速的 0.8 次方成正比，其含义何在？我们可以设想，如果给热系数与流速的一次方成正比，会是什么情况？如果一台加热器，原先将物流加热到指定温度，现增产，物流量增加一倍，也就是，给热量要增大一倍；如果给热系数与流速一次方成正比，那就是，给热速率也增大一倍，物流还是能达到指定温度，只需按热量衡算相应地增加供热量。现在成 0.8 次方，给热系数没有成倍增加，出口温度将达不到指定温度。如要达到指定温度，就需要提高给热推动力。关联式的介绍与实际应用相结合，这样，关联式就不再是枯燥的数字和符号了。有必要给学生一些定量的概念，水的管内强制对流的给热系数的值在 $300\sim5000\,W/(m^2\cdot℃)$，决定于 Re 的大小。有机液体的值会小些，气体的值则小得多。

饱和蒸汽冷凝给热的机理是，汽相不存在热阻，热阻集中在凝液膜内。凝液膜因重力下流。冷凝给热的关联式显示，热导率对给热系数有较大影响，而该热导率是液体的热导率而非蒸气的热导率，与热阻集中在冷凝液膜的机理彼此印证。汽化潜热也在关联式的分子中，汽化潜热愈大，同样的冷凝热量得到的凝液量少，冷凝液膜薄，给热系数就大些。管长在关联式的分母中，管长愈大，管下部凝液膜厚，给热系数低。给热推动力 ΔT 也在分母中，ΔT 愈大，给热速率大，凝液量多，凝液膜厚，热阻增大，给热系数该小些。这样关联式的介绍与机理相结合，关联式不再是枯燥的数字和符号，又有助于巩固对机理的认识。水蒸气冷凝的给热系数很大，在 $5000\sim10000\,W/(m^2\cdot℃)$。有机蒸气冷凝的值则小得多。如果发生冷凝的不是纯组分，而是混合气体，进行的是部分冷凝，这时汽相内需要进行冷凝部分的扩散，给热系数将急剧下降。部分冷凝和冷凝是完全不同的。

沸腾给热时，气泡在加热壁面上某些凸点上生成、脱离、上浮，搅动了壁面附近的液体，促进了热的传递。沸腾给热因而有个特殊的规律，给热系数随 ΔT 的增大而急剧增大，与 ΔT 的 2.5 次方成正比。当 ΔT 越过一定值后，转入膜状沸腾后，给热系数反而急剧下降。关联式加深了对机理的认识。

从冷凝给热，尤其是，从沸腾给热，可以看出热流密度并不必然与 ΔT 成正比，牛顿冷却定律只是一个处理方法。

至于传热设备，不宜采用拉洋片的方式。我希望按主要的应用场合展开。首先是，常用的换热设备，从套管换热器，到管壳换热器，到板壳换热器，再到板式换热器。追求单位体积有更多的传热面积（达到 $250m^2/m^3$）以及低流速下获得高的给热系数。对于给热系数较低的气相给热，则采用翅片换热器，直到适用于气-气换热的带有热管的翅片换热器。对于再沸器，从自然循环（热虹吸式）到强制循环的降膜换热器，缩短受热时间。关于冷凝器，从立式到卧式，从管程到壳程，追求低阻力。换热设备的发展有其自身的逻辑、问题和需求。

6.2 教学随笔

6.2.1 传热过程

▲热传递依靠传导、对流和辐射；三种传热机理的物理本质是物理学的内容。化工原理课程中的热传递，在于掌握过程分析和各过程的工程处理方法。

▲对流传热并不一定要狭义地理解为环流；流体在圆管中作层流流动时同样存在着对流。对流的存在，造成了径向和轴向的二维传热问题，但在工程处理上，仍然表达为一维的传热，即将轴向上的对流人为地叠加到径向上。要防止这种形式上的处理模糊了实际的机理。

▲传热过程的分析，在于理解各过程传热的控制因素，从而明确各种强化传热方法的用意所在；将过程分析与各过程的经验公式联系起来，经验公式就不成为乏味的和无理的，而是对机理理解程度的一种检验。

▲在传热章的教学中，可以充分利用各种传热过程和不同情况下而选用的不同研究、处理方法。阐明研究的方法论。对固体间的辐射传热，采用直接的理论推导方法；对冷凝传热，采用模型方法；对无相变的对流传热，采用相似理论或量纲分析处理；对沸腾传热，则只能采用纯经验处理……

▲传热基本方程式的推导，不要让学生完全沉溺于推导过程中形式上的演变，而应设法使学生站在高处，注视推导过程中的关键所在；传热方程式的应用，不要只是算题，而要努力使学生掌握基本观点……

传热过程的三种机理的物理本质及其基本定律，都是物理学的内容，学生基本上已经掌握。化工原理课程中传热章的教学，应当让学生掌握各类传热过程的过程分析及其工程处理方法。

6.2.2 传热过程分析

固体中的热传递只能依靠传导，因此，只是简单的物理问题；复杂的是工程中的对流传热。

对流并不一定要狭义地理解为环流，并由此环流而传递热量。圆管中流体的轴向流动同样属于对流。圆管中的对流对传热的贡献也不一定仅由于湍流脉动。流体在圆管中作层流流动时同样存在着对流，将对流局限于或等同于环流和湍动是一种误解。

确切地说，在圆管中取一微元，流体作层流流动时，在径向上只发生热传导，在轴向上流体载热进入微元，也载热流出微元，这两者即为热传递中的对流项。如不存在轴向流动，则轴向的对流项也不再存在。这些对流项的存在，体现了流动对传热的贡献。

在圆管中层流流动的条件，如果忽略各种二次流，那么，径向的实际传热机理仍然只是传导。只是轴向对流传导的存在，改变了管内的温度分布，从而亦强化了传热。

但是，在工程处理上我们看到的是温差未变的传热膜系数增大，似乎是径向的传热机理发生了变化。实际上，对流的存在，造成了径向和轴向二维的传热问题，但在工程处理上，仍表达为一维（径向）的传热，也即将轴向发生的对流的贡献人为地叠加到径向上。这只是一种形式上的处理。因此，要注意防止形式上的处理模糊了实际的机理。

流动的湍化，直接强化了径向的传热，使热阻集中于较薄的层流内层。但层流内层中的传热过程仍然如上一段所说的那样，存在着轴向对流项的贡献，因此，层流内层并不等同于静止膜。

沸腾传热过程中存在着两个基本因素，一个是壁面对液体的热传递；另一个是气泡的生成和脱离时对液体的搅动所造成的传热的强化。传热的基本途径仍然是壁面对液体的对流传热，气泡的搅动则强化了这一传热。加强气泡的生成速率（增大温差），使气泡的生成均匀分布在一定程度上是有利的；但超过了一定范围，过多地减少了壁和液体的直接接触，将得不偿失，这是出现特殊形状的给热系数 α 与温差 Δt 曲线的根本原因。

纯饱和蒸汽的冷凝传热的热阻集中在冷凝液膜内，饱和蒸汽相内基本上不存在热阻。因此，蒸汽相的空间大小，其中的蒸汽流速不产生重大影响。当然，如果汽速过大而明显影响到冷凝液膜的流动时，又当别论。这里要指出的是，这一特点只是在纯饱和蒸汽冷凝时才存在。过热蒸汽中，存在着汽相内的热传递；含有不凝性气体的蒸汽时，则存在着冷凝组分的气相扩散，这两者都将大大增加热阻。

进行传热过程的分析要落实到以下两个方面：

① 理解了传热的控制因素后就容易理解各种强化方法的用意所在；

② 理解了传热的控制因素后，就容易理解各种经验公式，可以理解到为什么这一参数出现在公式中，为什么以较大或较小的幂次出现，或者为什么不出现，将过程分析和经验公式联系起来讲解，使经验公式不成为一种乏味的无理可讲的东西，而是成为一种检验我们对机理理解程度的工具。反过来，又加深了对经验公式的理解。

6.2.3　工程处理方法

工程学科中采用各种简化的处理方法，一方面是为了使用和研究的方便，另一方面也是充分利用过程的特点。

① 一维传热。在化工原理课程中对传热问题的处理大都简化成一维传热。这里，一方面是因为实际传热设备大都有较大的长径比；另一方面，即使长径比并不大，但有效膜仍然是很薄的。因此，有效的径向温度梯度远大于轴向，轴向传递较小，往往可以忽略，在不能忽略时，则设法将其转嫁或叠加到径向上去，故仍可按径向一维处理。上述的层流对流传热即为典型例子。

② 牛顿冷却定律。将传热速率分解为传热面积、传热温差和传热系数三个因素，并分别定为正比关系，这只是一种人为的处理。如果果真如此，那么传热膜系数 α 应与温差和面积无关。实际上，我们多次遇到传热系数与传热温差和传热面积有关的情况。例如，沸腾传热时，传热系数不仅与温差有关，而且呈 2.5 次幂的关系；冷凝传热时，传热系数与温差的 1/4 次方成反比；对垂直壁作自然对流时，传热系数与垂直壁的高度有关等等。按照牛顿冷却定律处理的目的，是将人们认为温差和传热面积应起的作用扣除，再考察传热系数与温差和面积的关系，从中揭示传热过程的机理。

③ 各种推导和关联方法。在传热章中，针对不同的情况，选用了各种的研究、处理方法。可以充分运用这些教材，阐明研究的方法论。例如：

a. 对固体间辐射传热，采用直接理论推导的方法。根据物理学中有关辐射的三个基本定律——斯蒂芬-玻耳兹曼定律、基尔霍夫定律和蓝贝特定律，引入了有效辐射的概念（这是一种工程处理），采用衡算的方法导出两灰体组成的封闭系统内的辐射传热公式，这里展示出如何利用物理定律，采用一定的工程处理方法以解决实际的工程问题的一种方法；

b. 对冷凝传热，则采用模型的方法，联立求解垂直壁上膜流动方程式和传热方程式，得出层流时的传热膜系数的公式，然后由实验检验，修正其系数，这里展示的是另一种处理方法——模型化方法；

c. 对无相变的对流传热，则采用相似理论或量纲理论，得出有关的特征数，由实验获得经验关联式，这里展示了量纲分析法；

d. 对沸腾传热，则由于壁表面结构的影响过大，既无法进行解析处理、模型化处理，也无法运用量纲分析，只能获得纯经验的、不完备的关联式的形式。

演绎、对比、归纳、综合……研究的方法论培养，在传热章的教学中，是可以加以发挥的；反之，如若就公式论公式，枯燥乏味地推导演算，学生是会觉得化工原理"无理"的。"理"在于教师去挖掘，透过现象看本质，才能悟出规律性所在。

6.2.4 传热基本方程式的推导与应用

传热基本方程式的推导，是纯数学处理的过程。这里应注意防止学生完全沉溺于推导过程中形式上的演变，而应设法使学生站在高处，注视推导过程中的关键所在。

推导过程的总的出发点是为了消除壁温，用总的温差代替各部分的温差，这是应用上的需要。设计计算时，一般不直接得知壁温。因此，推导的第一步就是设法消去壁温。

推导中整理的目的，在于使温度项和传热膜系数项的归并。

推导结果应能使学生获得直接的理解。传热膜系数项的归并可以从传热热阻的加和性得到直接的理解，而温度项归并的结果表达为对数平均温度差。为什么是对数平均而不是别的什么平均呢？这是推导的结果，无法再作解释。但是，有两点是应该说明的并让学生有所理解。其一是为什么温差沿程变化，而其结果是平均温差，可完全由端值决定，这是因为现有的假定（传热系数及有关物性不随温度而变）下，温差呈线性变化，因而端值决定全过程；其二是对数平均值与算术平均值的关系。对对数平均值的半定量的理解，应设法在与大家所熟悉的算术平均值的对比中加以掌握。从两者的对比中可以发现，在对数平均中平均的两端值中较小的一个所起的作用大得多；极而言之，一端值为零时对数平均值也为零。由此可以得知，由于传热中是采取对数平均值，因此设计中应防止一个端值过小。另一端值的增大，抵偿不了一个端值的过小。

在传热基本方程式的应用时，不要只是算题，而要努力使学生掌握基本观点，使学生能运用这些基本观点指导解题。

首先要确立的观点是衡算的观点和速率的观点，尤其是速率的观点，往往为学生所忽视。解决一个加热的问题，当然首先要有足够的热源，这是衡算的观点，但只有足够热源并不一定能达到加热的目的，还必须有足够的传热速率，即速率的观点。衡算和速率必须同时满足，在解题中也就是联立求解衡算式和速率式，其间是由温度相联系的。衡算的观点是学生早已有的；而速率的观点，两者联立的观点，则是本章教学的重点。

其次是速率的三大要素，传热系数、传热面积和温差。它们在不同的场合所扮演的角色不同、作用不同。在研究中着重的是传热系数；在设计时，传热面积及其安排是待求的，温差则是选择的；在操作中，传热面积是给定的，主要的调节因素是温差，随之而变的是传热系数。在操作中，表面上是调节流量，例如冷却时调节的是冷却水的流量。加大冷却水流量，从衡算观点看，是增大了冷源；从速率观点看，是降低了冷却水出口温度，增大了温差，也就是说，操作温差是速率方面的实际的调节因素。当然，传热系数也可能随之而变，但这是伴随来的，而不是调节的直接目的。

明确以上的观点，学生在思考问题、解决问题时就会有清晰的思路，就不会陷入纷呈繁杂的诸多公式、经验式中而不能自拔。

6.3 教学内容精要

6.3.1 概述

6.3.1.1 简介

传热的目的：①加热或冷却，使物料达到指定的温度；②换热，以回收利用热量或冷量；③保温，以减少热量或冷量的损失。

传热是化工重要的单元操作之一。同时，热能的合理利用对降低产品成本和环境保护有重要意义。

传热过程中冷热流体的接触方式　根据冷、热流体的接触情况，工业上的传热过程可分为以下三种基本方式：直接接触式传热、间壁式传热和蓄热式传热。

载热体及其选择　传递热量的流体称为载热体。起加热作用的载热体称为加热剂；而起冷却作用的载热体称为冷却剂。

工业上常用的加热剂有热水、饱和水蒸气、矿物油、联苯混合物、熔盐和烟道气等，常用加热剂所适用的温度范围各异。

工业上常用的冷却剂是水、空气和各种冷冻剂。

单位热量的价格是不同的，对加热而言，温位越高，价值越大；对冷却而言，温位越低，价值越大。因此，为提高传热过程的经济性，必须根据具体情况选择适当温位的载热体。

6.3.1.2 传热过程

传热速率　传热过程的速率可用两种方式表示：①热流量Q，即单位时间内热流体通过整个换热器的传热面传递给冷流体的热量（J/s）；②热流密度（或热通量）q，单位时间通过单位传热面积所传递的热量 J/(m^2 · s)，即

$$q = \frac{dQ}{dA} \tag{6-1}$$

与热流量Q不同，热流密度q与传热面积大小无关，完全取决于冷、热流体之间的热量传递过程，是反映具体传热过程速率大小的特征量。对于定态传热过程Q和q以及有关的物理量都不随时间而变。

换热器的热流量　对于定态传热过程，热流密度不随时间而变，但沿管长是变化的。因此作为传热结果，冷、热流体的温度沿管长而变，冷、热流体的温差也必将发生相应的变化。

设换热器的传热面积为A，换热器的热流量为

$$Q = \int_A q\,dA \tag{6-2}$$

非定态传热过程　对间歇传热过程，流体的温度随时间而变，属非定态

过程。

传热机理　任何热量的传递只能通过传导、对流、辐射三种方式进行，此三种传热方式为传热机理。

固体内部的热量传递只能以传导的方式进行，但流体与换热器壁面之间的给热过程则往往同时包含对流与传导，对高温流体则还有热辐射。

6.3.2　热传导

热传导是起因于物体内部分子微观运动的一种传热方式。简言之，固体内部的热传导是由于相邻分子在碰撞时传递振动能的结果。在流体特别是气体中，除上述原因以外，连续而不规则的分子运动（这种分子运动不会引起流体的宏观流动）更是导致热传导的重要原因。此外，热传导也可因物体内部自由电子的转移而发生。金属的导热能力很强，其原因就在于此。

6.3.2.1　傅里叶定律和热导率

傅里叶定律　热传导这一基本传热方式的宏观规律可用傅里叶（Fourier）定律加以描述，即

$$q = -\lambda \frac{\partial t}{\partial n} \tag{6-3}$$

傅里叶定律指出，热流密度正比于传热面的法向温度梯度，式中负号表示热流方向与温度梯度方向相反，即热量从高温传至低温。式中的比例系数（即热导率或称导热系数）λ 是表征材料导热性能的一个参数，λ 愈大，导热越快。与黏度 μ 一样，热导率 λ 也是分子微观运动的一种宏观表现。

热导率（导热系数）　物体的热导率与材料的组成、结构、温度、湿度、压强以及聚集状态等许多因素有关。各类固体材料热导率的数量级为：

金属	$10 \sim 10^2 \, W/(m \cdot ℃)$
建筑材料	$10^{-1} \sim 10 \, W/(m \cdot ℃)$
绝热材料	$10^{-2} \sim 10^{-1} \, W/(m \cdot ℃)$

固体材料的热导率随温度而变，绝大多数质地均匀的固体，热导率与温度近似呈线性关系。

液体的热导率较小，但比固体绝热材料为高。在非金属液体中，水的热导率最大，而且除水和甘油外，常见液体的热导率随温度升高而略有减小。

气体的热导率比液体更小，约为液体热导率的 1/10。固体绝缘材料的热导率之所以很小，就是因为空隙率很大，含有大量空气的缘故。

气体的热导率随温度升高而增大；但在相当大的压强范围内，压强对 λ 无明显影响。只有当压强很低或很高时，λ 才随压强增加而增大。

6.3.2.2 通过平壁的定态导热过程

设有一高度和宽度均很大的平壁，厚度为 δ，两侧表面温度保持均匀，各为 t_1 及 t_2，且 $t_1 > t_2$。若 t_1、t_2 不随时间而变，壁内传热系定态一维热传导。此时傅里叶定律可写成

$$q = -\lambda \frac{\mathrm{d}t}{\mathrm{d}x} \tag{6-4}$$

平壁内的温度分布　在平壁内部取厚度为 Δx 的薄层，对此薄层取单位面积作热量衡算可得

$$q\mid_x = q\mid_{x+\Delta x} + \Delta x \rho c_p \frac{\partial t}{\partial \tau} \tag{6-5}$$

对于定态导热，$\frac{\partial t}{\partial \tau} = 0$，薄层内无热量累积，式(6-5) 化为

$$q = -\lambda \frac{\mathrm{d}t}{\mathrm{d}x} = 常数 \tag{6-6}$$

由此式可以看出，当 λ 为常量时，$\frac{\mathrm{d}t}{\mathrm{d}x}$ = 常量，即平壁内温度呈线性分布。

热流量　由式(6-6) 可知，对于平壁定态热传导，热流密度 q 不随 x 变化。将式(6-6) 积分得

$$\int_{t_1}^{t_2} \mathrm{d}t = -\frac{q}{\lambda} \int_{x_1}^{x_2} \mathrm{d}x$$

即

$$q = \frac{Q}{A} = \lambda \frac{\Delta t}{\delta} \tag{6-7}$$

式(6-7) 又可写成如下形式

$$Q = \frac{\Delta t}{\frac{\delta}{\lambda A}} = \frac{\Delta t}{R} = \frac{推动力}{热阻} \tag{6-8}$$

此式表明热流量 Q 正比于推动力 Δt，反比于热阻 R。从上式还可以看出，传导层厚度 δ 越大，传热面积和热导率越小，热阻越大。

若热导率 λ 随温度而变化，则可用平均温度下的 λ 值。

6.3.2.3 通过圆筒壁的定态导热过程

在工业生产中通过圆筒壁的导热极为普遍，如蒸汽管保温。设有内、外半径分别为 r_1、r_2 的圆筒，内、外表面分别维持恒定的温度 t_1、t_2，管长 l 足够大，则圆筒壁内的传热属定态一维热传导。按傅里叶定律有

$$q = -\lambda \frac{\mathrm{d}t}{\mathrm{d}r} \tag{6-9}$$

圆筒壁内的温度分布　在圆筒壁内取同心薄层圆筒并对其作热量衡算得：

$$2\pi rlq\,|_r = 2\pi(r+\Delta r)lq\,|_{r+\Delta r} + (2\pi r\Delta rl)\rho\frac{\partial t}{\partial\tau}c_p$$

对于定态热传导，$\dfrac{\partial t}{\partial\tau}=0$，即薄层内无热量积累，上式可写成为

$$2\pi rlq\,|_r = 2\pi(r+\Delta r)lq\,|_{r+\Delta r} = Q \tag{6-10}$$

式中，Q 为通过圆筒壁的热流量。此式表明热流量 Q（而不是 q）为一个与 r 无关的常量。

由式(6-9) 和式(6-10) 可得

$$dt = -\frac{Q}{2\pi l\lambda}\frac{dr}{r}$$

将上式积分得壁内温度分布为

$$t = -\frac{Q}{2\pi l\lambda}\ln r + C \tag{6-11}$$

此式表明，圆筒壁内的温度按对数曲线变化。上式中的积分常数 C 和热流量 Q 可由边界条件 $r=r_1$ 时 $t=t_1$ 和 $r=r_2$ 时 $t=t_2$ 求出。

热流量　将上式边界条件分别代入式(6-11)，便可求出整个圆筒壁的热流量

$$Q = \frac{2\pi\lambda l(t_1-t_2)}{\ln\left(\dfrac{r_2}{r_1}\right)}$$

或

$$Q = \frac{2\pi\lambda l(t_1-t_2)}{\ln\left(\dfrac{d_2}{d_1}\right)} \tag{6-12}$$

以上两式均可改写成

$$Q = \lambda A_m\frac{t_1-t_2}{\delta} = \frac{\Delta t}{\dfrac{\delta}{\lambda A_m}} \tag{6-13}$$

式中

$$A_m = \frac{A_2-A_1}{\ln\left(\dfrac{A_2}{A_1}\right)} \tag{6-14}$$

6.3.2.4　通过多层壁的定态导热过程

推动力和阻力的加和性　对于定态一维热传导，热量在平壁内没有积累，因而数量相等的热量依次通过三层平壁，是一典型的串联传递过程。假设各相邻壁面接触紧密，接触面两侧温度相同，各层热导率皆为常量，由式(6-8) 可得

$$Q = \frac{t_1-t_2}{\dfrac{\delta_1}{\lambda_1 A}} = \frac{t_2-t_3}{\dfrac{\delta_2}{\lambda_2 A}} = \frac{t_3-t_4}{\dfrac{\delta_3}{\lambda_3 A}} \tag{6-15}$$

或
$$Q = \frac{\sum \Delta t}{\sum \dfrac{\delta}{\lambda A}} = \frac{总推动力}{总阻力} \tag{6-16}$$

从式(6-16) 可以看出，通过多层壁的定态热传导，传热推动力和热阻是可以加和的；总热阻等于各层热阻之和，总推动力等于各层推动力之和。

各层的温差 由式(6-15) 可以推出

$$(t_1 - t_2) : (t_2 - t_3) : (t_3 - t_4) = \frac{\delta_1}{\lambda_1 A} : \frac{\delta_2}{\lambda_2 A} : \frac{\delta_3}{\lambda_3 A} = R_1 : R_2 : R_3 \tag{6-17}$$

此式说明，在多层壁导热过程中，哪层热阻大，哪层温差大；反之，哪层温差大，哪层热阻一定大。

对多层圆筒壁同样可以导出

$$Q = \frac{\sum \Delta t}{\sum \dfrac{\delta}{\lambda A_m}} \tag{6-18}$$

接触热阻 多层平壁相接时在接触界面上不可能是理想光滑的，粗糙的界面必增加传导的热阻。此项附加热阻称为接触热阻，以 $\dfrac{1}{a_c A}$ 表示，其中 a_c 称为接触系数，$W/(m^2 \cdot ℃)$。

由于接触热阻的存在，交界面两侧的温度不再相等，通过两层平壁的热流量遂为

$$Q = \frac{t_1 - t_3}{\dfrac{\delta_1}{\lambda_1 A} + \dfrac{1}{a_c A} + \dfrac{\delta_2}{\lambda_2 A}} \tag{6-19}$$

接触界面的粗糙度、接触面的压紧力、空隙中的气压是影响 $1/a_c$ 数值的主要因素。

6.3.3 对流给热

工业生产中大量遇到的是流体流过固体表面时与该表面所发生的热量交换，称为对流给热。

6.3.3.1 对流给热过程分析

流动对传热的贡献 流体的宏观流动使传热速率加快。

在温差相同的情况下，流体的流动增大了壁面处的温度梯度，使壁面热流密度较流体静止时为大。

当流体以湍流状态流过平壁时，由于湍流脉动促使流体在 y 方向上的混合，主体部分的温度趋于均一，只有在层流内层中才有明显的温度梯度，此时在壁面附近的温度梯度更大，热流密度也将更大。

总之，对流给热是流体流动载热与热传导的联合作用的结果，流体对壁面的热流密度因流动而增大。

对流给热过程的分类　工业对流给热可分如下四种类型，流体无相变化的给热过程有强制对流给热和自然对流给热两类；有相变化的给热过程有蒸汽冷凝给热和液体沸腾给热两类。按流动情况又可分为层流和湍流。

强制对流与自然对流　根据引起流动的原因，可将对流给热分为强制对流和自然对流两类。强制对流指的是流体在外力（如泵、风机或其他势能差）作用下产生的宏观流动；而自然对流则是在传热过程中因流体冷热部分密度不同而引起的流动。

（1）强制对流　湍流时，对流给热的阻力主要集中在边壁附近，而流体主体温度比较均匀。湍流对流给热的阻力主要存在于很薄的层流内层。

（2）自然对流　液体受热后体积膨胀，密度减小。

$$\rho' = \frac{\rho}{1+\beta\Delta T} \tag{6-20}$$

$$\Delta p = \rho g L - \rho' g L = \rho g L \left(1 - \frac{1}{1+\beta\Delta T}\right) = \frac{\rho g L \beta\Delta T}{1+\beta\Delta T}$$

当 ΔT 较小时

$$\frac{\Delta p}{\rho} \approx g L \beta\Delta T \tag{6-21}$$

在此压差的推动下，必造成液体环流，其速度满足下列关系式：

$$\frac{u^2}{2} \propto \frac{\Delta p}{\rho} \approx g L \beta\Delta T$$

或

$$u \propto \sqrt{g L \beta\Delta T} \tag{6-22}$$

环流速度 u 的绝对值还取决于流动阻力，因而与流体的性质、流动空间的几何形状与尺寸等有关。

由式(6-22)可知，流体中只要有温差，就必定有环流。这种由温差引起的流动称为自然对流。可知流体中传导过程必伴有自然对流，自然对流的强弱与加热面的位置密切有关。

6.3.3.2　对流给热过程的数学描述

牛顿冷却定律和给热系数　工程上将对流给热的热流密度写成如下的形式：

流体被加热时：

$$q = \alpha(T_w - T) \tag{6-23}$$

流体被冷却时：

$$q = \alpha(T - T_w) \tag{6-24}$$

以上两式称为牛顿冷却定律。牛顿冷却定律将影响热流密度的因素都将影响给热系数的数值。按牛顿冷却定律，实验的任务是测定各种不同情况下的给热系数，并将其关联成经验表达式以供设计时使用。

获得给热系数的研究方法　有三种获得对流给热系数的主要方法。第一种方法是对流给热过程的解析解；第二种方法是数学模型法；第三种方法是用量纲分析将影响给热的因素无量纲化，通过实验决定无量纲特征数之间的关系。此外，对少数复杂的对流给热过程，如沸腾给热，也采用直接实验的方法。

给热系数的影响因素及无量纲化　影响给热过程的因素有：液体的物理性质 ρ、μ、c_p、λ；固体表面的特征尺寸 l；强制对流的流速 u；自然对流的特征速度，由单位质量流体的浮力 $g\beta\Delta T$ 表征。

给热系数 α 可表示为

$$\alpha = f(u, \rho, l, \mu, \beta g\Delta t, \lambda, c_p) \tag{6-25}$$

采用无量纲化方法可以将式(6-30)转化成无量纲形式：

$$\frac{\alpha l}{\lambda} = f\left(\frac{\rho l u}{\mu}, \frac{c_p \mu}{\lambda}, \frac{\beta g \Delta t l^3 \rho^2}{\mu^2}\right) \tag{6-26}$$

式中

$$\frac{\alpha l}{\lambda} = Nu \qquad \text{称努塞尔（Nusselt）数} \tag{6-27}$$

$$\frac{\rho l u}{\mu} = Re \qquad \text{称雷诺（Reynolds）数} \tag{6-28}$$

$$\frac{c_p \mu}{\lambda} = Pr \qquad \text{称普朗特（Prandtl）数} \tag{6-29}$$

$$\frac{\beta g \Delta t l^3 \rho^2}{\mu^2} = Gr \qquad \text{称格拉晓夫（Grashof）数} \tag{6-30}$$

描述给热过程的特征数关系式为：

$$Nu = ARe^a Pr^b Gr^c \tag{6-31}$$

各无量纲数群的物理意义

（1）雷诺数 Re　Re 的物理意义是流体所受的惯性力与黏性力之比，用以表征流体的运动状态。

（2）努塞尔数 Nu　由式(6-27)

$$Nu = \frac{\alpha l}{\lambda} = \frac{\alpha}{\dfrac{\lambda}{l}} = \frac{\alpha}{\alpha^*}$$

Nu 反映对流使给热系数增大的倍数。

（3）格拉晓夫数 Gr　由式(6-22)和式(6-30)可得

$$Gr = \frac{\beta g \Delta t l^3 \rho^2}{\mu^2} \propto \frac{u_n^2 \rho^2 l^2}{\mu^2} = (Re_n)^2 \tag{6-32}$$

Gr 表征着自然对流的流动状态。

（4）普朗特数 Pr　Pr 只包含流体的物理性质，它反映物性对给热过程的影响。气体的 Pr 值大都接近于1，液体 Pr 值则远大于1。

定性温度　在给热过程中，流体的温度各处不同，流体的物性也必随之而变。使用流体主体的平均温度作为定性温度。

特征尺寸　特征尺寸是指对给热过程产生直接影响的几何尺寸。对管内强制对流给热，如为圆管，特征尺寸取管径 d；如非圆形管，通常取当量直径。

6.3.3.3　无相变的对流给热系数的经验关联式

圆形直管内强制湍流的给热系数　对于强制湍流，自然对流的影响不计，略去 Gr 数可以简化为

$$Nu = ARe^a Pr^b \tag{6-33}$$

满足下列条件下：①$Re > 10000$ 即流动是充分湍流的；②$0.7 < Pr < 160$（一般流体皆可满足）；③流体是低黏度的（不大于水的黏度的 2 倍）；④$l/d > 30 \sim 40$ 即进口段只占总长的很小一部分，而管内流动是充分发展的，式(6-33)中的系数 A 为 0.023，指数 a 为 0.8，当流体被加热时 $b = 0.4$，当流体被冷却时 $b = 0.3$。

$$Nu = 0.023Re^{0.8} Pr^b$$

或
$$\alpha = 0.023 \frac{\lambda}{d} \left(\frac{\rho d u}{\mu}\right)^{0.8} \left(\frac{c_p \mu}{\lambda}\right)^b \tag{6-34}$$

式中，特征尺寸为管内径 d，定性温度为流体主体温度在进、出口的算术平均值。

不满足以上所列条件，对按式(6-34) 计算所得结果，应适当加以修正。

变换各特征数关系式，使每个变量在方程式中单独出现。如将式(6-34) 脱去括号，可得

$$\alpha = 0.023 \frac{\rho^{0.8} c_p^{0.4} \lambda^{0.6}}{\mu^{0.4}} \times \frac{u^{0.8}}{d^{0.2}} \tag{6-35}$$

可见：当流体的种类（即物性）和管径一定时，给热系数 α 与 $u^{0.8}$ 成正比；由式(6-35) 还可以看出，在其他因素不变时，给热系数 α 反比于 $d^{0.2}$，说明管径 d 对 α 影响不大（注意应用条件！）。

圆形直管强制层流的给热系数　管内强制层流的给热过程由于下列因素而趋于复杂：

流体物性（特别是黏度）受到管内不均匀温度分布的影响，使速度分布显著地偏离等温流动时的抛物线（热流方向对管内液体层流流动速度分布的影响）；

对层流而言，自然对流造成了径向流动，强化了给热过程；

层流流动时达到定态速度分布的进口段距离一般较长（约 $100d$），在实用的管长范围内，加热管的相对长度 l/d 将对全管平均的给热系数有明显影响；

由于以上原因使管内层流给热的理论解不能用于设计计算，而必须根据实验结果加以修正。修正后的计算式为

$$Nu = 1.86 \left(RePr \frac{d}{l}\right)^{1/3} \left(\frac{\mu}{\mu_w}\right)^{0.14} \tag{6-36}$$

此式的运用条件是 $\left(RePr\dfrac{d}{l}\right) > 10$，即不适用于管子很长的情况，定性温度取流体进、出口温度的算术平均值。

管外强制对流的给热系数　流体在圆管外部垂直流过时，自驻点开始，管外边界层逐渐增厚，热阻逐渐增大，α 逐渐减小；边界层脱体以后因产生了旋涡，给热系数 α 逐渐增大。

在换热器内大量遇到的是流体横向流过管束的给热。此时由于管子之间的相互影响，给热过程更为复杂，流体在管束外横向流过的给热系数可用下式计算

$$Nu = c\varepsilon Re^n Pr^{0.4} \tag{6-37}$$

式中，常数 c、ε 和 n 可查手册。

管束的排列方式有直排和错排两种。

式（6-37）的定性尺寸为管外径，定性温度为流体进、出口的平均温度，流速取垂直于流动方向最窄通道的流速。式（6-37）的适用范围是，$Re = 5 \times 10^3 \sim 7 \times 10^4$，$x_1/d = 1.2 \sim 5$，$x_2/d = 1.2 \sim 5$（$x_1$、$x_2$ 分别为管束的行距和列距）。

由于各排的给热系数不等，整个管束的平均给热系数为

$$\alpha = \frac{\alpha_1 A_1 + \alpha_2 A_2 + \alpha_3 A_3 + \cdots}{A_1 + A_2 + A_3 + \cdots} = \frac{\sum \alpha_i A_i}{\sum A_i} \tag{6-38}$$

搅拌釜内液体与釜壁的给热系数　此给热系数与釜内液体物性及流动状况有关，一般均通过实验测定，并将数据整理成如下的形式

$$Nu = ARe_m^a Pr^b \left(\frac{\mu}{\mu_w}\right)^c \tag{6-39}$$

对于不同型式的搅拌器，式（6-39）中的系数不同；即使同一型式的搅拌器置于尺寸比例不同的搅拌釜内，式（6-39）中的系数值也不同。对具有标准结构的六叶平叶涡轮搅拌器，其给热系数可用下式计算

$$\frac{\alpha D}{\lambda} = 0.73 \left(\frac{dn^2\rho}{\mu}\right)^{0.55} \left(\frac{c_p\mu}{\lambda}\right)^{0.33} \left(\frac{\mu}{\mu_w}\right)^{0.24} \tag{6-40}$$

该式的适用范围为 $20 \leqslant Re_m \leqslant 40000$。

大容积自然对流的给热系数　在大容积自然对流条件下，不存在强制流动，式（6-31）可简化为

$$Nu = APr^b Gr^c \tag{6-41}$$

式中，A、b 可从曲线分段求出。

6.3.4　沸腾给热与冷凝给热

液体沸腾和蒸汽冷凝必然伴有流体的流动，故沸腾给热和冷凝给热同样属于对流传热。与前述的对流不同，这两种给热过程伴有相变化。相变化的存在，使给热过程有其特有的规律。

6.3.4.1　沸腾给热

大容积饱和沸腾　液体的沸腾，依设备的尺寸和形状可分为大容积沸腾和管内沸腾两种。所谓大容积沸腾是指加热壁面被沉浸在无强制对流的液体中所发生的沸腾现象。管内沸腾是液体在一定压差作用下，以一定的流速流经加热管时所发生的沸腾现象，又称为强制对流沸腾。管内沸腾要比大容积沸腾更为复杂。

根据管内液流的主体温度是否达到相应压力下的饱和温度，沸腾给热还有过冷沸腾与饱和沸腾之分。若加热表面上有气泡产生，而液流主体温度低于饱和温度，将产生过冷沸腾。当液流主体温度达到饱和温度，则离开加热面的气泡不再重新凝结。这种沸腾称为饱和沸腾。

气泡的生成和过热度　沸腾给热的主要特征是液体内部有气泡产生。液体的过热是气泡生成的必要条件即过热度是沸腾的必要条件。

粗糙表面的汽化核心　液体沸腾时气泡只能在粗糙加热面的若干个点上产生，这种点称为汽化核心。汽化核心与表面粗糙程度、氧化情况、材料的性质及其不均匀性等多种因素有关。

大容积饱和沸腾曲线　任何液体的大容积饱和沸腾随温差 Δt（壁温与操作压强下液体的饱和温度之差）的变化，都会出现不同类型的沸腾状态。

当 $\Delta t < 2.2℃$，α 随 Δt 缓慢增加。此时，热表面附近的液体过热度很小，不足以产生气泡，加热表面与液体之间的给热是靠自然对流进行的。在此阶段，汽化现象只是在液面上发生，是表面汽化。

当 $\Delta t > 2.2℃$，加热面上有气泡产生，给热系数 α 随 Δt 急剧上升。这是由于气泡的产生和脱离对加热面附近液体的扰动越来越剧烈的缘故。此阶段称为核状沸腾。

当 Δt 增大到某一定数值时，加热面上的汽化核心继续增多，气泡在脱离加热面之前便相互连接，形成汽膜，把加热面与液体隔开。随着 Δt 的增大，汽膜趋于稳定，因气体热导率远小于液体，故给热系数反而下降，此阶段成为不稳定膜状沸腾。从核状沸腾变为膜状沸腾的转折点称为临界点。临界点所对应的热流密度和温差称为临界热负荷 q_c 和临界温差 Δt_c。

当 Δt 继续增加至 $250℃$，加热表面上形成一层稳定的气膜，把液体和加热表面完全隔开。但此时壁温较高，辐射传热的作用变得更加重要，故 α 再度随 Δt 的增加而迅速增加。此阶段称为稳定膜状沸腾。

液体饱和沸腾的各不同阶段中，核状沸腾具有给热系数大、壁温低的优点，因此，工业沸腾装置应在该状态下操作。

沸腾给热系数的计算　沸腾给热过程的影响因素大致可分为以下三个方面：液体和蒸汽的性质，主要包括表面张力 σ、黏度 μ、热导率 λ、比热容 c_p、汽化潜热 γ，液体与蒸汽的密度 ρ_1 和 ρ_v 等；加热表面的粗糙情况和表面物理性质，特别是液体与表面的润湿性；操作压强和温差。

沸腾给热系数的实验数据可按以下函数形式进行关联

$$\alpha = A \Delta t^{2.5} B^{t_s}$$ (6-42)

6.3.4.2　沸腾给热过程的强化

沸腾给热的强化也可以从加热表面和沸腾液体两方面入手。

粗糙加热表面可提供更多汽化核心，使气泡运动加剧，给热过程得以强化。

强化沸腾给热的另一种方法是在沸腾液体中加入某种少量的添加剂改变沸腾液体的表面张力，可提高给热系数 $20\% \sim 100\%$。同时，添加剂还可以提高沸腾液体的临界热负荷。

6.3.4.3　蒸汽冷凝给热

冷凝给热过程的热阻　蒸汽冷凝给热时汽相不可能存在温度梯度，蒸汽冷凝给热过程的热阻几乎全部集中于冷凝液膜内。这是蒸汽冷凝给热过程的一个主要特点。工业上通常使用饱和蒸汽作为加热介质的原因有两个：一是饱和蒸汽有恒定的温度；二是它有较大的给热系数。

膜状冷凝和滴状冷凝　冷凝液在壁面上的存在和流动方式有两种类型：膜状和滴状。

当冷凝液能润湿壁面时，冷凝液在壁面上呈膜状，称为膜状冷凝。冷凝液不能润湿壁面时，冷凝液成为滴状，称为滴状冷凝。呈滴状冷凝时，热阻小得多。滴状冷凝的给热系数比膜状冷凝的给热系数大 $5 \sim 10$ 倍。

工业上滴状冷凝不能持久，所以，工业冷凝器的设计都按膜状冷凝考虑。

6.3.4.4　冷凝给热系数

液膜流动与局部给热系数　对垂直平壁，饱和蒸汽在其上凝结，冷凝液借重力沿壁流下。因冷凝现象在整个高度上发生，故越往下凝液流量越大，液膜越厚。液膜厚度沿壁高的变化必然导致热阻或给热系数沿高度分布的不均匀性。在壁上部液膜呈层流，膜层增加，α 减小。如壁的高度足够高、冷凝液量较大，则壁下部液膜发生湍流流动，此时局部给热系数反而有所提高。

层流时的平均冷凝给热系数

$$\alpha = c_1 \left(\frac{\rho^2 g r \lambda^3}{\mu L \Delta t} \right)^{1/4}$$ (6-43)

实验结果证实了这一关系式的正确性，并同时测出系数 $c_1 = 1.13$，即

$$\alpha = 1.13 \left(\frac{\rho^2 g r \lambda^3}{\mu L \Delta t} \right)^{1/4}$$ (6-44)

冷凝给热的热阻是凝液造成的，故上式所含各物性常数应是凝液的物性，而非蒸汽的物性。

湍流时的冷凝给热系数　实验发现，当 $Re_m > 2000$ 时，液膜中的流动型态变为湍流。湍流时的平均给热系数为

$$\alpha = 0.0077 \left(\frac{\rho^2 g \lambda^3}{\mu^2} \right)^{\frac{1}{3}} \left(\frac{4 L \alpha \Delta t}{r \mu} \right)^{0.4} \tag{6-45}$$

水平圆管外的冷凝给热系数　对于和水平方向成夹角 φ 的倾斜壁，重力作用方向与液膜流动方向不一致，只要将重力加速度 g 代之以 $g\sin\varphi$，式（6-44）依然适用，即

$$\alpha = 1.13 \left(\frac{\rho^2 g \lambda^3 r \sin\varphi}{L \Delta t \mu} \right)^{1/4} \tag{6-46}$$

水平圆管外表面，可以看成是由不同角度的倾斜壁组成的，利用数值积分的方法可求得水平圆管外表面平均给热系数为

$$\alpha = 0.725 \left(\frac{\rho^2 g \lambda^3 r}{d \Delta t \mu} \right)^{1/4} \tag{6-47}$$

在其他条件相同时，水平圆管的给热系数和垂直圆管的给热系数之比是：

$$\frac{\alpha_{水平}}{\alpha_{垂直}} = 0.64 \left(\frac{L}{d} \right)^{1/4} \tag{6-48}$$

对于 $L = 1.5\text{m}$，$d = 20\text{mm}$ 的圆管，水平放置的给热系数约为垂直放置的 1.88 倍。

水平管束外的冷凝给热系数　工业用冷凝器多半是由水平管束组成，管束中管子的排列通常有直排和错排两种。

$$\alpha = 0.725 \left(\frac{\rho^2 g \lambda^3 r}{n^{2/3} d \Delta t \mu} \right)^{1/4} \tag{6-49}$$

6.3.4.5　其他影响冷凝给热的因素及强化措施

不凝性气体的影响　蒸汽冷凝连续运转过程中，不凝性气体将在冷凝空间积聚。不凝性气体的积聚，将对给热过程带来不利影响，使蒸汽冷凝给热系数大为降低。

蒸汽过热的影响　对于过热蒸汽，冷凝过程是由蒸汽冷却和冷凝两个串联步骤组成的。此时，在过热蒸汽和冷凝液膜间存在着一个中间层，通过这个中间层，蒸汽温度降至饱和温度。

蒸汽流速的影响　当蒸汽的流速不大时，蒸汽流速的影响是可忽略的。当蒸汽流速较大时，则会影响液膜的流动。此时，如蒸汽和液膜流向相同，蒸汽将加速冷凝液的流动，使膜厚减小，结果 α 增大。反之，如蒸汽与冷凝液逆向流动时，将阻滞冷凝液的流动，使液膜增厚，则 α 减小；若蒸汽速度很大可冲散液膜使部分壁面直接暴露于蒸汽中，α 反而增大。因此，当蒸汽速度较大时，有必要考虑流速对给热系数的影响。

通常，蒸汽进入口设在换热器的上部，以避免蒸汽和冷凝液逆向流动。

冷凝给热过程的强化　冷凝给热过程的阻力集中于液膜，因此，设法减小液膜厚度是强化冷凝给热的有效措施。对于垂直壁面，在其上开若干纵向沟槽使冷凝液沿沟槽流下，可减薄其余壁面上的液膜厚度，强化冷凝给热过程。除开沟槽外，沿垂直壁装若干条金属丝也可以起到强化冷凝给热的作用，而且效果更为显著。

对于垂直管内冷凝，采用适当的内插物（如螺旋圈）可分散冷凝液，减小液膜厚度而提高给热系数。

此外，为强化冷凝给热，各种获得滴状冷凝的措施也正在大力研究之中。

6.3.5　热辐射

任何物体，只要其绝对温度不为零度，都会不停地以电磁波的形式向外界辐射能量；同时，又不断吸收来自外界其他物体的辐射能。当物体向外界辐射的能量与其从外界吸收的辐射能不相等时，该物体与外界就产生热量的传递，这种传热方式称为热辐射。

6.3.5.1　固体辐射

黑体的辐射能力和吸收能力——斯蒂芬-玻耳兹曼定律　从理论上说，固体可同时发射波长从 0 到 ∞ 的各种电磁波。在工业上所遇到的温度范围内，有实际意义的热辐射波长位于 $0.38 \sim 1000 \mu m$ 之间，而且大部分能量集中于红外线区段的 $0.76 \sim 20 \mu m$ 范围内。

来自外界的辐射能投射到物体表面上，也会发生吸收、反射和穿透现象。假设外界投射到表面上的总能量 Q，其中一部分 Q_a 进入表面后被物体吸收，一部分 Q_r 被物体反射，其余部分 Q_d 穿透物体。按能量守恒定律

$$Q = Q_a + Q_r + Q_d \tag{6-50}$$

或

$$\frac{Q_a}{Q} + \frac{Q_r}{Q} + \frac{Q_d}{Q} = 1 \tag{6-51}$$

式中，各比值依次称为该物体对投入辐射的吸收率、反射率和穿透率，并分别用符号 a、r、d 表示，故

$$a + r + d = 1 \tag{6-52}$$

固体和液体不允许热辐射透过，$d = 0$，式(6-52) 简化为

$$a + r = 1 \tag{6-53}$$

而气体对热辐射几乎没有反射能力，即 $r = 0$，式(6-52) 简化为

$$a + d = 1 \tag{6-54}$$

吸收率等于1的物体称为黑体。黑体是一种理想化的物体，没有绝对的黑体。引入黑体的概念是理论研究的需要。

理论研究证明，黑体的辐射能力，即单位时间单位黑体表面向外界辐射的全

部波长的总能量，服从下列斯蒂芬-玻耳兹曼（Stefan-Boltzmann）定律

$$E_b = \sigma_0 T^4 \tag{6-55}$$

为方便起见，通常将式(6-55)表示为

$$E_b = C_0 \left(\frac{T}{100}\right)^4 \tag{6-56}$$

式中，C_0 称为黑体辐射系数，其值为 $5.67 W/(m^2 \cdot K^4)$。

斯蒂芬-玻耳兹曼定律表明黑体的辐射能力与其热力学温度的四次方成正比，有时也称为四次方定律。

实际物体的辐射能力和吸收能力　把实际物体与同温度黑体的辐射能力的比值称为该物体的黑度，以 ε 表示

$$\varepsilon = \frac{E}{E_b} \tag{6-57}$$

实际物体的黑度可以表征其辐射能力的大小，其值恒小于 1。由式(6-56)和式(6-57)可将实际物体的辐射能力表示为

$$E = \varepsilon E_b = \varepsilon C_0 \left(\frac{T}{100}\right)^4 \tag{6-58}$$

物体的黑度不单纯是颜色的概念，它表明物体的辐射能力接近于黑体的程度。物体的黑度不仅与物体的表面温度而且与物体的种类、表面状况有关。物体的黑度是物体的一种性质，与外界无关。

灰体的辐射能力和吸收能力——基尔霍夫（Kirchhoff）定律　黑体对各种波长的辐射能皆能全部吸收，实际物体的吸收率与投入辐射的波长有关，这是由于物体对不同波长的辐射能选择性吸收的结果。把实际物体当成是对各种波长辐射能均能同样吸收的理想物体，这种理想物体称为灰体。

基尔霍夫从理论上证明，同一灰体的吸收率与其黑度在数值上必相等，即

$$\varepsilon = a \tag{6-59}$$

此式称为基尔霍夫定律。由此定律可以推知，物体的辐射能力越大其吸收能力也越大，即善于辐射者必善于吸收。引入灰体的概念，并把大多数材料当作灰体处理，可大大简化辐射传热的计算而不会产生很大的误差。

根据黑度的定义，式(6-59)也可以表示为

$$\frac{E}{a} = E_b \tag{6-60}$$

此式是基尔霍夫定律的另一种表达形式，它说明灰体在一定温度下的辐射能力和吸收率的比值，恒等于同温度下黑体的辐射能力。

黑体间的辐射传热和角系数　设任意放置的两个黑体表面，其面积分别为 A_1 和 A_2，表面温度分别维持 T_1 和 T_2 不变。黑体 1 向外辐射的能量只有一部分 $Q_{1 \to 2}$ 投射到黑体 2 并被吸收。同样，黑体 2 向外辐射的能量也只有一部分

$Q_{2\rightarrow1}$ 投射到黑体 1 并被吸收。于是，两黑体间传递的热流量为

$$Q_{12}=Q_{1\rightarrow2}-Q_{2\rightarrow1} \tag{6-61}$$

要计算热流量，必须分别计算 $Q_{1\rightarrow2}$ 和 $Q_{2\rightarrow1}$。

根据蓝贝特（Lambert）定律

$$Q_{1\rightarrow2}=\frac{E_{b1}}{\pi}\int_{A_1}\int_{A_2}\cos\alpha_1\cos\alpha_2\frac{1}{r^2}dA_1dA_2 \tag{6-62}$$

式中，r 为微元面积 dA_1、dA_2 之间的距离。为简化起见，将式(6-62) 简写为

$$Q_{1\rightarrow2}=A_1E_{b1}\varphi_{12} \tag{6-63}$$

式中，φ_{12} 称为黑体 1 对黑体 2 的角系数，其值代表在表面 1 辐射的全部能量中，直接投射到黑体 2 的量所占的百分数。因此

$$\varphi_{12}=\frac{1}{\pi A_1}\int_{A_1}\int_{A_2}\cos\alpha_1\cos\alpha_2\frac{1}{r^2}dA_1dA_2 \tag{6-64}$$

此式说明角系数是一个纯几何因素，与表面的性质无关。

同理

$$Q_{2\rightarrow1}=A_2E_{b2}\varphi_{21} \tag{6-65}$$

式中，φ_{21} 为表面 2 对表面 1 的角系数，可由下式计算

$$\varphi_{21}=\frac{1}{\pi A_2}\int_{A_2}\int_{A_1}\cos\alpha_2\cos\alpha_1\frac{1}{r^2}dA_2dA_1 \tag{6-66}$$

由式(6-64) 和式(6-66) 两式可知

$$A_1\varphi_{12}=A_2\varphi_{21} \tag{6-67}$$

于是

$$Q_{12}=Q_{1\rightarrow2}-Q_{2\rightarrow1}=A_1\varphi_{12}E_{b1}-A_2\varphi_{21}E_{b2}$$
$$=A_1\varphi_{12}C_0\left[\left(\frac{T_1}{100}\right)^4-\left(\frac{T_2}{100}\right)^4\right] \tag{6-68}$$

由式(6-68) 可知，计算两黑体间辐射传热的关键是角系数 φ_{12} 或 φ_{21} 的求取。当黑体表面 A_1、A_2 及其相对位置已知时，φ_{12} 和 φ_{21} 可分别由式(6-64) 和式(6-66) 算出。

对于相距很近的平行黑体平板，两平板的面积相等且足够大，则 $\varphi_{12}=\varphi_{21}=1$，式(6-68) 可写成

$$q=\frac{Q_{12}}{A}=E_{b1}-E_{b2} \tag{6-69}$$

灰体间的辐射传热　设有任意放置的灰体 1 和 2，其面积分别为 A_1、A_2，表面温度分别为 T_1、T_2 不变，两灰体表面的辐射能力和吸收率分别为 E_1、E_2 和 a_1、a_2。灰体 1 在单位时间内辐射的总能量为 A_1E_1，其中一部分 $\varphi_{12}A_1E_1$ 直接投射到灰体 2 上，其余部分散失于外界。投射到表面 2 的能量一部分被吸收，一部分 $\varphi_{12}A_1E_1(1-a_2)$ 被反射，其中 $\varphi_{21}\varphi_{12}A_1E_1(1-a_2)$ 又投射到灰体

1。这一能量同样被灰体 1 部分吸收，而其余部分 $\varphi_{21}\varphi_{12}A_1E_1(1-a_2)(1-a_1)$ 再次被反射。同样，被反射的能量 $\varphi_{21}\varphi_{12}^2A_1E_1(1-a_1)(1-a_2)$ 投射到灰体 2 又被部分吸收部分反射。如此过程，无穷反复，逐次削弱，最终 A_1E_1 将一部分散失于外界，一部分被两灰体吸收。从灰体 2 发射的能量 A_2E_2 也同样经历上述反复过程。可见，灰体间辐射传热过程比黑体复杂得多。

设在单位时间内离开某灰体单位面积的总辐射能为 J，称为有效辐射。而单位时间投入灰体单位面积的总辐射能为 G，称为投入辐射。物体的有效辐射由两部分组成，一是灰体本身的辐射 E，二是对投入辐射的反射部分，即

$$J=E+(1-a)G \tag{6-70}$$

对此灰体作能量衡算，单位时间、单位面积净损失的能量 Q/A 为本身辐射 E 与吸收投入辐射 aG 之差，即

$$\frac{Q}{A}=E-aG \tag{6-71}$$

若在稍离灰体表面处作能量衡算（从假想平面 2 考察），则有

$$\frac{Q}{A}=J-G \tag{6-72}$$

联立以上两式以消去投入辐射 G 可得

$$J=\frac{E}{a}-\left(\frac{1}{a}-1\right)\frac{Q}{A}=E_b-\left(\frac{1}{\varepsilon}-1\right)\frac{Q}{A} \tag{6-73}$$

此式表达了灰体净损失热流量 Q、有效辐射 J 和物体黑度之间的内在联系。

根据有效辐射这一概念，可将灰体理解为对投入辐射全部吸收而辐射能力等于有效辐射 J 的"黑体"。这样，处于任何相对位置的灰体 1 与灰体 2 之间所交换的净辐射能为

$$Q_{12}=A_1\varphi_{12}J_1-A_2\varphi_{21}J_2 \tag{6-74}$$

根据式(6-73)，灰体 1 和灰体 2 的有效辐射分别为

$$J_1=E_{b1}-\left(\frac{1}{\varepsilon_1}-1\right)\frac{Q_1}{A_1}$$

$$J_2=E_{b2}-\left(\frac{1}{\varepsilon_2}-1\right)\frac{Q_2}{A_2}$$

式中，Q_1 和 Q_2 各为灰体 1 和灰体 2 的净失热流量。一般情况下两灰体之间的热量交换 Q_{12} 与 Q_1 或 Q_2 并不相等。但如果考察的对象是由两灰体组成的与外界无辐射能交换的封闭系统，则有

$$Q_{12}=Q_1=-Q_2 \tag{6-75}$$

此式将 J_1 和 J_2 代入式(6-74)，并考虑到 $\varphi_{12}A_1=\varphi_{21}A_2$，则

$$Q_{12}=\frac{A_1\varphi_{12}(E_{b1}-E_{b2})}{1+\varphi_{12}\left(\frac{1}{\varepsilon_1}-1\right)+\varphi_{21}\left(\frac{1}{\varepsilon_2}-1\right)} \tag{6-76}$$

或
$$Q_{12} = A_1 \varphi_{12} \varepsilon_s C_0 \left[\left(\frac{T_1}{100} \right)^4 - \left(\frac{T_2}{100} \right)^4 \right] \tag{6-77}$$

$$\varepsilon_s = \frac{1}{1 + \varphi_{12} \left(\dfrac{1}{\varepsilon_1} - 1 \right) + \varphi_{21} \left(\dfrac{1}{\varepsilon_2} - 1 \right)} \tag{6-78}$$

称为系统黑度，它由两物体的角系数及黑度组成。

进一步简化可得：

① 对于两块相距很近而面积足够大的平行板，$\varphi_{12} = \varphi_{21} = 1$，则式(6-77) 简化为

$$Q_{12} = \frac{A_1 C_0 \left[\left(\dfrac{T_1}{100} \right)^4 - \left(\dfrac{T_2}{100} \right)^4 \right]}{\dfrac{1}{\varepsilon_1} + \dfrac{1}{\varepsilon_2} - 1} \tag{6-79}$$

② 对内包系统，内包物体具有凸表面，则因 $\varphi_{12} = 1$，$\varphi_{21} = \varphi_{12} \dfrac{A_1}{A_2} = \dfrac{A_1}{A_2}$，故式(6-77) 简化为

$$Q_{12} = \frac{A_1 C_0 \left[\left(\dfrac{T_1}{100} \right)^4 - \left(\dfrac{T_2}{100} \right)^4 \right]}{\dfrac{1}{\varepsilon_1} + \dfrac{A_1}{A_2} \left(\dfrac{1}{\varepsilon_2} - 1 \right)} \tag{6-80}$$

由上式可以看出，当 $\dfrac{A_1}{A_2} \approx 1$，式(6-80) 简化为式(6-79)，即可按无限大平行平板计算。当表面积 A_2 远大于 A_1，$\dfrac{A_1}{A_2} \approx 0$，式(6-80) 简化为

$$Q_{12} = \varepsilon_1 A_1 C_0 \left[\left(\frac{T_1}{100} \right)^4 - \left(\frac{T_2}{100} \right)^4 \right] \tag{6-81}$$

此式有很大的实用意义，因为它不需要知道表面积 A_2 和黑度 ε_2 即可进行传热计算。

影响辐射传热的主要因素

温度、几何位置、表面黑度、辐射表面之间介质等。

辐射给热系数　在对流和热辐射同时存在的场合，常将辐射热流量用统一的牛顿冷却定律表示，辐射给热系数定义为

$$\alpha_R = \frac{Q_R}{A(T_1 - T_2)} \tag{6-82}$$

将式(6-77) 代入上式，可得

$$\alpha_R = \varepsilon_s \varphi_{12} C_0 \times 10^{-8} \frac{T_1^4 - T_2^4}{T_1 - T_2}$$

$$= \varepsilon_s \varphi_{12} C_0 (T_1^3 + T_1^2 T_2 + T_2^2 T_1 + T_2^3) \times 10^{-8} \tag{6-83}$$

利用此式计算辐射给热系数，需根据具体情况求出 ε_s 和角系数 φ_{12}。

当对流给热的温差也是 $T_1 - T_2$ 时（注意有时并不等于 $T_1 - T_2$），则总热流密度

$$q_t = q_C + q_R = (\alpha_C + \alpha_R)(T_1 - T_2) = \alpha_t(T_1 - T_2)$$

6.3.5.2　气体辐射

在各种加热炉中，高温气体与管壁或设备壁面之间的传热过程不仅包含对流给热，而且还包含热辐射。气体和固体表面之间的一切传热过程都伴随有辐射传热。气体辐射与固体辐射有很大的区别。

气体辐射和吸收对波长有强烈的选择性　固体能够辐射和吸收各种波长的辐射能，而气体只能辐射和吸收某些波长范围内的辐射能。因此气体不能近似地作为灰体处理。

气体的辐射能 E_g 仍可用其黑度 ε_g 来表征。但是，气体的吸收率 a_g 不再与其黑度 ε_g 相等。

6.3.6　传热过程的计算

6.3.6.1　传热过程的数学描述

热量衡算微分方程式　设一定态逆流操作的套管式换热器，热流体走管内，流量为 q_{m1}，冷流体走环隙，流量为 q_{m2}，冷、热流体的主体温度分别以 t 和 T 表示。在与流动垂直方向上取一微元管段 $\mathrm{d}L$，其传热面积为 $\mathrm{d}A$。若所取微元处的局部热流密度为 q，则热流体通过 $\mathrm{d}A$ 传给冷流体的热流量为 $\mathrm{d}Q = q\,\mathrm{d}A$。

以微元体内内管空间为控制体作热量衡算，并假定①热流体流量 q_{m1} 和比热容 c_{p1} 沿传热面不变；②热流体无相变化；③换热器无热损失；④控制体两端面的热传导可以忽略。据此可以得到

$$q_{m1} c_{p1} \mathrm{d}T = q\,\mathrm{d}A \tag{6-84}$$

同样，对冷流体作类似假定，并以微元体内环隙空间为控制体作热量衡算，可得到

$$q_{m2} c_{p2} \mathrm{d}t = q\,\mathrm{d}A \tag{6-85}$$

传热速率方程式　对套管换热器，热量序贯地由热流体传给管壁内侧、再由管壁内侧传至外侧，最后由管壁外侧传给冷流体。在定态条件下，并忽略管壁内外表面积的差异，则各环节的热流密度相等，即

$$q = \frac{T - T_w}{\dfrac{1}{\alpha_1}} = \frac{T_w - t_w}{\dfrac{\delta}{\lambda}} = \frac{t_w - t}{\dfrac{1}{\alpha_2}} \tag{6-86}$$

由式(6-86) 可以得到

$$q = \frac{T-t}{\dfrac{1}{\alpha_1} + \dfrac{\delta}{\lambda} + \dfrac{1}{\alpha_2}} = \frac{推动力}{阻力} \tag{6-87}$$

式中，$\dfrac{1}{\alpha_1}$、$\dfrac{\delta}{\lambda}$、$\dfrac{1}{\alpha_2}$ 分别为各传热环节对单位传热面而言的热阻。串联过程的推动力和阻力具有加和性。

在工程上，式(6-87) 通常写成

$$q = K(T-t) \tag{6-88}$$

式中

$$K = \frac{1}{\dfrac{1}{\alpha_1} + \dfrac{\delta}{\lambda} + \dfrac{1}{\alpha_2}} \tag{6-89}$$

为传热过程总热阻的倒数，称为传热系数。

传热系数和热阻 由式(6-87) 可知，传热过程的总热阻 $\dfrac{1}{K}$ 系由各串联环节的热阻叠加而成，原则上减小任何环节的热阻都可提高传热系数，增大传热过程的速率。但是，当各环节热阻 $\dfrac{1}{\alpha_1}$、$\dfrac{\delta}{\lambda}$、$\dfrac{1}{\alpha_2}$ 具有不同数量级时，总热阻 $\dfrac{1}{K}$ 的数值将主要由其中最大热阻所决定。串联过程中最大热阻称为控制热阻。

实际上，由于管壁内、外表面积不同，两处的热流密度亦不等：

内表面： $\qquad\qquad q_1 = K_1(T-t)$

外表面： $\qquad\qquad q_2 = K_2(T-t)$ $\qquad\qquad$ (6-90)

以内、外表面积为基准的传热系数是不相等的。如圆管的内、外直径分别用 d_1、d_2 表示，则可导出：

$$K_1 = \frac{1}{\dfrac{1}{\alpha_1} + \dfrac{\delta}{\lambda} \times \dfrac{d_1}{d_m} + \dfrac{1}{\alpha_2} \times \dfrac{d_1}{d_2}} = \frac{1}{\dfrac{1}{\alpha_1} + \dfrac{d_1}{2\lambda}\ln\left(\dfrac{d_2}{d_1}\right) + \dfrac{1}{\alpha_2} \times \dfrac{d_1}{d_2}}$$

$$K_2 = \frac{1}{\dfrac{1}{\alpha_1} \times \dfrac{d_2}{d_1} + \dfrac{\delta}{\lambda} \times \dfrac{d_2}{d_m} + \dfrac{1}{\alpha_2}} = \frac{1}{\dfrac{1}{\alpha_1} \times \dfrac{d_2}{d_1} + \dfrac{d_2}{2\lambda}\ln\left(\dfrac{d_2}{d_1}\right) + \dfrac{1}{\alpha_2}}$$

$\qquad$ (6-91)

污垢热阻 表面污垢会产生相当大的热阻，在传热过程计算时，污垢热阻一般不可忽略。

如管壁冷热流体两侧的污垢热阻分别用 R_2 和 R_1 表示，则传热系数可由下式计算

$$K = \frac{1}{\dfrac{1}{\alpha_1} + R_1 + \dfrac{\delta}{\lambda} + R_2 + \dfrac{1}{\alpha_2}} \tag{6-92}$$

壁温计算 由式(6-86) 即

$$q = \frac{T - T_w}{\dfrac{1}{\alpha_1}} = \frac{T_w - t_w}{\dfrac{\delta}{\lambda}} = \frac{t_w - t}{\dfrac{1}{\alpha_2}}$$

$$\frac{T - T_w}{T_w - t} = \frac{\dfrac{1}{\alpha_1}}{\dfrac{1}{\alpha_2}} \tag{6-93}$$

此式表明，传热面两侧温差之比等于两侧热阻之比，壁温 T_w 必接近于热阻较小或给热系数较大一侧的流体温度。

6.3.6.2　传热过程基本方程式

传热过程的积分表达式　冷热流体传热过程中，冷流体温度 t_1 逐渐上升而热流体温度逐渐下降，故换热器各截面上的热流密度是变化的。为计算换热器的总热流量，或计算传递一定热流量所需要的传热面积，须将式（6-84）或式（6-85）沿整个传热面积分。将热流密度计算式

$$q = K(T - t) \tag{6-88}$$

代入热量衡算式（6-84）和式（6-85），可得

$$q_{m1} c_{p1} \mathrm{d}T = K(T - t)\mathrm{d}A \tag{6-94}$$

或 $\qquad q_{m2} c_{p2} \mathrm{d}t = K(T - t)\mathrm{d}A \tag{6-95}$

假定传热系数 K 在整个传热面上保持不变，将以上两式积分可得

$$A = \int_0^A \mathrm{d}A = \frac{q_{m1} c_{p1}}{K} \int_{T_2}^{T_1} \frac{\mathrm{d}T}{T - t} \tag{6-96}$$

$$A = \int_0^A \mathrm{d}A = \frac{q_{m2} c_{p2}}{K} \int_{t_1}^{t_2} \frac{\mathrm{d}t}{T - t} \tag{6-97}$$

操作线与推动力的变化规律　设冷、热流体在换热器内无相变化，在冷流体入口端和任意截面间取控制体作热量衡算可得

$$T = \frac{q_{m2} c_{p2}}{q_{m1} c_{p1}} t + \left(T_2 - \frac{q_{m2} c_{p2}}{q_{m1} c_{p1}} t_1 \right) \tag{6-98}$$

若忽略 c_{p1}、c_{p2} 随温度的变化，式（6-98）为一直线方程式，称为换热器的操作线。

传热推动力是冷、热两流体间的温差（$T - t$），推动力刚好等于操作线与对角线间的垂直距离。两直线间的垂直距离必亦随温度 T 或 t 呈线性变化，故推动力（$T - t$）相对于温度 T 或 t 的变化率皆为常数，并且可以两流体的端值温度加以表示，即

$$\frac{\mathrm{d}(T - t)}{\mathrm{d}T} = \frac{(T - t)_1 - (T - t)_2}{T_1 - T_2} \tag{6-99}$$

$$\frac{\mathrm{d}(T-t)}{\mathrm{d}t}=\frac{(T-t)_1-(T-t)_2}{t_2-t_1} \tag{6-100}$$

式中，$(T-t)_1$ 和 $(T-t)_2$ 分别是换热器两端传热推动力。

传热基本方程式 将式（6-99）和式（6-100）分别代入式（6-96）和式（6-97）得

$$A=\frac{q_{m1}c_{p1}}{K}\times\frac{T_1-T_2}{(T-t)_1-(T-t)_2}\int_{(T-t)_2}^{(T-t)_1}\frac{\mathrm{d}(T-t)}{T-t} \tag{6-101}$$

$$A=\frac{q_{m2}c_{p2}}{K}\times\frac{t_2-t_1}{(T-t)_1-(T-t)_2}\int_{(T-t)_2}^{(T-t)_1}\frac{\mathrm{d}(T-t)}{T-t} \tag{6-102}$$

设换热器的总热流量为 Q，由整个换热器作热量衡算可得

$$Q=q_{m1}c_{p1}(T_1-T_2)=q_{m2}c_{p2}(t_2-t_1) \tag{6-103}$$

于是，以上两式均可写成

$$A=\frac{Q}{K}\times\frac{1}{\dfrac{(T-t)_1-(T-t)_2}{\ln\dfrac{(T-t)_1}{(T-t)_2}}}=\frac{Q}{K\Delta t_{\mathrm{m}}} \tag{6-104}$$

或

$$Q=KA\frac{(T-t)_1-(T-t)_2}{\ln\dfrac{(T-t)_1}{(T-t)_2}}=KA\Delta t_{\mathrm{m}} \tag{6-105}$$

式中

$$\Delta t_{\mathrm{m}}=\frac{(T-t)_1-(T-t)_2}{\ln\dfrac{(T-t)_1}{(T-t)_2}} \tag{6-106}$$

称为对数平均温差或对数平均推动力。式（6-105）通常称为传热过程基本方程式。

对数平均推动力 在传热过程中，冷热流体的温度差沿加热面是连续变化的。但由于此温度差与冷、热流体温度呈线性关系，故可用换热器两端温差的某种组合（即对数平均温差）来表示。对数平均推动力恒小于算术平均推动力。当换热器一端两流体温差接近于零时，对数平均推动力将急剧减小。

在冷、热流体进出口温度相同的条件下，并流操作两端推动力相差较大，其对数平均值必小于逆流操作。因此，就增加传热过程推动力 Δt_{m} 而言，逆流操作总是优于并流的。

6.3.6.3 换热器的设计型计算

设计型计算的命题方式 以某一热流体的冷却为例，说明设计型计算的命题、计算方法及参数选择。

设计任务：将一定流量 q_{m1} 的热流体自给定温度 T_1 冷却至指定温度 T_2。

设计条件：可供使用的冷却介质温度，即冷流体的进口温度 t_1。

计算目的：确定经济上合理的传热面积及换热器其他有关尺寸。

设计型问题的计算方法　设计计算的大致步骤如下：

① 首先由传热任务计算换热器的热流量（通常称之为热负荷）

$$Q = q_{m1}c_{p1}(T_1 - T_2)$$

② 作出适当的选择并计算平均推动力 Δt_m；

③ 计算冷、热流体与管壁的对流给热系数及总传热系数 K；

④ 由传热基本方程 $Q = KA\Delta t_m$ 计算传热面。

设计型计算中参数的选择

由传热基本方程式可知，为确定传热面积，必须知道平均推动力 Δt_m 和传热系数 K。为计算对数平均温差 Δt_m，设计者首先必须：①选择流体的流向，即决定采用逆流、并流还是其他复杂流动方式；②选择冷却介质的出口温度。

为求得传热系数 K，须计算两侧的给热系数 α，故设计者必须决定：①冷、热流体各走管内还是管外；②选择适当的流速。同时，还必须选定适当的污垢热阻。

选择的依据　选择的依据不外经济、技术两个方面。

（1）流向的选择　一般情况下，逆流操作总是优于并流，应尽量采用。

对于某些热敏性物料的加热过程，并流操作可避免出口温度过高而影响产品质量。并流还能避免换热器一端壁温过高，为降低该处的壁温，可采用并流，以延长换热器的使用寿命。

因热平衡的限制，并不是任何一种流动方式都能完成给定的生产任务。某些条件下并流不一定能够完成传热任务。

（2）冷却介质出口温度的选择　冷却介质的选择是一个经济上的权衡问题。工业冷却用水的出口温度一般也不高于 45℃。

（3）流速的选择　流速的选择一方面涉及传热系数 K 即所需传热面的大小，另一方面又与流体通过换热面的阻力损失有关。不管怎样，在可能的条件下，管内、外都必须尽量避免层流状态。

6.3.6.4　换热器的操作型计算

操作型计算的命题方式　常见的操作型问题命题如下：

（1）第一类命题　给定条件：换热器的传热面积以及有关尺寸，冷、热流体的物理性质，冷、热流体的流量和进口温度以及流体的流动方式。

计算目的：冷热流体的出口温度。

（2）第二类命题　给定条件：换热器的传热面积以及有关尺寸，冷、热流体的物理性质，热流体的流量和进、出口温度，冷流体的进口温度以及流动方式。

计算目的：所需冷流体的流量及出口温度。

操作型问题的计算方法 在换热器内所传递的热流量，可由传热基本方程式计算，对于逆流操作其值为

$$q_{m1}c_{p1}(T_1-T_2)=KA\frac{(T_1-t_2)-(T_2-t_1)}{\ln\dfrac{T_1-t_2}{T_2-t_1}} \tag{6-107}$$

此热流量所造成的结果，必满足热量衡算式

$$q_{m1}c_{p1}(T_1-T_2)=q_{m2}c_{p2}(t_2-t_1) \tag{6-103}$$

因此，对于各种操作型问题，可联立求解以上两式得到解决。由式（6-107）两边消去（T_1-T_2）并联立式（6-103）可得

$$\ln\frac{T_1-t_2}{T_2-t_1}=\frac{KA}{q_{m1}c_{p1}}\Big(1-\frac{q_{m1}c_{p1}}{q_{m2}c_{p2}}\Big) \tag{6-108}$$

第一类命题的操作型问题可由上式将传热基本方程式变换为线性方程，然后采用消元法求出冷、热流体的温度。但第二类操作型问题，则须直接处理非线性的传热基本方程式，只能采用试差法逐次逼近。例如，可先假定冷流体出口温度 t_2，由式（6-103）计算 $q_{m2}c_{p2}$，计算 α_2 及 K 值，再由式（6-107）计算 t_2^*。如计算值 t_2^* 和设定值 t_2 相符，则计算结果正确。否则，应修正设定值 t_2，重新计算。

6.3.6.5　传热单元法

在进行操作型传热计算时，出口温度 T_2 或（以及）t_2 为未知。如果将传热基本方程中所含的两个出口温度用热量衡算式消去其中的一个，从而使计算式中仅包含一个出口温度，计算可较为方便。逆流时，将式（6-103）代入式（6-108）以消去 t_2，可整理得如下形式：

$$\ln\frac{1-\dfrac{q_{m1}c_{p1}}{q_{m2}c_{p2}}\times\dfrac{T_1-T_2}{T_1-t_1}}{1-\dfrac{T_1-T_2}{T_1-t_1}}=\frac{AK}{q_{m1}c_{p1}}\Big(1-\frac{q_{m1}c_{p1}}{q_{m2}c_{p2}}\Big) \tag{6-109}$$

令

$$\left.\begin{array}{l}\dfrac{AK}{q_{m1}c_{p1}}=\dfrac{T_1-T_2}{\Delta t_m}=NTU_1\\[3mm]\dfrac{q_{m1}c_{p1}}{q_{m2}c_{p2}}=\dfrac{t_2-t_1}{T_1-T_2}=R_1\\[3mm]\dfrac{T_1-T_2}{T_1-t_1}=\varepsilon_1\end{array}\right\} \tag{6-110}$$

式（6-109）可写为

$$\ln\frac{1-\varepsilon_1 R_1}{1-\varepsilon_1}=NTU_1(1-R_1)$$

或
$$\varepsilon_1 = \frac{1 - \exp[NTU_1(1-R_1)]}{R_1 - \exp[NTU_1(1-R_1)]} \tag{6-111}$$

式中，NTU_1 称为传热单元数；ε_1 称为换热器的热效率。

同样，可相应导出

$$\varepsilon_2 = \frac{1 - \exp[NTU_2(1-R_2)]}{R_2 - \exp[NTU_2(1-R_2)]} \tag{6-112}$$

式中

$$\left.\begin{aligned}
\varepsilon_2 &= \frac{t_2 - t_1}{T_1 - t_1} \\
R_2 &= \frac{q_{m2}c_{p2}}{q_{m1}c_{p1}} = \frac{T_1 - T_2}{t_2 - t_1} \\
NTU_2 &= \frac{KA}{q_{m2}c_{p2}} = \frac{t_2 - t_1}{\Delta t_m}
\end{aligned}\right\} \tag{6-113}$$

对第一类操作型问题，可用式（6-110）、式（6-111）或者式（6-112）、式（6-113）中任一组方程求解。以式（6-110）为例，方程右端皆为已知量，ε_1 可立即求出。然后由 ε_1 算出 T_2，再由 R_1 算出 t_2。

对第二类操作型问题，可据已知条件选用其中一组方程，试差求解。

以上推导所得结果仅适用于逆流操作的换热器，对并流操作自然也可作类似的推导。

6.3.6.6　非定态传热过程的拟定态处理

对工业上物料的分批加热或冷却则是非定态过程，此时待求函数一般为累积传热量 Q_T 或物料温度 t 与时间 τ 的关系。解决此类问题的基本方程仍然是传热速率方程式与热量衡算方程式。

现以间隙操作的夹套换热器为例加以说明。夹套内通入温度为 T 的饱和蒸汽加热，釜内液体因充分混合温度 t 保持均一。因此，任何时刻的热流密度 q 与加热面位置无关，可表示为

$$q = K(T-t) \tag{6-88}$$

式中，传热系数 K 可由式(6-89) 计算，即

$$K = \frac{1}{\dfrac{1}{\alpha_1} + \dfrac{\delta}{\lambda} + \dfrac{1}{\alpha_2}} \tag{6-89}$$

当流体与加热壁面的温度随时间 τ 的变化率不大时，各传热环节的热量积累可以忽略，此时非定态传热过程可按拟定态处理。

在 $d\tau$ 时段内作热量衡算，并忽略热损失与壁面的温升，可得

$$Mc_p \mathrm{d}t = K(T-t)A\mathrm{d}\tau$$

将上式积分，可得加热时间 τ 与相应液体温度 t_2 的关系为

$$\tau = \frac{Mc_p}{KA} \ln \frac{T-t_1}{T-t_2} \tag{6-114}$$

由式(6-114)不难推出在一定加热时间 τ 内的累积传热量

$$Q_T = Mc_p(t_2 - t_1) = KA\Delta t_m \tau \tag{6-115}$$

式中，Δt_m 为加热始、末两时刻的对数平均温度差，即

$$\Delta t_m = \frac{(T-t_1) - (T-t_2)}{\ln \dfrac{T-t_1}{T-t_2}} \tag{6-116}$$

这是最简单的非定态传热过程，其平均热流量 $\dfrac{Q_T}{\tau}$ 的计算式与定态传热过程的形式相同。这正是热流密度不随加热面位置而变化的结果。对于一般的非定态传热过程，热流密度不但随时间而且沿加热面变化，问题将比较复杂。

6.3.7　换热器

换热器是化工、石油、动力、食品及其他许多工业部门的通用设备，在生产中占有重要地位。换热器种类很多，根据冷、热流体热量交换的原理和方式基本上可分三大类，即间壁式、混合式和蓄热式。三类换热器中，间壁式换热器应用最多，以下仅限于此类换热器的讨论。在化工生产中换热器根据具体用途可作为加热器、冷却器、冷凝器、蒸发器和再沸器等。

6.3.7.1　间壁式换热器的类型

夹套式换热器　夹套式换热器广泛用于反应过程的加热和冷却。这种换热器是在容器外壁安装夹套制成，结构简单；但其加热面受容器壁面限制，传热系数也不高。为提高传热系数且使釜内液体受热均匀，可在釜内安装搅拌器。当夹套中通入冷却水或无相变的加热剂时，亦可在夹套中设置螺旋隔板或其他增加湍动的措施，以提高夹套一侧的给热系数。为补充传热面的不足，也可在釜内部安装蛇管。

沉浸式蛇管换热器　这种换热器是将金属管弯绕成各种与容器相适应的形状，并沉浸在容器内的液体中。蛇管换热器的优点是结构简单，能承受高压，可用耐腐蚀材料制造；其缺点是容器内液体湍动程度低，管外给热系数小。为提高传热系数，容器内可安装搅拌器。

喷淋式换热器　这种换热器是将换热管成排地固定在钢架上，热流体在管内流动，冷却水从上方喷淋装置均匀淋下，故也称喷淋式冷却器。喷淋式换热器的管外是一层湍动程度较高的液膜，管外给热系数较沉浸式增大很多。另外，这种换热器大多放置在空气流通之处，冷却水的蒸发亦带走一部分热量，可起到降低

冷却水温度、增大传热推动力的作用。因此，和沉浸式相比，喷淋式换热器的传热效果大有改善。

套管式换热器 套管式换热器是由直径不同的直管制成的同心套管，并由 U 形弯头连接而成。在这种换热器中，一种流体走管内，另一种流体走环隙，两者皆可得到较高的流速，故传热系数较大。另外，在套管换热器中，两种流体可为纯逆流，对数平均推动力较大。

套管换热器结构简单，能承受高压，应用亦方便（可根据需要增减管段数目）。特别是由于套管换热器同时具备传热系数大、传热推动力大及能够承受高压强的优点，在超高压生产过程〔例如操作压力为 3000atm（1atm＝101325Pa）的高压聚乙烯生产过程〕中所用的换热器几乎全部是套管式。

管壳式换热器 管壳式（又称列管式）换热器是最典型的间壁式换热器，至今仍在所有换热器中占据主导地位。

管壳式换热器主要由壳体、管束、管板和封头等部分组成，壳体多呈圆形，内部装有平行管束，管束两端固定于管板上。在管壳换热器内进行换热的两种流体，一种在管内流动，其行程称为管程；一种在管外流动，其行程称为壳程。管束的壁面即为传热面。

为提高管外流体给热系数，通常在壳体内安装一定数量的横向折流挡板。折流挡板不仅可防止流体短路、增加流体速度，还迫使流体按规定路径多次错流通过管束，使湍动程度大为增加。常用的挡板有圆缺形和圆盘形两种，前者应用更为广泛。

流体在管内每通过管束一次称为一个管程，每通过壳体一次称为一个壳程。为提高管内流体的速度，可在两端封头内设置适当隔板，将全部管子平均分隔成若干组。这样，流体可每次只通过部分管子而往返管束多次，称为多管程。同样，为提高管外流速，可在壳体内安装纵向挡板使流体多次通过壳体空间，称多壳程。

在管壳式换热器内，由于管内外流体温度不同，壳体和管束的温度也不同。如两者温差很大，换热器内部将出现很大的热应力，可能使管子弯曲、断裂或从管板上松脱。因此，当管束和壳体温度差超过 50℃时，应采取适当的温差补偿措施，消除或减小热应力。根据所采取的温差补偿措施，换热器可分为以下几种主要型式。

固定管板式换热器、浮头式换热器、U 形管式换热器都是常用的管壳式换热器。

6.3.7.2 管壳式换热器的设计和选用

管壳式换热器设计和选用时应考虑的问题 换热器的设计型问题包含一系列的选择，前述以热流体冷却为例，说明了流体的流向、流速和冷流体出口温度的选择依据。这些选择依据对管壳式换热器仍然成立。此外，在选用和设计管壳式换热器时还必须考虑以下问题。

（1）冷、热流体流动通道的选择　在管壳式换热器内，冷、热流体流动通道可根据以下原则进行选择：

① 不洁净和易结垢的液体宜在管程，因管内清洗方便；

② 腐蚀性流体宜在管程，以免管束和壳体同时受到腐蚀；

③ 压强高的流体宜在管内，以免壳体承受压力；

④ 饱和蒸汽宜走壳程，因饱和蒸汽比较清净，给热系数与流速无关而且冷凝液容易排出；

⑤ 被冷却的流体宜走壳程，便于散热；

⑥ 若两流体温差较大，对于刚性结构的换热器，宜将给热系数大的流体通入壳程，以减小热应力；

⑦ 流量小而黏度大的流体一般以壳程为宜，因在壳程 $Re > 100$ 即可达到湍流。但这不是绝对的，如流动阻力损失允许，将这种流体通入管内并采用多管程结构，反而能得到更高的给热系数。

（2）流动方式的选择　除逆流和并流之外，在管壳式换热器中冷、热流体还可作各种多管程多壳程的复杂流动。当流量一定时，管程或壳程越多，给热系数越大，对传热过程有利。但是，采用多管程或多壳程必导致流体阻力损失即输送流体的动力费用增加。因此，在决定换热器的程数时，需权衡传热和流体输送两方面的得失。

（3）换热管规格和排列的选择　换热管直径越小，换热器单位容积的传热面积越大。因此，对于洁净的流体管径可取得小些。但对于不洁净或易结垢的流体，管径应取得大些，以免堵塞。考虑到制造和维修的方便，加热管的规格不宜过多。目前我国试行的系列标准规定采用 $\phi25 \times 2.5$ 和 $\phi19 \times 2$ 两种规格，对一般流体是适应的。

管长的选择是以清洗方便和合理使用管材为准。我国生产的钢管长多为 6m、9m，故系列标准中管长有 1.5m、2m、3m、4.5m、6m 和 9m 六种，其中以 3m 和 6m 更为普遍。

管子的排列方式有等边三角形和正方形两种。与正方形相比，等边三角形排列比较紧凑，管外流体湍动程度高，给热系数大。正方形排列虽比较松散，给热效果也较差，但管外清洗方便，对易结垢流体更为适用。如将正方形排列的管束斜转 45°安装，可在一定程度上提高给热系数。

（4）折流挡板　安装折流挡板的目的是为提高管外给热系数，为取得良好效果，挡板的形状和间距必须适当。

对圆缺形挡板而言，弓形缺口的大小对壳程流体的流动情况有重要影响。弓形缺口太大或太小都会产生"死区"，既不利于传热又往往增加流体阻力。一般说来，弓形缺口的高度可取为壳体内径的 $10\%\sim40\%$，最常见的是 20% 和 25% 两种。

挡板的间距对壳程的流动亦有重要的影响。间距太大，不能保证流体垂直流过管束，使管外给热系数下降；间距太小，不便于制造和检修，阻力损失亦大。一般取挡板间距为壳体内径的 $0.2\sim1.0$ 倍。我国系列标准中采用的挡板间距为：固定管板式有 100mm、150mm、200mm、300mm、450mm、600mm、700mm 七种；浮头式有 100mm、150mm、200mm、250mm、300mm、350mm、450mm（或 480mm）、600mm 八种。

管壳式换热器的给热系数

（1）管程给热系数 α_i　管内流动的给热系数可按本章介绍的经验式计算。当 $Re>10000$ 可用式（6-34）计算。

$$\alpha_i=0.023\frac{\lambda}{d}\left(\frac{d_iu_i\rho}{\mu}\right)^{0.8}\left(\frac{c_p\mu}{\lambda}\right)^{0.3\sim0.4}$$

由此不难看出，管程给热系数 α_i 正比于管程数 N_p 的 0.8 次方，即

$$\alpha_i\propto N_p^{0.8} \tag{6-117}$$

（2）壳程给热系数 α_0　壳程通常因设有折流挡板，流体在壳程中横向穿过管束，流向不断变化，湍动增强，当 $Re>100$ 时即达到湍流状态。

壳程给热系数的计算方法有多种，当使用 25% 圆缺形挡板时，可用下式进行计算

$$\left.\begin{array}{ll}Nu=0.36Re^{0.55}Pr^{1/3}\left(\dfrac{\mu}{\mu_w}\right)^{0.14}&Re>2000\\[2mm]Nu=0.5Re^{0.507}Pr^{1/3}\left(\dfrac{\mu}{\mu_w}\right)^{0.14}&Re=10\sim2000\end{array}\right\} \tag{6-118}$$

在式（6-118）中，定性温度取进出口主体平均温度，仅 μ_w 为壁温下的流体黏度。当量直径 d_e 视管子排列情况按下式决定：

对正方形排列
$$d_e=\frac{4\left(t^2-\dfrac{\pi}{4}d_0^2\right)}{\pi d_0} \tag{6-119}$$

对正三角形排列
$$d_e=\frac{4\left(\dfrac{\sqrt{3}}{2}t^2-\dfrac{\pi}{4}d_0^2\right)}{\pi d_0} \tag{6-120}$$

式（6-118）中所用的流速 u_0 规定按最大流动截面 A' 计算

$$A'=BD\left(1-\frac{d_0}{t}\right) \tag{6-121}$$

由式（6-118）可知，$\alpha_0\propto\dfrac{u_0^{0.55}}{d_e^{0.45}}$。因此，减小挡板间距、提高流速或缩短中

心距、减小当量直径皆可提高壳程给热系数。壳程给热系数与挡板间距 B 的 0.55 次方成反比，即

$$\alpha_0 \propto \left(\frac{1}{B}\right)^{0.55} \tag{6-122}$$

流体通过换热器的阻力损失

（1）管程阻力损失　换热器管程内的总阻力损失是由各程直管阻力损失 h_{f1}、回弯阻力损失 h_{f2} 及换热器进出口阻力损失 h_{f3} 构成的，而相比之下 h_{f3} 可忽略不计。因此，管程总阻力损失（以单位质量流体的能量损失表示，J/kg）

$$h_{ft} = (h_{f1} + h_{f2}) f_t N_p \tag{6-123}$$

式（6-123）也可写成压降（N/m²）的形式

$$\Delta \mathcal{P}_t = \left(\lambda \frac{l}{d} + 3\right) f_t N_p \frac{\rho u_i^2}{2} \tag{6-124}$$

由此式可以看出，管程阻力损失（或压降）正比于管程数 N_p 的三次方，即

$$\Delta \mathcal{P}_t \propto N_p^3 \tag{6-125}$$

对同一换热器，若由单管程改为两管程，阻力损失剧增为原来的 8 倍，而给热系数只增为原来的 1.74 倍；若由单管程改为四管程，阻力损失增至为原来的 64 倍，而给热系数只增为原来的 3 倍。由此可见，在选择换热器管程数目时，应该兼顾传热与流体压降两方面的得失。

（2）壳程阻力损失　用来计算壳程阻力损失的公式很多，但皆可归结为 $h_{fs} = \zeta \frac{u_0^2}{2}$ 这一基本形式。壳程结构参数较多，流动复杂，因而 ζ 和 u_0 的决定比较困难。不同的计算公式，决定 ζ 和 u_0 的方法不同。计算结果往往很不一致。目前比较通用的埃索计算公式把壳程阻力损失 h_{fs} 看成是由管束阻力损失 h'_{f1} 和折流板弓形缺口处的阻力损失 h'_{f2} 构成的。考虑到污垢的影响，再乘以校正系数 f_s，即对于液体可取 $f_s = 1.15$，对气体或可凝性蒸汽取 $f_s = 1.0$。

$$h'_{fs} = (h'_{f1} + h'_{f2}) f_s \tag{6-126}$$

管束和缺口阻力损失分别由下面两式计算

$$h'_{f1} = F f_0 N_{TC} (N_B + 1) \frac{u_0^2}{2} \tag{6-127}$$

$$h'_{f2} = N_B \left(3.5 - \frac{2B}{D}\right) \frac{u_0^2}{2} \tag{6-128}$$

同样，式（6-126）可写成压降（N/m²）的形式

$$\Delta \mathcal{P}_s = \left[F f_0 N_{TC} (N_B + 1) + N_B \left(3.5 - \frac{2B}{D}\right) \right] f_s \frac{\rho u_0^2}{2} \tag{6-129}$$

因 $(N_B + 1) = \dfrac{l}{B}$，u_0 正比于 $\dfrac{1}{B}$，由式（6-127）可知，管束阻力损失 h'_{f1}，

基本上正比于$\left(\dfrac{1}{B}\right)^3$，即

$$h'_{f1} \propto \left(\frac{1}{B}\right)^3 \tag{6-130}$$

若挡板间距减小一半，h'_{f1}剧增 8 倍，而给热系数 α_0 只增加 1.46 倍。因此，在选择挡板间距时，亦应兼顾传热与流体压降两方面的得失。同理，壳程数目的选择也应如此。

对数平均温差的修正 前面推导的对数平均温度差 Δt_m 仅适用于并流或逆流的情况。对复杂流型的平均推动力的计算结果与进出口温度相同的纯逆流相比较，求出修正系数 ψ 并列出相应的线图，以供查取。在工程计算中，可利用相应线图按下列步骤计算复杂流型的平均推动力：

① 先以给定的冷、热流体进出口温度，算出纯逆流条件下的对数平均推动力。

② 将①中求得的推动力乘以修正系数 ψ 得到各种复杂流型的平均推动力。修正系数可根据

$$R = \frac{T_1 - T_2}{t_2 - t_1}, \quad P = \frac{t_2 - t_1}{T_1 - t_1}$$

两个参数，从相应的线图求得。R、P 中各温度为冷、热流体进、出口温度。

③ 根据纯逆流平均推动力与修正系数计算实际平均推动力，即

$$\Delta t_m = \psi \Delta t_{m逆} \tag{6-131}$$

前面已经谈到，由于热平衡的限制，并不是任何一种流动方式都能完成给定的换热任务。当根据已知参数 P、R 在某线图上找不到相应的点，即表明此种流型无法完成指定换热任务，应改为其他流动方式。

管壳式换热器的选用和设计计算步骤 设有流量为 W_1 的热流体，需从温度 T_1 冷却至 T_2，可用的冷却介质温度为 t_1，出口温度选定为 t_2。由此已知条件可算出换热器的热负荷 Q 和逆流操作平均推动力 $\Delta t_{m逆}$。根据传热基本方程式

$$Q = KA\Delta t_m = KA\psi\Delta t_{m逆} \tag{6-132}$$

当 Q 和 $\Delta t_{m逆}$ 已知时，要求取传热面积 A 必须知道 K 和 ψ；而 K 和 ψ 则是由传热面积 A 的大小和换热器结构决定的。可见，在冷、热流体的流量及进、出口温度皆已知的条件下，选用或设计换热器必须通过试差计算。此试差计算可按下列步骤进行。

（1）初选换热器的尺寸规格

① 初步选定换热器的流动方式，由冷、热流体的进出口温度计算温差修正系数 ψ。ψ 的数值应大于 0.8，否则应改变流动方式，重新计算；

② 根据经验（或由 K 值范围表）估计传热系数 $K_{估}$，计算传热面积 $A_{估}$；

③ 根据 $A_{估}$ 的数值，参照系列标准选定换热管直径、长度及排列；如果是

选用，可根据 $A_{估}$ 在系列标准中选择适当的换热器型号。

（2）计算管程的压降和给热系数

① 参考流速范围表选定流速，确定管程数目，由式（6-124）计算管程压降 Δp_t。若管程允许压降 $\Delta p_允$ 已有规定，可以直接选定管程数目，计算 Δp_t。若 $\Delta p_t > \Delta p_允$ 必须调整管程数目重新计算。

② 计算管内给热系数 α_i，如 $\alpha_i < K_{估}$ 则应改变管程数重新计算。若改变管程数不能同时满足 $\Delta p_t < \Delta p_允$、$\alpha_i > K_{估}$ 的要求，则应重新估计 $K_{估}$ 值，另选一换热器型号进行试算。

（3）计算壳程压降和给热系数

① 参考流速范围选定挡板间距，根据式（6-129）计算壳程压降 Δp_s，若 $\Delta p_s > \Delta p_允$ 可增大挡板间距。

② 计算壳程给热系数 α_0，如 α_0 太小可减小挡板间距。

（4）计算传热系数、校核传热面积   根据流体的性质选择适当的垢层热阻 R，由 R、α_i、α_0 计算传热系数 $K_计$，再由传热基本方程式（6-105）计算所需传热面积 $A_计$。当此传热面 $A_计$ 小于初选换热器实际所具有的传热面 A，则原则上以上计算可行。考虑到所用传热计算式的准确程度及其他未可预料的因素，应使选用换热器传热面积留有 $15\% \sim 25\%$ 的裕度，使 $A/A_计 = 1.15 \sim 1.25$。否则需重新估计一个 $K_{估}$，重复以上计算。

6.3.7.3　换热器的强化和其他类型

间壁式换热器中，除夹套式而外，几乎都是管式换热器（包括蛇管、套管、管壳等）。但是，在流动面积相等条件下，圆形通道表面积最小，而且管子之间不能紧密排列，故管式换热器的共同缺点是结构不紧凑，单位换热器容积所提供的传热面小，金属消耗量大。随着工业的发展，陆续出现了不少高效紧凑的换热器并逐渐趋于完善。这些换热器基本上可分为两类，一类是改进型管式换热器，另一类则是板状换热表面。

各种板式换热器　板式换热表面可以紧密排列，因此各种板式换热器都具有结构紧凑，材料消耗低、传热系数大的特点。这类换热器一般不能承受高压和高温，但对于压强较低，温度不高或腐蚀性强而须用贵重材料的场合，各种板式换热器都显示出更大的优越性。

螺旋板式换热器、板式换热器、板翅式换热器、板壳式换热器等较为典型。

强化管式换热器　这一类换热器是在管式换热器的基础上，采取某些强化措施，提高传热效果。强化的措施无非是管外加翅片，管内安装各种形式的内插物。这些措施不仅增大了传热面积，而且增加了流体的湍动程度，使传热过程得到强化。

翅片管、螺旋槽纹管、缩放管、静态混合器、折流杆换热器等都是强化传热的各种管式换热器。

热管换热器　热管是一种新型传热元件。最简单的热管是在一根抽除不凝性气体的金属管内充以定量的某种工作液体，然后封闭而成。当加热段受热时，工作液体遇热沸腾，产生的蒸汽流至冷却段遇冷后凝结放出潜热。冷凝液沿具有毛细结构的吸液芯在毛细管力的作用下回流至加热段再次沸腾。如此过程反复循环，热量则由加热段传至冷却段。

在传统的管式换热器中，热量是穿过管壁在管内、外表面间传递的。已经谈到，管外可采用翅片化的方法加以强化，而管内虽可安装内插物，但强化程度远不如管外。热管把传统的内、外表面间的传热巧妙地转化为两管外表面的传热，使冷热两侧皆可采用加装翅片的方法进行强化。因此，用热管制成的换热器，对冷、热两侧给热系数皆很小的气-气传热过程特别有效。近年来，热管换热器广泛地应用于回收锅炉排出的废热以预热燃烧所需之空气，取得很大经济效果。

在热管内部，热量的传递是通过沸腾冷凝过程。由于沸腾和冷凝给热系数皆很大，蒸汽流动的阻力损失也很小，因此管壁温度相当均匀。由热管的传热量和相应的管壁温差折算而得的表观导热系数，是最优良金属热体的 $10^2 \sim 10^3$ 倍。因此，热管对于某些等温性要求较高的场合，尤为适用。

此外，热管还具有传热能力大、应用范围广、结构简单、工作可靠等一系列其他优点。

流化床换热器　流化床换热器的外形与常规的立式管壳式换热器相似。管程内的流体由下往上流动，使众多的固体颗粒（切碎的金属丝如同数以百万计的刮片）保持稳定的流化状态，对换热器管壁起到冲刷、洗垢作用。同时，使流体在较低流速下也能保持湍流，大大强化了传热速率。固体颗粒在换热器上部与流体分离，并随着中央管返回至换热器下部的流体入口通道，形成循环。中央管下部设有伞形挡板，以防止颗粒向上运动。流化床换热器已在海水淡化蒸发器、塔器再沸器、润滑油脱蜡换热等场合取得实用成效。

第7章

蒸 发

7.1 教学方法指导

蒸发作为一个单元操作，有其工艺要求。我们需要知道达到这个工艺要求的成本如何，也就是这个单元操作的经济性如何。直接看，蒸发消耗加热蒸汽。如果是水溶液蒸浓，要蒸出多少吨水，就需要多少吨水蒸气，就可得知需要多少成本。但实际上，蒸出的是水蒸气（二次蒸汽），加热量都成为水蒸气的潜热，它仍然可以使用。问题是，二次蒸汽与一次蒸汽差别在哪里，如何对这差别进行估价。

我想，可以用热泵蒸发作为估价的方法。二次蒸汽较一次蒸汽的饱和温度降低了，相差的温度是传热温差与温度损失之和。可以用热泵将二次蒸汽压缩，将饱和温度回升到一次蒸汽的温度，压缩消耗的能量，其费用就是蒸发的成本。该费用与一次蒸汽和二次蒸汽的温差成正比。一般而言，温差在 20℃，热泵蒸发是经济的，温差过大，热泵蒸发就不再经济了。

温差由传热温差和温度损失两部分组成。传热温差是有效的因素，传热温差小，蒸发设备就大，属于运行能耗与设备投资二者间平衡的因素。溶质引起沸点升高，由此造成的温度损失则是无效的。如果沸点升高很多，热泵蒸发就不再经济了。由此可见，沸点升高是蒸发操作中的一个重要的经济因素。

不采用热泵蒸发，还可以采用多效蒸发。沸点上升多，有效的温差就少，可采用的效数就少。多效蒸发的效数是个经济问题，是运行费用与设备费用之间平衡的结果。通常的三效蒸发，能将蒸汽消耗量降低到一半。

蒸发设备的介绍不宜采用拉洋片的方式进行。通常的拉洋片的介绍方法是介绍一种蒸发器，简单描述其结构，然后列举其优缺点，指出其使用场合。这样，看不出知识的结构。我认为首先分析蒸发单元操作的特点，蒸发过程本质上是一般的沸腾给热过程，特殊性在物料。增浓后，物料容易稠厚、发泡、析盐、结垢。还可能热敏。结合物料的特性选择合适的蒸发器。

洁净的低黏度的物料，选用常规的短管自然循环蒸发器。

容易析盐、结垢的物料选用强制循环蒸发器，将循环速度提高到 $3\sim5\text{m}/\text{s}$，降低单程的增浓度。也可以采用闪蒸，将受热和汽化分开。

热敏的物料采用膜式蒸发器以提高单位物料体积的传热面积，减少液存量和受热时间。

高黏度物料则用刮板模式蒸发器。

用这样的方法将各种蒸发器组织起来，各有特长，并突出一个观点，即按物料特点选用合适的蒸发器。

7.2 教学内容精要

7.2.1 概述

蒸发操作 含有不挥发性溶质（如盐类）的溶液在沸腾条件下受热，使部分溶剂汽化为蒸气的操作称为蒸发。蒸发操作的目的是：①获得浓缩的溶液直接作为化工产品或半成品；②借蒸发以脱除溶剂，将溶液增浓至饱和状态，随后加以冷却，析出固体产物，即采用蒸发、结晶的联合操作以获得固体溶质；③脱除杂质，制取纯净的溶剂。

蒸发器内备有足够的加热面，使溶液受热沸腾。溶液在蒸发器内因各处密度的差异而形成某种循环流动，被浓缩到规定浓度后排出蒸发器外。汽化的蒸汽常夹带有较多的雾沫和液滴，因此蒸发器内须备有足够的分离空间，往往还装有适当形式的除沫器以除去液沫。排出的蒸汽如不再利用，应将其在冷凝器中加以冷凝。

蒸发操作可连续或间歇地进行，工业上大量物料的蒸发通常是连续的定态过程。

蒸发操作的特点 尽管蒸发操作的目的是物质的分离，但其过程的实质是热量传递而不是物质传递，溶剂汽化的速率取决于传热速率，因此，蒸发操作应属于传热过程。但是，蒸发操作乃是含有不挥发溶质的溶液的沸腾传热，它具有某些不同于一般换热过程的特殊性：

① 浓溶液在沸腾汽化过程中常在加热表面上析出溶质而形成垢层，使传热过程恶化。因此，应适当设计蒸发器的结构，设法防止或减少垢层的生成，并使加热面易于清理。

② 溶液的性质往往对蒸发器的结构设计提出特殊的要求。例如，当溶质是热敏性物质时，在高温下停留时间过长会引起变质，应设法减少溶液在蒸发器中的停留时间。某些溶液增浓后黏度大为增加，使沸腾传热的条件恶化，对此类溶液的蒸发应设计特殊结构的蒸发器。

③ 溶剂汽化需吸收大量汽化热，因此蒸发操作是大量耗热的过程，节能是蒸发操作应予考虑的重要问题。

大多数工业蒸发所处理的是水溶液，热源是加热蒸汽，产生的仍是水蒸气（称二次蒸汽），两者的区别是温位（或压强）不同。导致蒸汽温位降低的主要原因有两个：

a. 传热需要有一定的温度差为推动力，所以汽化温度必低于加热蒸汽的温度；

b. 在指定外压下，由于溶质的存在造成溶液的沸点升高。

由此可知，蒸发操作是高温位的蒸汽向低温位转化，较低温位的二次蒸汽的利用必在很大程度上决定了蒸发操作的经济性。

7.2.2　蒸发设备

7.2.2.1　各种蒸发器

蒸发器有多种结构，它们均由加热室、流动（或循环）通道、汽液分离空间这三部分所组成。以下简要说明工业常用的几种蒸发器的结构特点。

循环型蒸发器

（1）垂直短管式蒸发器　垂直短管式蒸发器的加热室由管径为 $\phi 25 \sim 75\text{mm}$、长 $1 \sim 2\text{m}$ 的垂直列管组成，管外（壳程）通加热蒸汽。管束中央有一根直径较大的管子，其截面积为其余加热管总横截面的 $40\% \sim 100\%$。液体在管内受热沸腾，产生气泡。细管内单位体积的溶液受热面较大，汽化后的汽液混合物中汽含率高；中央粗管内单位体积溶液受热面小，因而汽含率低。于是细管内汽液两相混合物的平均密度小于中央粗管，从而造成流体在细管内向上、粗管内向下的有组织的循环运动，循环流动的速度可达 $0.1 \sim 0.5\text{m/s}$。中央粗管的存在，促进了蒸发器内流体的运动，通常称此粗管为中央循环管，这种蒸发器也称为中央循环管式蒸发器。

（2）外加热式　常用的外热式蒸发器，其主要特点是采用了长加热管（管长与直径之比 $l/D = 50 \sim 100$），且液体下降管（又称循环管）不再受热。此两点都有利于液体在器内的循环，循环速度可达 1.5m/s。

（3）强制循环蒸发器　为提高循环速度，可采用泵进行强制循环，循环速度可达 $1.8 \sim 5\text{m/s}$。

上述三类蒸发器中的第 1、2 类是有组织的自然对流型，第 3 类则为强制对流型。

提高循环速度的重要性不仅在于提高沸腾给热系数，其主要用意在于降低单程汽化率。在同样蒸发能力下（单位时间的溶剂汽化量），循环速度愈大，单位时间通过加热管的液体量愈多，溶液一次通过加热管后汽化的百分数（汽化率）也愈低。这样，溶液在加热壁面附近的局部浓度增高现象可以减轻，加热面上结垢现象可以延缓。溶液浓度愈高，为减少结垢所需要的循环速度愈大。

单程型蒸发器　循环型蒸发器的共同缺点是蒸发器内料液的滞留量大，物料在高温下停留时间长，对热敏性物料甚为不利。在单程型蒸发器中，物料一次通过加热面即可完成浓缩要求；离开加热管的溶液及时加以冷却，受热时间大为缩短，因此对热敏性物料特别适宜。

（1）升膜式蒸发器　升膜式蒸发器的加热管束可长达 3～10m。溶液由加热管底部进入，经一段距离加热、汽化后，管内气泡逐渐增多，最终液体被上升的蒸汽拉成环状薄膜，沿壁向上运动，汽液混合物由管口高速冲出。被浓缩的液体经汽液分离即排出蒸发器。

此种蒸发器需要妥善地设计和操作，使加热管内上升的二次蒸汽具有较高的速度，从而获得较高的传热系数，使溶液一次通过加热管即达预定的浓缩要求。在常压下，管上端出口速度以保持 20～50m/s 为宜。

升膜式蒸发器不适宜用于处理黏度大于 0.05Pa·s，易结晶、结垢的溶液。

（2）降膜式蒸发器　料液由加热室顶部加入，经液体分布器分布后呈膜状向下流动。汽液混合物由加热管下端引出，经汽液分离即得完成液。

为使溶液在加热管内壁形成均匀液膜，且不使二次蒸汽由管上端窜出，必须良好地设计液体分布器。

降膜式蒸发器可以用于蒸发黏度较大的物料（0.05～0.45Pa·s），但不适宜处理易结晶的溶液，此时形成均匀的液膜较为困难，传热系数不高。

（3）旋转刮片式蒸发器　此种蒸发器专为高黏度溶液的蒸发而设计。蒸发器的加热管为一根较粗的直立圆管，中、下部设有两个夹套进行加热，圆管中心装有旋转刮板，刮板借旋转离心力紧压于液膜表面。

料液自顶部进入蒸发器后，在刮板的搅动下分布于加热管壁，并呈膜式旋转向下流动。汽化的二次蒸汽在加热管上端无夹套部分中被旋转刮板分去液沫，然后由上部抽出并加以冷凝。浓缩液由蒸发器底部放出。

旋转刮板式蒸发器的主要特点是借外力强制料液成膜状流动，可适应高黏度、易结晶、结垢的浓溶液的蒸发。在某些场合下，可将溶液蒸干，而由底部直接获得粉末状固体产物。这种蒸发器的缺点是结构复杂、制造要求高、加热面不大且需消耗一定的动力。

7.2.2.2　蒸发器的传热系数

蒸发器的热阻分析　由传热章可知，蒸发器的传热热阻可由下式计算

$$\frac{1}{K}=\frac{1}{\alpha_0}+\frac{\delta}{\lambda}+R_i+\frac{1}{\alpha_i} \tag{7-1}$$

① 管外蒸汽冷凝的热阻 $1/\alpha_0$ 一般很小，但须注意及时排除加热室中的不凝性气体，否则不凝性气体在加热室内不断积累将使此项热阻明显增加。

② 加热管壁的热阻 δ/λ 一般可以忽略。

③ 管内壁液体一侧的垢层热阻 R_i 取决于溶液的性质及管内液体运动的状况。通常溶液中或多或少地溶有某些盐类〔如 $CaSO_4$、$CaCO_3$、$Mg(OH)_2$ 等〕，溶液在加热表面汽化使这些盐类的局部浓度达到过饱和状态，从而在加热面上析出、形成垢层。尤其是 $CaSO_4$ 等，其溶解度随温度升高而下降，更易在加热面上结垢。以 $CaSO_4$ 为主要成分的垢层质地较硬难以清除，导热系数约为 $0.6\sim2.3W/(m \cdot K)$；以 $CaCO_3$ 为主的垢层质地较软而易于清除，导热系数约为 $0.46\sim0.7W/(m \cdot K)$。垢层的多孔性是导热系数较低的原因，即使厚度为 $1\sim2mm$ 也具有较大的热阻。

降低垢层热阻的方法是定期清理加热管；加快流体的循环运动速度。加入微量阻垢剂以延缓形成垢层；在处理有结晶析出的物料时可加入少量晶种（结晶颗粒），使结晶尽可能地在溶液的主体中而不是在加热面上析出。

④ 管内沸腾给热的热阻 $1/\alpha_i$ 主要决定于沸腾液体的流动情况。对清洁的加热面，此项热阻是影响总传热系数的主要因素。

管内气液两相流动型式　在蒸发器、冷凝器或再沸器中，常出现管内气液两相同时流动的情况。在不同的设备条件（管径、倾斜度）、操作条件（气液相流量）和物性（气液相黏度、密度和表面张力）下，管内呈现不同的流动型式。垂直管道内汽液两相流动的型式：①气泡流，气体以不同尺寸的小气泡比较均匀地分散在向上流动的液体中，随气速的增大，气泡尺寸和个数逐渐增加；②塞状流，大部分气体形成弹头形大气泡，其直径几乎与管径相当，少量气体分散成小气泡，处于大气泡之间的液体中；③翻腾流，与塞状流有某种相似，但运动更为激烈，弹头型气泡变得狭长并发生扭曲，大气泡间的液体不断地被冲开又合拢，形成振动；④环状流，液体沿管壁成环状流动，气体被包围在轴心部分，气相中液滴增多；⑤雾流，气流将液体从管壁带起而成为雾沫。这些不同的流动型式对管内的流动阻力和给热系数带来不同的影响。

管内沸腾给热　多数蒸发器的液体沸腾是管内沸腾给热。管内沸腾给热涉及复杂的两相流动，比大容积沸腾给热更为复杂。

在多数蒸发器内，液体在循环管中下降而在加热管中上升，就蒸发器整体而言，这一循环运动是由于密度差所引起的自然对流（或称热虹吸）。但从加热管内流体的流动情况而言，与泵送时的强制流动并无本质的区别。

加热管内汽液两相的流动，流体自下而上通过加热管。在加热管底部，液体尚未沸腾，液体与管壁之间的传热是单相对流给热。

在沸腾区内，沿管长气泡逐渐增多，管内流动由气泡流、塞状流、翻腾流直至环状流，给热系数也依次增大，当两相流动处于环状流时，使流动液膜与管壁之间的给热系数达最大值。

如果加热管足够长，液膜最终被蒸干而出现雾流，给热系数又趋下降。因此，为提高全管长内的平均给热系数，应尽可能扩大环状流动的区域。

传热系数的经验值 目前虽然已对管内沸腾作了不少研究，但因各种蒸发器内的流动情况难以准确预料，使用一般的经验公式并不可靠。加之管内垢层热阻会有较大的变化，蒸发器的传热系数主要靠现场实际测定，以供借鉴。

7.2.3 蒸发辅助设备

除沫器 蒸发器内产生的二次蒸汽夹带着许多液沫，尤其是处理易产生泡沫的液体，夹带现象更为严重。蒸发器上部有足够大的汽液分离空间，可使液滴借重力沉降下来。此外，常在蒸发器中设置各种形式的除沫器，以尽可能完全地分离液沫。

冷凝器 产生的二次蒸汽若不再利用，则必须加以冷凝。因二次蒸汽多为水蒸气，故在一般情况下以使用混合式冷凝器居多。

逆流高位混合式冷凝器，顶部用冷却水喷淋，使之与二次蒸汽直接接触将其冷凝。这种冷凝器一般均处于负压下操作，为将混合冷凝后的水排向大气，冷凝器的安装必须足够高。冷凝器底部所连接的长管称为大气腿。

疏水器 蒸发器的加热室与其他蒸汽加热设备一样，均应附设疏水器。疏水器的作用是将冷凝水及时排除，且能防止加热蒸汽由排出管逃逸而造成浪费。同时，疏水器的结构应便于排除不凝性气体。

工业上使用着多种不同结构的疏水器，按其启闭的作用原理大致有机械式、热膨胀式和热动力式等类型。热动力式疏水器的体积小、造价低，其应用日趋广泛。

目前常用的是热动力式疏水器，温度较低的冷凝水在加热蒸汽压强的推动下流入通道，将阀片顶开，由排水孔流出。当冷凝水趋于排尽，排出液夹带的蒸汽较多，温度升高，促使阀片上方的背压升高。同时，蒸汽加速流过阀片与底座之间的环隙造成减压，阀片因自重及上、下压差的作用而自动落下，切断进出口之间的通道。经某短时间后，于疏水器向周围环境散热，阀片上方背压室内的蒸汽部分冷凝，背压下降，阀片重新开启，实现周期性地排水。

7.2.4 蒸发操作的经济性和操作方式

7.2.4.1 加热蒸汽的利用率

蒸发装置的操作费用主要是汽化大量溶剂（水）所需消耗的能量。通常将每 1kg 加热蒸汽所能蒸发的水量 $\left(\dfrac{W}{D}\right)$ 称为蒸汽的经济性，它是蒸发操作是否经济的重要标志。单效蒸发中，若物料为预热至沸点的水溶液、忽略加热蒸汽与二次蒸汽的汽化热差异和浓缩热并不计热损失，则每 1kg 加热蒸汽可汽化 1kg 水，即

$\dfrac{W}{D} = 1$。对大规模工业蒸发，溶剂汽化量 W 很大，此项热量消耗在全厂蒸汽动力费中占很大比例。为提高加热蒸汽的利用率，可对蒸发操作做如下的一些安排。

多效蒸发　将第一个蒸发器汽化的二次蒸汽作为加热剂通入第二个蒸发器的加热室，称为双效蒸发。再将第二效的二次蒸汽通入第三效加热室，如此可串接多个。

蒸发过程中二次蒸汽的温位低于加热蒸汽。由此可知，在多效蒸发中，后一效蒸发器的操作压强及其对应的饱和温度必较前一效为低，即二次蒸汽的温度必然逐级降低。

多效蒸发中物料与二次蒸汽的流向可有多种组合，其中常用的有：

（1）并流加料　物料与二次蒸汽同方向相继通过各效。由于前效压强较后效高，料液可借此压强差自动地流向后一效而无须泵送。在多效蒸发中，最后一效常处于负压下操作，完成液的温度较低，系统的能量利用较为合理。但对于并流加料，末效溶液浓度高、温度低、黏度大，传热条件较劣，往往需要较前几效更大的传热面。

（2）逆流加料　逆流加料时料液与二次蒸汽流向相反，各效的浓度和温度对液体黏度的影响大致相消，各效的传热条件大致相同。逆流加料时溶液在各效之间的流动必须泵送。

（3）平流加料　平流加料时二次蒸汽多次利用，但料液每效单独进出。此种加料方式对易结晶的物料较为适合。

在多效蒸发中，由生产任务规定的总蒸发量 W 分配于各个蒸发器，但只有第一效才使用加热蒸汽，故加热蒸汽的经济性大为提高。

额外蒸汽的引出　在单效蒸发中，若能将二次蒸汽移至其他加热设备内作为热源加以利用（如用作预热料液），则对蒸发装置来说，能量消耗已降至最低限度，只是将加热蒸汽转变为温位较低的二次蒸汽而已，同理，对多效蒸发，如能将末效蒸发器的二次蒸汽有效地利用，也可大大提高加热蒸汽的利用率。

实际上多效蒸发的末效多处于负压操作，二次蒸汽的温位过低而难以再次利用。但是，可以在前几效蒸发器中引出部分二次蒸汽（称为额外蒸汽）移作他用。

只要二次蒸汽的温位能满足其他加热设备的需要，引出额外蒸汽的效数越往后移蒸汽的利用率越高；或者说，引出等量的额外蒸汽所需补加的加热蒸汽量越少。

二次蒸汽的再压缩（热泵蒸发）　在单效蒸发中，可将二次蒸汽绝热压缩，随后将其送入蒸发器的加热室。二次蒸汽经压缩后温度升高，与器内沸腾液体形成足够的传热温差，故可重新作加热剂用。这样，只需补充一定量的压缩功，便可利用二次蒸汽的大量潜热。

二次蒸汽再压缩的方法有两种。机械压缩和蒸汽动力压缩，后者使用蒸汽喷射泵，以少量高压蒸汽为动力将部分二次蒸汽压缩并混合后一起进入加热室作加热剂用。

实践表明，妥善设计的蒸汽再压缩蒸发器的能量利用可胜过 3～5 效的多效蒸发装置。此种蒸发器只在启动阶段需要加热蒸汽，故在缺水地区、船舶上尤为适用。但是，要达到较好的经济效益，压缩机的压缩比不能太大。这样，二次蒸汽的温升不可能高，传热推动力不可能大，而所需的传热面则必然较大。如果溶液的浓度大而沸点上升高（或者所需的压缩比将增大），则经济上就会变得不合理。由此可知，热泵蒸发是不适用于沸点上升较大的情况的。此外，压缩机的投资费用较大，需要维修保养，这些缺点也在一定程度上限制了它的使用。

冷凝水热量的利用　蒸发装置消耗大量加热蒸汽必随之产生数量可观的冷凝水。此凝液排出加热室后可用以预热料液，也可将排出的冷凝水减压，使减压后的冷凝水因过热产生自蒸发现象。汽化的蒸汽可与二次蒸汽一并进入后一效的加热室，于是，冷凝水的显热得以部分地回收利用。

以上各项措施都是为了节省、减少操作费用。

7.2.4.2　蒸发设备的生产强度

对于给定的蒸发任务（蒸发量 W 一定），所需的传热面小说明设备的生产强度高，所需的设备费少。一般定义单位传热面的蒸发量称为蒸发器的生产强度 U，即

$$U = \frac{W}{A} \tag{7-2}$$

对多效蒸发，W 为各效水分蒸发量的总和；A 为各效传热面积之和。

若不计热损失和浓缩热、料液预热至沸点加入，则蒸发器传热速率 $Q = Wr$（r 为水的汽化热），则

$$U = \frac{Q}{Ar} = \frac{1}{r} K \Delta t \tag{7-3}$$

可见蒸发设备的生产强度 U 的大小取决于蒸发器的传热温度差和传热系数的乘积。借此可寻求提高生产强度的途径。

真空蒸发　提高生产强度的途径之一是增大传热温度差 Δt。提高加热蒸汽的温度或者降低溶液的沸点均可增加 Δt。许多情况下，需要采用真空蒸发以降低溶液沸点。

采用真空蒸发降低了溶液的沸点，除可提高传热温差外，还可使热敏性物质免遭破坏，并可利用工厂中低温位的水蒸气作为热源。但是，溶液沸点的降低使黏度增大，传热系数有所降低。此外，为维持真空操作须添加真空设备费用和一定量的动力费，也是它的缺点。

提高蒸发器的传热系数　蒸发器的传热系数主要取决于蒸发器的结构、操作方式和溶液的物理性质。合理的设计蒸发器结构以建立良好的溶液循环流动、及时排除加热室中的不凝性气体、经常清除垢层等均可提高传热系数。

7.2.4.3　蒸发操作的最优化

蒸发操作最优化　蒸发设备生产强度的提高和减少操作费用往往存在着矛盾。蒸发器的生产强度直接与传热面上的热流密度 Q/A 相联系。对单效蒸发可将热流密度写成 $K\Delta t_{总}$。若将同一蒸发任务改为多效蒸发，且假定各效传热温差 Δt_i 及传热系数 K_i 各自相等，则多效蒸发装置的热流密度为 $K_i\Delta t_i$。

多效蒸发是以牺牲设备生产强度来提高加热蒸汽的经济性的。效数增加，W/D 并不按比例增加，但设备费却成倍提高。因此，必须对设备费和操作费进行权衡以决定最合理的效数。总的原则仍然是比较各种方案，以设备费和操作费之和最少为最优方案。

7.2.5　单效蒸发计算

7.2.5.1　单效蒸发过程的数学描述

物料衡算　连续定态单效蒸发过程，因溶质在蒸发过程中不挥发，单位时间进入和离开蒸发器的数量应相等，即

$$Fx_0=(F-W)x$$

水分蒸发量

$$W=F\left(1-\frac{x_0}{x}\right) \tag{7-4}$$

热量衡算　对蒸发器作热量衡算，可以得到

$$Dr_0+Fi_0=(F-W)i+WI+Q_{损} \tag{7-5}$$

或

$$Dr_0=F(i-i_0)+W(I-i)+Q_{损} \tag{7-6}$$

式中，热损失 $Q_{损}$ 可视具体条件取加热蒸汽放热量（Dr_0）的某一百分数。只要能查得该种溶液在不同浓度、不同温度下的热焓（i_0、i），不难求出加热蒸汽消耗量 D。

上述计算方法虽然较为准确，但有关溶液焓浓图的资料不多，故上式常常不能直接应用。

对浓缩热不大的溶液，其热焓可由其比热容近似计算。若以 C_0 和 C 表示料液和完成液的比热容，并取 0℃作为基准，则式(7-6) 可写成

$$Dr_0=FC_0(t-t_0)+Wr+Q_{损} \tag{7-7}$$

由此式可简便地计算加热蒸汽的消耗量。

蒸发器的热负荷为

$$Q = Dr_0 \tag{7-8}$$

蒸发速率与传热温度差　蒸发过程的实质是热量传递而不是质量传递,蒸发速率由传热速率决定。在蒸发过程中,热流体是温度为 T 的饱和蒸汽,冷流体是沸点为 t 的沸腾溶液,故传热推动力沿传热面不变,传热速率可由下式计算

$$Q = Dr_0 = KA(T - t) \tag{7-9}$$

当加热蒸汽的压强一定时,传热推动力决定于溶液的沸点 t。溶液的沸点不仅取决于蒸发器的操作压强,而且还与下述因素有关:

(1) 溶液沸点升高　溶质的存在可使溶液的蒸气压降低而沸点升高。不同性质的溶液在不同的浓度范围内,沸点上升的数值(以 Δ' 表示)是不同的。稀溶液及有机胶体溶液的沸点升高并不显著,但高浓度无机盐溶液的沸点升高却相当可观。

为估计不同压强下溶液的沸点以计算沸点升高,提出了某些经验法则。

杜林(Duhring)曾发现在相当宽的压强范围内,溶液的沸点与同压强下溶剂的沸点呈线性关系。杜林对不同浓度 NaOH 水溶液的沸点与对应压强下纯水沸点的关系得出:①在浓度不太高的范围内,可以合理地认为溶液的沸点升高与压强无关而可取大气压下的数值。②在高浓度范围内,只要已知两个不同压强下溶液的沸点,则其他压强下溶液的沸点可按水的沸点作线性内插(或外推)。

由此可知,杜林所提供的这一经验法则,可用最少的实验数据来确定溶液在指定压强下的沸点。

(2) 液柱静压头　大多数蒸发器在操作时必须维持一定的液位,由于液柱本身的重量及溶液在管内流动的阻力损失,溶液压强沿管长是变化的,相应的沸点温度也是不同的。作为平均温度的粗略估计,可按液面下 $L/5$ 处的溶液沸腾温度来计算,即可首先求取液体在平均温度下的饱和压力。

$$p_m = p + \frac{1}{5} L \rho g \tag{7-10}$$

由水蒸气表查出压强 p_m、p 所对应的饱和蒸汽温度,两者之差可作为液柱静压强引起的液温升高 Δ''。

设在冷凝器操作压力下水的饱和温度为 $t°$,由上述原因,沸腾液体的平均温度为:

$$t = t° + \Delta' + \Delta'' = t° + \Delta \tag{7-11}$$

于是,蒸发过程的传热温度差为

$$\Delta t = T - t = (T - t°) - \Delta \tag{7-12}$$

由此式可见,对传热过程而言,上述三个因素致使传热温度差减小,故 Δ 称为温度差损失。

7.2.5.2　单效蒸发过程的计算

单效蒸发过程的计算问题可联立求解物料衡算式(7-4)、热量衡算式(7-6)

或式(7-7) 及过程速率方程式(7-9) 获得解决。在联立求解过程中，还必须具备溶液沸点上升和其他有关物性的计算式。

设计型计算问题是给定蒸发任务，要求设计经济上合理的蒸发器。设计型问题的命题如下：

给定条件：料液的流量 F、浓度 x_0、温度 t_0 及完成液的浓度 x；

设计条件：加热蒸汽的压强及冷凝器的操作压强（主要由可供使用的冷却水温度决定）；

计算目的：根据选用的蒸发器形式确定传热系数 K，计算所需的传热面积 A 及加热蒸汽用量 D。

操作型计算问题的类型很多，其共同点是蒸发器的结构形式与传热面积为已知。例如：

已知条件：蒸发器的传热面积 A 与给热系数 K、料液的进口状态 x_0 与 t_0、完成液的浓度要求 x、加热蒸汽与冷凝器内的压强；

计算目的：核算蒸发器的处理能力 F 和加热蒸汽用量 D。

或：

已知条件：传热面积 A、料液的流量与状态 F、x_0、t_0、完成液的浓度要求 x、加热蒸汽与冷凝器内的压强；

计算目的：反算蒸发器的传热系数 K 并求取加热蒸汽用量 D。

7.2.6　多效蒸发的过程分析

各效温度和浓度分布　多效蒸发是一个多级串联过程。以双效蒸发为例，假定其中所处理的溶液浓度极低，溶液的沸点升高及其他温度差损失皆可忽略不计。则两蒸发器的传热速率分别为

$$Q_1 = K_1 A_1 (T_0 - T_1)$$
$$Q_2 = K_2 A_2 (T_1 - T_2)$$

(7-13)

因第二效的加热蒸汽即为第一效的二次蒸汽，若不计热损失则 $Q_1 = Q_2$，由上式可求得

$$T_1 = \frac{K_1 A_1 T_0 + K_2 A_2 T_2}{K_1 A_1 + K_2 A_2}$$

(7-14)

此式说明，第一效蒸发器中的温度由两个蒸发器的传热条件（K_1、K_2、A_1、A_2）及端点温度（T_0、T_1）所规定。

进而可将式(7-14) 解出的 T_1 代入式(7-13)，便可求出 Q_1、Q_2，或蒸发量 W_1、W_2。如进料浓度已规定，则两蒸发器的浓度必因受物料衡算式的约束而随之确定。

将上述讨论引申至多效蒸发，即可得出如下结论：

① 各效蒸发器的温度仅与端点温度有关，在操作中自动形成某种分布；

　　② 各效浓度仅取决于端点温度及料液的初始浓度，在操作中自动形成某种分布。对一定溶液，溶液的蒸气压大小取决于温度和浓度。因此，多效蒸发在建立各效温度和浓度分布的同时也建立起对应的压强分布，但其数值与所处理的溶液性质有关。

　　在以上讨论中并未对溶液的种类加以限制，只要不计温度差损失，上述结论便可成立。

　　多效蒸发中效数的限制　　多效蒸发是牺牲设备的生产强度以换取加热蒸汽经济性的提高，须合理选取蒸发效数以使设备费和操作费之和为最少。由于温度差损失的存在，使多效蒸发的效数受到技术上的限制。显然，在设计过程中，两端点的总温差不得小于各效的温度差损失之和；反之，若多效蒸发器两端点温度过低，其操作结果必然达不到指定的增浓程度。

第8章

气体吸收

8.1 教学方法指导

气体吸收这一单元操作是用以分离气体混合物,但是,仅仅吸收并没有实现气体混合物分离。它只将一个气体混合物转化为另一个液体混合物。将这个液体混合物再分离,分别得到吸收剂和被吸收物质,吸收循环回用(吸收剂再生),这才是完整的分离。

吸收过程本身并没有多少费用,吸收过程是否合理经济,决定于吸收剂再生过程。吸收剂再生过程的能耗是主要的能耗;吸收剂再生过程中的溶剂损失是主要的物耗;再生的吸收剂返回吸收塔顶,它是否脱净被吸收物质也影响到吸收塔顶出口气体是否能脱净被吸收物质。

吸收过程的合理性和经济性决定于吸收剂的选择。选择吸收剂时应当兼顾吸收与吸收剂再生,不仅要宜于吸收,而且要便于从吸收溶剂中分离出来。

对吸收过程进行分析时,应当尽量仿照传热,紧紧抓住二者的异同。让学生在相同之处巩固传热章已经学到的知识,在不同之处,理解吸收的特殊性。

吸收过程的分析与传热相同,替代热量衡算的是物料衡算,替代传热速率的是传质速率。二者一致。

不同之处是,传热的推动力是热冷流体的温度差,而吸收的推动力是气相浓度与液相平衡浓度之差。相平衡线通常可以是直线,也可以是曲线。在直线的情况下,与传热相同,也同样可以导出对数平均推动力。吸收过程的分析与传热过程的分析可以完全对应。也就是既要有物料衡算的观点,又要有传质速率的观点。

需要说明,为什么要引入传质单元数。传热计算时,传热面积是传热设备的参数,可是在吸收时,气液界面积不是直接的参数,而且是难以直接测定的,直接的参数是吸收塔的塔高,因此,在吸收章中,改换成传质单元高度和传质单元数。这里进行了变量的分离和归并。吸收单元数是相平衡和工艺参数(浓度条件)的组合,而吸收单元高度是设备参数(填料比表面、传质系数)和操作参数(单位截面积流量)的组合。进行吸收实验时,从实验测得的塔顶塔底组成计算出吸收单元数，将实际填料高度除以传质单元数就得到吸收单元高度，提供设计使用。改换成传质单元数和传质单元高度是为了方便。

如果采用的是多级式设备，那么，在工程处理上，就演变成理论板数与板效率。同样进行了变量分离和归并。相平衡与工艺参数归结为理论板数，设备特性归结为板效率。试验测定板效率，供设计使用。

有兴趣的学生不妨研究一下一个传质单元与一个理论板含义的异同。二者都是：浓度的变化等于浓度推动力。

学生学习后，最犯忌的是，会按程序解题，但不会思考。需要让学生运用物料衡算式和吸收速率式分析问题。譬如，在正常的吸收塔中，吸收剂流量逐渐减少时，塔内发生怎样的变化？学生应当能想到：吸收剂减少，塔底吸收液中被吸收物的浓度增加，塔下部的传质推动力减小，传质量减少，导致塔顶出口气体中被吸收物质浓度上升，吸收不完全。既应用了物料衡算式，又运用了传质速率方程。由此导出二点结论：对特定的吸收要求，存在一个最小的吸收剂用量，最小吸收剂用量时，塔底接近平衡，推动力趋近于零。

总之，吸收过程的分析与传热分析比较，除引入相平衡外，没有新的实质性的概念。形式上的不同是为了工程处理方便而已。因此，在思考分析问题时可以沿用对数平均值的方法，计算时，图方便，就用传质单元数。如果将学生的注意力被传质单元数的计算式引开，偏离了主要问题，就得不偿失了。

在传质机理方面，与传热机理相似，传导让位于对流，湍流的出现让对流的热阻集中在层流内层。在吸收中，这些机理都在，但是，出现了一个新的机理：表面更新。这是气液界面与传热间壁的重要区别。表面更新的存在使其他的传质机理黯然失色，已没有必要再作详细介绍了。对表面更新机理的认识指导了各种新型填料的研发。

关于传递阻力的加和性，也需要与传热作比较。传热时，热侧和冷侧彼此隔绝，互不干扰，因此，可以单独测定，然后组合。在吸收时，气液两相的运动相互影响，不能单独测定，因此，也就失去"组合"的意义。

但是，吸收中的阻力加和引出一个重要结论，难溶气体（相平衡常数 m 大）的传递阻力集中在液相，易溶气体的传递阻力则集中在气相。这是传热中没有的，这个结论指导我们根据相平衡选择合适的设备。

总之，在过程分析中紧扣传热与吸收的异同，既巩固了传热的知识，又把握住吸收的特殊性。

8.2　教学随笔

8.2.1　吸收过程

▲作为一个分离方法，吸收分离过程应当包括"吸收-解吸"这样一个完整

的过程,从分离观点看,吸收过程只是将待分离的气体混合物转换为待分离的液相混合物;这一过程的成功与否,取决于转换而得的液相混合物是否易于分离;

▲吸收分离过程的基本原理是基于物理化学中阐述详尽的气液相平衡的原理;在应用该基本原理于吸收分离过程时,要注意单位问题、吸收过程的极限和过程的推动力以及解吸条件等问题;

▲吸收分离过程的实质是以吸收剂作为工作介质的,吸收剂的选择是工业吸收分离过程的经济性的核心;

▲吸收分离过程速率的控制步骤是质量的传递。必须强调指出的是,既要考虑微元表面的速率因素,又要考虑总体上的速率因素,亦即返混对过程的影响。在化工原理课程教学中一直没有涉及返混这一客观因素的影响,这是一种不应有的滞后。

8.2.2 完整的工业吸收分离过程

工业上以吸收分离作为一个分离方法,应当包括"吸收-解吸"这样一个完整的过程。在以往的化工原理课程教学中,往往只重吸收而轻解吸,致使同学们只专注于吸收过程的计算,而对工业吸收分离过程缺乏一个完整的理解。事实上,吸收过程本身并未完成整个分离任务,它只是在吸收塔塔顶提供了一个较纯的组分,而在吸收塔的塔底,获得的是另一个混合物,即溶剂和被吸收的组分。因此,从分离观点来看,吸收过程只是起着一个转换器的作用,它将一个待分离的气体混合物转换成一个待分离的液相混合物。这一过程的成功与否,决定于转换而得到的液相混合物是否易于分离或溶剂再生过程是否易于进行。

吸收转换所得到的液相混合物的分离过程,就是解吸过程,它与吸收过程一起,构成工业吸收分离过程的整体。解吸过程有多种方式,应当给予一定的介绍;为了减少溶剂的损失,在解吸方法的选择中应当考虑到溶剂沸点一般应较高这一特点,也即所得的溶剂和被吸收组分所组成的液相混合物,应是一种二组分沸点相差很大的溶液。

在讲解完整的工业吸收分离过程时,可以顺带讲清吸收过程的技术指标——产品的纯度和回收率以及吸收过程的经济指标——能量消耗、设备投资和溶剂损失等问题。

8.2.3 吸收分离过程的物理化学原理

吸收分离过程的物理化学原理,就是气液相平衡。在物理化学课程中,已对它作了详尽的阐述。因此,在化工原理课程的教学中,应着重在其应用,并注意讲清以下几个问题:

(1)单位问题 气液相平衡涉及气相浓度和液相浓度的单位的选取问题。

单位的选取应服从于使用的目的。以气相为例,在物理化学课程中,选取分压 p 表示;而在化工原理吸收章中,则选取摩尔分数 y 表示。分压 p(或逸度 f)是其本质,它不因气相中其他组分的存在和总压的大小而发生根本性的变化;而在吸收章的教学中,由于气相组成将进入物料衡算式中,因此,此时再选用分压是不适宜的,选用摩尔分数则便于进行物料衡算。总之,在思考问题、搞清有关概念时宜用分压;而在具体运算中则宜选取摩尔分数。

(2)吸收过程的极限和吸收过程的推动力 根据相平衡方程,可以判别过程的方向,指明过程的极限。相平衡关系限制了吸收溶剂离塔时的最高浓度和气体混合物离塔时的最低浓度,因此,平衡是过程的极限,实际浓度偏离平衡浓度越远,过程的推动力越大。

(3)解吸条件 利用相平衡图以说明升温解吸时所需的解吸温度和升温吹气解吸时的解吸气浓度等。

这一部分的讲解,要力图在相平衡图上阐明吸收塔和解吸塔的顶部和底部的条件,使相平衡的讲解不成为物理化学课程教学的简单重复。

8.2.4 吸收分离过程的经济性

吸收分离过程的实质是以吸收剂作为工作介质,利用吸收塔和解吸塔的两个工作的不同工况而实现混合物的分离。因此,吸收分离过程的能耗主要取决于吸收剂的循环量和两塔之间所需的工况的差异(加热与冷却、升压与降压)。以升温解吸为例,前者取决于吸收剂的溶解度,后者决定于溶解度随温度的变化。可见,吸收剂的选择是工业吸收分离过程的经济性的核心。在吸收剂的选择中,不能片面地强调溶解能力,而要同时考虑释放的难易,这正是在教学中应同时强调吸收与解吸两个方面的原因之一。

溶解度随温度的变化取决于溶解热。进行化学吸收时,化学反应平衡随温度的变化则决定于其反应热。因此,相平衡常数、溶解热或反应热是吸收剂的两个重要的物理化学指标。

由于溶剂对气体的溶解度一般都不会很大,因此,吸收分离过程就其过程自身的特征来说,适用于低浓度气体混合物的分离。空气分离就是典型的例子,由于氧、氮浓度都较高,工业上宁可采用加压降温使之转化为液态混合物,然后采用精馏方法分离。

8.2.5 吸收分离过程的工程特征

吸收分离过程速率的控制步骤是质量传递。即使是非等温吸收,由于气相热容量很小,气相温度可以认为能跟踪液相温度,因此,传热的影响可以忽略。

微元表面上的速率因素是:

① 由分压差引起的分子扩散；

② 由横向总压差引起的主体流动；

③ 由纵向流动和横向湍流脉动引起的对流扩散；

④ 由表面更新引起的溶质渗透。

总体上的速率因素是：返混。

返混这一宏观因素尽管已在化学反应工程中得以普及，也在许多传质设备的研究中引起重视，但是，在化工原理课程教学中却一直是个空白，这是一种不应有的滞后。因此，可以在吸收剂再循环中引入返混的初步概念，指出返混改变了实际的操作线的位置，减少了过程的推动力。在返混严重的情况下，在吸收塔的塔顶，将不可能获得高纯度。

8.3 教学内容精要

8.3.1 概述

气体吸收分离的目的是：①回收或捕获气体混合物中的有用物质，以制取产品；②除去工艺气体中的有害成分，使气体净化以便进一步加工处理；或除去工业放空尾气中的有害物以免污染大气。

实际吸收过程同时兼有净化与回收双重目的。

吸收分离的基本原理是根据混合物各组分在某种溶剂中溶解度的不同而达到分离的目的。

工业吸收过程　采用吸收操作实现气体混合物的分离必须解决下列问题：①选择合适的溶剂，使能选择性地溶解某个（或某些）被分离组分；②提供适当的传质设备以实现气液两相的接触，使被分离组分得以自气相转移至液相；③溶剂的再生，即脱除溶解于其中的被分离组分以便循环使用。

一个完整的吸收分离过程一般包括吸收和解吸两个组成部分。

溶剂的选择　吸收操作的成功与否在很大程度上取决于溶剂的性质，尤其是溶剂与气体混合物之间的相平衡关系（对吸收过程技术上起到限制作用）。评价溶剂优劣的主要依据应包括：①溶剂应对混合气中被分离组分有较大的溶解度，或者说在一定的温度与浓度下，溶质的平衡分压要低。这样，从平衡角度来说，处理一定量混合气体所需的溶剂量较少，气体中溶质的极限残余浓度亦可降低；就过程速率而言，溶质平衡分压低，过程推动力大，传质速率快，所需设备的尺寸小。②溶剂对混合气体中其他组分的溶解度要小，即溶剂应具有较高的选择性。③溶质在溶剂中的溶解度应对温度的变化比较敏感，即不仅在低温下溶解度要大，平衡分压要小，而且随温度升高，溶解度应迅速下降，平衡分压应迅速上升。这样，被吸收的气体容易解吸，溶剂再生方便。④溶剂的蒸气压要低，以减少吸收和再生过程中溶剂的挥发损失。⑤溶剂应有较好的化学稳定性，以免使用过程中发生变质。⑥溶剂应有较低的黏度，且在吸收过程中不易产生泡沫，以实现吸收塔内良好的气液接触和塔顶的气液分离。在必要时，可在溶剂中加入少量消泡剂。⑦溶剂应尽可能满足价廉、易得、无毒、不易燃烧等经济和安全条件。

总之，应对可供选用的溶剂作全面的评价以作出经济合理的选择。

物理吸收和化学吸收　气体中各组分因在溶剂中物理溶解度的不同而被分离的吸收操作称为物理吸收。在物理吸收中的溶质与溶剂的结合力较弱，解吸比较方便。

利用化学反应而实现吸收的操作称为化学吸收。一般气体在溶剂中的溶解度不高。利用适当的化学反应，可大幅度地提高溶剂对气体的吸收能力。化学反应本身的高度选择性必定赋予吸收操作以高度选择性。可见，利用化学反应大大扩展了吸收操作的应用范围。作为化学吸收可被利用的化学反应一般应满足以下条件：

（1）可逆性　如果该反应不可逆，溶剂将难以再生和循环使用。

（2）较高的反应速率　若所用的化学反应其速度较慢，则应研究加入适当的催化剂以加快反应速率。

吸收操作的经济性　吸收的操作费用主要包括：①气、液两相流经吸收设备的能量消耗；②溶剂的挥发损失和变质损失；③溶剂的再生费用，即解吸操作费用。此三者中尤以再生费用所占的比例最大。

常用的解吸方法有升温、减压、吹气，其中升温与吹气特别是升温与吹气同时使用最为常见。

吸收过程中气、液两相的接触方式　吸收设备有多种形式，但以塔式最为常用。按气、液两相接触方式的不同可将吸收设备分为级式接触与微分接触两大类。

级式接触设备中，气体每上升一块塔板，其可溶组分的浓度阶跃式地降低；溶剂逐板下降，其可溶组分的浓度则阶跃式地升高。

微分接触设备中，液体自塔顶均匀淋下并沿填料表面下流，气体通过填料间的空隙上升与液体作连续的逆流接触。在这种设备中，气体中的可溶组分不断地被吸收，其浓度自下而上连续地降低；液体则相反，其中可溶组分的浓度则由上而下连续地增高。

级式与微分接触两类设备不仅用于气体吸收，同样也用于液体精馏、萃取等其他传质单元操作。两类设备可采用完全不同的计算方法。

定态和非定态操作　上述两种不同接触方式的传质设备中所进行的吸收或其他传质过程可以是定态的连续过程，即设备内的过程参数都不随时间而变；也可以是非定态的，即间歇操作或脉冲式的操作。

本章描述吸收过程的基本假定　气体吸收限于以下较为简单情形：①单组分

吸收即气体混合物中只有一个组分溶于溶剂，其余组分在溶剂中的溶解度极低而可忽略不计，因而可视为一个惰性组分。②溶剂的蒸气压很低，其挥发损失可以忽略，即气体中不含溶剂蒸气。

8.3.2 气液相平衡

若将吸收与传热两个过程作一比较，不难看出其间的异同：传热过程是冷、热两流体间的热量传递，传递的是热量，传递的推动力是两流体间的温度差，过程的极限是温度相等；吸收过程是气液两相间的物质传递，传递的是物质，但传递的推动力不是两相的浓度差，过程的极限也不是两相浓度相等。这是由于气液之间的相平衡不同于冷热流体之间的热平衡。

8.3.2.1 平衡溶解度

在一定温度下气液两相长期或充分接触后，两相趋于平衡。此时溶质组分在两相中的浓度服从某种确定的关系，即相平衡关系。此相平衡关系可以用不同的方式表示。

溶解度曲线 气液两相处于平衡状态时，溶质在液相中的浓度称为溶解度，它与温度、溶质在气相中的分压有关。若在一定温度下，将平衡时溶质在气相中的分压 p_e 与液相中的摩尔分数 x 相关联，即得溶解度曲线。从溶解度曲线可以看出，温度升高，气体的溶解度降低。

溶解度及溶质在气相中的组成也可用其他单位表示。例如，气相以摩尔分数 y 表示，液相用摩尔浓度 c 表示（其单位为 kmol 溶质/m³ 溶液）。

在一定温度下，分压是直接决定溶解度的参数。当总压不太高时（一般约小于 0.5MPa，视物系而异），总压的变化并不改变分压与溶解度之间的对应关系。但是，当保持气相中溶质的摩尔分数 y 为定值，总压不同意味着溶质的分压不同。因此，不同总压下 $y \sim x$ 溶解度曲线的位置不同。

以分压表示的溶解度曲线直接反映了相平衡的本质，用以思考和分析问题直截了当；而以摩尔分数 x 与 y 表示的相平衡关系，则可方便地与物料衡算等其他关系式一起对整个吸收过程进行数学描述。

亨利定律 稀溶液的溶解度曲线通常近似地为一直线，此时溶解度与气相的平衡分压 p_e 之间服从亨利定律，即

$$p_e = Ex \tag{8-1}$$

$$p_e = Hc \tag{8-2}$$

$$y_e = mx \tag{8-3}$$

以上三式中，比例系数 E、H、m 为以不同单位表示的亨利常数，m 又称为相平衡常数。这些常数的数值越小，表明可溶组分的溶解度越大，或者说溶剂的溶解能力越大。

比较式(8-1)~式(8-3) 不难得出三个比例常数之间的关系为:

$$m = \frac{E}{p} \tag{8-4}$$

$$E = Hc_M \tag{8-5}$$

溶液的总摩尔浓度 c_M 可用 $1m^3$ 溶液为基准来计算,即

$$c_M = \frac{\rho_m}{M_m} \tag{8-6}$$

对稀溶液,式(8-6) 可近似为 $c_M \approx \rho_s/M_s$,其中 ρ_s、M_s 分别为溶剂的密度和分子量。将此式代入式(8-5) 可得

$$E \approx \frac{H\rho_s}{M_s} \tag{8-7}$$

一般地总压 p 的变化将改变 $y \sim x$ 平衡曲线的位置。这是由于对指定气相组成 y,总压增加使气体组分分压增大,溶解度 x 也随之增大。

8.3.2.2 相平衡与吸收过程的关系

判别过程的方向 实际气相浓度 y 大于与实际溶液浓度 x 成平衡的气相浓度 y_e 时,两相接触时将有部分组分自气相转入液相,即发生吸收过程。此吸收过程也可理解为实际液相浓度 x 小于与实际气相浓度 y 成平衡的液相浓度 x_e,故两相接触时部分氨自气相转入液相。

反之,若 $y < y_e$ 或 $x > x_e$,部分组分将由液相转入气相,即发生解吸过程。

指明过程的极限 今将溶质浓度为 y_1 的混合气送入某吸收塔的底部,溶剂自塔顶淋入作逆流吸收。若减少淋下的吸收溶剂量,则溶剂在塔底出口的浓度 x_1 必将增高。即使在塔很高、吸收溶剂量很少的情况下,x_1 也不会无限增大,其极限是气相浓度 y_1 的平衡浓度 x_{1e},即

$$x_{1max} = x_{1e} = y_1/m$$

反之,当吸收剂用量很大而气体流量较小时,即使在无限高的塔内进行逆流吸收,出口气体的溶质浓度也不会低于吸收剂入口浓度 x_2 的平衡浓度 y_{2e},即

$$y_{2min} = y_{2e} = mx_2$$

可见,相平衡关系限制了吸收溶剂离塔时的最高浓度和气体混合物离塔时的最低浓度。

计算过程的推动力 平衡是过程的极限,只有不平衡的两相互相接触才会发生气体的吸收或解吸。实际浓度偏离平衡浓度越远,过程的推动力越大,过程的速率也越快。在吸收过程中,通常以实际浓度与平衡浓度的偏离程度来表示吸收的推动力。

吸收塔某一截面,该处气相溶质浓度为 y,液相溶质浓度为 x。显然,由于相平衡关系的存在,气液两相间的吸收推动力并非 $(y-x)$,而可以分别用气相

或液相浓度差表示为（$y-y_e$）或（x_e-x）。（$y-y_e$）称为以气相浓度差表示的吸收推动力，（x_e-x）则称为以液相浓度差表示的吸收推动力。

8.3.3　扩散和单相传质

吸收过程涉及两相间的物质传递，它包括三个步骤：①溶质由气相主体传递到两相界面，即气相内的物质传递；②溶质在相界面上的溶解，由气相转入液相，即界面上发生的溶解过程；③溶质自界面被传递至液相主体，即液相内的物质传递。

一般来说，第二步即界面上发生的溶解过程很易进行，其阻力极小。因此，通常都认为界面上气、液两相的溶质浓度满足相平衡关系，即认为界面上总保持着两相的平衡。故吸收总过程速率将由两个单相即气相与液相内的传质速率所决定。

不论气相或液相，物质传递的机理包括：分子扩散和对流传质。

分子扩散是分子微观运动的宏观统计结果。混合物中存在温度梯度、压强梯度及浓度梯度都会产生分子扩散。

在流动的流体中不仅有分子扩散，而且流体的宏观流动也将导致物质的传递，这种现象称为对流传质。对流传质与对流传热相类似。

8.3.3.1　双组分混合物中的分子扩散

费克定律　对恒温恒压下的一维定态扩散，其统计规律可用宏观的方式表达如下：

$$J_A = -D_{AB}\frac{dc_A}{dz} \tag{8-8}$$

此式称为费克定律。费克定律表明，只要混合物中存在浓度梯度，必产生物质的扩散流。

在同一物系中，组分 A 在 B 中的扩散系数等于组分 B 在 A 中的扩散系数，组分 B 的扩散流 J_B 与组分 A 的扩散流 J_A 大小相等，方向相反。

分子扩散与主体流动　定态传质过程中，设在气液界面的一侧有一厚度为 δ 的静止气层，气层内总压各处相等。组分 A 在界面及相距界面 δ 处的气相主体的浓度分别为 c_{Ai} 和 c_A，组分 B 在此两处相应的浓度必为

$$c_{Bi} = c_M - c_{Ai}, c_B = c_M - c_A$$

因气相主体与界面间存在着浓度差，$c_A > c_{Ai}$，组分 A 将以 J_A 的速率由主体向界面扩散。

但由于 dc_B/dz 的存在，必同时有一反向的扩散流，组分 B 将以同样的速率 J_B 由界面向气相主体扩散。显然，只有当液相能以同一速率向界面供应组分 B 时，界面上 c_{Bi} 方能保持定态。若确系如此，则通过气层中任一断面仅存在着两

个扩散流 J_A 和 J_B，且由于

$$J_A = -J_B \quad \text{或} \quad J_A + J_B = 0$$

在扩散方向上将没有流体的宏观流动，即通过该断面的净物质量为零，这种现象称为等分子反向扩散。可见，等分子反向扩散的前提是界面能等速率地向气相提供组分 B。

在实际传质过程中很少为严格的等分子反向扩散过程。因此，吸收过程所发生的是组分 A 的单向扩散，而不是等分子反向扩散。

上述吸收过程中，组分 A 不断被界面液体吸收，组分 B 则被界面阻留，故组分 B 在界面处的浓度高于气相主体。这样，尽管液相不能向界面提供组分 B，组分 B 的反向扩散流依然存在。组分 A 被液体吸收及组分 B 的反向扩散，都将导致界面处气体总压降低，使气相主体与界面之间产生微小压差。这一压差必促使混合气体向界面流动，此流动称为主体流动。

主体流动不同于扩散流。扩散流是分子微观运动的宏观结果，它所传递的是纯组分 A 或纯组分 B。主体流动系宏观运动，同时携带组分 A 与 B 流向界面。在定态条件下，主体流动所带组分 B 的量必恰好等于组分 B 的反向扩散，以使 c_{Bi} 保持定态。

可见，即使液相主体不能向界面提供组分 B，但由于主体流动的存在，组分 B 仍有反向扩散且 c_{Bi} 仍可保持定态。因气相主体与界面间的微小压差便足以造成必要的主体流动，因此气相各处的总压仍可认为基本上是相等的，即 $J_A = -J_B$ 的前提依然成立。

严格地说，只要不满足等分子反向扩散条件，都必然出现主体流动。

分子扩散的速率方程 通过任一与气液界面平行的静止平面一般存在着三个物流：两个扩散流 J_A、J_B，及一个主体流动 N_M。设通过该静止考察平面的净物流为 N [kmol/(m² · s)]，对该平面作总物料衡算可得

$$N = N_M + J_A + J_B$$

此式表明净物流 N [kmol/(m² · s)] 为上述三股物流的总和。因 $J_A = -J_B$，故通过任一平面的净物流为

$$N = N_M \tag{8-9}$$

尽管主体流动与净物流的含义不同，但主体流动的速率必等于净物流速率。等分子反向扩散时，无净物流因而也无主体流动。

同样，在上述平面处对组分 A 作物料衡算可得

$$N_A = J_A + N_M \frac{c_A}{c_M}$$

此式表明在扩散方向上组分 A 的传递速率 N_A 为扩散流 J_A 与主体流动在单位时间通过单位面积所携带的组分 A 量 $N_M (c_A/c_M)$ 之和。因 $N_M = N$，上式可写成

$$N_A = J_A + N \frac{c_A}{c_M} \tag{8-10}$$

一般地说，对双组分物系，净物流速率 N 既包括组分 A 也包括组分 B，即

$$N = N_A + N_B$$

故

$$N_A = J_A + (N_A + N_B) \frac{c_A}{c_M} \tag{8-11}$$

由于主体流动乃因分子扩散而引起的一种伴生流动，因而包括主体流动在内的组分 A 的传递速率 N_A 仍可理解为分子扩散所造成的总的宏观结果，故式(8-11)称为组分 A 的分子扩散速率方程。

分子扩散速率的积分式 常见的分子扩散两种情况。

(1) 等分子反向扩散 在扩散方向 z 上相距 δ 取两个平面，组分 A 在两平面处的浓度分别为 c_{A1} 与 c_{A2}。在等分子反向扩散时，没有净物流，$N = 0$，或 $N_A = -N_B$，由式(8-11) 得

$$N_A = J_A = -D \frac{dc_A}{dz}$$

因是定态扩散，组分 A 通过静止流体层内任一平面的传递速率 N_A 为一常数，故上式积分可得

$$N_A = \frac{D}{\delta}(c_{A1} - c_{A2}) \tag{8-12}$$

此式对气相或液相均适用，它表明在扩散方向上组分 A 的浓度分布为一直线。

对于理想气体，组分的摩尔浓度与分压的关系为

$$c_A = \frac{n_A}{V} = \frac{p_A}{RT} \tag{8-13}$$

式(8-12) 成为

$$N_A = \frac{D}{RT\delta}(p_{A1} - p_{A2}) \tag{8-14}$$

(2) 单向扩散 在吸收过程中，惰性组分 B 的净传递速率 $N_B = 0$，式(8-11)可写为

$$N_A \left(1 - \frac{c_A}{c_M}\right) = -D \frac{dc_A}{dz}$$

同样，在定态条件下 N_A 为常数，将上式积分可得

$$N_A = \frac{D}{\delta} c_M \frac{c_{A1} - c_{A2}}{\dfrac{(c_M - c_{A2}) - (c_M - c_{A1})}{\ln \dfrac{c_M - c_{A2}}{c_M - c_{A1}}}}$$

或

$$N_A = \frac{D}{\delta} \times \frac{c_M}{c_{Bm}}(c_{A1} - c_{A2}) \tag{8-15}$$

为在静止流体层两侧组分 B 浓度的对数平均值,表示单向扩散时,组分 A 的浓度分布为一对数曲线。

气相扩散时,混合物的总摩尔浓度 c_M 与总压 p 的关系为 $c_M = p/RT$,式 (8-15) 可写为

$$N_A = \frac{D}{RT\delta}\left(\frac{p}{p_{Bm}}\right)(p_{A1} - p_{A2}) \tag{8-16}$$

在单向扩散时因存在主体流动而使 A 的传递速率 N_A 较等分子反向扩散增大了 (c_M/c_{Bm}) 或 (p/p_{Bm}) 倍。此倍数称为漂流因子,其值恒大于 1。当混合物中浓度 c_A 很低、$c_{Bm} \approx c_M$ 时,漂流因子接近于 1。

8.3.3.2 扩散系数

扩散系数是物质的一种传递性质,其值受温度、压强和混合物中组分浓度的影响,同一组分在不同的混合物中其扩散系数也不一样。

组分在气体中的扩散系数 计算气体扩散系数的半经验式

$$D = \frac{1.517T^{1.81}(1/M_A + 1/M_B)^{0.5}}{P(T_{CA}T_{CB})^{0.1405}(V_{CA}^{0.4} + V_{CB}^{0.4})^2} \tag{8-17}$$

扩散系数与温度、压强的关系为

$$D = D_0\left(\frac{T}{T_0}\right)^{1.81}\left(\frac{p_0}{p}\right) \tag{8-18}$$

式中,D_0 为 T_0、p_0 状态下的扩散系数。温度升高、分子动能较大;压强降低、分子间距加大两者均使扩散系数增加。

组分在液体中的扩散系数 一般说来,气体的扩散系数约为液体的 10^5 倍,但组分在液体中的摩尔浓度较气体大,因此组分在气相中的扩散速率约为液相中的 100 倍。

当扩散组分为低分子量的非电解质,其在稀溶液中的扩散系数可按下式估计:

$$D_{AB} = \frac{7.4 \times 10^{-8}(\alpha M_B)^{0.5}T}{\mu V_A^{0.6}} \tag{8-19}$$

由式(8-19) 可知液体的扩散系数与温度、黏度的关系为

$$D = D_0\frac{T}{T_0} \times \frac{\mu_0}{\mu} \tag{8-20}$$

8.3.3.3 对流传质

对流对传质的贡献 流动流体与相界面之间的物质传递称为对流传质。流体的流动加快了相内的物质传递。①层流流动时由于界面浓度梯度 $(dc_A/dz)_w$ 变大,强化了传质。②湍流流动时流动核心湍化,横向的湍流脉动促进了横向的物

质传递，流体主体的浓度分布被均化，界面处的浓度梯度进一步变大。在主体与界面浓度差相等的情况下，传递速率得到进一步的提高。

对流传质速率 流体与界面之间组分 A 对流传质速率 N_A 写成类似于牛顿冷却定律的形式，即传质速率正比于界面浓度与流体主体浓度之差。因气液两相的浓度都可用不同的单位表示，所以对流传质速率式可写成多种形式。

气相与界面的传质速率式可写成

$$N_A = k_g(p - p_i) \tag{8-21}$$

或

$$N_A = k_y(y - y_i) \tag{8-22}$$

液相与界面的传质速率式可写成

$$N_A = k_L(c_i - c) \tag{8-23}$$

或

$$N_A = k_x(x_i - x) \tag{8-24}$$

比较式（8-21）与式（8-22）、式（8-23）与式（8-24）不难导出如下关系：

$$k_y = p k_g \tag{8-25}$$

$$k_x = c_M k_L \tag{8-26}$$

以上处理方法是将一组主体浓度和界面浓度之差为对流传质的推动力，而将其他所有影响对流传质的因素均包括在气相（或液相）传质分系数之中。

传质分系数的无量纲关联式 与对流传质有关的参数为

参数	单位
流体密度 ρ	kg/m^3
流体黏度 μ	$kg/(m \cdot s)$
流体速度 u	m/s
定性尺寸 d	m
扩散系数 D	m^2/s
对流传质分系数 k（气相或液相以摩尔浓度差 Δc 为推动力）	m/s
待求函数为	$k = f(\rho、\mu、u、d、D)$

先将变量无量纲化，得出如下的无量纲数群（为便于将对流吸收与对流给热比较，对流给热中对应的无量纲数群同时列出）：

	对流传质	对流给热
Sherwood 数	$Sh = kd/D$	$Nu = \alpha d/\lambda$
Reynolds 数	$Re = du\rho/\mu$	$Re = du\rho/\mu$
Schmidt 数	$Sc = \mu/(\rho D)$	$Pr = c_p\mu/\lambda$

于是待求函数为

$$Sh = f(Re、Sc)$$

在降膜式吸收器内作湍流流动，$Re > 2100$，$Sc = 0.6 \sim 3000$ 时，实验获得的结果为：

$$Sh = 0.023 Re^{0.83} Sc^{0.33} \tag{8-27}$$

式中，定性尺寸取管径 d。

将此式与圆管内对流给热的关联式

$$Nu = 0.023Re^{0.8}Pr^{0.3 \sim 0.4}$$

8.3.3.4　物质传递与动量、热量传递的类比

牛顿流体层流时的动量传递速率用牛顿黏性定律表示；静止物体中的热传导速率用傅里叶定律表示，分子扩散速率则用费克定律表示。对一维传递，它们可写成如下形式：

$$\tau = -\nu \frac{d(\rho u)}{dz} \qquad (8\text{-}28)$$

$$q = -\alpha \frac{d(c_p \rho t)}{dz} \qquad (8\text{-}29)$$

$$N_A = -D_{AB} \frac{dc_A}{dz} \qquad (8\text{-}30)$$

式中，τ、q、N_A 分别为分子运动导致的动量、热量和质量传递速率；ρu、$c_p \rho t$ 及 c_A 各自为单位体积的动量、热量和质量。上述三式的比例系数具有相同的单位 m^2/s。

j **因子**　当流体绕过与流动方向平行的平板作层流流动时，流体与平板之间的动量传递速率表现为壁面剪应力 τ_w，此速率的大小与热量、质量传递速率之间也存在极其相似的规律。柯尔本（Colburn）在归纳了若干层流和湍流的实验结果后提出了如下的类比关系：

$$j_D = j_H = f/2 \qquad (8\text{-}31)$$

式中，j_D 为传质 j 因子，其定义为

$$j_D = \frac{Sh}{ReSc^{1/3}} \qquad (8\text{-}32)$$

j_H 为传热 j 因子，定义为

$$j_H = \frac{Nu}{RePr^{1/3}} \qquad (8\text{-}33)$$

f 为表面曳力的曳力系数，定义为

$$f = \frac{\tau_w}{\frac{1}{2}\rho u^2} \qquad (8\text{-}34)$$

对管内流动，上述表面曳力系数 f 的值与范宁摩擦因子 f 相等。

式(8-31)的适用范围为 $Sc = 0.6 \sim 3000$，$Pr = 0.6 \sim 100$。该式表达了曳力系数、给热系数与传质分系数之间的经验关系。

8.3.3.5　对流传质理论

有效膜理论　早期的研究者将复杂的对流传质过程作如下的简化：气液界面

两侧各存在一层静止的气膜和液膜，其厚度为 δ_g 和 δ_L，全部传质阻力集中于该两层静止膜中，膜中的传质是定态的分子扩散。据此不难写出气、液两相各自的传质分系数 k_g 及 k_L 为

气相
$$k_g = \frac{D_g}{RT\delta_g}\left(\frac{p}{p_{Bm}}\right) \tag{8-35}$$

液相
$$k_L = \frac{D_L}{\delta_L}\left(\frac{c_M}{c_{Bm}}\right) \tag{8-36}$$

式(8-35)、式(8-36)表明，有效膜理论预示的传质系数与扩散系数 D 的一次方成正比。

溶质渗透理论 Higbie 将液相中的对流传质过程简化如下：液体在下流过程中每隔一定时间 τ_0 发生一次完全的混合，使液体的浓度均匀化。在 τ_0 时间内，液相中发生的不再是定态的扩散过程，而是非定态的扩散过程。该模型引入了一个模型参数 τ_0，可称为溶质渗透时间，经数学描述并解析求解后得出传质分系数的理论式为

$$k_L = 2\sqrt{\frac{D}{\pi\tau_0}} \tag{8-37}$$

溶质渗透理论的主要贡献是放弃了定态扩散的观点，揭示了过程的非定态性，并指出了液体定期混合对传质的作用。

表面更新理论 按此模型作出数学描述，经解析求解后得出对流传质分系数的理论式为

$$k_L = \sqrt{DS} \tag{8-38}$$

此式同样表明 k_L 与扩散系数 D 的 0.5 次方成正比，与溶质渗透理论相同。

8.3.4 相际传质

8.3.4.1 相际传质速率

吸收过程的相际传质是由气相与界面的对流传质、界面上溶质组分的溶解、液相与界面的对流传质三个过程串联而成。传质速率虽可按式(8-21)～式(8-24)计算，但必须获得传质分系数 k_x、k_y 的实验值。工程上为方便起见，可借用两流体换热过程的处理方法，引入总传质系数，使相际传质速率的计算能够避开气液两相的传质分系数。

相际传质速率方程 气相传质速率式为
$$N_A = k_y(y - y_i) \tag{8-22}$$
液相传质速率式为
$$N_A = k_x(x_i - x) \tag{8-24}$$
界面上气液两相浓度服从相平衡方程：
$$y_i = f(x_i) \tag{8-39}$$

对稀溶液，物系服从亨利定律：

$$y_i = m x_i \qquad (8\text{-}40)$$

传质速率可写成推动力与阻力之比，对定态过程，式（8-22）、式（8-24）可改写为

$$N_A = \frac{y - y_i}{\dfrac{1}{k_y}} = \frac{x_i - x}{\dfrac{1}{k_x}} \qquad (8\text{-}41)$$

为消去界面浓度，将上式的最右端分子分母均乘以 m，将推动力加和以及阻力加和即得

$$N_A = \frac{y - y_i + (x_i - x)m}{\dfrac{1}{k_y} + \dfrac{m}{k_x}}$$

平衡线在界面浓度点的斜率为 m，则 $m(x_i - x) = y_i - y_e$，或 $(y - y_i)/m = x_e - x_i$，则上式成为

$$N_A = \frac{y - y_e}{\dfrac{1}{k_y} + \dfrac{m}{k_x}} \qquad (8\text{-}42)$$

于是相际传质速率方程式可表示为

$$N_A = K_y(y - y_e) \qquad (8\text{-}43)$$

$$K_y = \frac{1}{\dfrac{1}{k_y} + \dfrac{m}{k_x}} \qquad (8\text{-}44)$$

称为以气相浓度差 $(y - y_e)$ 为推动力的总传质系数，$kmol/(s \cdot m^2)$。

为消去界面浓度也可将式（8-41）中间一项的分子、分母均除以 m，并根据加和原则得到

$$N_A = \frac{(y - y_i)/m + (x_i - x)}{\dfrac{1}{k_y m} + \dfrac{1}{k_x}} = \frac{x_e - x}{\dfrac{1}{k_y m} + \dfrac{1}{k_x}} \qquad (8\text{-}45)$$

故相际传质速率方程也可写成

$$N_A = K_x(x_e - x) \qquad (8\text{-}46)$$

式中

$$K_x = \frac{1}{\dfrac{1}{k_y m} + \dfrac{1}{k_x}} \qquad (8\text{-}47)$$

称为以液相浓度差 $(x_e - x)$ 为推动力的总传质系数，$kmol/(s \cdot m^2)$。

比较式（8-44）、式（8-46）可知

$$m K_y = K_x \qquad (8\text{-}48)$$

不难导出解吸的速率方程为

$$N_A = K_x(x - x_e) \tag{8-49}$$

或
$$N_A = K_y(y_e - y)$$

式中的总传质系数 K_x、K_y 与式(8-44)、式(8-47) 相同。显然，吸收与解吸过程的推动力刚好相反。

传质速率方程的各种表达形式 传质速率方程可用总传质系数或传质分系数两种方法表示，其相应的推动力也不同。此外，当气相和液相中溶质的浓度采用分压 p 与摩尔浓度 c 表示时，速率式中的传质系数与推动力自然也不同。

8.3.4.2 传质阻力的控制步骤与界面浓度

气相阻力控制与液相阻力控制 式(8-44) 可写成
$$1/K_y = 1/k_y + m/k_x \tag{8-50}$$
即总传质阻力 $1/K_y$ 为气相传质阻力 $1/k_y$ 与液相传质阻力 m/k_x 之和。

当 $1/k_y \gg m/k_x$ 时，
$$K_y \approx k_y \tag{8-51}$$
此时传质阻力主要集中于气相，此类过程称为气相阻力控制过程。

反之，由式(8-47) 可知，当 $1/(mk_y) \ll 1/k_x$ 时
$$K_x \approx k_x \tag{8-52}$$
此时的传质阻力主要集中于液相，称为液相阻力控制过程。

传质过程中两相阻力分配的情况与换热过程极为相似，所不同的是，对于吸收过程，气液平衡关系对各传质步骤阻力的大小及传质总推动力的分配有着极大的影响。易溶气体溶解度大而平衡线斜率 m 小，其吸收过程通常为气相阻力控制。难溶气体溶解度小而平衡线斜率 m 大，其吸收过程多为液相阻力控制。

实际吸收过程的阻力在气相和液相中各占一定的比例。但是，以气相阻力为主的吸收操作，增加气体流率，可降低气相阻力而有效地加快吸收过程；而增加液体流率则不会对吸收速率有明显的影响。反之，当实验发现吸收过程的总传质系数主要受气相流率的影响，则该过程必为气相阻力控制，其主要阻力必在气相。

8.3.5 低浓度气体吸收

8.3.5.1 吸收过程的数学描述

设一定态操作的微分接触式吸收塔，其横截面积为 A，单位容积内具有的有效吸收表面为 a（m^2/m^3）。混合气体自下而上流动，流率为 G [kmol/(s·m^2)]，液体自上而下流动，流率为 L [kmol/(s·m^2)]。

描述吸收过程的基本方法是对过程作物料衡算、热量衡算及列出吸收过程的速率式。

低浓度气体吸收的特点 ①G、L 为常量；②吸收过程是等温的；③传质系

数为常量。此三特点使低浓度气体吸收的计算大为简化。

物料衡算的微分表达式　微分接触式设备的数学描述须取微元塔段为控制体作物料衡算。对一定态操作的微分接触式吸收塔,其横截面为 A,单位容积内具有的有效相际传质面积为 a (m^2/m^3)。混合气体自下而上流动,流率为 G [kmol/(s·m^2)],液体自上而下流动,流率为 L [kmol/(s·m^2)]。取一微元塔高 dh,其中两相传质面积为 aAdh。若所取微元处的局部传质速率为 N_A,则单位时间在此微元塔段内溶质的传递量为 $N_A a A$dh。

对微元塔段 dh 作物料衡算,并忽略微元塔段两端面轴向的分子扩散,则对气相可以得到

$$G\mathrm{d}y = N_A a \, \mathrm{d}h \tag{8-53}$$

对液相可得

$$L\mathrm{d}x = N_A a \, \mathrm{d}h \tag{8-54}$$

对两相可得

$$G\mathrm{d}y = L\mathrm{d}x \tag{8-55}$$

相际传质速率方程式　相际传质速率表达式是反映微元塔段内所发生过程的性质和快慢的特征方程式,是吸收过程数学描述的重要组成部分。相际传质速率 N_A 可由式(8-43)或式(8-46)计算

$$N_A = K_y(y - y_e) \tag{8-43}$$

$$N_A = K_x(x_e - x) \tag{8-46}$$

将式(8-43)和式(8-46)分别代入式(8-53)和式(8-54)可得

$$G\mathrm{d}y = K_y a(y - y_e)\mathrm{d}h \tag{8-56}$$

$$L\mathrm{d}x = K_x a(x_e - x)\mathrm{d}h \tag{8-57}$$

全塔物料衡算式　将物料衡算微分方程式(8-55)积分可得

$$G(y_1 - y_2) = L(x_1 - x_2) \tag{8-58}$$

上式即为全塔物料衡算式,亦可直接对全塔作物料衡算获得。

传质速率积分式　根据低浓度吸收过程的特点,气液两相流率 G 和 L,气液两相传质分系数 k_y、k_x 皆为常数。若在吸收塔操作范围内平衡线斜率变化不大,由式(8-44)和式(8-47)可知,总传质系数 K_y 和 K_x 亦沿塔高保持不变。于是,分别将式(8-56)与式(8-57)沿塔高积分可得

$$H = \frac{G}{K_y a} \int_{y_2}^{y_1} \frac{\mathrm{d}y}{y - y_e} \tag{8-59}$$

及

$$H = \frac{L}{K_x a} \int_{x_2}^{x_1} \frac{\mathrm{d}x}{x_e - x} \tag{8-60}$$

以上两式是低浓度气体吸收全塔传质速率方程或塔高计算的基本方程式。

传质单元数与传质单元高度　若令

$$N_{OG} = \int_{y_2}^{y_1} \frac{\mathrm{d}y}{y - y_e} \tag{8-61}$$

$$H_{OG} = \frac{G}{K_y a} \tag{8-62}$$

则式(8-59) 可写成

$$H = H_{OG} N_{OG} \tag{8-63}$$

N_{OG} 称为以 $(y - y_e)$ 为推动力的传质单元数，系一无量纲量。H_{OG} 具有长度量纲，单位为 m，称为传质单元高度。

同样式(8-60) 可写成

$$H = H_{OL} N_{OL} \tag{8-64}$$

式中

$$N_{OL} = \int_{x_2}^{x_1} \frac{\mathrm{d}x}{x_e - x} \tag{8-65}$$

$$H_{OL} = \frac{L}{K_x a} \tag{8-66}$$

分别称为以 $(x_e - x)$ 为推动力的传质单元数及相应的传质单元高度。

把塔高写成 H_{OG} 和 N_{OG} 或 H_{OL} 和 N_{OL} 的乘积，只是变量的分离和合并，这样的处理有明显的优点，传质单元数 N_{OG} 和 N_{OL} 中所含的变量只与物质的相平衡以及进出口的浓度条件有关，与设备的型式和设备中的操作条件（如流速）等无关。在作出设备型式的选择之前即可先计算 N_{OG} 及 N_{OL}。N_{OG} 及 N_{OL} 反映了分离任务的难易。如果 N_{OG} 或 N_{OL} 的数值太大，或表明吸收剂性能太差，或表明分离要求过高。H_{OG}，H_{OL} 则与设备的型式、设备中的操作条件有关，H_{OG}、H_{OL} 表示完成一个传质单元所需的塔高，是吸收设备效能高低的反映。常用吸收设备的传质单元高度约为 0.15～1.5m。

8.3.5.2 传质单元数的计算方法

操作线与推动力的变化规律 为将式(8-59) 与式(8-60) 两式积分，必须找出传质推动力 $(y - y_e)$ 和 $(x_e - x)$ 分别随气相浓度 y 与液相浓度 x 的变化规律。在吸收塔内，气液两相浓度沿塔高的变化受质量衡算式的约束。

设逆流接触吸收塔内任一横截面上气液两相浓度为 y 与 x，并取该截面至塔顶为控制体作物料衡算，可得

$$Gy + Lx_2 = Gy_2 + Lx$$

或

$$y = \frac{L}{G}(x - x_2) + y_2 \tag{8-67}$$

此式在 $y \sim x$ 图上为一条直线，称为吸收操作线。操作线两端点坐标 $(y_1$、$x_1)$ 与 $(y_2$、$x_2)$ 分别为气液两相在塔进、出口的组成，斜率 L/G 称为吸收操作的液气比，线上任一点 M 的坐标代表塔内某一截面上气、液两相的组成。

若将平衡线与操作线绘于同一图上，操作线上任一 M 点与平衡线间的垂直

距离即为塔内某截面上以气相组成表示的吸收推动力 $(y-y_e)$，与平衡线的水平距离则为该截面上以液相组成表示的吸收推动力 (x_e-x)。因此，在吸收塔内推动力的变化规律是由操作线与平衡线共同决定的。

如果平衡线在吸收塔操作范围内可近似看成直线，则传质推动力 $\Delta y=(y-y_e)$ 和 $\Delta x=(x_e-x)$ 分别随 y 和 x 呈线性变化，此时推动力 Δy 或 Δx 相对于 y 或 x 的变化率皆为常数，并且可分别用 Δy 和 Δx 的两端值表示，即

$$\frac{\mathrm{d}(\Delta y)}{\mathrm{d}y}=\frac{(y-y_e)_1-(y-y_e)_2}{y_1-y_2}=\frac{\Delta y_1-\Delta y_2}{y_1-y_2} \tag{8-68}$$

$$\frac{\mathrm{d}(\Delta x)}{\mathrm{d}x}=\frac{(x_e-x)_1-(x_e-x)_2}{x_1-x_2}=\frac{\Delta x_1-\Delta x_2}{x_1-x_2} \tag{8-69}$$

平衡线为直线时的对数平均推动力法　当平衡线可近似视为直线时，吸收过程基本方程式(8-59)与式(8-60)可以积分。将式(8-68)代入式(8-59)可得

$$H=\frac{G}{K_ya}\times\frac{y_1-y_2}{\Delta y_1-\Delta y_2}\int_{\Delta y_2}^{\Delta y_1}\frac{\mathrm{d}(\Delta y)}{\Delta y}=\frac{G}{K_ya}\times\frac{y_1-y_2}{\dfrac{\Delta y_1-\Delta y_2}{\ln\dfrac{\Delta y_1}{\Delta y_2}}}=\frac{G}{K_ya}\times\frac{y_1-y_2}{\Delta y_m}$$

$$\tag{8-70}$$

式中

$$\Delta y_m=\frac{\Delta y_1-\Delta y_2}{\ln\dfrac{\Delta y_1}{\Delta y_2}} \tag{8-71}$$

称为气相对数平均推动力。比较式(8-63)与式(8-70)两式可知

$$N_{OG}=\frac{y_1-y_2}{\Delta y_m} \tag{8-72}$$

同样，将式(8-69)代入式(8-60)可得

$$H=\frac{L}{K_xa}\times\frac{x_1-x_2}{\dfrac{\Delta x_1-\Delta x_2}{\ln\dfrac{\Delta x_1}{\Delta x_2}}}=\frac{L}{K_xa}\times\frac{x_1-x_2}{\Delta x_m} \tag{8-73}$$

式中

$$\Delta x_m=\frac{\Delta x_1-\Delta x_2}{\ln\dfrac{\Delta x_1}{\Delta x_2}} \tag{8-74}$$

称为液相对数平均推动力。比较式(8-64)与式(8-73)两式可知

$$N_{OL}=\frac{x_1-x_2}{\Delta x_m} \tag{8-75}$$

吸收因数法　为计算传质单元数，可将相平衡关系与操作线方程式(8-67)代入 $\int_{y_2}^{y_1}\dfrac{\mathrm{d}y}{y-y_e}$ 中，然后直接积分求取。对于相平衡关系服从亨利定律即平衡线

为一通过原点的直线这一最简单情况，积分结果可整理为

$$N_{OG} = \frac{1}{1-\dfrac{1}{A}}\ln\left[\left(1-\frac{1}{A}\right)\frac{y_1-mx_2}{y_2-mx_2}+\frac{1}{A}\right] \tag{8-76}$$

同理可以推出液相浓度差为推动力的传质单元数。

$$N_{OL} = \frac{1}{1-A}\ln\left[(1-A)\frac{y_1-mx_2}{y_1-mx_1}+A\right] \tag{8-77}$$

与采用吸收因数法计算吸收操作型问题较为方便。

传质单元数的数值积分法　当平衡线 $y_e=f(x)$ 为一曲线，由式(8-53) 可知，此时塔高应采用图解或数值积分法按下式进行计算

$$H = \int_{y_2}^{y_1}\frac{G\mathrm{d}y}{K_ya(y-y_e)} \tag{8-78}$$

积分式 $N_{OG}=\int_{y_2}^{y_1}\dfrac{\mathrm{d}y}{y-y_e}$ 可采用各种数值积分方法如 Simpson 法求积。

8.3.5.3　吸收塔的设计型计算

吸收塔的计算问题可分为设计型与操作型两类，两类问题皆可联立求解以下三式得以解决：

全塔物料衡算式　　　$G(y_1-y_2)=L(x_1-x_2)$ 　　　　　　(8-58)

相平衡方程式　　　　　　$y_e=f(x)$ 　　　　　　　(8-79)

吸收过程基本方程式

$$H = H_{OG}N_{OG}=\frac{G}{K_ya}\int_{y_2}^{y_1}\frac{\mathrm{d}y}{y-y_e} \tag{8-59}$$

或

$$H = H_{OL}N_{OL}=\frac{L}{K_xa}\int_{x_2}^{x_1}\frac{\mathrm{d}x}{x_e-x} \tag{8-60}$$

设计型计算的命题

设计要求：计算达到指定的分离要求所需要的塔高。

给定条件：进口气体的溶质浓度 y_1、气体的处理量即混合气的进塔流率 G、吸收剂与溶质组分的相平衡关系以及分离要求。

分离要求的两种表达方式：吸收尾气中有害溶质的残余浓度 y_2 和溶质的回收率 η。回收率定义为

$$\eta = \frac{被吸收的溶质量}{气体进塔的溶质量}=\frac{G_1y_1-G_2y_2}{G_1y_1} \tag{8-80}$$

式中，G_1 与 G_2 为气体进出口流率。对于低浓度气体，$G_1=G_2=G$

$$\eta = 1-\frac{y_2}{y_1} \tag{8-81}$$

或 $$y_2 = (1-\eta)y_1 \tag{8-82}$$

为计算塔高 H，必须知道 $K_y a$（H_{OG}）或 $K_x a$（H_{OL}）。总传质系数 $K_y a$ 或 $K_x a$ 作为已知量。

流向选择　在微分接触的吸收塔内，气、液两相可以作逆流也可作并流流动。取某塔段为控制体作物料衡算，可得并流时的操作线方程：

$$y = y_1 - \frac{L}{G}(x - x_1) \tag{8-83}$$

操作线是斜率为（$-L/G$）的直线。

比较并流操作线与逆流操作线可知，在两相进、出口浓度相同的情况下，逆流时的对数平均推动力必大于并流，故就吸收过程本身而言逆流优于并流。但吸收设备而言，逆流操作时流体的下流受到上升气体的作用力；这种曳力过大时会妨碍液体的顺利流下，因而限制了吸收塔所允许的液体流率和气体流率，这是逆流的缺点。

为使过程具有最大的推动力，一般吸收操作总是采用逆流。某些特殊情况下，例如相平衡线斜率（m）极小时，逆流并无多大优点，可以考虑采用并流。

吸收剂进口浓度的选择及其最高允许浓度　设计时所选择的吸收剂进口浓度过高，吸收过程的推动力减小，所需的吸收塔高度增加。若选择的进口浓度过低，则对吸收剂的再生提出了过高的要求，使再生设备和再生费用加大。因此，吸收剂进口溶质浓度（x_2）的选择是一个经济上的优化问题。另外有一个技术上的限制，即存在着一个技术上允许的最高进口浓度，超过这一浓度便不可能达到规定的分离要求。

气、液两相逆流操作时，塔顶气相浓度按设计要求规定为 y_2，与 y_2 成平衡的液相浓度为 x_{2e}。显然，所选择的吸收剂进口浓度 x_2 必须低于 x_{2e} 才有可能达到规定的分离要求。当所选 x_2 等于 x_{2e} 时，吸收塔顶的推动力 Δy_2 为零，所需的塔高将为无穷大，这就是 x_2 的上限。

吸收剂用量的选择和最小液气比　为计算平均传质推动力或传质单元数，除须知 y_1、y_2 和 x_2 之外，还必须确定吸收剂出口浓度 x_1 或液气比 L/G。吸收剂出口浓度 x_1 与液气比 L/G 受全塔物料衡式(8-58)制约，即

$$x_1 = x_2 + \frac{G}{L}(y_1 - y_2) \tag{8-84}$$

显然，吸收剂用量即液气比愈大，出口浓度 x_1 愈小。

液气比的选择同样是个经济上的优化问题。当 y_1、y_2、x_2 已定时，液气比 L/G 增大，出口浓度 x_1 减小，过程的平均推动力相应增大而传质单元数相应减小，从而所需塔高降低。但是，吸收液的数量大而浓度低，必使吸收剂的再生费用增加。同样需要做多方案比较，从中选择最经济的液气比。

另一方面，吸收剂的最小用量也存在着技术上的限制。当 $\left(\dfrac{L}{G}\right)$ 减小到 $\left(\dfrac{L}{G}\right)_{\min}$

时，操作线与平衡线相交，塔底的气、液两相浓度达到平衡。此时吸收推动力 Δy_1 为零，所需塔高将为无穷大，显然这是液气比的下限或 x_1 的上限。通常称此 $\left(\dfrac{L}{G}\right)_{\min}$ 为吸收设计的最小液气比，相应的吸收剂用量 $L_{\min}$ 为最小吸收剂用量。最小液气比可按物料衡算求得：

$$\left(\frac{L}{G}\right)_{\min}=\frac{y_1-y_2}{x_{1e}-x_2} \tag{8-85}$$

必须注意，液气比的这一限制来自规定的分离要求，并非吸收塔不能在更低的液气比下操作。液气比小于此最低值，规定的分离要求将不能达到。

总之，在液气比下降时，只要塔内某一截面处气液两相趋近平衡，达到指定分离要求所需的塔高即为无穷大，此时的液气比即为最小液气比。

在设计时为避免做多方案计算，通常可先求出最小液气比，然后乘以某一经验的倍数作为设计的液气比。一般取

$$\frac{L}{G}=(1.1\sim2)\left(\frac{L}{G}\right)_{\min} \tag{8-86}$$

解吸塔的最小气液比 逆流解吸时，待解吸的吸收液流率 L、解吸前后的溶质浓度 x_1 与 x_2、解吸气流入塔的溶质浓度 y_2（一般为零）等已作规定。取某塔段为控制体作溶质的物料衡算可知，解吸操作线方程与吸收的操作线方程式 (8-67) 完全相同，但解吸操作线位于平衡线的下方。

当解吸用气量 G 减小，出口气体 y_1 必增大，操作线的点向平衡线靠拢，其极限位置为操作线与相平衡线的交点。此时解吸气出口浓度 y_1 与吸收剂进口浓度 x_1 成平衡，解吸操作线斜率 L/G 最大而气液比 G/L 为最小，即

$$(G/L)_{\min}=\frac{x_1-x_2}{y_{1e}-y_2} \tag{8-87}$$

塔内返混的影响 吸收塔内气、液两相可因种种原因造成少量流体自下游返回至上游，这一现象称为返混。

传质设备的任何形式的返混都将破坏逆流操作条件，使传质推动力下降，对传质造成不利影响。返混的量、返混的范围越大，推动力的降低也越严重。

吸收剂再循环 某些工业吸收过程将出塔液体的一部分返回塔顶与新鲜吸收剂相混，然后一并进入塔顶，此种流程称为吸收剂再循环。

设吸收剂再循环量 L_r 为新吸收剂量 L 的 θ 倍，对塔顶混合点 M 作物料衡算可得入塔吸收剂浓度 x_2' 为

$$x_2'=\frac{\theta x_1+x_2}{1+\theta} \tag{8-88}$$

显然，吸收剂再循环使液相入塔浓度 x_2' 大于新鲜吸收剂浓度 x_2。若气体出口浓度 y_2 要求不变，此时操作线在塔顶的位置将动，从而降低了吸收推动力。

吸收剂再循环是典型返混过程，对吸收过程不利。

但是，在下列两种情况下采用吸收剂再循环将是有利的：

① 吸收过程有显著的热效应，大量吸收剂再循环可降低吸收剂出塔温度，平衡线向下移动，全塔平均推动力反而有所提高。

② 吸收目的在于获得浓度 x_1 较高的液相产物，按物料衡算所需的新鲜吸收剂量过少，以至不能保持塔内填料良好的润湿，此时采用吸收剂再循环，推动力的降低将可由容积传质系数 $K_y a$ 的增加所补偿。

8.3.5.4 吸收塔的操作型计算

操作型计算的命题 常见的吸收塔操作型问题有两种类型，它们的命题方式如下：

（1）第一类命题

给定条件：吸收塔的高度及其他有关尺寸，气液两相的流量、进口浓度、平衡关系及流动方式，两相总传质系数 $K_y a$ 或 $K_x a$。

计算目的：气液两相的出口浓度。

（2）第二类命题

给定条件：吸收塔高度及其他有关尺寸，气体的流量及进、出口浓度，吸收液的进口浓度，气液两相的平衡关系及流动方式，两相总传质系数 $K_y a$ 或 $K_x a$。

计算目的：吸收剂的用量及其出口浓度。

操作型问题的计算方法 各种操作型计算问题皆可联立求解式（8-57）、式（8-79）、式（8-59）或式（8-60）获得解决。在一般情况下，相平衡方程式和吸收过程方程式都是非线性的，求解时必须试差或迭代。如果平衡线在操作范围内可近似看成直线，吸收过程基本方程式可写为式（8-70）或式（8-73）的形式。此时，对于第一类命题，可通过简单的数学处理将吸收过程基本方程式线性化，然后采用消元法求出气液两相的出口浓度。对于第二类命题，因无法将吸收过程基本方程式线性化，试差计算仍不可避免。

当平衡关系符合亨利定律、平衡线系一通过原点的直线时，采用吸收因数法求解操作型问题更为方便。但是，对于第二类命题，即使采用吸收因数法，试差计算同样是不可避免的。

吸收塔的操作和调节 吸收塔在操作时的调节手段只能是改变吸收剂的入口条件。吸收剂的入口条件包括流率 L、温度 t、浓度 x_2 三大要素。

增大吸收剂用量，操作线斜率增大，出口气体浓度下降。

降低吸收剂温度，气体溶解度增大，平衡常数减小，平衡线下移，平均推动力增大。

降低吸收剂入口浓度，液相入口处推动力增大，全塔平均推动力亦随之增大。

总之，适当调节上述三个变量皆可强化传质过程，从而提高吸收效果。当吸收和再生操作联合进行时，吸收剂的进口条件将受再生操作的制约。如果再生不良，吸收剂进塔浓度将上升；如果再生后的吸收剂冷却不足，吸收剂温度将升高。再生操作中可能出现的这些情况，都会给吸收操作带来不良影响。

提高吸收剂流量固然能增大吸收推动力，但应同时考虑再生设备的能力。如果吸收剂循环量加大使解吸操作恶化，则吸收塔的液相进口浓度将上升，甚至得不偿失，这是调节中必须注意的问题。

另外，采用增大吸收剂循环量的方法调节气体出口浓度 y_2 是有一定限度的。设有一足够高的吸收塔（为便于说明问题，设 $H = \infty$），操作时必在塔底或塔顶达到平衡。当气液两相在塔底达到平衡时 $\left(\dfrac{L}{G} < m \right)$，增大吸收剂用量可有效地降低 y_2；当气液两相在塔顶达到平衡时 $\left(\dfrac{L}{G} > m \right)$，增大吸收剂用量则不能有效地降低 y_2。此时，只有降低吸收剂入口浓度或入口温度才能使 y_2 下降。

8.3.6 高浓度气体吸收

8.3.6.1 高浓度气体吸收的特点

高浓度气体吸收的特点是：

① G、L 沿塔高是变化的，惰性气体流率 G_B [kmol/(s·m²)] 沿塔高不变；溶剂不挥发，纯溶剂流率 L_S [kmol/(s·m²)] 亦为常量。

此时，对全塔作物料衡算可得

$$G_B \left(\frac{y_1}{1 - y_1} - \frac{y_2}{1 - y_2} \right) = L_S \left(\frac{x_1}{1 - x_1} - \frac{x_2}{1 - x_2} \right) \qquad (8\text{-}89)$$

对塔段作物料衡算可得

$$G_B \left(\frac{y}{1 - y} - \frac{y_2}{1 - y_2} \right) = L_S \left(\frac{x}{1 - x} - \frac{x_2}{1 - x_2} \right) \qquad (8\text{-}90)$$

式(8-90) 即为高浓度气体吸收过程的操作线。显然，在 $y\text{-}x$ 坐标图上，此操作线为一曲线。高浓度吸收存在最小液气比 $\left(\dfrac{L_S}{G_B} \right)_{\min}$，此时，$x_1 = x_{1e}$，将其代入式(8-89) 可求出 $\left(\dfrac{L_S}{G_B} \right)_{\min}$ 的数值。实际液气比可取为 $\left(\dfrac{L_S}{G_B} \right)_{\min}$ 的某一倍数。

② 吸收过程系非等温的。

在高浓度气体吸收过程中，被吸收的溶质量较多，所产生的溶解热将使两相温度升高，故应作热量衡算以确定流体温度沿塔高的分布。液体温度升高对相平衡产生不利影响。当溶解热较大时，此项影响应予计及。另外，温度升高使传质分系数增大，此为有利的一面。

③ 传质分系数与浓度有关。

按有效膜理论，气相传质分系数 k_y 可表示为

$$k_y = \frac{D_g p}{RT\delta_g} \times \frac{1}{(1-y)_m} = k_y' \frac{1}{(1-y)_m}$$

式中，k_y' 为等分子反向扩散的传质系数，其值与气相浓度 y 无关。低浓度气体吸收实验所得的传质分系数即为 k_y'，当用于高浓度吸收时，应考虑漂流因子 $\frac{1}{(1-y)_m}$ 的影响。

同理，液相传质分系数 k_x 也与液相浓度 x 有关。但在许多场合下，高浓度气体吸收时溶液浓度并不一定很高，k_x 可近似看成与浓度 x 无关。

此外，k_y、k_x 均受流动状况（包括气、液流率 G、L）的影响，因而在全塔不再为一常数。

上述特点使高浓度气体吸收过程的计算较低浓度气体吸收复杂得多。

8.3.6.2　高浓度气体吸收过程的数学描述

高浓度气体吸收过程的数学描述原则上应以微元塔高为控制体，列出物料衡算、热量衡算及表征过程特征的传质速率方程和传热速率方程。

物料衡算微分方程　取某微元塔高 dh 为控制体，对气相中的可溶组分作物料衡算可得

$$d(Gy) = N_A a\, dh \tag{8-91}$$

同理，若对液相中的可溶组分作物料衡算可得

$$d(Lx) = N_A a\, dh \tag{8-92}$$

显然

$$d(Gy) = d(Lx) \tag{8-93}$$

热量衡算微分方程　在高浓度气体吸收过程中，由于溶解热的释出，气液两相间必有温差，因而必存在两相间的传热及溶剂的汽化。两相间的传热及吸收剂的蒸发将使热量衡算变得复杂。为简化计算可作如下假定：①溶剂汽化量很小，由汽化带走的热量可忽略不计；②气体温度升高可带走的热量与溶解热相比很小，可忽略不计；③不计热损失，即吸收过程是绝热的。

可溶组分在溶解过程中所释放热量的大小可用微分溶解热 ϕ 来表示。微分溶解热 ϕ 指的是每 1kmol 溶质溶解于浓度为 x 的大量溶液中所产生的热量，其值与溶液的浓度有关。根据上述假定，吸收过程所产生的溶解热将全部用于液体温度的升高。于是，对微元塔高作热量衡算可得

$$\phi L\, dx + \phi x\, dL = c_L L\, dt + c_L t\, dL \tag{8-94}$$

式中，c_L 为溶液的平均比热容。通常，吸收剂的用量与被吸收的溶质量相比很大，上式中的 $\phi x\, dL$、$c_L t\, dL$ 两相分别与 $\phi L\, dx$、$c_L L\, dt$ 相比可忽略不计，

故热量衡算式简化为

$$c_L dt = \phi dx \tag{8-95}$$

另外，还必须指出，上述假定不仅使高浓度气体吸收过程的热量衡算大为简化，同时，还省去了描述气液两相传热过程特征的传热速率方程式。

相际传质速率方程式　高浓度气体吸收时传质分系数 k_y 与 k_x 不是常数，平衡线的斜率 m 也沿塔高变化，故总传热系数 K_y 或 K_x 不但不可能是常数，而且比传质分系数更加难以确定。因此，在高浓度气体吸收过程中，相际传质速率方程式多用传质分系数表示，即

$$N_A = k_y(y - y_i) = k_y' \frac{1}{(1-y)_m}(y - y_i) \tag{8-96}$$

或

$$N_A = k_x(x_i - x) = k_x' \frac{1}{(1-x)_m}(x_i - x) \tag{8-97}$$

在高浓度气体吸收过程中，液相浓度往往并不高，故液相漂流因子 $\dfrac{1}{(1-x)_m}$ 常可忽略。

将式(8-96)代入式(8-91)可得

$$dh = \frac{d(Gy)}{k_y a(y - y_i)} = -\frac{(1-y_m)d(Gy)}{k_y' a(y - y_i)} \tag{8-98}$$

用传质分系数计算传质速率须知界面浓度。界面浓度可通过试差联立求解以下两式得出：

相平衡方程　　　　　　$y_i = f(x_i)$

传质速率式　　　$N_A = k_y a(y - y_i) = k_x a(x_i - x)$

或　　　　　　$\dfrac{k_y' a}{(1-y)_m}(y - y_i) = k_x a(x_i - x)$

8.3.6.3　高浓度气体吸收过程的计算

绝热吸收平衡曲线　利用相平衡关系，根据物料衡算式(8-93)、热量衡算式(8-95)及传质速率式(8-98)，通过数值计算已经可以解决有关高浓度气体吸收过程的各种计算问题。习惯上根据具体的吸收过程，将热量衡算式与气液相平衡关系合并，以求取塔内气液两相的实际平衡曲线。

逐段计算法　利用已求出的绝热吸收平衡曲线，只需联立求解(8-93)和(8-98)两式便可对高浓度气体吸收过程进行计算。逐段计算是最具有一般性的计算方法，其计算结果的准确性与分段的细度有关。

在设计型计算问题中，气体进口流率及进、出口浓度是给定的，液体进口流率和浓度是选定的，计算的目的是确定所需的塔高。计算时可将已知的气体浓度由变化范围分成若干等份，对每一等份式(8-93)和式(8-98)可近似地写成

$$(Gy)_n - (Gy)_{n-1} = (Lx)_n - (Lx)_{n-1} \tag{8-99}$$

$$\Delta h_n = \frac{(1-y)_m}{k'_y a (y - y_i)_n} [(Gy)_n - (Gy)_{n-1}] \tag{8-100}$$

因塔顶两相的流率和浓度皆为已知，计算时须从塔顶开始依次算出各等份所需塔高，全塔高度即为各段塔高之和。

在操作型问题中，吸收塔高度已定，若两相进口流率及浓度已经给出，可以计算两相出口浓度。求解此类问题时，可首先假定气相出口浓度并按设计型问题同样计算，然后通过试差求出最终结果。

传质单元法的近似计算 在式（8-98）中

$$d(Gy) = d\left(G_B \frac{y}{1-y}\right) = G_B \frac{dy}{(1-y)^2} = G \frac{dy}{1-y} \tag{8-101}$$

将此式代入式(8-98)并写成积分形式，则得

$$H = \int_{y_2}^{y_1} \frac{G(1-y)_m dy}{k'_y a (1-y)(y - y'_i)} \tag{8-102}$$

数群 $\dfrac{G}{k'_y a}$ 沿塔高变化不大，可取塔顶、塔底的平均值作为常数从积分号内移出。于是，上式可写成

$$H = H_g N_g \tag{8-103}$$

式中

$$H_g = \frac{G}{k'_y a} \tag{8-104}$$

$$N_g = \int_{y_2}^{y_1} \frac{(1-y)_m}{(1-y)(y - y_i)} dy \tag{8-105}$$

分别称为气相传质单元高度和气相传质单元数。在气相浓度不十分高的情况下，$(1-y)_m$ 可用算术平均值 $\dfrac{1}{2}[(1-y) + (1-y_i)]$ 代替。此时，式（8-94）可写成两项之和

$$N_g = \int_{y_2}^{y_1} \frac{dy}{y - y_i} + \frac{1}{2} \ln \frac{1-y_2}{1-y_1} \tag{8-106}$$

式中右端第一项为低浓度气体吸收时的传质单元数，第二项表示气体浓度较高时，漂流因子的附加影响。

8.3.7 化学吸收

8.3.7.1 化学反应对相平衡的影响

化学吸收的优点 工业吸收操作有些是化学吸收，这是因为：①化学反应提高了吸收的选择性；②加快吸收速率，从而减小设备容积；③反应增加了溶质在

液相的溶解度，减少吸收用量；④反应降低了溶质在气相中的平衡分压，可较彻底地除去气相中很少量的有害气体。

反应对相平衡的影响　对同一气相分压 p_A 而言，化学反应的存在，增大了液相中可溶组分的溶解度。

设液相态的 A 与液相中的组分 B 发生如下可逆反应。

$$A + B \Longrightarrow P$$

反应的平衡常数为

$$K_e = \frac{c_P}{c_A c_B} \tag{8-107}$$

式中，c_A、c_B、c_P 分别为液相中物质 A、B、P 的摩尔浓度。显然，液相中组分 A 的总浓度为 $c = c_A + c_P$。将 $c_P = c - c_A$ 代入式(8-107) 可得

$$c_A = \frac{c}{1 + K_e c_B} \tag{8-108}$$

当可溶组分 A 与纯溶剂的物理相平衡关系服从亨利定律时

$$p_A = H c_A$$

或
$$p_A = \frac{H}{1 + K_e c_B} c \tag{8-109}$$

可见：与气相浓度成物理平衡的溶解态 A 的浓度取决于液相中反应的平衡常数。

若测得反应的平衡常数，由式(8-109) 当可算出气相平衡分压 p_A 与液相中组分 A 的总浓度 c 之间的关系。从式(8-109) 可知，反应平衡常数 K_e 越大，气相分压 p_A 越低。当化学反应为不可逆时，气相的平衡分压为零。若将式(8-109)改写成 $y = mx$ 的话，相平衡常数 $m = 0$，此时 x 为液相中 A 的总浓度。

例如，用水吸收 Cl_2，在液相中发生如下的可逆反应：

$$Cl_2 + H_2O \Longrightarrow HOCl + H^+ + Cl^-$$

此时液相存在三种形态的氯：溶解态的氯、次氯酸、氯离子。水中氯分子总浓度 c 为：

$$c = c_{Cl_2} + \frac{1}{2} c_{HOCl} + \frac{1}{2} c_{Cl^-}$$

上述反应的平衡常数为

$$K_e = \frac{c_{HOCl} c_{Cl^-} c_{H^+}}{c_{Cl_2}}$$

因
$$c_{HOCl} = c_{H^+} = c_{Cl^-}$$

$$K_e = \frac{c_{HOCl}^3}{c_{Cl_2}} \tag{8-110}$$

总氯浓度为

$$c = c_{Cl_2} + c_{HOCl} = c_{Cl_2} + (K_e c_{Cl_2})^{1/3} \tag{8-111}$$

设水中溶解态氯与气相氯气分压之间的物理相平衡关系为

$$p = H c_{Cl_2} \tag{8-112}$$

将其代入(8-111)式得

$$c = \frac{p}{H} + \left(\frac{p}{H} K_e\right)^{1/3} \tag{8-113}$$

等式右方第二项为氯气在水中因发生水合反应而使溶解度增加的部分。

8.3.7.2　化学吸收速率

反应加快吸收速率的原因　气相中组分 A 向气液界面传递（此与物理吸收相同），溶质在界面上溶解并在向液相主体传递的同时与组分 B 发生反应。

按有效膜理论可表示出相同界面浓度 c_{Ai} 条件下物理吸收与化学吸收两种情况 A 组分在液相中的浓度分布。由该分布可见：①反应使液相主体中 A 组分浓度 c_{AL} 大为降低，多数工业吸收中 c_{AL} 趋于零，从而使传质推动力（$c_{Ai} - c_{AL}$）增大；②一般化学吸收中所选择的活性物质 B 均使反应速率足够快，溶质 A 在液膜内已部分地反应并消耗掉。A 组分的浓度 c_A 在液膜中的分布不再为一直线，界面处浓度梯度明显增大，表现为液相传质系数提高，加快了吸收速率。

此外，一般吸收设备中少量液体处于停滞状态而难于更新，这些液体对物理吸收而言因浓度已趋饱和而不起吸收作用；但对化学吸收而言，这些液体因可吸收更多的溶质而仍有吸收能力，表现为化学吸收具有较大的传质表面。

化学吸收速率　以一级或拟一级不可逆反应为例说明化学吸收速率的计算方法。

设液相中发生下列反应

$$A + B \longrightarrow P \tag{8-114}$$

且设吸收剂中活性物 B 的浓度 c_B 较高，扩散进入液膜的速率较快，c_B 在液膜中的变化很小，从而可以认为液相中 c_B 为常数。式(8-114)的反应速率 r [kmol/(m³·s)] 为：

$$r = k_2 c_B c_A \tag{8-115}$$

式中，2 级反应速率常数 k_2 可与常数 c_B 合并为 k_1，即 $k_1 = k_2 c_B$ 称为拟一级反应的速率常数，s^{-1}。则式(8-115)成为

$$r = k_1 c_A \tag{8-116}$$

现取液膜中厚度为 dz 的液体为控制体对组分 A 作物料衡算。扩散进入该体积的组分 A 应等于扩散离开控制体的 A 及控制体内反应消耗的 A 之和。以单位面积计可列出下式：

$$N_A = N_A + (dN_A/dz)dz + r dz \tag{8-117}$$

忽略漂流因子，将式(8-8)、式(8-116)代入上式得

$$-D_A \frac{d^2 c_A}{dz^2} + k_1 c_A = 0 \tag{8-118}$$

解此方程的边界条件之一为

$$z = 0 \text{ 处}, c_A = c_{Ai} \tag{8-119}$$

另一边界条件是在 $z = \delta_L$ 处扩散进入液相主体的 A 组分应等于主体中反应消耗的量，即

$$-D_A \frac{dc_A}{dz}\bigg|_{z=\delta_L} = k_1 c_{AL}(V - \delta_L) \tag{8-120}$$

式中，V 为吸收器内单位传质面积的液体体积，m^3/m^2。

利用边界条件式(8-119)及式(8-120)，求解微分方程式(8-118)得 c_A 在 z 方向的浓度分布 $c_A = f(z)$。化学吸收速率即 A 进入液相的速率 R_A[单位为 $kmol/(m^2 \cdot s)$]为：

$$R_A = -D_A \frac{dc_A}{dz}\bigg|_{z=0} \tag{8-121}$$

此式求导运算的结果可得

$$R_A = \frac{Ha[Ha(v-1) + \text{tgh}(Ha)]}{(v-1)Ha\,\text{tgh}(Ha) + 1} k_L c_{Ai} \tag{8-122}$$

式中，k_L 为液相物理吸收传质分系数，$k_L = D_A/\delta_L$；$v = V/\delta_L$ 表示化学吸收器内积液容积与液膜容积的相对大小，无量纲特征。Ha 为无量纲特征数

$$Ha = \sqrt{k_1 \delta_L^2 / D_A} = \sqrt{k_1 D_A}/k_L \tag{8-123}$$

称为八田数（Hatta Number）。

增强因子 式(8-122)可简写成

$$R_A = \beta k_L c_{Ai} \tag{8-124}$$

式中

$$\beta = \frac{Ha[Ha(v-1) + \text{tgh}(Ha)]}{(v-1)Ha\,\text{tgh}(Ha) + 1} \tag{8-125}$$

称为增强因子。由于化学吸收速率 R_A 并非以 $(c_{Ai} - c_{AL})$ 为推动力，难以定义化学吸收的液相传质分系数。只有在 $c_{AL} = 0$ 条件下，β 表示化学吸收速率与物理吸收速率之比，即

$$\beta = \frac{\text{化学吸收速率}}{c_{AL} = 0 \text{ 时的物理吸收速率}} = \frac{R_A}{k_L(c_{Ai} - 0)} \tag{8-126}$$

换言之，βk_L 为 $c_{AL} = 0$ 条件下化学吸收的液相传质分系数。

不同反应速率下的化学吸收速率 一级或拟一级反应的化学吸收速率式(8-122)在不同的反应速率下可以简化。液相中反应速率的快慢可用 Ha 数的大小表示。Ha 的物理意义可理解为

$$Ha^2 = \frac{\text{组分 A 在液膜中的的反应量}}{\text{组分 A 通过液膜扩散进入液相主体的量}} \tag{8-127}$$

液膜中浓度 c_A 各处不同，最大值为 c_{Ai}，故液膜中反应量的最大值为 $k_1\delta_L c_{Ai}$。通过液膜扩散的量为 $k_L(c_{Ai}-c_{AL})$，而在 $c_{AL}=0$ 条件下的最大值为 $k_L c_{Ai}$，于是式(8-127)成为

$$Ha^2 = \frac{k_1\delta_L c_{Ai}}{k_L c_{Ai}} = \frac{k_1 D_A}{k_L^2} \tag{8-128}$$

或　　　　　　　　　　　　　$Ha = \sqrt{k_1 D_A}/k_L$

此即为式(8-123)。

（1）慢反应（$Ha \ll 1$）　此时数学上有 $\mathrm{tgh}(Ha) \approx Ha$，化学吸收速率式(8-122)简化为：

$$R_A = \frac{vHa^2}{1+vHa^2} k_L c_{Ai} \tag{8-129}$$

化学吸收速率 R_A 取决于液相主体内反应的量，表征吸收器内持液量大小的参数 v 起重要作用，吸收为容积过程，应选择持液量较大的气液接触设备。

（2）快反应（$Ha>3$）　此时数学上有 $\mathrm{tgh}(Ha)\approx 1$，式(8-122)简化为：

$$R_A = Ha k_L c_{Ai} \tag{8-130}$$

反应在液膜内全部完成，没有组分 A 进入液相主体，$c_{AL}=0$。此时化学吸收过程与气液界面的面积有关，此与物理吸收相同，为表面过程。

（3）中等反应速率　此情况下只要吸收设备中的持液量足够大，液相主体反应量大而使 $c_{AL}\approx 0$。式(8-122)因（$v-1$）较大而可简化为：

$$R_A = \frac{Ha}{\mathrm{tgh}(Ha)} k_L c_{Ai} \tag{8-131}$$

此也是一表面过程。

（4）反应速率很快（瞬间反应）　此时反应区缩小，反应仅在液膜内的某一平面上发生。瞬间不可逆反应的速率与 A、B 两组分在液相中的扩散系数 D_A、D_B 及浓度 c_{Ai}、c_{BL} 有关。增加 B 组分的主体浓度 c_{BL}，反应面向气液界面推移，c_{Ai} 降低。当 c_{BL} 高于某一数值后，反应在气液界面上进行，且 $c_{Ai}=0$。此种过程实际上是仅有气相传递阻力的物理吸收。基于这一特点，这种过程被用作测定可溶组分的气相传质分系数。

8.3.7.3　化学吸收塔高的计算方法

由化学吸收速率计算塔高　以化学吸收速率 R_A 代替物理吸收速率 N_A，改写式(8-91)可得

$$h = \int_{y_2}^{y_1} \frac{\mathrm{d}(Gy)}{R_A a} \tag{8-132}$$

对低浓度气体化学吸收，上式可近似写成

$$h = G\int_{y_2}^{y_1} \frac{\mathrm{d}y}{R_A a} \tag{8-133}$$

对高浓度气体，将式(8-101)代入(8-132)得

$$h = G_B \int_{y_2}^{y_1} \frac{\mathrm{d}y}{(1-y)^2 R_A a} \qquad (8\text{-}134)$$

化学吸收速率 R_A 按不同反应级数求取，R_A 中包含界面浓度 c_{Ai}，它可由下列两式联立解出：

速率方程： $\qquad\qquad R_A a = \beta k_x a x_i = k_y a (y - y_i) \qquad (8\text{-}135)$

相平衡方程： $\qquad\qquad y_i = f(x_i) \qquad (8\text{-}136)$

塔高计算式(8-133)或式(8-134)可用下述方法求积。

（1）简化计算法　若相平衡方程服从亨利定律，即 $y_i = m x_i$，则由上两式可得

$$R_A a = K_y a y \qquad (8\text{-}137)$$

式中化学吸收的总传质系数为

$$K_y a = \frac{1}{\dfrac{1}{k_y} + \dfrac{m}{\beta k_x}} \qquad (8\text{-}138)$$

若 $K_y a$ 在全塔近似为一常数，则将式(8-137)代入式(8-133)得塔高计算式为：

$$h = \frac{G}{K_y a} \ln \frac{y_1}{y_2} \qquad (8\text{-}139)$$

（2）逐段计算法　实际上液相主体中反应物 B 的浓度 c_{BL} 在全塔范围可能变化较大，它不仅改变化学吸收速率，使 β、$K_y a$ 在全塔有显著变化，而且 Ha 数的不同可导致吸收由表面控制过程转为容积控制过程。所以，塔高计算原则上应以 c_{BL} 分段，逐段计算塔高并加和。

按物理吸收方法计算塔高　上述由化学吸收速率计算塔高的条件是已对物系作了充分的基础理论研究，掌握了组分的扩散系数、反应速率常数、气液相传质分系数等数据。但多数工业吸收过程在设计阶段并不尽知这些数据，往往是在不同浓度范围内用实验直接获取总传质系数 $K_y a$，然后按物理吸收方法计算塔高。

第9章

液体精馏

9.1　教学方法指导

与吸收章相同，介绍液体精馏要紧扣精馏与吸收的区别。

液体的精馏与气体的吸收的区别从表面上看是分离对象的不同，实际上，液态和气态是可以互变的。由氮和氧组成的空气的分离，工业中采用的方法恰是精馏，将空气在高压低温下液化，对该液体进行精馏分离得到液氮和液氧。

从物理化学看，区别在于，吸收中有一个惰性组分只存在于气相，不溶解于溶剂，同时溶剂原则上只存在于液相，不存在于气相，也就是说，只有一个组分存在于两相。而精馏时所有组分都存在于汽相和液相。由于多了一个自由度，吸收可以选择不同的温度和压力下进行，精馏的温度和压力必定一一对应。

从工程上看，精馏的主要问题是，待分离的两个组分都挥发，只是挥发度有差异，如何利用这个差异实现高纯度的分离。采用平衡蒸馏和简单蒸馏都只能有所提浓，并不能实现高纯度分离。

但这并不是精馏独有的问题。如果吸收中惰性气体中含有两个溶解度不同的组分，同样也存在着如何利用溶解度的差异实现高纯度的分离的问题。

物理化学课中也试图解决这个问题，它采用的是多次汽化和多次冷凝的方法。按这样的模式，该过程成为传热过程而非传质过程了。因此，精馏的重点是如何利用传质的方法，实现高纯度分离，即将一个二组分的混合物分离成主要由轻组分组成的馏分和主要由重组分组成的馏分。

首先考察提馏过程，即加入的料液在向下流动时如何将其中的轻组分提出来。提馏采用的方法是将一个重组分的气体向上逆流与之接触，汽液两相间发生物质的传递，轻组分自液相向汽相传递，重组分则相反，从汽相向液相传递。其结果是液相在向下流动过程中轻组分逐步减少，重组分逐步增浓，反之，上升汽流中轻组分逐步增多。提馏任务的完成依靠的是足够的重组分上升气流和足够的汽液相间传递。上升的重组分气流，可以从塔釜中汽化部分釜液得到，因此，可以称为"回流"，即"汽相回流"。问题是需要多少回流量？由进料处的相平衡可以得出回流的汽相中轻组分可以达到的最高浓度，由物料衡算，可以得到最小的汽相回流量和回流比。相对挥发度愈大，需要的汽相回流量和回流比愈小。

从以上提馏的分析看出，由相平衡和物料衡算决定汽相最小回流比。最小回流比时进料处的传质推动力为零，对数平均推动力也为零，需要的传质表面积为无限大。实际汽相回流比大于最小回流比，出现了一定值的传质推动力，需要与之相应的传质表面积和塔高。这里需要强调的是，以上所有论述与吸收完全一致。在图解时，精馏的操作线和平衡线的相对位置与吸收不同，是因为精馏的图以轻组分浓度为坐标，其传递方向为由液到汽，吸收中，被吸收组分是由汽到液。

与之相仿，我们分析精馏过程，考察上升汽流中如何脱除重组分，以得到主要由轻组分组成的馏分。采用的方法是用一个轻组分的液体，与之逆流接触，让上升气流中的重组分传递到液相，而液流中的轻组分则由液相传递到汽相。由塔顶冷凝液部分回流作为下降液流。这就是液相回流。问题是，需要多少回流量？由气相进入处的相平衡可以得出下降液相中轻组分可以达到的最高浓度，由物料衡算，可以得到最小的液相回流量和回流比。相对挥发度愈大，需要的液相回流量愈小。实际回流比应大于最小回流比，回流比愈大，所需的塔高愈小。

精馏与提馏叠合，成为完整的精馏塔，塔底获得重馏分，塔顶获得轻馏分（只是下降的液流量不单是加料液量还需要加上液相回流量）。

相平衡是精馏的物理化学基础，汽液相际传递是工业精馏的工程基础，液相回流和汽相回流则是工业精馏的实施方法。

精馏的耗能是，塔釜加热汽化，塔顶冷却冷凝。扣除部分显热，塔釜的加热量与塔顶的冷却量基本相当。加入的热量希望尽可能在塔底，使产生的蒸汽能作为汽相回流在全精馏段发挥作用，取走热量尽可能在塔顶，使冷凝的液流作为液相回流在全精馏段发挥作用。

我特别希望学生不但知道液体回流，而且也能理解"汽相回流"。我们考察一下间歇精馏。得到相同的塔顶馏分，间歇精馏所需的回流比比连续精馏大。间歇精馏初期，塔釜组成与进料组成相近，回流比与连续精馏相近，但随着精馏的进程，塔釜中轻组分减少，回流比必须增大。因此，间歇精馏的能耗要大于连续精馏。究其原因，就是，间歇精馏时加热产生的蒸汽并未用作汽相回流发挥作用，间歇精馏只有精馏过程，没有提馏过程。精馏与提馏的耦合、液相回流和汽相回流兼用，是精馏方法的核心。

在精馏中反映传递规律的、最基本的是芬斯克定律。芬斯克定律告诉我们，分离度是相对挥发度的 N 次方，N 为理论板数。芬斯克定律是在全回流条件下得到的。但是，它反映了精馏过程的基本规律。相对挥发度是待分离物料的基本性质，反映该物料进行精馏分离的难易。相对挥发度很大，说明我们选择精馏作为其分离方法是合理的。分离度反映的是我们的分离要求。芬斯克定律告诉我们，分离度是（塔顶馏分中轻重组分摩尔浓度之比）/（塔底馏分中轻重组分摩尔浓度之比），不是简单的塔顶浓度和塔底浓度之比。显然，如果混合物愈难分离、分离的要求愈高，需要的理论板数愈大。

在面对一个精馏任务时，可以运用芬斯克定律很快地计算出所需的理论板数。如果只需要数块理论板，那么，我们面对的任务是轻而易举的，反之，如果需要数十块理论板，则需要研究是否有其他更合理的分离方法。

理论板数 N 位于幂的位置上，表明，理论板数的影响非常显著，塔高增加一倍，分离度成平方增加。假如本来分离度为 100，塔高增加一倍分离度可达10000。运用芬斯克定律，可以定量地知道怎样的相对挥发度是太小了，怎样的分离度要求是太高了。

物料衡算和传递这两个基本规律同样用于理解精馏塔的操作控制。设想一个待分离混合物，其要求处理量为 100kmol/h，其中轻组分和重组分各半，要求实现高纯度分离。用物料衡算式很容易计算出塔顶馏分的精确流量。但是，实际上塔顶出料量的控制不可能达到这样的精度，因此，如果出料流量超过 50kmol/h，即塔顶馏分的出料速度大于轻组分的进料速度，那么，无论塔有多大的分离能力，出料不可能合格。反之，为了防止不合格，减少塔顶出料速度，那么，轻组分在塔内积累，最终必然要从塔釜排出。如何进行塔顶出料量的调节？等到塔顶出料不合格再调节，为时已晚，应当根据塔内轻组分的积累进行调节。高纯度分离时通常采用主塔与副塔，主塔塔顶出塔顶馏分，副塔塔底出塔底馏分，根据主塔塔釜的组成（温度）可以得知塔内轻组分的积累，进行相应的调节。同时，有足够的持液量，减轻调节的难度。以上的思考是物料衡算概念在操作方面的思考。

再看传质速率概念在操作方面的思考。塔顶馏分的纯度决定于精馏段的分离能力，塔底馏分的纯度决定于提馏段的分离能力，在操作中的塔的分离能力决定于回流比。回流比是以能耗为代价的。问题是，如何调节回流比？当塔顶或塔底馏分不合格再实施调节为时过晚，因此，需要选定灵敏板，根据灵敏板的温度（组成）实施调节。通常灵敏板位置在精馏段的中间偏下，和提馏段的中间偏上。这是基于传递速率的思考。

实际操作时灵敏板温度上升既可以是出料不平衡导致的积累，也可以是传递不够、回流比过小造成的分离能力不足。不难进行识别。

精馏是一个应用极为广泛的用于液相混合物分离的单元操作。精馏方法的适用与否通常决定于所需能耗和所需塔高。有机物精馏分离时还有一个重要因素是变质。有机物受热后往往会变质，生成某种高沸物，是为变质损失。将高沸物与重组分分离时，排出的高沸物不可避免地带走部分重组分，是为带走损失。在分离重组分与高沸物时，变质损失与带走损失此消彼长。需要根据两个损失的总和选择精馏的温度和真空度。

真空精馏引出了各种精馏设备：

为了减少受热时间，将塔釜加热由热虹吸改为强制循环和膜式蒸发器；

为了降低塔的阻力，采用低阻填料和塔板；

甚至采用分子蒸馏等新的方法。

9.2 教学随笔

9.2.1 精馏过程

▲精馏原理的基本问题，一是挥发度差异的度量即相平衡问题；二是如何使都具有挥发性的两个组分得到高纯度的分离，也即回流的作用问题。

▲考虑到溶液的非理想性，故用挥发度的差异来表征精馏过程的难易；一个组分的挥发度，表示该组分在体系平衡时的气液两相组成的关系，而相对挥发度则表示两组分在该体系中挥发度的比值。

▲为达到精馏过程的高纯度分离目的，必须调用回流这一工程手段。将部分塔顶产品作为液相回流，使之与上升的蒸汽逆流接触；将部分塔底产品汽化后作为汽相回流，使之与下降液相接触，以获得高纯度产品。这样，过程的工程特征主要是传质而非传热。

▲精馏过程的数学描述，有着各种不同方法。梯级法后于矩阵法。电子计算机的应用，使矩阵法重新得到使用，等摩尔流假设亦不再是必要的，讲授中应以矩阵法为主，但又不能排斥梯级法。梯级法便于思考分析问题，而矩阵法用于解决问题。

精馏过程利用组分间挥发度的差异以实现液相混合物的高纯度分离。挥发度的差异是精馏过程的物理化学基础；高纯度分离则是该过程所要达到的目的。这样，精馏原理的基本问题：一是挥发度差异的度量，即相平衡问题；二是如何使都具有挥发性的两个组分得到高纯度的分离，即回流的作用问题。

9.2.2 精馏过程的相平衡

表征精馏过程的难易，不用沸点的差异，也不用饱和蒸气压的差异，而是采用挥发度的差异。这是因为考虑到溶液的非理想性。一个组分的挥发度表示该组分在体系平衡时的汽液两相组成关系；相对挥发度则表示两个组分在该体系中挥发度的比值。值得指出的是：经重排后，相对挥发度也就是汽相中两组分浓度之比与液相中两组分浓度之比的比值。若相对挥发度大于1，表示体系达到平衡后，汽相中两组分浓度之比较液相为大，即相对地增浓了。从这一点上，可以看到精馏的难易，精馏的结果是以浓度的比值而不是浓度的差值来度量的，纯度90%与纯度99%两者之间不只是差9%，而是差10倍。

根据相律，对两组分系统进行等压精馏时，其温度和组成间存在着一一对应关系，这对理解精馏操作是十分重要的。当体系中混入惰性气体以后，例如在进行真空蒸馏时，这一对应关系被破坏了，在组成相仿时温度将降低；反之，在实际操作中，如温度出现异常，应该考虑到系统的气密问题。

温度和组成之间一一对应关系，还可帮助我们用易于测量的温度予以快速地判断较难测量的浓度。因此，在精馏操作过程中，温度是一个非常有用的工具。虽然温度的测量精度较低，在高纯度分离时，纯度的进一步增高，将难以在温度上得以精确显示，但在实际操作时仍可以在精馏塔的适当部位（即灵敏板）上安装温度计，以监控整个精馏过程。

9.2.3　精馏过程中的回流

精馏过程的目的，一般而言，是实现高纯度的分离；挥发度的差异，只是精馏过程的物理化学基础，它并不直接导致高纯度的分离。这是因为精馏过程所欲分离的两个组分，其挥发度虽有差异，但毕竟都是挥发的。因此，在精馏过程中必须调用某种工程手段，方能利用这一物理化学基础以达到工程的目的。这一工程手段，就是精馏过程中的回流。

如同在《物理化学》中所阐述的那样，利用多次汽化、多次冷凝的原理原则上也可以获得高纯度产品，工程上如按照这一原则进行，并设法使冷凝和汽化耦合，以便充分利用热量，这样可以得出相仿的精馏过程，但这时过程的工程特征是热交换而非传质。

也可以作另一种解释，即将部分塔顶产品作为液相回流，使之与上升蒸汽逆流接触，经过传质过程，使上升蒸汽得到精制（精馏段）；同时将部分塔底产品汽化后作为汽相回流，使之与下降液相接触，经过传质过程，将下降液体中的轻组分提出来（提馏段），以获得塔底的高纯度产品。将精馏和提馏段组合成为一个完整的精馏过程，这时，过程的工程特征主要是传质而非传热，这样似乎更合乎工程实际。

这样，在实际精馏塔中将有一股汽相物流自再沸器中升起，到达塔顶后经冷凝成液相返经全塔，回入再沸器，亦即存在着一股循环物流，与完整的吸收过程比较，在吸收过程中，溶剂也是一股循环物流，它自吸收塔顶进入，经过吸收塔、解吸塔后，再回到吸收塔顶，这与精馏过程中的循环物流相继经过精馏段、提馏段十分相仿，两者之间的差别，在于吸收过程的吸收剂是外来的组分，而精馏过程中的循环物流则是物系自身；吸收剂的参与使系统复杂化了，不似精馏过程那么简单；由于吸收剂可以自由选择，增加了过程中的自由度，可以通过吸收剂的选择来增进过程的效能。萃取过程也有相似的特征，萃取过程的萃取剂也是作为循环物料相继通过萃取塔和反萃塔的。由此可知，能简单地用精馏过程分离的物系，应尽可能采用精馏过程，例如空气分离，宁可采用高压深冷，以使用精馏方法；在相对挥发度较小，采用精馏分离较难时，才考虑采用吸收或萃取等，将一个难分离的混合物，转化为一个易于分离的混合物；然后再采用精馏操作加以分离。

汽相回流和液相回流组成的循环物流是以能耗为代价的。回流比愈大，能耗也愈大。塔顶的冷凝量和塔底的加热量是相应的，从能量的合理使用的观点看，所有的热量应施于塔底，所有的冷量应施之于塔顶，因为这样，加热量所造成的汽相回流得以返回全塔，冷却所造成的液相回流也得以通过全塔。正因为此，才会出现塔顶必须冷却、冷凝而塔身必须保温的矛盾。

9.2.4　精馏过程的数学描述

精馏过程常作为分级式过程的代表。对分级过程的数学描述，原则上应以一个级为控制体，列出各种衡算方程和速率方程，然后多级联立求解。引入了理论板概念后，排除了速率方程，而以相平衡方程替代。这样，整个方程组成为代数方程组，这是最早、最基本的描述方式。只是因为这个非线性（来自相平衡方程）大型代数方程组未能通过解析求解，再被引入等摩尔流假定，采用梯级法图解求解。梯级法后于矩阵法，电子计算机出现后，矩阵法重新得到使用，等摩尔流的假定就不再必要了。因此，在讲解时，应还本复原，以矩阵法为主。不过，梯级法仍有讲解的必要，因为数值求解过程不利于思考，而梯级法概念清晰便于思考、分析问题。故应当让学生会应用梯级法思考问题，而用矩阵法解决问题。

当然，引入等摩尔流假定是出于无奈，和板效率一样，未必都有事实依据，乙醇、水的汽化潜热即相差一倍之多。引入理论板的概念，当然也有出于无奈的原因，因为塔板上的过程过于复杂，难以作出简明确切的描述；但还有另一方面的原因，引入理论板和板效率的概念后，使两类变量——过程变量和设备变量得以分离；过程的变量用以决定理论板数，设备的变量则据以确定板效率。因此，即使塔板上过程能够对之进行数学描述，引入理论板和效率的概念，从方法论角度看，仍有其必要。在接受一个设计任务时，可以先选择过程变量，得出所需的理论板数，由此可判断该设计任务的难易程度，在此阶段无需涉及精馏设备型式及其结构尺寸；然后，经优化确定了过程变量后，再依据所需理论板数及物性特征，选择合适的设备。这样，决策就简单得多。因此，从方法论观点看，能够进行变量分离的应尽量分离，以减少决策时变量数；能进行顺序决策的应避免综合决策所增加的困难。这一点，和传质单元数、传质单元高度等概念的引入是相仿的。

精馏设备中存在着三种返混：气相中雾沫夹带、液相中的气泡夹带和塔板上液流的不均匀性，其中以雾沫夹带最为重要。雾沫夹带实际上改变了真实的操作线方程和操作线位置。现在的处理方法是，将该因素的影响归并到板效率中去。

雾沫夹带量固然是设备因素造成的，但其造成的影响却与过程有关，分离纯度越高，雾沫夹带影响愈严重。因此，雾沫夹带的影响既与设备因素有关，也与过程因素有关，雾沫夹带成为两类变量之间的一种交联。严格地说，雾沫夹带的存在，使两类变量的分离变得不十分科学了。

9.3 教学内容精要

9.3.1 蒸馏概述

化工生产常需进行液体混合物的分离以达到提纯或回收有用组分的目的。互溶液体混合物的分离有多种方法，蒸馏及精馏仅是其中最常用的一种。

蒸馏分离的依据 液体均具有挥发而成为蒸汽的能力，但各种液体的挥发性各不相同。因此，液体混合物部分汽化所生成的汽相组成与液相组成将有差别，即

$$y_A/y_B>x_A/x_B \tag{9-1}$$

将液体混合物加热沸腾使之部分汽化，所得的气相不仅满足式(9-1)，且必有 $y_A>x_A$，此即为蒸馏操作。可见，蒸馏操作是借混合液中各组分挥发性的差异而达到分离目的的。

混合物中的易挥发组分有时也称为轻组分，难挥发组分则称为重组分。

工业蒸馏过程 最简单的蒸馏过程是平衡蒸馏和简单蒸馏。

平衡蒸馏又称闪蒸，系连续定态过程。汽、液两相在分离器中分开，汽相为顶部产物，其中易挥发组分较为富集；液相为底部产物，其中难挥发组分获得了增浓。

简单蒸馏为间歇操作过程。将一批料液加入蒸馏釜中，在恒压下加热至沸腾，使液体不断汽化。陆续产生的蒸汽经冷凝后作为顶部产物，其中易挥发物相对地富集。在蒸馏过程中，釜内液体的易挥发物浓度不断下降，蒸汽中的易挥发物的含量也相应地随之降低。因此，通常是分罐收集顶部产物，最终将釜液一次排出。

平衡蒸馏和简单蒸馏两过程只能达到有限程度的提浓而不可能满足高纯度分离的要求，为此提出了精馏过程。

蒸馏/精馏操作的费用和操作压强 蒸馏操作是通过汽化、冷凝达到提浓的目的。加热汽化需要耗热，汽相冷凝则需要提供冷却量。因此，加热和冷却费用是蒸馏过程的主要操作费用。

此外，对于同样的加热量和冷却量，所需费用还与加热温度和冷却温度有关。

蒸馏过程中的液体沸腾温度和蒸汽冷凝温度均与操作压强有关，故工业蒸馏的操作压强应进行适当的选择。加压蒸馏可使冷凝温度提高以避免使用冷冻剂；

减压蒸馏则可使沸点降低以避免使用高温载热体。另外，当组分在高温下容易发生分解聚合等变质现象时，必须采用减压蒸馏以降低温度；相反，当混合物在通常条件下为气体，则首先必须通过加压与冷冻将其液化后才能进行精馏，如空气的精馏分离。

9.3.2　双组分溶液的汽液相平衡

9.3.2.1　理想物系的汽液相平衡

在蒸馏或精馏设备中，自沸腾液体产生气体，近似地认为气体和液体处于平衡状态。因此，首先要讨论两相共存的平衡物系中汽液两相组成之间的关系。

汽液两相平衡共存时的自由度　根据相律，平衡物系的自由度 F 为

$$F = N - \Phi + 2 \tag{9-2}$$

现组分数 $N = 2$，相数 $\Phi = 2$，故平衡物系的自由度为 2。

平衡物系涉及的参数为温度、压强与汽、液两相的组成。对双组分物系，一相中某一组分的摩尔分数确定后另一组分的摩尔分数也随之而定，液相或汽相组成均可用单参数表示。这样，温度、压强和液相组成（或汽相组成）三者之中任意规定两个，则物系的状态将被唯一地确定，余下的参数已不能任意选择。

在恒压下的双组分平衡物系中必存在着：液相（或汽相）组成与温度间的一一对应关系；汽、液组成之间的一一对应关系。

研究汽、液相平衡的工程目的是对上述两个对应关系进行定量的描述。

双组分理想物系的液相组成——温度（泡点）**关系式**　理想物系包括两个含义：

① 液相为理想溶液，服从拉乌尔（Raoult）定律；

② 汽相为理想气体，服从理想气体定律或道尔顿分压定律。

根据拉乌尔定律，液相上方的平衡蒸气压为

$$p_A = p_A^\circ x_A \tag{9-3}$$

$$p_B = p_B^\circ x_B \tag{9-4}$$

$$p_A^\circ = f_A(t) \qquad p_B^\circ = f_B(t)$$

混合液的沸腾条件是各组分的蒸气压之和等于外压，即

$$p_A + p_B = p$$

$$p_A^\circ x_A + p_B^\circ (1 - x_A) = p$$

于是

$$x_A = \frac{p - p_B^\circ}{p_A^\circ - p_B^\circ} \tag{9-5}$$

或

$$x_A = \frac{p - f_B(t)}{f_A(t) - f_B(t)} \tag{9-6}$$

由此可知，只要 A、B 两纯组分的饱和蒸气压 p_A°、p_B° 与温度的关系为已知，则式(9-6)给出了液相组成与温度（泡点）之间的定量关系。已知泡点，可直接计算液相组成；反之，已知组成也可算出泡点，但因 $f_A(t)$ 和 $f_B(t)$ 通常系非线性函数的缘故，计算一般需经试差。

纯组分的饱和蒸气压 p° 与温度 t 的关系通常可表示成如下的经验式：

$$\lg p^\circ = A - \frac{B}{t+C} \tag{9-7}$$

称为安托因（Antoine）方程。A、B、C 为该组分的安托因常数。

汽液两相平衡组成间的关系式　联立道尔顿分压定律和拉乌尔定律可得

$$y_A = \frac{p_A}{p} = \frac{p_A^\circ x_A}{p} \tag{9-8}$$

或引入相平衡常数 K，将上式写成

$$y_A = K x_A \tag{9-9}$$

汽相组成与温度（露点）的定量表达式

联立式(9-8)和式(9-5)即可得到汽相组成与温度（露点）的关系为

$$y_A = \frac{p_A^\circ}{p} \times \frac{p - p_B^\circ}{p_A^\circ - p_B^\circ} = \frac{f_A(t)}{P} \times \frac{p - f_B(t)}{f_A(t) - f_B(t)} \tag{9-10}$$

$t \sim x$（y）图和 $y \sim x$ 图　在总压 p 为恒定的条件下，汽（液）相组成与温度的关系可表示成曲线。该图的横坐标为液相（或汽相）的浓度，皆以轻组分的摩尔分数 x（或 y）表示（以下所述均同）。相应可得到泡点线和露点线。也可得出恒定总压、不同温度下互成平衡的汽液两相组成 y 与 x 的关系。对于理想物系，汽相组成 y 恒大于液相组成 x，故相平衡曲线必位于对角线的上方。在 $y \sim x$ 曲线上各点所对应的温度是不同的。

$y \sim x$ 的近似表达式与相对挥发度 α　纯组分的饱和蒸气压只反映了纯液体挥发性的大小。溶液中各组分的挥发性应使用各组分的平衡蒸气分压与其液相摩尔分率的比值来表示。

$$\nu_A = \frac{p_A}{x_A}, \quad \nu_B = \frac{p_B}{x_B}$$

式中，ν_A、ν_B 称为溶液中 A、B 两组分的挥发度。

混合液中两组分挥发度之比称为相对挥发度 α

$$\alpha = \frac{\nu_A}{\nu_B} = \frac{p_A/x_A}{p_B/x_B} \tag{9-11}$$

当汽相服从道尔顿分压定律时，$p = Py$，上式可写成

$$\alpha = \frac{y_A/y_B}{x_A/x_B} \tag{9-12}$$

式(9-12)往往作为相对挥发度的定义式，它表示汽相中两组分的浓度比为

与之成平衡的液相中两组分浓度比的 α 倍。

对双组分物系，$y_B = 1 - y_A$，$x_B = 1 - x_A$，代入式（9-12）并略去下标 A 可得

$$y = \frac{\alpha x}{1 + (\alpha - 1)x} \tag{9-13}$$

此式表示互成平衡的汽液两相组成间的关系，称为相平衡方程。

对理想溶液，用拉乌尔定律代入式（9-11）可得

$$\alpha = \frac{p_A^\circ}{p_B^\circ} \tag{9-14}$$

式（9-14）表示，理想溶液的相对挥发度仅依赖于各纯组分的性质。纯组分的饱和蒸气压 p_A°、p_B° 均系温度的函数，且随温度的升高而加大，因此，α 原则上随温度而变化。

为获得理想物系的相平衡数据，根据具体情况平均相对挥发度的取法有多种。如果在接近两纯组分的沸点下（或操作温度的上、下限）物系的相对挥发度 α_1 与 α_2 差别不大，则可取

$$\alpha_m = \frac{1}{2}(\alpha_1 + \alpha_2) \tag{9-15}$$

若在接近两纯组分沸点下物系的相对挥发度 α_1 与 α_2 相差较大，但其差别仍小于 30%，则可取

$$\alpha = \alpha_1 + (\alpha_2 - \alpha_1)x \tag{9-16}$$

根据此式由不同液相组成 x 算得不同的 α 值代入相平衡方程，以求出平衡的汽相组成 y。

相对挥发度等于 1 时的相平衡曲线即为对角线 $y = x$。α 值愈大，同一液相组成 x 对应的 y 值愈大，可获得的提浓程度愈大。因此，α 的大小可作为用蒸馏分离某物系的难易程度的标志。

9.3.2.2 非理想物系的汽液相平衡

对非理想物系，当汽液两相达到相平衡时，任一组分 i 在汽相中的逸度 $p y_i \phi_i$ 与液相中的逸度 $f_i^L x_i \gamma_i$ 必然相等，即

$$p y_i \phi_i = f_i^L x_i \gamma_i \tag{9-17}$$

式中，ϕ_i 为汽相 i 组分的逸度系数；γ_i 为液相 i 组分的活度系数；f_i^L 为纯液体 i 在系统温度、压力下的逸度，f_i^L 可用下式计算：

$$f_i^L = p_i^\circ \phi_i^\circ \exp\left[V_i^L \frac{p - p_i^\circ}{RT}\right] \tag{9-18}$$

式中，p_i° 为温度 T 下组分 i 的饱和蒸气压；ϕ_i° 为该蒸汽的逸度系数；V_i^L 为纯液体 i 的摩尔体积；$\exp[\ ]$ 项为坡印廷（Poynting）因子。根据具体情况，

非理想物系可分为：

① 液相属非理想溶液；

② 气相属非理想气体。

非理想溶液　溶液的非理想性本质在于异种分子间的作用力不同于同种分子间的作用力。其表现是溶液中各组分的平衡蒸气压偏离于拉乌尔定律。此偏差可正可负，分别称为正偏差溶液或负偏差溶液。

服从亨利定律只说明平衡蒸气压与浓度成正比，并不说明溶液的理想性。服从拉乌尔定律才表明溶液的理想性。

在系统压力不很高时，坡印廷因子较接近于 1，汽相逸度系数也较接近于 1。这时，$f_i^{L}=p_i^{\circ}$。当汽相仍服从道尔顿分压定律时，此种物系的汽液平衡关系为

$$p_A = p_A^{\circ} x_A \gamma_A \tag{9-19}$$

$$p_B = p_B^{\circ} x_B \gamma_B \tag{9-20}$$

或

$$y_A = \frac{p_A^{\circ} x_A \gamma_A}{p} \tag{9-21}$$

某些溶液和理想溶液比较具有较大的正偏差，致使溶液在某一组成时其两组分的蒸气压之和出现最大值。此种组成的溶液的泡点比两纯组分的沸点都低，系具有最低恒沸点的溶液。

与此相反，负偏差较大的溶液，会形成最高沸点的恒沸物。

在恒沸组成时汽、液两相的组成相同，因此不能用一般的蒸馏方法将恒沸物中的两个组分加以分离。

式(9-19)、式(9-20) 中组分的活度系数 γ_A、γ_B 并非定值而与组成有关，一般可由实测数据或活度系数关联式获得。对于双组分物系较常用的关联式有范拉尔（Van Laar）方程、马古斯（Margules）方程。对 A、B 分子体积大小相差较大的物系可用范拉尔方程，即

$$\ln\gamma_A = A_{12}\left(\frac{A_{21}x_B}{A_{12}x_A+A_{21}x_B}\right)^2$$

$$\ln\gamma_B = A_{21}\left(\frac{A_{12}x_A}{A_{12}x_A+A_{21}x_B}\right)^2 \tag{9-22}$$

对 A、B 分子体积大小相差较小的物系可用马古斯方程，即

$$\ln\gamma_A = [A_{12}+2(A_{21}-A_{12})x_A]x_B^2$$

$$\ln\gamma_B = [A_{21}+2(A_{12}-A_{21})x_B]x_A^2 \tag{9-23}$$

式(9-22) 或式(9-23) 中的 A_{12} 和 A_{21} 为一对模型参数。

非理想气体　当蒸馏过程在高压、低温下进行时，物系的汽相与理想气体相比有较大的差异，应对汽相的非理想性进行修正。

总压对相平衡的影响　相平衡曲线 $y\sim x$（包括理想系及非理想系）均以恒定总压为条件。同一物系，混合物的泡点愈高，各组分间挥发度的差异愈小。因

此，蒸馏操作的压强增高，泡点也随之升高，相对挥发度减小，分离较为困难。

9.3.3 平衡蒸馏与简单蒸馏

9.3.3.1 平衡蒸馏

过程的数学描述　蒸馏过程的数学描述包括物料衡算式、热量衡算式及反映具体过程特征的方程。

（1）物料衡算　对连续定态过程作物料衡算可得

总物料衡算 $\qquad F = D + W$ (9-24)

易挥发组分的物料衡算 $\qquad Fx_F = Dy + Wx$ (9-25)

两式联立可得

$$\frac{D}{F} = \frac{x_F - x}{y - x}$$

设液相产物占总加料量 F 的分率为 q，汽化率为 $D/F(=1-q)$，代入上式整理可得

$$y = \frac{q}{q-1}x - \frac{x_F}{q-1}$$ (9-26)

将组成为 x_f 的料液分为任意两部分时必满足此物料衡算式。

（2）热量衡算　加热炉的热流量 Q 为

$$Q = Fc_p(T - t_0)$$ (9-27)

节流减压后，物料放出显热即供自身的部分汽化，故

$$Fc_p(T - t_e) = (1-q)F\gamma$$

由此式可求得料液加热温度为

$$T = t_e + (1-q)\frac{\gamma}{c_p}$$ (9-28)

（3）过程特征方程式　平衡蒸馏中汽、液两相处于平衡状态，即两相温度相同，组成互为平衡。因此，y 与 x 应满足相平衡方程式

$$y = f(x)$$ (9-29)

若为理想溶液应满足

$$y = \frac{\alpha x}{1 + (\alpha - 1)x}$$

平衡温度 t_e 与组成 x 应满足泡点方程，即

$$t_e = \Phi(x)$$ (9-30)

式（9-29）、式（9-30）皆为平衡蒸馏过程特征的方程式。

平衡蒸馏过程的计算　当给定汽化率（$1-q$），联立求解方程式（9-26）、式（9-29）可得汽、液相组成 y、x。再由方程式（9-30）求出平衡温度 t_e。根据平

衡温度 t_e，可由热量衡算式（9-28）解出加热温度 T，然后代入式（9-27）计算所需热流量。

9.3.3.2　简单蒸馏

简单蒸馏过程的数学描述　简单蒸馏是非定态过程，描述其过程的物料衡算、热量衡算方法与平衡蒸馏并无本质区别，因此，对简单蒸馏必须选取一个时间微元 $d\tau$，对该时间微元的始末作物料衡算。

釜内液体组成相应地由 x 降为 $(x-dx)$，对该时间微元作易挥发组分的物料衡算可得：

$$Wx = ydW + (W - dW)(x - dx)$$

略去二阶无穷小量，上式可写为

$$\frac{dW}{W} = \frac{dx}{y - x}$$

将此式积分得

$$\ln\frac{W_1}{W_2} = \int_{x_2}^{x_1} \frac{dx}{y - x} \tag{9-31}$$

简单蒸馏过程的特征是任一瞬时的汽、液相组成 y 与 x 互成平衡，故描述此过程的特征方程式仍为相平衡方程式，即

$$y = f(x)$$

简单蒸馏的过程计算　将平衡式代入式（9-31）

$$\ln\frac{W_1}{W_2} = \int_{x_2}^{x_1} \frac{dx}{f(x) - x} \tag{9-32}$$

若为理想溶液，$y = \dfrac{\alpha x}{1 + (\alpha - 1)x}$，上式积分结果为

$$\ln\frac{W_1}{W_2} = \frac{1}{\alpha - 1}\left[\ln\frac{x_1}{x_2} + \alpha\ln\frac{1 - x_2}{1 - x_1}\right] \tag{9-33}$$

原料量 W_1 及原料组成 x_1 一般已知，当给定 x_2 即可由上式求出残液量 W_2。由于釜液组成 x 随时变化，每一瞬时的汽相组成 y 也相应变化。若将全过程的汽相产物冷凝后汇集一起，则馏出液的平均组成 $\bar{y}$ 及数量可对全过程的始末作物料衡算而求出。全过程易挥发组分的物料衡算式为

$$\bar{y}(W_1 - W_2) = W_1 x_1 - W_2 x_2$$

故

$$\bar{y} = x_1 + \frac{W_2}{W_1 - W_2}(x_1 - x_2) \tag{9-34}$$

9.3.4　精馏

9.3.4.1　精馏过程

精馏原理　对连续精馏塔，料液自塔的中部某适当位置连续地加入塔内，塔

顶设有冷凝器将塔顶蒸汽冷凝为液体。冷凝液的一部分回入塔顶，称为回流液，其余作为塔顶产品（馏出液）连续排出。在塔内上半部（加料位置以上）上升蒸汽和回流液体之间进行着逆流接触和物质传递。塔底部装有再沸器（蒸馏釜）以加热液体产生蒸汽，蒸汽沿塔上升，与下降的液体逆流接触并进行物质传递，塔底连续排出部分液体作为塔底产品。

在塔的加料位置以上，上升蒸汽中所含的重组分向液相传递，而回流液中的轻组分向汽相传递。如此物质交换的结果，使上升蒸汽中轻组分的浓度逐渐升高。只要有足够的相际接触表面和足够的液体回流量，到达塔顶的蒸汽将成为高纯度的轻组分。塔的上半部完成了上升蒸汽的精制，即除去其中的重组分，因而称为精馏段。

在塔的加料位置以下，下降液体（包括回流液和加料中的液体）中的轻组分向汽相传递，上升蒸汽中的重组分向液相传递。这样，只要两相接触面和上升蒸汽量足够，到达塔底的液体中所含的轻组分可降至很低，从而获得高纯度的重组分。塔的下半部完成了下降液体中重组分的提浓即提出了轻组分，因而称为提馏段。

一个完整的精馏塔应包括精馏段和提馏段，可将一个双组分混合物连续地、高纯度地分离为轻、重两组分。

精馏之区别于蒸馏就在于"回流"，包括塔顶的液相回流与塔釜部分汽化造成的汽相回流。回流是构成汽、液两相接触传质的必要条件，没有汽液两相的接触也就无从进行物质交换。另一方面，组分挥发度的差异造成了有利的相平衡条件（$y > x$）。这使上升蒸汽在与自身冷凝回流液之间的接触过程中，重组分向液相传递，轻组分向汽相传递。相平衡条件 $y > x$ 使必需的回流液的数量小于塔顶冷凝液量的总量，即只需要部分回流而无需全部回流。唯其如此，才有可能从塔顶抽出部分凝液作为产品。因此，精馏过程的基础仍然是组分挥发度的差异。

全塔物料衡算　连续精馏过程的塔顶和塔底产物的流率和组成与加料的流率和组成有关，这些流率与组成之间的关系均受全塔物料衡算的约束。

总物料衡算可得

$$F = D + W \tag{9-35}$$

轻组分物料衡算可得

$$F x_{F} = D x_{D} + W x_{W} \tag{9-36}$$

由以上两式可求出

$$\frac{D}{F} = \frac{x_{F} - x_{W}}{x_{D} - x_{W}} \tag{9-37}$$

$$\frac{W}{F} = 1 - \frac{D}{F} \tag{9-38}$$

式中，D/F 和 W/F 分别为馏出液和釜液的采出率。

回流比和能耗　设置精馏段的目的是除去蒸汽中的重组分。回流量的相对大小通常以回流比即塔顶回流量 L 与塔顶产品量 D 之比表示。

$$R=L/D \tag{9-39}$$

增大回流比的措施是增大塔底的加热速率和塔顶的冷凝量。增大回流比的代价是能耗的增大。

设置提馏段的目的是脱除液体中的轻组分，提馏段内的上升蒸汽量与下降液量的相对比值大，有利于塔底产品的提纯。加大回流比本来就是靠增大塔底加热速率达到的，因此加大回流比既增加精馏段的液、汽比，也增加了提馏段的汽、液比，对提高两组分的分离程度都起积极作用。

9.3.4.2 精馏过程数学描述的基本方法

逆流多级的传质操作 汽液传质设备对精馏和吸收过程是通用的。

对板式精馏塔，汽相借压差穿过塔板上的小孔与板上液体接触，两相进行热、质交换。汽相离开液层后升入上一块塔板，液相则自上而下逐板下降。两相经多级逆流传质后，汽相中的轻组分浓度逐板升高，液相在下降过程中其轻组分浓度逐板降低。整个精馏塔由若干块塔板组成，每块塔板为一个汽液接触单元。

过程描述的基本方法 精馏过程描述的基本方法是物料衡算、热量衡算及过程特征的方程。

描述分级式接触的精馏过程，则应以单块塔板作为考察单元，对每一块板（级）列出物料衡算式、热量衡算式及过程特征方程式，然后联立求解由多块塔板构成的代数方程组。

9.3.4.3 塔板上过程的数学描述

单块塔板的物料衡算 对精馏塔内自塔顶算起的任意第 n 块塔板（非加料板），进、出该塔板汽液两相流量（kmol/s）及组成（摩尔分数）。

对第 n 块塔板作物料衡算可得：

总物料衡算式 $\qquad V_{n+1}+L_{n-1}=V_n+L_n \tag{9-40}$

轻组分衡算式 $\quad V_{n+1}y_{n+1}+L_{n-1}x_{n-1}=V_ny_n+L_nx_n \tag{9-41}$

单块塔板的热量衡算及其简化 根据进出任意第 n 块塔板的饱和蒸汽及泡点液体的热焓（kJ/kmol），不计热损失，对第 n 块塔板作热量衡算可得

$$V_{n+1}I_{n+1}+L_{n-1}i_{n-1}=V_nI_n+L_ni_n \tag{9-42}$$

因饱和蒸汽的焓 I 为泡点液体的焓 i 与汽化潜热 γ 之和，上式可写为

$$V_{n+1}(\gamma_{n+1}+i_{n+1})+L_{n-1}i_{n-1}=V_n(\gamma_n+i_n)+L_ni_n \tag{9-43}$$

若忽略组成与温度所引起的饱和液体焓 i 及汽化潜热 γ 的差别，即假设

$$i_{n+1}=i_{n-1}=i_n=i$$

$$\gamma_{n+1}=\gamma_n=\gamma$$

则热量衡算式可简化为

$$(V_{n+1} - V_n)\gamma = (L_n + V_n - L_{n-1} - V_{n+1})i \qquad (9\text{-}44)$$

将总物料衡算式(9-40)代入式(9-44),可得

$$V_{n+1} = V_n \qquad (9\text{-}45)$$

并进而由式(9-40)求得

$$L_n = L_{n-1} \qquad (9\text{-}46)$$

由此可得:在精馏塔内没有加料和出料的任一塔段中,各板上升的蒸汽量均相等,各板下降的液体量也均相等。这样,可以省去下标,用 V、L 表示精馏段内各板上升的蒸汽流量和下降的液体流量,用 $\overline{V}$、$\overline{L}$ 表示提馏段内各板的蒸汽流量和液体流量。由于加料的缘故,两段之间的流量不一定相等。

上述简化的主要条件是两组分的汽化热相等。通常不同液体的摩尔汽化热较为接近,因而 V 和 L 应取为摩尔流量,故称为恒摩尔流假定。

塔板传质过程的简化——理论板和板效率 塔板上两相的传质与传热速率不仅取决于物系的性质、塔板上的操作条件,而且与塔板的结构有关,难以用简单的方程加以表示。

为此引入了理论板的概念。所谓理论板是一个汽、液两相皆充分混合而且传质与传热过程的阻力皆为零的理想化塔板。塔板上充分混合并进行传质与传热的最终结果总是使离开塔板的汽、液两相在传质与传热两个方面都达到平衡状态:两相温度相同,组成互成平衡。因此,表达塔板上传递过程的特征方程式可简化为:

泡点方程: $\qquad\qquad t_n = \Phi(x_n) \qquad (9\text{-}47)$

相平衡方程: $\qquad\qquad y_n = f(x_n) \qquad (9\text{-}48)$

因一块实际塔板不同于一块理论板,为表达这种实际塔板与理论板的差异,引入板效率的概念。板效率的定义如下:

$$E_{mV} = \frac{y_n - y_{n+1}}{y_n^* - y_{n+1}} \qquad (9\text{-}49)$$

式中,y_n^* 为与离开第 n 板液相组成 x_n 成平衡的汽相组成;E_{mV} 也称为汽相的默弗里板效率。

式(9-49)中分母表示汽相经过一块理论板后组成的增浓程度,分子则为实际的增浓程度。

引入理论板概念,可将复杂的精馏问题分解为两个问题,然后分步解决。

综上所述,通过引入理论板及恒摩尔流的假定使塔板过程的物料、热量衡算及传递速率式最终简化为

物料衡算式 $\qquad V y_{n+1} + L x_{n-1} = V y_n + L x_n \qquad (9\text{-}50)$

相平衡方程 $\qquad\qquad y_n = f(x_n) \qquad (9\text{-}51)$

此方程组对精馏段、提馏段每一块塔板均适用,但对有物料加入或引出的塔板不适用。

加料板过程分析　加料板因有物料自塔外引入，其物料衡算方程式和热量衡算式与普通板不同。采用上述方法，对加料板导出相应的方程式。

（1）加料的热状态　原料入塔时的温度或状态称为加料的热状态。加料的热状态不同，精馏段与提馏段两相流量的差别也不同。另外，加料的方式也可以多种多样。

（2）理论加料板　加料板上的复杂情况也可通过理论板的概念加以简化，即不论进入加料板各物流的组成、热状态及接触方式如何，离开加料板的汽液两相温度相等，组成互为平衡。

设第 m 块板为加料板，根据进出该板各股物流的流量、组成与热焓，对加料板可得到与式(9-50)、式(9-51) 相对应的关系式：

物料衡算式 $\quad\quad Fx_f + \overline{V}y_{m+1} + Lx_{m-1} = Vy_m + \overline{L}x_m$ $\quad\quad$ (9-52)

相平衡方程 $\quad\quad\quad\quad\quad y_m = f(x_m)$ $\quad\quad\quad\quad\quad\quad\quad\quad$ (9-53)

精馏段与提馏段两相流量的关系　对加料板作物料及热量衡算如下：

$$F + L + \overline{V} = \overline{L} + V \quad\quad\quad (9\text{-}54)$$

$$Fi_f + Li + \overline{V}I = \overline{L}i + VI \quad\quad\quad (9\text{-}55)$$

式中，F、i_f 分别为加料流量与每 1kmol 原料所具有的热焓。以上关系已经应用了恒摩尔流假定即不同温度和组成下的饱和液体焓 i 及汽化潜热 γ 均相等。

联立式(9-54)、式(9-55) 可得

$$\frac{\overline{L} - L}{F} = \frac{I - i_f}{I - i} \quad\quad\quad (9\text{-}56)$$

若定义

$$q = \frac{I - i_f}{I - i} = \frac{1\text{kmol 原料变成饱和蒸汽所需的热}}{\text{原料的摩尔汽化热}} \quad\quad\quad (9\text{-}57)$$

则由式(9-56)、式(9-54) 可得

$$\overline{L} = L + qF \quad\quad\quad (9\text{-}58)$$

$$V = \overline{V} + (1-q)F \quad\quad\quad (9\text{-}59)$$

上两式中的 q 称为加料热状态参数，其数值大小等于每加入 1kmol 的原料使提馏段液体所增加的量（kmol）。从 q 值的大小可以看出加料的状态及温度的高低：

$q = 0$，为饱和蒸汽加料；

$0 < q < 1$，为汽液混合物加料；

$q = 1$，为泡点加料；

$q > 1$，冷液加料，此时进料液体的温度低于泡点，入塔后由提馏段上升蒸汽部分冷凝所放出的冷凝热将其加热至泡点，因此 q 值大于 1；

$q < 0$，为过热蒸汽加料，入塔后将放出显热成为饱和蒸汽，使加料板上的

液体部分汽化，因此 q 值小于零。

精馏塔内的摩尔流率 设精馏塔顶的冷凝器将来自塔顶的蒸汽全部冷凝（这种冷凝器称全凝器），凝液在泡点温度下部分地回流入塔（泡点回流）。根据恒摩尔流的假定，此时回流液的流量 L 即为精馏段逐板下降的液体量。由此可得塔内各段汽液两相的摩尔流量为

精馏段
$$\left.\begin{array}{l} L=RD \\ V=L+D=(R+1)D \end{array}\right\} \tag{9-60}$$

提馏段
$$\left.\begin{array}{l} \overline{L}=L+qF \\ \overline{V}=V-(1-q)F \end{array}\right\} \tag{9-61}$$

塔顶蒸汽全部冷凝为泡点液体时，冷凝器的热负荷为
$$Q_{\mathrm{C}}=V\gamma_{\mathrm{c}} \tag{9-62}$$

塔釜热负荷为
$$Q_{\mathrm{B}}=\overline{V}\gamma_{\mathrm{b}} \tag{9-63}$$

9.3.4.4 精馏过程的两种解法

方程组的联立求解 设某精馏塔共有 N 块理论板，其中第 m 块板为加料板，最末一块是蒸馏釜。釜内液体在蒸馏釜内部分汽化，离开塔釜的汽液两相组成 y_N 与 x_W 可认为互成平衡，故蒸馏釜可视作一块理论板。

对任一非加料板作物料衡算可得式（9-50），对加料板作物料衡算可得式（9-52），而对蒸馏釜作物料衡算可得
$$\overline{L}x_{N-1}=\overline{V}y_N+Wx_W \tag{9-64}$$

这样，对 N 块理论板可写出 N 个物料衡算式。若设回流液体组成为 x_0，则 N 个物料衡算式可依次列出如下：

第 1 块板 $\qquad Lx_0-(Lx_1+Vy_1)+Vy_2=0$

第 2 块板 $\qquad Lx_1-(Lx_2+Vy_2)+Vy_3=0$

$$\cdots\cdots$$

加料板（第 m 板） $\quad Lx_{m-1}-(\overline{L}x_m+Vy_m)+\overline{V}y_{m+1}=-Fx_{\mathrm{F}}$

提馏段任一块板（第 n 板） $\quad \overline{L}x_{n-1}-(\overline{L}x_n+\overline{V}y_n)+\overline{V}y_{n+1}=0$

最后一块板（第 N 板） $\quad \overline{L}x_{N-1}-(Wx_W+\overline{V}y_N)=0$

$$(9-65)$$

除此 N 个物料衡算式之外，对 N 块理论板还可以写出 N 个相平衡方程式，即
$$y_n=f(x_n) \qquad n=1\sim N \tag{9-66}$$

通过全塔物料衡算式及塔内摩尔流量的计算，方程组（9-65）中的 V、L、$\overline{V}$、$\overline{L}$、W 皆已知；若塔顶设全凝器，则 x_0 即为离开第一块塔板的汽相组成

y_1。于是,联立求解 N 个物料衡算式(9-65) 及 N 个相平衡方程式 (9-66),可解出 $x_1 \sim x_N$ 及 $y_1 \sim y_N$ 共 $2N$ 个未知数。但由于相平衡方程式(9-66) 是非线性的,求解过程必须试差或迭代。具体做法是首先假定一组 x $(x_1 \sim x_N)$,由相平衡方程式(9-66) 算出一组 y $(y_1 \sim y_N)$,并将其代入方程组(9-65)。此时,方程组(9-65) 成为一线性代数方程组,可用各种数学方法求解,从而获得每一块板的液相组成 $x_1 \sim x_N$ (即 x_W)。如此逐次迭代,直至各 x 值不再变化。

逐板计算法 方程组(9-65) 与式(9-66) 也可自上而下依次逐个求解。若塔顶产品组成 x_D 已知,对于全凝器 $y_1 = x_0 = x_D$,可首先使用相平衡方程式由 y_1 求 x_1,然后由方程组(9-65) 第一式求 y_2。根据 y_2 第二次使用相平衡方程式求 x_2,再由方程组(9-65) 第二式求 y_3。如此交替使用相平衡方程式(9-66) 与物料衡算方程组(9-65),可自塔顶依次求出离开各板的汽液两相组成 y_n 与 x_n。对于设计型问题,塔底液相组成 x_W 也是已知的,当算到离开某块塔板的液相组成 $x_N \leqslant x_W$,则此 x_N 的下标便是所需要的理论塔板数。

逐板计算尤为适用于板数 N 为待求变量的设计型问题。

根据冷凝器的物料衡算式

$$V y_1 - L x_0 = D x_D \tag{9-67}$$

可将方程组(9-65) 的第一式改写为

$$-D x_D - L x_1 + V y_2 = 0 \tag{9-68}$$

于是将方程组(9-65) 加料板以上任意前几个衡算式相加,可得

$$V y_{n+1} - L x_n = D x_D \tag{9-69}$$

此式对精馏段任一块板均适用。

若任意第 n 块板位于加料板以下,并将前 n 个衡算式相加,则得

$$\overline{V} y_{n+1} - \overline{L} x_n = D x_D - F x_F \tag{9-70}$$

此式对提馏段任一块板均适用。

逐板计算法亦可交替使用相平衡方程式(9-66) 与式(9-69) 或式(9-70) 进行。

9.3.4.5 精馏塔的操作方程

精馏段操作方程 方程组(9-65) 是各块塔板的物料衡算式,而式(9-69)

$$V y_{n+1} - L x_n = D x_D$$

是方程组(9-65) 前 n 个式子叠加的结果。这一叠加过程的物理含义,就是自塔顶至第 n 块板直接作物料衡算。取塔顶(包括全凝器)至精馏段第 n 块板的下方某一截面为控制体作物料衡算,结果为式(9-69)。将式中各项除以 V 可得

$$y_{n+1} = \frac{L}{V} x_n + \frac{D}{V} x_D \tag{9-71}$$

设塔顶为泡点回流,$L = RD$,$V = (R+1)D$,上式成为

$$y_{n+1} = \frac{R}{R+1}x_n + \frac{x_D}{R+1} \tag{9-72}$$

式(9-72)表明精馏段任一截面(取在两塔板之间)处,上升蒸汽组成 y_{n+1} 与下降液体组成 x_n 两者关系受该物料衡算式的约束,称为精馏段操作方程。

提馏段操作方程   同样,若取塔顶至提馏段某一块板(自塔顶算起第 n 板)的下方截面为控制体直接作物料衡算,可得式(9-70)

$$\overline{V}y_{n+1} - \overline{L}x_n = Dx_D - Fx_F$$

$$y_{n+1} = \frac{\overline{L}}{\overline{V}}x_n + \frac{Dx_D - Fx_F}{\overline{V}} \tag{9-73}$$

将式 $\overline{L} = RD + qF$,$\overline{V} = (R+1)D - (1-q)F$ 代入上式,则

$$y_{n+1} = \frac{RD+qF}{(R+1)D-(1-q)F}x_n + \frac{Dx_D - Fx_F}{(R+1)D-(1-q)F} \tag{9-74}$$

因 $Dx_D - Fx_F = -Wx_W = -(F-D)x_W$,上式可写成

$$y_{n+1} = \frac{RD+qF}{(R+1)D-(1-q)F}x_n - \frac{F-D}{(R+1)D-(1-q)F}x_W \tag{9-75}$$

以上两式称为提馏段操作方程,提馏段任意两板之间某截面的汽、液两相组成 y_{n+1} 与 x_n,皆受此物料衡算式的约束。

操作方程的图示——操作线   在 $y \sim x$ 图上,精馏段操作线的端点坐标为 $y = x_D$、$x = x_D$(位于对角线 a 点),斜率为 L/V 或 $R/(R+1)$,截距为 $x_D/(R+1)$。提馏段操作线的端点坐标为 $y = x_W$、$x = x_W$(位于对角线 c 点),斜率为 $\overline{L}/\overline{V}$。

两操作线的交点可由操作方程式(9-72)、式(9-74)联立求得,令此交点坐标为 $(y_q、x_q)$,则有

$$y_q = \frac{Rx_F + qx_D}{R+q} \tag{9-76}$$

$$x_q = \frac{(R+1)x_F + (q-1)x_D}{R+q} \tag{9-77}$$

理论板的增浓度   任一块板的浓度特征可由离开该板的蒸汽组成 y_n 和液相组成 x_n 表示,对一理论板 y_n 与 x_n 必满足相平衡方程。这样,在 $y \sim x$ 图上表征某一块理论板的点必落在平衡线上。

塔中某一截面的浓度特征可用通过该截面的上升蒸汽和下降液体的组成表示,该汽液组成必须服从操作线方程。$y \sim x$ 图上表征某一截面的点必落在操作线上。三点组成一个三角形 ABC,此三角形充分表达了某一理论板的工作状态。顶点各表示板上及板下的两相成状态,而离开板的汽液两相组成状态,AB 边(平行于 x 的边)表示液体经过该理论板的提纯或增浓程度,BC 边(平行于 y

的边）表示汽相经该理论板后的提纯或增浓程度。

9.3.5　双组分精馏的设计型计算

9.3.5.1　理论板数的计算

精馏设计型计算的命题　设计型计算的任务是根据规定的分离要求，选择精馏的操作条件，计算所需的理论板数。

规定分离要求就是对塔顶、塔底产品的质量和数量（产率）提出一定的要求。工业上规定分离过程中某个有用产物（目的产物，如轻组分）的回收率 η 以代替产率。η 的定义为

$$\eta = \frac{Dx_D}{Fx_F} \tag{9-78}$$

由于全塔物料衡算的约束，规定分离要求时只能指定两个条件，如指定塔顶产品的数量 D 与质量 x_D，则塔底产品的数量 W 与质量 x_W 由全塔物料衡算限定，而不能再任意规定。

选择精馏条件除操作压强外，还有回流比 R 和进料的热状态 q。这三个参数选定以后，相平衡关系和操作方程也随之确定，于是，可应用相平衡方程和操作方程计算所需的理论板数。

逐板计算法　对连续精馏塔，塔顶设全凝器，泡点回流。

最直接的设计型计算方法是逐板计算法，通常从塔顶开始进行计算。

自第一块板上升的蒸汽组成应等于塔顶产品的组成，即 $y_1 = x_D$。

自第一板下降的液体组成 x_1 必与 y_1 成平衡，故可由相平衡方程以 y_1 计算 x_1。

自第二板上升的蒸汽组成 y_2 与 x_1 必须满足操作方程，故可由操作方程以 x_1 计算 y_2。

如此交替地使用相平衡方程和操作方程进行逐板下行计算，直至达到规定的塔底组成为止，从而得出所需理论板数。

上述计算过程可在 $y \sim x$ 图上用图解法进行，且更为简捷明了。为此可在 $y \sim x$ 图上作出相平衡曲线和两条操作线。

图解可自对角线上的 a 点（$y_1 = x_D$，x_D）开始。由 y_1 求 x_1 的过程相当于自 a 点作水平线使之与平衡线相交，由交点 1 的坐标（y_1，x_1）可得知 x_1。

由 x_1 求 y_2 的过程相当于自点 1 作垂直线，使之与操作线相交，交点 g 的坐标为（y_2，x_1）。

如此交替地在平衡线与操作线之间作水平线和垂直线，相当于交替地使用相平衡方程和操作线方程。直至 $x_N \leqslant x_W$ 为止，图中阶梯数即为所需理论板数。

最优加料位置的确定　在自上而下逐板计算中存在一个加料板位置的确定问

题。在计算过程中，跨过加料板由精馏段进入提馏段在计算中的表现是以提馏段操作方程代替精馏段操作方程，在图解法中表现为改换操作线。问题是如何选择加料板位置可使所需要的总理论板数最少。

最优加料板位置是该板的液相组成 x 等于或略低于 x_q（即两操作线交点的横坐标）。若加料板不在最佳位置，也能求出所需的理论板数，但达到指定分离任务所需要的理论板数较多。

可见加料位置的选择本质上是个优化的问题。

设计时加料板位置应在根据精馏段和提馏段操作线选定的可变范围内。

操作线的实际作法　在用图解法计算理论板数时，可从 $x \sim y$ 图中点（x_D, x_D）出发，以 $\dfrac{x_D}{R+1}$ 为截距作出精馏段操作线；从点（x_W, x_W）出发，以 $\dfrac{\overline{L}}{\overline{V}}$ 为斜率作提馏段操作线。在回流比 R 规定后，提馏段操作线的斜率与加料热状态（q 值）有关。为简便起见，常在精馏段操作线上找出两操作线的交点（y_q, x_q），然后联结点（x_W, x_W）和点（y_q, x_q）即得提馏段操作线。

由式(9-76)、式(9-77)两式消去参数 x_D 即得

$$y_q = \frac{q}{q-1} x_q - \frac{x_F}{q-1} \tag{9-79}$$

此式称为 q 线方程。在 $y \sim x$ 图上 q 线是通过点（$y=x_F$, $x=x_F$）的一条直线，斜率为 $\dfrac{q}{q-1}$。因此，可从对角线上的点（$y=x_f$, $x=x_f$）出发，以 $\dfrac{q}{q-1}$ 为斜率作出 q 线，找出该线与精馏段操作线的交点，联结此两点即得提馏段操作线。

9.3.5.2　回流比的选择

增大回流比，既加大了精馏段的液汽比 L/V，也加大了提馏段的汽液比 $\overline{V}/\overline{L}$，两者均有利于精馏过程中的传质。设计时采用的回流比较大，则在 $y \sim x$ 图上两条操作线均移向对角线，达到指定的分离要求所需的理论板数较少。增大回流比是以增加能耗为代价的，回流比的选择是一个经济问题。

从回流比的定义式来看，回流比可以在零至无穷大之间变化，前者对应于无回流，后者对应于全回流，但实际上对指定的分离要求（设计型问题），回流比不能小于某一下限，否则即使有无穷多个理论板也达不到设计要求。回流比的这一下限称为最小回流比，这是技术上对回流比选择所加的限制。

全回流与最少理论板数

全回流时精馏塔不加料也不出料，自然也无精馏段与提馏段之分。在 $y \sim x$ 图上，精馏段与提馏段操作线都与对角线重合。从物料衡算或者从操作线的位置都可以看出全回流的特点是：两板之间任一截面上，上升蒸汽的组成与下降液体

的组成相等，而且为达到指定的分离程度（x_D、x_W）所需的理论板数最少。

全回流时的理论板数可按前述逐板计算法或图解法求出。

$$N_{min} = \frac{\lg\left[\left(\frac{x_D}{1-x_D}\right)\left(\frac{1-x_W}{x_W}\right)\right]}{\lg\alpha} \qquad (9\text{-}80)$$

式（9-81）称为芬斯克（Fenske）方程。此式简略地表明在全回流条件下分离程度与总理论板数（N_{min}中包括了塔釜）之间的关系。

最小回流比 R_{min}　设计条件下，如采用较小的回流比，两操作线向平衡线移动，达到指定分离程度（x_D，x_W）所需的理论板数增多。当回流比减至某一数值时，两操作线的交点落在平衡线上，此时即使理论板数无穷多，板上流体组成也不能跨越，此即为指定分离程度时的最小回流比。

设交点的坐标（y_e，x_e），则最小回流比的数值可按 ae [（x_D，y_D）和（x_e，y_e）点的连线]线的斜率求出。

$$\frac{R_{min}}{R_{min}+1} = \frac{x_D - y_e}{x_D - x_e} \qquad (9\text{-}81)$$

最小回流比 R_{min} 之值还与平衡线的形状有关。

最小回流比一方面与物系的相平衡性质有关，另一方面也与规定的塔顶、塔底浓度有关。对于指定物系，最小回流比只取决于混合物的分离要求，故最小回流比是设计型计算中特有的问题。离开了指定的分离要求，也就不存在最小回流比的问题。

最适宜回流比的选取　最小回流比对应于无穷多塔板数。增加回流比起初可显著降低所需塔板数，设备费用的明显下降能补偿能耗（操作费）的增加。再增大回流比，所需理论板数下降缓慢，此时塔板费用的减少将不足以补偿能耗的增长。此外，回流比的增加也将增大塔顶冷凝器和塔底再沸器的传热面积，设备费用反随回流比的增加而有所上升。

一般最适宜回流比 R_{opt} 的数值范围是

$$R_{opt} = (1.2 \sim 2)R_{min}$$

理论板数的捷算法

当对指定的分离任务所需要的理论板数作出大致的估计，或简略地找出塔板数与回流比的关系时，可用如下的经验方法求取理论板数。

先按设计条件求出最小回流比 R_{min} 及全回流条件下的最少理论板数 N_{min}，然后利用某种经验关联求出指定回流比下的理论板数。常用的一种经验关联是吉利兰（Gilliland）图，图中曲线在 $\left(\frac{R-R_{min}}{R+1}\right) < 0.17$ 范围内可用下式代替

$$\lg\frac{N - N_{min}}{N+1} = -0.9\left(\frac{R - R_{min}}{R+1}\right) - 0.17 \qquad (9\text{-}82)$$

式(9-82) 与吉利兰图中的板数 N 与 $N_{\min}$ 均指全塔（包括塔釜）的理论板数。

9.3.5.3 加料热状态的选择

加料热状态可由 q 值表征，q 值表示加料中饱和液体所占的百分率。若原料经预热或部分汽化，则 q 值较小。在给定的回流比 R 下，q 值的变化不影响精馏段操作线的位置，但明显改变了提馏段操作线的位置。

q 值愈小，即进料前经预热或部分汽化，所需理论板数反而愈多。

明确比较的标准。精馏的核心是回流，精馏操作的实质是塔底供热产生蒸汽回流、塔顶冷凝造成液体回流。由全塔热量衡算可知，塔底加热量、进料带入热量与塔顶冷凝量三者之间有一定关系。以上对不同 q 值进料所作的比较是以固定回流比 R 即以固定的冷却量为基准的。这样，为保持塔顶冷却量不变，进料带热愈多，塔底供热则愈少，塔釜上升的蒸汽量亦愈少；塔釜上升蒸汽量减少，使提馏段的操作线斜率增大，其位置向平衡线移近，所需理论板数必增多。

当然，如果塔釜热量不变，进料带热增多，则塔顶冷却量必增大，回流比相应增大，所需的塔板数将减少。这是以增加热耗为代价的。

一般而言，在热耗不变的情况下，热量应尽可能在塔底输入，使所产生的汽相回流能在全塔中发挥作用；而冷却量应尽可能施加于塔顶，使所产生的液体回流能经过全塔而发挥最大的效能。

9.3.5.4 双组分精馏过程的其他类型

直接蒸汽加热 如待分离物系为某种轻组分与水的混合物时，可将加热蒸汽直接通入塔釜以汽化釜液。称为直接蒸汽加热精馏过程。

设通入的加热蒸汽为饱和蒸汽。按恒摩尔流的假定，塔釜的蒸发量 $\overline{V}$ 与加入蒸汽量相等。据此对精馏段作物料衡算，所得操作线方程与间接蒸汽加热时完全相同。提馏段物料衡算式为

$$\overline{L}+S=\overline{V}+W \tag{9-83}$$

及

$$\overline{V}y_{n+1}+Wx_W=\overline{L}x_n \tag{9-84}$$

由此得提馏操作方程为

$$y_{n+1}=\frac{\overline{L}}{\overline{V}}x_n-\frac{W}{\overline{V}}x_W \tag{9-85}$$

此式与间接蒸汽加热时相同。基于恒摩尔流的假定，直接蒸汽加热时有 $\overline{V}=S$，$\overline{L}=W$；于是，式(9-85) 可写为

$$y_{n+1}=\frac{W}{S}x_n-\frac{W}{S}x_W \tag{9-86}$$

此提馏段操作线在 $y\sim x$ 图上通过 $x=x_W$、$y=0$ 一点。

　　比较直接蒸汽加热与间接蒸汽加热可知，在设计时 x_F、x_D 及釜液排放浓度 x_W 相同的情况下，因加热蒸汽的凝液排出时也带走少量轻组分，将使轻组分的回收率降低。因此，为了减少塔底轻组分的损失，加热蒸汽在进塔釜前应尽可能除去其中所夹带的水。

　　反之，由于直接蒸汽的通入必使釜液排放量增加，为保持两种加热情况下的轻组分回收率不变，釜液组成 x_W 比较间接加热时为低。这样，使用直接蒸汽加热所需要的理论板数将稍有增加。

　　间接蒸汽加热时，一定的冷凝量对应于一定的塔釜蒸发量。同理，当为直接蒸汽加热时，一定的塔顶冷凝量对应于一定的直接蒸汽用量 S。换言之，当加料热状态与塔顶产物量 D 一定的条件下，加热蒸汽量取决于回流比。

　　多股加料　两种成分相同但浓度不同的料液可在同一塔内进行分离，两股料液应分别在适当的位置加入塔内，称为多股加料精馏过程。

　　此时的精馏塔可分成三段，每段均用物料衡算推出其操作线方程。无论加料热状态如何，塔中第 Ⅱ 段操作线斜率必较第 Ⅰ 段大，第 Ⅲ 段较第 Ⅱ 段为大。各股加料的 q 线方程仍与单股加料时相同。

　　减少回流比时，三段操作线均向平衡线靠拢，所需的理论板数将增加。当回流比减小到某一限度即最小回流比时，夹点可能在 Ⅰ-Ⅱ 两操作线的交点，也可能出现在 Ⅱ-Ⅲ 两操作线的交点。对非理想性很强的物系，夹点也可能出现在某个中间位置。

　　也可将两股浓度不同的物料预先混合，然后加入塔中某适当位置进行精馏分离，这样做是不利的。须知精馏分离是以能耗为代价的，而混合与分离是两个相反的过程。在分离过程中任何混合现象，必意味着能耗的增加。

　　侧线出料　当需要组成不同的两种或多种产品时，可在塔内相应组成的塔板上安装侧线抽出产品。侧线抽出的产品可为塔板上的泡点液体或板上的饱和蒸汽。

　　侧线出料时的三条操作线方程可用物料衡算方法导出。但无论何种情况，第 Ⅱ 段操作线斜率必小于第 Ⅰ 段。在最小回流比时，恒浓区一般出现在 q 线与平衡线的交点处。

　　回收塔　只有提馏段而没有精馏段的塔称为回收塔。当精馏的目的仅为回收稀溶液中的轻组分而对馏出液浓度要求不高，或物系在低浓度下的相对挥发度较大，不用精馏段亦可达到必要的馏出液浓度时，可用回收塔进行精馏操作。

　　当料液预热至泡点加入，塔顶蒸汽冷凝后全部作产品，塔釜用间接加热，此为回收塔中最简单的情况。

　　在设计计算时，已知原料组成 x_F，规定釜液组成 x_W 及回收率，则塔顶产品的组成 x_D 及采出率 D/F 可由全塔物料衡算确定，与一般完全的精馏塔相同。

此时的操作方程也与完全的精馏塔的提馏段操作方程相同。

$$y_{n+1} = \frac{\overline{L}}{\overline{V}} x_n - \frac{W}{\overline{V}} x_W$$

当为泡点加料 $\overline{L} = F$，$\overline{V} = D$，上式成为

$$y_{n+1} = \frac{F}{D} x_n - \frac{W}{D} x_W \tag{9-87}$$

此操作线上端通过 a 点（$x = x_F$，$y = x_D$），下端通过 b 点（$x = x_W$，$y = x_W$），斜率为 F/D。

欲提高馏出液组成，必须减少蒸发量，即减少汽液比，增大操作线斜率 F/D，所需的理论板数将增加。

9.3.5.5　平衡线为直线时理论板数的解析计算

双组分溶液在很低的浓度范围内，汽液平衡关系近似为一直线，即

$$y = Kx \tag{9-88}$$

式中，平衡常数 K 为一常数。

根据恒摩尔流假定，操作线方程式

$$y = \frac{L}{V} x + \left(y_{N+1} - \frac{L}{V} x_N \right)$$

也是直线。令 $a = \dfrac{L}{V}$，$b = y_{N+1} - \dfrac{L}{V} x_N$，则

$$y = ax + b \tag{9-89}$$

交替使用以上两式进行逐板计算，在指定的浓度范围（$x_0 \sim x_N$）内解出所需要的理论板数：

对第一块板　　　　　　　　$y_1 = ax_0 + b$

$$x_1 = \frac{y_1}{K} = \frac{a}{K} x_0 + \frac{b}{K}$$

对第二块板　　　　　　　　$y_2 = ax_1 + b$

$$x_2 = \left(\frac{a}{K}\right)^2 x_0 + \frac{a}{K} \times \frac{b}{K} + \frac{b}{K}$$

依次类推可得　　　$x_N = \left(\frac{a}{K}\right)^N x_0 + \left(\frac{a}{K}\right)^{N-1} \frac{b}{K} + \cdots + \frac{a}{K} \times \frac{b}{K} + \frac{b}{K}$

$$= \left(\frac{a}{K}\right)^N x_0 + \left(\frac{b}{K}\right) \left[\frac{\left(\frac{a}{K}\right)^N - 1}{\frac{a}{K} - 1} \right]$$

整理后可得理论板数为

$$N=\frac{\ln\left[\left(x_0+\dfrac{b}{a-K}\right)\bigg/\left(x_N+\dfrac{b}{a-K}\right)\right]}{\ln\dfrac{K}{a}}$$

将 $a=\dfrac{L}{V}$，$b=y_{N+1}-\dfrac{L}{V}x_N$ 代入上式，并令 $\dfrac{KV}{L}=\dfrac{1}{A}$，则

$$N=\frac{1}{\ln\dfrac{1}{A}}\ln\left[(1-A)\frac{x_0-\dfrac{y_{N+1}}{K}}{x_N-\dfrac{y_{N+1}}{K}}+A\right] \tag{9-90}$$

9.3.6　双组分精馏的操作型计算

9.3.6.1　精馏过程的操作型计算

操作型计算的命题　精馏段板数及全塔理论板数已定条件下，由指定的操作条件预计精馏操作的结果。

计算所用的方程与设计时相同。此时的已知量为：全塔总板数 N 及加料板位置（第 m 块板）；相平衡曲线或相对挥发度；原料组成 x_F 与热状态 q；回流比 R；并规定塔顶馏出液的采出率 D/F。待求的未知量为精馏操作的最终结果——产品组成 x_D、x_W 以及逐板的组成分布。

操作型计算的特点是：①由于众多变量之间的非线性关系，使操作型计算一般均须通过试差（迭代），即先假设一个塔顶（或塔底）组成，再用物料衡算及逐板计算予以校核的方法来解决；②加料板位置（或其他操作条件）一般不满足最优化条件。

以回流比变化和进料组成变化两种情况为例，讨论此类问题的计算方法。

回流比增加对精馏结果的影响　设某塔的精馏段有 $(m-1)$ 块理论板，提馏段为 $(N-m+1)$ 块板，在回流比 R'' 操作时获得塔顶组成 x_D' 与釜液组成 x_W'。

现将回流比加大至 R，精馏段液汽比增加，操作线斜率变大；提馏段汽液比加大，操作线斜率变小。当操作达到稳定时馏出液组成 x_D 必有所提高，釜液组成 x_W 必将降低。

定量计算的方法是：先设定某一 x_W 值，可按物料衡算式求出

$$x_D=\frac{x_F-x_W(1-D/F)}{D/F} \tag{9-91}$$

然后，自组成为 x_D 起交替使用精馏段操作方程

$$y_{n+1}=\frac{R}{R+1}x_n+\frac{x_D}{R+1}$$

及相平衡方程
$$x_n = \frac{y_n}{\alpha - (\alpha-1)y_n}$$

进行 m 次逐板计算，算出离开第 $1 \sim m$ 板的汽、液两相组成。直至算出离开加料板液体的组成（x_m）。跨过加料板以后，须改用提馏段操作方程

$$y_{n+1} = \frac{R+q\dfrac{F}{D}}{(R+1)-(1-q)\dfrac{F}{D}}x_n - \frac{\dfrac{F}{D}-1}{(R+1)-(1-q)\dfrac{F}{D}}x_W$$

及相平衡方程再进行 $N-m$ 次逐板计算，算出最后一块理论板的液体组成 x_N。将此 x_N 值与所假设的 x_W 值比较，两者基本接近则计算有效，否则重新试差。

在馏出液流率 D/F 规定的条件下，借增加回流比 R 以提高 x_D 的方法并非总是有效：

① x_D 的提高受精馏段塔板数即精馏塔分离能力的限制。对一定板数，即使回流比增至无穷大（全回流）时，x_D 也有确定的最高极限值；在实际操作的回流比下不可能超过此极限值。

② x_D 的提高受全塔物料衡算的限制。加大回流比可提高 x_D，但其极限值为 $x_D = Fx_F/D$。对一定塔板数，即使采用全回流，x_D 也只能某种程度趋近于此极限值。如 $x_D = Fx_F/D$ 的数值大于 1，则 x_D 的极限值为 1。

此外，加大操作回流比意味着加大蒸发量与冷凝量，这些数值还将受到塔釜及冷凝器的传热面的限制。

进料组成变动的影响 一个操作中的精馏塔，若进料组成 x_F 下降至 x'_F，则在同一回流比 R 及塔板数下塔顶馏出液组成 x_D 将下降为 x'_D，提馏段塔釜组成也将由 x_W 降至 x'_W。进料组成变动后的精馏结果 x'_D、x'_W 可用前述试差方法确定。

9.3.6.2 精馏塔的温度分布和灵敏板

精馏塔的温度分布 溶液的泡点与总压及组成有关。精馏塔内各块塔板上物料的组成及总压并不相同，因而从塔顶至塔底形成某种温度分布。

灵敏板 一个正常操作的精馏塔当受到某一外界因素的干扰（如回流比、进料组成发生波动等），全塔各板的组成将发生变动，全塔的温度分布也将发生相应的变化。因此，有可能用测量温度的方法预示塔内组成尤其是塔顶馏出液组成的变化。

操作条件变动前后的温度分布的变化，即可发现在精馏段或提馏段的某些塔板上，温度变化最为显著。或者说，这些塔板的温度对外界干扰因素的反应最灵敏，故将这些塔板称之为灵敏板。

9.3.7　间歇精馏

9.3.7.1　间歇精馏过程的特点

间歇精馏与连续精馏大致相同。作间歇精馏时，料液成批投入精馏釜，逐步加热汽化，待釜液组成降至规定值后将其一次排出。由此不难理解，间歇精馏过程具有如下特点：

① 间歇精馏为非定态过程。由于过程的非定态性，塔身积存的液体量（持液量）的多少将对精馏过程及产品的数量有影响。为尽量减少持液量，间歇精馏往往采用填料塔。

② 间歇精馏时全塔均为精馏段，没有提馏段。因此，获得同样的塔顶、塔底组成的产品，间歇精馏的能耗必大于连续精馏。

间歇精馏的设计计算方法，首先是选择基准状态（一般为操作的始态或终态）作设计计算，求出塔板数。然后按给定的塔板数，用操作型计算的方法，求取精馏中途其他状态下的回流比或产品组成。

9.3.7.2　保持馏出液组成恒定的间歇精馏

设计计算的命题为：已知投料量 F 及料液组成 x_F，保持指定的馏出液组成 x_D 不变，操作至规定的釜液组成 x_W 或回收率 η，选择回流比的变化范围，求理论板数。

确定理论板数　间歇精馏塔在操作过程中的塔板数为定值。x_D 不变但 x_W 不断下降，即分离要求逐渐提高。因此，所设计的精馏塔应能满足过程的最大分离要求，设计应以操作终了时的釜液组成 x_W 为计算基准。

在操作终了时，将组成为 x_W 的釜液提浓至 x_D 必有一最小回流比，在此回流比下需要的理论板数为无穷多。一般情况下此最小回流比 R_{min} 为

$$R_{min} = \frac{x_D - y_W}{y_W - x_W} \tag{9-92}$$

为使塔板数保持在合理范围内，操作终了的回流比 $R_终$ 应为大于上式 R_{min} 的某一倍数。此最终回流比的选择由经济因素决定。

$R_终$ 选定后，以 $\dfrac{x_D}{R_终 + 1}$ 为截距作出操作终了的操作线并求出理论板数。

每批料液的操作时间

在 $d\tau$ 时间内的汽化量为 $V d\tau$，此汽化量应等于塔顶的蒸汽量 $(R+1)dD$

$$V d\tau = (R+1)dD \tag{9-93}$$

任一瞬时之前已馏出的液体量 D 由物料衡算式(9-37) 确定，即

$$D = F\left(\frac{x_F - x}{x_D - x}\right)$$

$$dD = F \frac{x_F - x_D}{(x_D - x)^2} dx$$

将此式代入式(9-93)　　　　　$V d\tau = (R+1)F \frac{x_F - x_D}{(x_D - x)^2} dx$

积分得　　　　　$\tau = \frac{F}{V}(x_D - x_F) \int_{x_W}^{x_F} \frac{R+1}{(x_D - x)^2} dx$ 　　　　　(9-94)

在操作过程中因塔板数不变，每一釜液组成必对应一回流比，可用数值积分从上式求出每批料液的精馏时间。

9.3.7.3　回流比保持恒定的间歇精馏

因塔板数及回流比不变，在精馏过程中塔釜组成 x 与馏出液组成 x_D 必同时降低。因此只有使操作初期的馏出液组成适当提高，馏出液的平均浓度才能符合产品的质量要求。

设计计算的命题为：已知料液量 F 及组成 x_F，最终的釜液组成 x_W，馏出液的平均组成 $\overline{x}_D$。选择适宜的回流比求理论板数。

计算可以操作初态为基准，假设一最初的馏出液浓度 $x_{D始}$，根据设定的 $x_{D始}$ 与釜液组成 x_F 求出所需的最小回流比

$$R_{min} = \frac{x_{D始} - y_F}{y_F - x_F}$$ 　　　　　(9-95)

然后，选择适宜的回流比 R，计算理论板数 N。

$x_{D始}$ 的验算　　设定的 $x_{D始}$ 是否合适，应以全精馏过程所得的馏出液平均组成 $\overline{x}_D$ 满足分离要求为准。

与简单蒸馏相同，对某一瞬间 $d\tau$ 作物料衡算，蒸馏釜中易挥发组分的减少量应等于塔顶蒸汽所含的易挥发组分量，这一衡算结果与式(9-31) 相同。此时，式中的汽相组成 y 即为瞬时的馏出液组成 x_D，故有

$$\ln \frac{F}{W} = \int_{x_W}^{x_F} \frac{dx}{x_D - x}$$ 　　　　　(9-96)

因板数及回流比 R 为定值，任一精馏瞬间的釜液组成 x 必与一馏出液组成 x_D 相对应，于是可通过数值积分由上式算出残液量 W。馏出液平均组成 $\overline{x}_D$ 由全过程物料衡算决定，即

$$\overline{x}_D = \frac{Fx_F - Wx_W}{D}$$ 　　　　　(9-97)

当此 $\overline{x}_D$ 等于或稍大于规定值，则上述计算有效。

处理一批料液塔釜的总蒸发量为

$$G = (R+1)D$$ 　　　　　(9-98)

由此可计算加热蒸汽的消耗量。

9.3.8　恒沸精馏与萃取精馏

为了将恒沸物中的两个组分加以分离，普通精馏过程难以实现，可以采用特殊精馏的方法。此外，当物系的相对挥发度过低，采用一般精馏方法需要的理论板太多，回流比太大，使设备投资及经常操作费用两个方面都不够经济，此时也有采用特殊精馏的必要。常用的特殊精馏方法是恒沸精馏和萃取精馏，两种方法都是在被分离溶液中加入第三组分以改变原溶液中各组分间的相对挥发度而实现分离的。如果加入的第三组分能和原溶液中的一种组分形成最低恒沸物，以新的恒沸物形式从塔顶蒸出，称为恒沸精馏。如果加入的第三组分和原溶液中的组分不形成恒沸物而仅改变各组分间的相对挥发度，第三组分随高沸点液体从塔底排出，则称为萃取精馏。

9.3.8.1　恒沸精馏

双组分非均相恒沸精馏　某些双组分溶液的恒沸物是非均相的，在恒沸组成下溶液可分为两个具有一定互溶度的液层，此类混合物的分离不必加入第三组分而只要用两个塔联合操作，便可获得两个纯组分。

此类精馏问题的计算方法与一般连续精馏相同，两个塔的操作范围分别在恒沸组成的两边，且在极低浓度下平衡线可作直线处理。

如果料液组成在两相区的范围，则可将原料加入塔顶分层器，经分层后分别进入两个塔的塔顶进行精馏。

三组分恒沸精馏　如果双组分溶液 A、B 的相对挥发度很小，或具有均相恒沸物，此时可加入某种添加剂 C（又称夹带剂）进行精馏。此夹带剂 C 与原溶液中的一个或两个组分形成新的恒沸物（AC 或 ABC），该恒沸物与纯组分 B（或 A）之间的沸点差较大，从而可较容易地通过精馏获得纯 B（或 A）。

恒沸精馏夹带剂的选择　选择适当的夹带剂是恒沸精馏成败的关键，对夹带剂的基本要求是：

① 夹带剂能与待分离组分之一（或两个）形成最低恒沸物，并且希望与料液中含量较少的组分形成恒沸物从塔顶蒸出，以减少操作的热能消耗。

② 新形成的恒沸物要便于分离，以回收其中的夹带剂，如上例中乙醇-水-苯三组分恒沸物是非均相的，用简单的分层方法即可回收大部分的苯。

③ 恒沸物中夹带剂的相对含量少，即每份夹带剂能带走较多的原组分，这样夹带剂用量少，操作较为经济。

9.3.8.2　萃取精馏

在原溶液中加入某种添加剂以增加原溶液中两个组分间的相对挥发度，从而使原料的分离变得很容易。所加入的添加剂为挥发性很小的溶剂，也可称为萃取剂。

萃取精馏添加剂的选择　作为萃取精馏添加剂的主要条件是：

① 选择性要高，即加入少量溶剂后即能大幅度地增加溶液的相对挥发度。

② 挥发性要小，即具有比被分离组分高得多的沸点，且不与原溶液中各组分形成恒沸物，以便于分离回收。

③ 添加剂能与原溶液有足够的互溶度，两者能良好地混合，以充分发挥每块板上液相中添加剂的作用。

萃取精馏的操作特点　为增大被分离组分的相对挥发度，应使各板液相均保持足够的添加剂浓度，当原料和萃取溶剂以一定比例加入塔内时，必存在某一个最合适的回流比。当不含添加剂的回流过大，非但不能提高馏出液组成，反而会降低塔内添加剂的浓度而使分离变得更为困难。同样，当塔顶回流温度过低或添加剂加入温度较低，都会引起塔内蒸汽部分冷凝而冲淡各板的添加剂浓度。

在设计时，为使精馏段和提馏段的添加剂浓度大致接近，萃取精馏的料液往往以饱和蒸汽的热状况加入塔内。若为泡点加料，精馏段与提馏段的添加剂浓度不同，应使用不同的相平衡数据进行计算。

萃取精馏中的添加剂加入量一般较多，沸点又高，精馏热能消耗中的相当可观部分用于提高添加剂的温度。

萃取精馏与恒沸精馏的比较　加入某种添加剂以增加被分离组分的相对挥发度，是这两种精馏方法的共同点，但其差别在于：

① 恒沸精馏添加剂必须与被分离组分形成恒沸物，而萃取精馏则无此限制，故萃取精馏添加剂的选择范围较广。

② 恒沸精馏的添加剂被汽化由塔顶蒸出，此项潜热消耗较大（尤其当馏出液比例较多时），其经济性不及萃取精馏。

③ 由于萃取剂必须不断由塔顶加入，故萃取精馏不能简单地用于间歇操作，而恒沸精馏从大规模连续生产至实验室小型间歇精馏均能方便地操作。

9.3.9　多组分精馏基础

工业常遇的精馏操作是多组分精馏。根据挥发度的差异，将各组分逐个分离。

9.3.9.1　多组分精馏流程方案的选择

多组分精馏过程中，多个塔就可以有不同的方案和流程。

流程的选择不仅要考虑经济上的优化，使设备费用与操作费用之和最少，同时还需兼顾所分离混合物的各组分性质（如热敏性、聚合结焦倾向等）以及对产品纯度的要求。通常可按如下规则制定流程的初选方案：

① 把进料组分首先按摩尔分数接近 0.5 对 0.5 进行分离；

② 当进料各组分摩尔分数相近且按挥发度排序两两间相对挥发度相近时，可按把组分逐一从塔顶取出排列流程；

③ 当进料各组分按挥发度排序两两间相对挥发度差别较大时，可按相对挥发度递减的方向排列流程；

④ 当进料各组分摩尔分数差别较大时，按摩尔分数递减的方向排列流程；

⑤ 产品纯度要求高的留在最后分离。

必须根据具体情况，对多方案作经济比较，决定合理的流程。

9.3.9.2　多组分的汽液平衡

多组分精馏大多涉及非理想物系，当系统压力不很高且汽相仍服从道尔顿分压定律时，同式(9-19)类似可得

$$p_i = p y_i = p_i^\circ x_i \gamma_i \tag{9-99}$$

式中，γ_i 为液相 i 组分的活度系数；p_i° 为系统温度下纯组分 i 的饱和蒸气压。

平衡常数　由式(9-99)可得 i 组分的相平衡常数则为

$$K_i = \frac{y_i}{x_i} = \frac{p_i^\circ \gamma_i}{p} \tag{9-100}$$

式中，各组分的活度系数 γ_i 由实验测得，其值与组成有关，也可按 Wilson 方程、NRTL 方程或 UNIQUAC 方程进行计算。只要知道系统的温度和压强，就可以由相平衡常数（K）图查得各组分的平衡常数 K 值。但由于此列线图仅考虑了 p、T 对 K 的影响，而忽略了组分之间的相互影响，故查得的 K 值仅为近似值。

相对挥发度　多组分物系也可用相对挥发度来表示汽液平衡关系，选定一组分的挥发度作为基准，将其他组分的挥发度与它比较。如选 j 组分为基准，则 i 组分的相对挥发度为

$$\alpha_{ij} = \frac{y_i/x_i}{y_j/x_j} = \frac{K_i}{K_j} \tag{9-101}$$

当活度系数已知或可计算时，由式(9-99)和式(9-101)可得相对挥发度为

$$\alpha_{ij} = \frac{p_i^\circ \gamma_i}{p_j^\circ \gamma_j} \tag{9-102}$$

泡点温度计算　处于汽液平衡的两相，若已知液相组成和总压，液体的泡点温度和汽相组成必已规定而不能任意取值。通常可按归一条件 $\sum y_i = 1$，用试差法求解。即先设泡点温度，再查取或算出各组分的 K_i 值，则汽相组成为 $y_i = K_i x_i$。当计算结果满足如下归一条件

$$\sum_{i=1}^{n} y_i = \sum_{i=1}^{n} K_i x_i = 1 \tag{9-103}$$

时，所设温度即为泡点温度，已算得的汽相平衡组成 y_i 得到确认。

在已知相对挥发度的情况下，也可由液相组成计算平衡的汽相组成。由式（9-101）可知

$$y_i = \alpha_{ij}\left(\frac{y_j}{x_j}\right)x_i \tag{9-104}$$

由归一条件

$$\sum_{i=1}^{n} y_i = \frac{y_j}{x_j}\sum_{i=1}^{n}\alpha_{ij}x_i = 1 \tag{9-105}$$

可得

$$\frac{y_j}{x_j} = \frac{1}{\sum(\alpha_{ij}x_i)}$$

代入式（9-104）得

$$y_i = \frac{\alpha_{ij}x_i}{\sum(\alpha_{ij}x_i)} \tag{9-106}$$

露点温度计算　当已知汽相组成和总压时，由归一条件 $\sum x_i = 1$ 可以求得相平衡条件下的液相组成和温度，该温度即为露点温度。具体计算可先设露点温度，再由式（9-100）算出各组分的 K_i 值，则液相组成为 $x_i = y_i/K_i$，当计算结果满足

$$\sum_{i=1}^{n} x_i = \sum_{i=1}^{n} y_i/K_i = 1 \tag{9-107}$$

时，所设露点温度正确，相应的液相平衡组成即可确认。

在已知相对挥发度的情况下，与式（9-106）相类似，可导得

$$x_i = \frac{y_i/\alpha_{ij}}{\sum(y_i/\alpha_{ij})} \tag{9-108}$$

即可由相对挥发度 α_{ij} 算出液相组成。

多组分物系的平衡蒸馏（闪蒸）　当含 n 个组分的混合液的平衡蒸馏，节流减压后，液体将部分汽化，汽液两相处于相平衡状态。仿照双组分物系的平衡蒸馏，对过程作数学描述如下：

总物料衡算　　　　　　　$F = D + W \tag{9-109}$

任一组分 i 的物料衡算　　$Fx_{Fi} = Dy_i + Wx_i \qquad (i=1\sim n-1) \tag{9-110}$

记液相产物 W 占总加料量 F 的分率为 q，汽化率 $D/F = 1-q$，上述物料衡算式可改写成

$$x_{Fi} = (1-q)y_i + qx_i \qquad (i=1\sim n) \tag{9-111}$$

显然，将组分为 x_{Fi} 的料液分成 q 及 $1-q$ 两股物流时，两物料的组成 y_i、x_i 必满足物料衡算式（9-111）。

表示过程特征的相平衡方程为

$$y_i = K_i x_i \qquad (i=1\sim n) \tag{9-112}$$

在指定进料组成 x_{Fi} 及汽化率（$1-q$）时，求解汽、液两相组成 y_i、x_i 的方法与双组分闪蒸完全相同，这里是联立求解物料衡算式（9-111）和相平衡方程

式(9-112)。为方便起见，将式(9-112) 代入式(9-111) 得

$$x_i = \frac{x_{Fi}}{K_i + q(1-K_i)} \qquad (i=1\sim n) \tag{9-113}$$

计算时须先假设两相的平衡温度 t_e，查取 K_i，使求出的 x_i 满足归一条件 ($\sum x_i = 1$)，然后用相平衡式(9-112) 求出 y_i。

为确定加热温度 T，可对闪蒸过程进行热量衡算。原料经加热至温度 T 后节流减压，物料借自身温度降低放出的显热供部分汽化所需潜热，即

$$Fc_p(T-t_e) = (1-q)Fr \tag{9-114}$$

或

$$q = 1 - \frac{c_p}{r}(T-t_e) \tag{9-115}$$

指定 q，算出平衡温度 t_e 后，即可按上式求出预热温度 T。加热器的热负荷 Q 为

$$Q = Fc_p(T-t_0) \tag{9-116}$$

式中，t_0 为原料温度。

9.3.9.3　多组分精馏的关键组分和物料衡算

与双组分精馏相同，在计算理论板数时，必须先规定分离要求，即指定塔顶、塔底产品的组成。但在多组分精馏中，塔顶、塔底产品中的各组分浓度不能全部规定，而只能各自规定其中之一。因为在精馏塔分离能力一定的条件下，当塔顶与塔底产品中规定某一组分的含量达到要求时，其他组分的含量将在相同的分离条件下按其挥发度的大小而被相应地确定。

为简化塔顶、塔底产品组分浓度的估算，常使用关键组分的概念。所谓关键组分就是在进料中选取两个组分（大多情况下是挥发度相邻的两组分），它们对多组分的分离起着控制作用。挥发度大的关键组分称为轻关键组分 (l)，为达到分离要求，规定它在塔底产品中的组成不能大于某给定值。挥发度小的关键组分称为重关键组分 (h)，为达到分离要求，规定它在塔顶产品中的组成不能大于某给定值。

全塔物料衡算　与双组分精馏类似，n 组分精馏的全塔物料衡算式有 n 个，即

总物料衡算　　　　　　　　$F = D + W$ (9-117)

任一组分 (i) 的物料衡算　$Fx_{Fi} = Dy_i + Wx_i$ 　　$(i=1\sim n-1)$ (9-118)

以及归一方程 $\sum x_{Di} = 1$，$\sum x_{Fi} = 1$，$\sum x_{Wi} = 1$。通常，进料组成 x_{Fi} ($i = 1\sim n-1$) 是给定的，则

① 当塔顶重关键组分浓度、塔底轻关键组分浓度已规定时，产品的采出率 D/F、W/F 及其他组分浓度亦随之确定而不能自由选择；

② 当规定塔顶产品的采出率 D/F 和塔顶重关键组分浓度时，则其他组分在

塔顶、塔底产物中的浓度亦随之确定而不能自由选择（当然也可以规定塔底产品的采出率和轻关键组分浓度）。

清晰分割法 当选取的关键组分按挥发度排序是两个相邻组分，而且两者挥发度差异较大，同时分离要求也较高，即塔顶重关键组分浓度和塔底轻关键组分浓度控制得都较低时，可以认为比轻关键组分还轻的组分（简称轻组分）全部从塔顶蒸出，在塔釜中含量极小，可以忽略；比重关键组分还重的组分（简称重组分）全部从塔釜排出，在塔顶产品中含量极小，可以忽略。这样就可以由式(9-118)简明地确定塔顶、塔底产品中的各组分浓度。

9.3.9.4 多组分精馏理论板数的计算

严格计算多组分精馏的理论板数时必须对每一塔板列出各个组分的物料衡算、热量衡算、相平衡方程，且各组分在任一板上组成必须满足归一条件。这样做不仅方程数很多，解法也十分复杂[9]。本节简述基于经验基础上的 FUG（Fenske-Underwood-Gilliland）捷算法，以及介绍由双组分精馏逐板计算法发展而来的 LM（Lewis-Matheson）逐板计算法。

最小回流比 同双组分精馏类似，当塔顶与塔底产品中关键组分的浓度或回收率指定后，相应此分离要求有一个最小回流比。在最小回流比下，要达到分离要求，所需的理论板数为无穷多，并出现恒浓区。在双组分精馏中，如果物系 $y \sim x$ 曲线形状正常，则最小回流比时的恒浓区出现在加料板附近。多组分精馏中，由于非关键组分的存在，恒浓区将出现在两处，一处在加料板以上称为上恒浓区，一处在加料板以下称为下恒浓区。以挥发度递减的 A、B、C、D 四组分分离为例，B 为轻关键组分，C 为重关键组分。重组分 D 不出现于塔顶馏出液中，轻组分 A 不出现于釜液中。在上恒浓区只含有塔顶馏出液中的各组分，D 组分浓度极小，为使 D 组分从进料浓度降低到上恒浓区的低浓度，需要一定的板数，因此上恒浓区离进料板有一定的距离。同样，下恒浓区只含有塔釜中的各组分，A 组分浓度极小，为使 A 组分从进料浓度降至下恒浓区的低浓度，也需一定的板数，因此下恒浓区离进料板也有一定距离。由于存在两个恒浓区，所以要精确计算最小回流比是非常繁复的，通常采用一些简化式进行计算，下面介绍常用的恩德伍德（Underwood）计算公式。恩德伍德公式由两个方程组成，即

$$\sum_{i=1}^{n} \frac{\alpha_{ij} x_{Fi}}{\alpha_{ij} - \theta} = 1 - q \qquad (9\text{-}119)$$

$$R_{min} = \sum_{i=1}^{n} \frac{\alpha_{ij} x_{Di}}{\alpha_{ij} - \theta} - 1 \qquad (9\text{-}120)$$

式中，θ 为式(9-119)的根，且仅取介于轻关键组分相对挥发度与重关键组分相对挥发度之间的 θ 值，即 $\alpha_{lj} > \theta > \alpha_{hj}$。将 θ 值代入式(9-120)，即可求取最小回流比 R_{min}。若轻、重关键组分为挥发度排序相邻的两个组分，则 θ 值只有

一个，$R_{\min}$ 也只有一个。若在轻、重关键组分之间还有 p 个其他组分，则 θ 值有 $p+1$ 个，$R_{\min}$ 也有 $p+1$ 个，设计时可取平均值作最小回流比。

恩德伍德公式是基于恒摩尔流假定和各组分相对挥发度 α_{ij} 为一常数的条件下导出的，当相对挥发度变化不大时，α_{ij} 可取塔顶、塔底的几何平均值。

理论板数的捷算法　由于采用了轻、重关键组分，将多组分分离看作轻、重关键组分之间的分离，就可以将双组分精馏中的捷算法推广到多组分精馏，只是求最小回流比时须用多组分的方法计算，求最少理论板数可用轻、重关键组分的芬斯克方程，即

$$N_{\min}=\frac{\lg\left[\dfrac{x_{Dl}}{x_{Dh}}\dfrac{x_{Wh}}{x_{Wl}}\right]}{\lg\alpha_{lh}} \tag{9-121}$$

捷算法的具体步骤为：

① 根据工艺要求确定关键组分，计算塔顶、塔底产品中各组分的浓度和饱和温度；

② 求取全塔平均相对挥发度，用芬斯克方程计算最少理论板数；

③ 用恩德伍德公式计算最小回流比，并选定适宜的回流比；

④ 用吉利兰图求取理论板数；

⑤ 用芬斯克方程和吉利兰图计算精馏段理论板数，确定加料板位置。

由于捷算法将多组分精馏简化为轻、重关键组分的双组分精馏，而使计算大大简化了，但因忽略了其他组分对精馏的影响，而使计算结果带有近似性。捷算法一般适用于作初步计算，用以估计设备费用和操作费用，以及为精确计算方法提供初值。

逐板计算法　逐板计算方法有多种，这里介绍简化的刘易斯-麦提逊逐板计算法。此法以恒摩尔流假定为前提，以相平衡确定离开同一块板的汽液两相的浓度关系，以物料衡算即操作方程确定同一塔截面处汽液两相的浓度关系，从塔顶或塔底出发，交替使用相平衡和操作方程进行逐板计算，直至塔顶和塔底的各组分浓度同时服从物料衡算和逐板计算结果，就可确定理论板数。逐板计算的基本步骤如下：

① 根据已知的进料量、浓度及分离要求，用 9.9.3 节所述的全塔物料衡算方法，估算初定的塔顶、塔底产品量及各组分浓度（如清晰分割法、全回流近似法等）；

② 计算最小回流比，选定适宜回流比，并由恒摩尔流假定和加料热状态 q 计算塔内精馏段和提馏段的汽液相流量（L，V，$\overline{L}$，$\overline{V}$）；

③ 列出各组分的操作方程，即：

精馏段：
$$y_{i(m+1)}=\frac{R}{R+1}x_{i(m)}+\frac{x_{Di}}{R+1} \tag{9-122}$$

提馏段： $$y_{i(m+1)} = \frac{\overline{L}}{\overline{V}} x_{i(m)} - \frac{W x_{\mathrm{W}i}}{\overline{V}}$$ (9-123)

式中，下标（m）为从塔顶往下计的塔板序号。

然后，求出关键组分在精馏段操作方程与提馏段操作方程交点处的组成 x_{ql} 和 x_{qh}，组分 i 在交点处的液相浓度 x_{qi} 可用式(9-77) 计算，即

$$x_{qi} = \frac{(R+1)x_{\mathrm{F}i} + (q-1)x_{\mathrm{D}i}}{R+q}$$ (9-124)

④ 用相平衡关系计算离开同一塔板的汽液相浓度，如：

$$y_{i(m)} = \frac{\alpha_{ij} x_{i(m)}}{\sum(\alpha_{ij} x_{i(m)})}$$ (9-125)

或 $$x_{i(m)} = \frac{y_{i(m)}/\alpha_{ij}}{\sum(y_{i(m)}/\alpha_{ij})}$$ (9-126)

⑤ 由于塔顶、塔底产品中的各组分浓度应当既满足全塔物料衡算，又满足一定理论板数的分离程度，因此，从初定的塔顶各组分浓度开始向下逐板计算所得的塔底各组分浓度要与由初定的塔顶各组分浓度经全塔物料衡算所得的塔底各组分浓度进行比较，当两者基本相符（也称契合）时，计算结束。若两者的各组分浓度不相符合，则须重新调整初定的塔顶各组分浓度，再行全塔物料衡算和逐板计算。具体地，由初定的塔顶各组分浓度开始向下进行逐板计算，先交替使用相平衡方程和精馏段操作方程，算至 $(x_{l(m)}/x_{h(m)}) \leqslant (x_{ql}/x_{qh})$ 时，换用提馏段操作方程。然后继续逐板计算至 $x_{l(m)} \leqslant x_{\mathrm{W}l}$，在塔底将各组分浓度与物料衡算所得浓度比较（即会合）。或者，由初定的塔底各组分浓度开始向上进行逐板计算，先用提馏段操作方程，算至 $(x_{l(m)}/x_{h(m)}) \geqslant (x_{ql}/x_{qh})$ 时，换用精馏段操作方程。然后继续逐板计算至 $x_{h(m)} \leqslant x_{\mathrm{D}h}$，在塔顶将各组分浓度与物料衡算所得浓度比较（会合）。此外，也可以从两端算起，在加料板处会合。如果会合处的各组分浓度不符，则须对塔顶、塔底产品中非关键组分的浓度稍作调整，或适当改变回流比，重新计算，直到基本相符为止。

必须指出，清晰分割法所计算的产品各组分浓度中，塔顶不含重组分，塔底不含轻组分。这样，算至加料板处时，就不含这些组分。显然，这与实际情况不符，为此，计算中就必须在适当的塔板处加入这些微量组分。即使采用全回流近似法所算产品各组分浓度作初值，也不一定就能在会合处契合，须根据实际计算情况对产品各组分浓度初值作调整。因为部分回流下的产品各组分浓度与全回流下的产品各组分浓度是有一定差别的。

第 10 章

气液传质设备

10.1　教学方法指导

传质设备有长久的发展历史，有众多的塔型。在课堂教学中不可能穷尽各种塔型，也不可能细致到各种结构。最枯燥的介绍方法是列举各种塔型，评价其优劣，说明其使用场合。最生动深刻的方式是叙述塔型的发展历史，指出工业需求的演变和塔的发展的内在逻辑。但这个要求太高。我认为，最实际又最有效的方式是让学生掌握塔的评价标准和内在的工程因素。

对板式塔，工业的首要要求是有较大操作弹性，即在较大的操作范围内是可操作的，有相当效率的。破坏正常操作的工程因素是两个：漏液和液泛。据此介绍漏液和液泛的原因和防止的措施。环绕这两个工程因素，介绍塔板的结构和操作条件。

其次，要求高的板效率。板效率只是一种简化的表述，其实质是传递，影响传递的是：体积传质系数 K_a 和和推动力 Δ。

可以分析塔板上影响 K_a 的工程因素，气液接触面积的形成方法，从鼓泡状态到喷射状态，指出与之对应的板结构及其适用范围；介绍气量不同时仍保持良好气液接触状态的措施，如浮阀；介绍在大型塔板上消除水力梯度、保持气流均匀性的措施，如各种导向板等，均布也是一个工程因素。

可以分析影响推动力 Δ 的工程因素。在工艺条件确定，也即塔顶和塔底推动力确定的情况下，实际的平均推动力可以不同。精馏塔汽液两相总体上是逆流的，但是，每块塔板上，液相剧烈混合（全混流）影响到实际的推动力。大型塔板上气液形成错流，（非全混流）优于小塔。雾沫夹带造成液体反向流动（返混）破坏了总体上的逆流流动，也影响了实际的传质推动力。塔板上液体的错流是有利的工程因素，雾沫夹带是有害的工程因素，可以据此介绍相应的措施。

真空精馏要求低压降，其指标不单是板效率，而要求单位压降的理论板数。可以环绕低压降介绍有关塔板的结构。

总之，我们不能在塔型上求全，在结构上求全，但是，可以尝试在工程因素上求全。

填料塔的核心部件是填料。可以介绍填料的发展历史，从实体制成的填料到丝网填料，从乱推填料到规整填料，以强化传递，降低压降，谋求每米填料的理论板数和单位压降的理论板数。

至于填料塔的主要工程因素是液体在填料上均布。首先需要有足够的喷淋密度才能保证填料的成分润湿，其次就是进入液体的分布和再分布。

10.2　教学随笔

10.2.1　气液传质设备

▲气液传质设备的讲授宜从设计目标，即从需要出发，主要的技术目标是：通量-处理能力、允许线速；效率-单位压降的板效率；适应能力-操作弹性。

▲气液传质设备的设计原则，应从过程的规律出发，并遵循两条基本原则：一是良好的气液接触提供最大的传质系数与传质面积；二是具有最大限度的逆流流动，以提供最大的实际推动力。

▲考虑气液传质设备的工程因素，应从过程分析出发，有影响气液接触的工程因素，也有影响逆流流向的工程因素。不同的板效率表达式反映了所包含的工程因素的不同。

▲板式塔中各种不同的板结构，无非是利用结构手段有选择地调动有利的工程因素，抑制不利的工程因素，以达到一定的目标。

吸收和精馏作为分离过程，基于不同的物理化学原理；但是，吸收和精馏同属于气液相传质过程，所用设备皆应提供充分的气液接触，因而具有很大的共同性。气液传质设备，就是实现此两过程的主要设备。

对于设备部分的讲授，长期以来，存在着严重的问题，以致引不起学生的兴趣，得不到学生的重视。这是因为在设备的讲授中长期沿用"拉洋片"式的展示，呆板地进行那"结构描述-优缺点评价"的两段讲评，枯燥无味。

实际上，传质设备从其历史发展看，有着深刻、丰富的内在逻辑：研究者们揭示了设备的各种内在规律；而发明者们则创造了各种合适的结构，使内在规律得以充分的体现。气液传质设备的讲授，应当充分运用各种材料，以再现这一历史的本质。

10.2.2　设计目标——从需要出发

气液传质设备大都是以气体为能量，造成良好的气液接触，达到传质的目的。气液传质设备的讲解，最好从目标出发。

从技术上看，主要目标是三个：

通量——表征处理能力、允许线速；

效率——体现单位压降的板效率；

适应能力——显示操作弹性。

其中，通量和板效率是相互关联的，通量大，板效率往往就低。对于大规模生产过程来说，通量尤为重要。因为塔径增大引起的造价增加比塔高多。因此，对于大型生产装置，板式塔的一个重要目标是：在大流量时板效率不过低。

对于精密分离而言，因为所需的塔板数数目很大，塔效率的要求高，因而通量的问题相对地说不十分重要了。

10.2.3　设计原则——从过程规律出发

气液过程的规律，在于追求大的传质速率，其表达式为：

$$传质速率＝传质系数×传质面积×传质推动力$$

作为传质设备，其设计原则应力求体现传质过程的规律性。这就规定了传质设备遵循如下的两条基本原则：

① 在塔板上造成良好的气液接触，以提供最大的传质系数与传质面积；

② 在塔内应最大限度地使气液两相呈逆流流动，以提供最大的实际推动力。

板式塔的各种结构设计，无一不是这两条设计原则的体现与展示。

10.2.4　工程因素——从过程分析出发

在气液传质设备中，既有影响气液接触的工程因素，也有影响逆流流向的工程因素。

10.2.4.1　影响气液接触的工程因素

在气液传质设备中，气液接触通常是通过分散气相（成泡）或分散液相（成滴）而造成的。实际的接触不单纯是由初始的分散装置如筛板等造成，气液两相的交互的流体力学作用甚至起着更重要的作用。而传质过程的存在，也会反过来影响到气液两相的接触。

滴和泡，造成两相的界面。但相际的传递不仅与物性有关，而且与流体力学条件有关，尤其是液相中的扩散系数一般很小，传递在很大程度上依赖于表面更新。这样，对泡来说，出现了一对矛盾。当气液两相呈泡沫接触状态时，液相成为众多气泡之间的液膜。若液膜不稳定，则泡破裂，小泡聚成大泡，相际接触面急剧减少，不利于传质；反之，若液膜过于稳定，气泡不发生破裂、合并和再分散的过程，表面无以更新，传质系数急剧下降，同样于传质不利。

液膜的稳定性取决于物性及流动条件，同时也与传质方向有关，并由此将物系分为正系统和负系统。

这样，在气液接触方面形成了如下的思路：

物质性质(正系统或负系统)
流体力学条件 ⟶ 气液接触状态(鼓泡、泡沫、喷射)
设备结构条件

即由物系性质、流体力学条件和结构条件，共同决定了气液接触可能呈现的三种状态。

10.2.4.2 影响逆流流向的工程因素

在气液系统中，一般总是液体自上而下，气体自下而上，形成逆流流动，以获得最大的实际推动力。但是，在塔板上由于气液两相的剧烈搅动，不可能获得真正的逆流。因此，目前只能满足于错流，气体自下而上穿过液层，液体则作水平流动。尽管如此，还存在有两类非理想的流动：

（1）空间的反向流动

气相方面——溢流管内的气泡夹带；

液相方面——液沫夹带。

（2）不均匀流动

气相方面——由于水力梯度等原因造成的气体非均匀分布；

液相方面——由于器壁和构件等引起的液流非均匀分布。

这些非理想流动都降低了逆流程度，影响了实际推动力（通常把它归结为板效率降低），其中尤以液沫夹带最为严重。

非理想流动过于严重后，就会引起不正常操作——液泛。

10.2.4.3 工程因素影响的表达

不同的板效率的表达方式，实际上反映了所包含的工程因素的不同。

① 点效率——仅反映了气液接触的状态；

② 默弗里板效率——还包含了塔板上的两相非理想流动；

③ 湿板效率——更包括了板际的非理想流动。

10.2.5 不同的对策

板式塔中各种不同的板结构，无非是利用结构手段有选择地调动有利的工程因素，抑制不利的工程因素，以达到一定的目标。例如，为提高通量，最大阻碍是液沫夹带。为了抑制这一不利的工程因素，不同的发明者构思了不同的结构。舌形板、斜孔板以至于垂直筛板，都是利用局部改变气流方向以减少液沫夹带的。或者设置捕沫装置，如网孔板等。又如，为了减少塔板上液体流动的不均匀性，减少水力梯度造成气体的不均匀分布，恰当地利用部分气体的动量，推动液体作水平流动，如舌形板、林德筛板等。以这种方式将历史上出现过的多种塔型组织起来进行介绍，会使讲授变得生动，因为历史的逻辑本身就是十分生动的，它体现了许多研究者的探索和尝试，既有成功的，也有失败的，课堂上要力图再现之。

10.3　教学内容精要

吸收过程和精馏过程是气液传质过程，实现两过程的主要设备构成气液传质设备的主要内容。作为分离过程，吸收和精馏基于不同的物理化学原理，吸收和精馏同属于气（汽）液相传质过程，所用设备皆应提供充分的气液接触，因而有着很大的共同性。这里提到的"气"泛指气体和汽体。

气液传质设备种类繁多，可以粗略分为两大类：逐级接触式和微分接触式。板式塔作为逐级接触式的代表、填料塔作为微分接触式的代表，分别予以介绍。

10.3.1　板式塔

10.3.1.1　概述

板式塔的设计意图

为有效地实现气液两相之间的传质，板式塔应具有以下两方面的功能：

① 在每块塔板上气液两相必须保持密切而充分的接触，为传质过程提供足够大而且不断更新的相际接触表面，减小传质阻力；

② 在塔内应尽量使气液两相呈逆流流动，以提供最大的传质推动力。

除保证气液两相在塔板上有充分的接触之外，板式塔的设计意图是力图在塔内造成一个对传质过程最有利的理想流动条件，即在总体上使两相呈逆流流动，而在每一块塔板上两相呈均匀的错流接触。

筛孔塔板的构造　板式塔的主要构件是塔板。为实现设计意图，塔板必须具有相应的结构。各种塔板的结构大同小异，以筛孔塔板为例，塔板的主要构造包括：

（1）塔板上的气体通道——筛孔

筛孔塔板的气体通道最为简单，它是在塔板上均匀地冲出或钻出许多圆形小孔供气体上升之用。这些圆形小孔称为筛孔。上升的气体经筛孔分散后穿过板上液层，造成两相间的密切接触与传质。

（2）溢流堰

为保证气液两相在塔板上有足够的接触表面，塔板上必须贮有一定量的液体。为此，在塔板的出口端设有溢流堰。塔板上的液层高度或滞液量在很大程度上由堰高决定。

（3）降液管

作为液体自上层塔板流至下层塔板的通道，每块塔板通常附有一个降液管。板式塔在正常工作时，液体从上层塔板的降液管流出，横向流过开有筛孔的塔板，翻越溢流堰，进入该层塔板的降液管，流向下层塔板。

降液管的下端必须保证液封，使液体能从降液管底部流出而气体不能窜入降液管。为此，降液管下缘的缝隙 h_0 必须小于堰高 h_w。

10.3.1.2 筛板上的气液接触状态

气液两相在塔板上的接触情况可大致分为三种状态。

鼓泡接触状态 当孔速很低时，通过筛孔的气流断裂成气泡在板上液层中浮升，塔板上两相呈鼓泡接触状态。在鼓泡接触状态，两相接触面积为气泡表面。

泡沫接触状态 随着孔速的增加，气泡数量急剧增加，气泡表面连成一片并且不断发生合并与破裂。此时，板上液体大部分是以液膜的形式存在于气泡之间，仅在靠近塔板表面处才能看到少许清液。这种接触状况称为泡沫接触状态。泡沫接触状态下的两相传质表面液膜为两相传质创造良好的流体力学条件。

在泡沫接触状态，液体仍为连续相，而气体仍为分散相。

喷射接触状态 当孔速继续增加，动能很大的气体从筛孔以射流形式穿过液层，将板上的液体破碎成许多大小不等的液滴而抛于塔板上方空间。被喷射出去的液滴落下以后，在塔板上汇聚成很薄的液层并再次被破碎成液滴抛出。气液两相的这种接触状况称为喷射接触状态。在喷射状态下，两相传质面积是液滴的外表面。液滴的多次形成与合并使传质表面不断更新，也为两相传质创造了良好的流体力学条件。

在喷射接触状态，液体为分散相而气体为连续相，这是喷射状态与泡沫状态的根本区别。由泡沫状态转为喷射状态的临界点称为转相点。转相点气速与筛孔直径、塔板开孔率以及板上滞液量等许多因素有关。一般地，筛孔直径和开孔率越大，转相点气速越低。

在工业上实际应用的筛板塔中，两相接触不是泡沫状态就是喷射状态，很少有采用鼓泡接触状态的。

10.3.1.3 气体通过筛板的阻力损失

板压降 气体通过筛孔及板上液层时必有阻力，造成塔板上、下空间对应位置上的压强差称为板压降 Δp。在塔板流体力学计算中，习惯上将气、液流动造成的压降或阻力损失用塔内液体的液柱高度表示。这里，板压降记为 h_f，即

$$\Delta p = \rho_L g h_f \tag{10-1}$$

板压降由以下两部分组成：

① 气体通过干板的阻力损失即干板压降 h_d；

② 气体穿过板上液层的阻力损失 h_L。

则
$$h_f = h_d + h_L \tag{10-2}$$

干板压降　气体通过干板与通过孔板的流动情况极为相似。干板压降 h_d 与孔速 u_0 之间的关系为

$$u_0 = C_0 \sqrt{\frac{2gR(\rho_i - \rho_V)}{\rho_V}} \tag{10-3}$$

式中，ρ_V 为气体密度。若以塔内液体为指示液，$\rho_i = \rho_L$，读数差 R 即为 h_d。且 $\rho_V \ll \rho_i$，式(10-3) 中 $\rho_i - \rho_V \approx \rho_i$，则有

$$h_d = \frac{1}{2g} \times \frac{\rho_V}{\rho_L} \left(\frac{u_0}{C_0}\right)^2 \tag{10-4}$$

式中，C_0 为孔流系数，由实验测出，在工业有实际意义的气速下，气体通过筛孔的流动是高度湍流的，C_0 为与孔速无关的常数。因此，干板阻力与孔速 u_0 的平方成正比。

液层阻力　气体通过液层的阻力损失 h_L 是由以下三个原因产生的：

① 克服板上泡沫层的静压；

② 形成气液界面的能量消耗；

③ 通过液层的摩擦阻力损失。

其中克服板上泡沫层静压所造成的阻力损失占主要部分，其余两部分所占比例很小。

由于溢流管的存在，气速增大时，泡沫层高度不会有很大的变化；然而泡沫层的含气率却随之增大，相应的清液层高度随之减少。因此，气速增大时，气体通过泡沫层的阻力损失反而有所降低。

当然，总阻力损失还是随气速增大而增加，因为干板阻力是随气速的平方增大的。

10.3.1.4　筛板塔内气液两相的非理想流动

板式塔的设计意图是一方面使气液两相在塔板上充分接触，以减少传质阻力；另一方面是在总体上使两相保持逆流流动，而在塔板上使两相呈均匀的错流接触，以获得最大的传质推动力。但是，气液两相在塔内的实际流动与希望的理想流动有许多偏离。所有这些偏离都违背了逆流原则，导致平均传质推动力下降，对传质不利。

归纳起来，板式塔内各种不利于传质的流动现象有两类：一是空间上的反向流动；一是空间上的不均匀流动。

空间上的反向流动　空间上的反向流动是指与主体流动方向相反的液体或汽体的流动。空间反向流动主要有：

(1) 液沫夹带　气流穿过板上液层时，无论是喷射还是鼓泡型操作都会产生

大量的尺寸不同的液滴。这些液滴的一部分会被上升的气流裹挟至上层塔板，这种现象称为液沫夹带。显然，液沫夹带是一种与液体主流方向相反的液体流动，属返混现象，是对传质有害的因素。

导致液沫夹带的因素有两个：

对于沉降速度小于液层上部空间中的气流速度的小液滴，因具有向上的绝对速度，无论板间距多高，都不可避免地被气流带至上层塔板，造成液沫夹带。

液沫夹带有两种不同的机理，小液滴是由于气流的裹挟，而大液滴则起因于液滴形成时的弹溅作用。

液沫夹带量通常有三种表示方法：

① 以 1kmol（或 kg）干气体所夹带的液体 kmol（或 kg）数 e_V 表示；

② 以每层塔板在单位时间内被气体夹带的液体 kmol（或 kg）数 e' 表示；

③ 以被夹带的液体流量占流经塔板总液体流量的分率 ψ 表示。三者之间有如下关系

$$\psi = \frac{e'}{L+e'} = \frac{e_V}{\dfrac{L}{V}+e_V} \tag{10-5}$$

（2）气泡夹带　在塔板上与气体充分接触后的液体，翻越溢流堰流入降液管时必含有大量气泡，同时，液体落入降液管时又卷入一些气体产生新的泡沫。因此，降液管内液体含有很多气泡。若液体在降液管内的停留时间太短，所含气泡来不及解脱，将被卷入下层塔板。这种现象称为气泡夹带。气泡夹带是与气体主流方向相反的反向流动，同样是一种有害因素。

气泡夹带所产生的气体夹带量与气体总流量相比很小，给传质带来的危害不大。气泡夹带的更大危害，在于它降低了降液管内的泡沫层平均密度，使降液管的通过能力减小，严重时会破坏塔的正常操作。

为避免严重的气泡夹带，通常在靠近溢流堰一狭长区域上不开孔，使液体在进入降液管前，有一定时间脱除其中所含的气体，减少进入降液管的气体量。这一不开孔的狭长区域称为出口安定区。

另外，液体在降液管内应有足够的停留时间。液体在降液管内的平均停留时间为

$$\tau = \frac{A_f H_d}{L} \tag{10-6}$$

保证一定的停留时间，避免严重的气泡夹带是决定降液管面积或溢流堰长度的主要依据。

空间上的不均匀流动　空间上的不均匀流动指的是气体或液体流速的不均匀分布。这种不均匀流动同样使平均传质推动力减少。

除上述不均匀性之外，由于气体的搅动，液体在塔板上必存在各种小尺度的反向流动，而在塔板边缘处还可能产生较大尺度的环流。这些逆主体流动方向的反向流动，同样属于返混，使传质效果降低。

10.3.1.5 板式塔的不正常操作现象

气液两相在筛板塔内的非理想流动，虽然对传质不利，但基本上还能保持塔的正常操作。如果板式塔设计不良或操作不当，塔内将会产生一些使塔根本无法工作的不正常现象。

夹带液泛 当净液体流量为 L 时，液沫夹带使塔板上和降液管内的实际液体流量增加为 $L+e'$。若维持净液体流量 L 不变，增大气速，夹带量 e' 增大，进入塔板的实际液体流量 $L+e'$ 亦增大。

为使更多的液体横向流过塔板，板上的液层厚度必相应增加。液层厚度的增加，相当于板间距减小，在同样气速下，夹带量 e' 将进一步增加。这样，在塔板上可能产生恶性循环。

当液层厚度较低时，液层厚度的增加对液沫夹带量的影响不大，恶性循环不会发生，塔设备可正常地进行定态操作。

对一定的液体流量，气速越大，e' 越大，液层越厚，液层厚度的增加对夹带量 e' 的影响越显著。因此，当气速增至某一定数值时，塔板上必将出现恶性循环，板上液层不断地增厚而不能达到平衡。最终，液体将充满全塔，并随气体从塔顶溢出，这种现象称为夹带液泛。

塔板上开始出现恶性循环的气速称为液泛气速。显然，液泛气速与液体流量有关，液体流量越大，液泛气速越低。

溢流液泛 因降液管通过能力的限制而引起的液泛称为溢流液泛。

降液管是沟通相邻两塔板空间的液体通道，其两端的压差即为板压降，液体自低压空间流至高压空间。塔板正常工作时，降液管的液面必高于塔板入口处的液面，其差值为板压降 h_f 与液体经过降液管的阻力损失 $\sum h_f$ 之和。

塔板入口处的液层高度由三部分组成：

① 堰高 h_w；

② 堰上液高 h_{ow}，即溢流堰上方液层表面与堰板上缘的垂直距离；

③ 液面落差 Δ。

降液管内的清液高度为

$$H_d = h_w + h_{ow} + \Delta + \sum h_f + h_f \tag{10-7}$$

若维持气速不变增加液体流量 L，液面落差 Δ、堰上液高 h_{ow}、板压降 h_f 和 $\sum h_f$ 都将增大，故降液管液面必升高。可见，当气速不变时，降液管内的液面高度 H_d 与液体流量 L 有一一对应关系，塔板有自动平衡的能力。

但是，当降液管液面升至上层塔板的溢流堰上缘时，再增大液体流量 L，降液管上方的液面将与塔板上的液面同时升高。此时，降液管进口断面位能的增加刚好被板压降的增加所抵消，而降液管内的液体流量不能再增加。因此，当降液管液面升至堰板上缘时，降液管内的液体流量为其极限通过能力。若液体流量 L 超过此极限值，塔板失去自衡能力，板上开始积液，最终使全塔充满液体，引起溢流液泛。

实际上，降液管内的液体并非清液，其上部是含气量很大的泡沫层。降液管内泡沫层高度 H_{fd} 与清液高度 H_d 的关系为

$$H_{fd} = \frac{\rho_L H_d}{\rho_f} = \frac{H_d}{\phi} \tag{10-8}$$

式中，ρ_f 为降液管内泡沫层的平均密度，$\phi = \dfrac{\rho_f}{\rho_L}$ 为降液管内液体的相对泡沫密度。当 H_{fd} 达到上层塔板的溢流堰上缘时，塔板便有可能失去自衡能力而产生溢流液泛。

板压降太大通常是使降液管内液面太高的主要原因，因此，板压降很大的塔板都是比较容易发生溢流液泛的。由此可知，气速过大同样会造成溢流液泛。

此外，如塔内某块塔板的降液管有堵塞现象，液体流过该降液管的阻力 $\sum h_f$ 急剧增加，该塔板降液管内的液面首先升至溢流堰上缘。此时，该层塔板将产生积液，并依次使其上面诸板的 H_{fd} 上升，最终使其上各层塔板空间充满液体造成液泛。

液泛现象，无论是夹带液泛还是溢流液泛皆导致塔内积液。因此，在操作时，气体流量不变而板压降持续增长，将预示液泛的发生。

漏液　当气速较小时，部分液体会从筛孔直接落下。这种现象称为漏液。

漏液是因塔板上液层分布不均匀，造成液面落差尤其是液层的起伏波动，造成液层厚度的不均匀性，从而引起气流的不均匀分布。

塔板上若总阻力以液层阻力为主，则总阻力结构的不均匀性严重，气流分布就很不均匀。

液层波动所造成的液层阻力不均是随机的，由此而引起的漏液也是随机的，时而一部分筛孔漏液，时而另一部分筛孔漏液。这种漏液称为随机性漏液。

当干板阻力很小时，液面落差会使气流偏向出口侧，而塔板入口侧的筛孔将无气体通过而持续漏液。这种漏液称为倾向性漏液。

在筛板塔设计时，为避免因液面落差引起倾向性漏液和气体分布不均，一般应使液面落差不超过干板阻力的一半，即

$$\Delta < \frac{h_d}{2} \tag{10-9}$$

此外，为减少倾向性漏液，在塔板入口处，通常留出一条狭窄的区域不开孔，称为入口安定区。

当塔径或液体流量很大时，为减少液面落差，须采用双流型、多流型或阶梯型塔板。

除结构因素外，气速是决定塔板是否漏液的主要因素。干板阻力随气速增大而急剧增加，液层阻力则与气速关系较小。低气速时，干板阻力往往很小，总阻力以液层阻力为主，塔板将出现漏液。高气速时，干板阻力迅速上升而成为主要阻力，漏液将被制止。

因此，当气速由高逐渐降低至某值时，明显漏液现象遂将发生，该气速称为漏液点气速。若气速继续降低，严重的漏液会使塔板不能积液而破坏正常操作。

10.3.1.6　板效率的各种表示方法及其应用

塔板上气、液接触状况和各种非理想流动对塔板上两相传质效果有不同程度的影响。

对于板式塔这种分级接触式设备，通常用板效率来概括上述各种因素对板上两相传质的影响。有关板效率的定义有以下四种。

点效率　点效率的定义如下

$$E_{OG} = \frac{y - y_{n+1}}{y^* - y_{n+1}} \tag{10-10}$$

显然，$y^* - y_{n+1}$ 为气相通过塔板某点的最大提浓度；$y - y_{n+1}$ 为气体通过该点所达到的实际提浓度。点效率为两者的比值，其极限值为 1。

离开板上液层的气体组成 y，是组成为 y_{n+1} 的气体与组成为 x 的液体在液层中接触传质的结果。因此，点效率必与塔板上各点的两相传质速率有关。

设塔板上泡沫层高度为 H_f，气体的摩尔质量流速为 G，气相体积传质系数为 $K_y a$，则塔板上某点的传质速率方程为

$$G dy = K_y a(y^* - y) dH_f$$

将上式沿泡沫层高度积分

$$\frac{K_y a H_f}{G} = \int_{y_{n+1}}^{y} \frac{dy}{y^* - y} = -\ln \frac{y^* - y}{y^* - y_{n+1}} = N_{OG} \tag{10-11}$$

或

$$E_{OG} = 1 - e^{-N_{OG}} = 1 - e^{-\frac{K_y a H_f}{G}} \tag{10-12}$$

由式(10-12)可以看出，当气体流量 G 一定时，点效率的数值是由两相接触状况决定的，塔板上液层越厚，气泡越分散，表面湍动程度越高，点效率亦越高。

点效率也可以用液相组成表示为

$$E_{OL} = \frac{x_{n-1} - x}{x_{n-1} - x^*} \tag{10-13}$$

默弗里板效率　默弗里板效率的定义为

$$E_{mV} = \frac{\overline{y}_n - \overline{y}_{n+1}}{y_n^* - \overline{y}_{n+1}} \tag{10-14}$$

显然，默弗里板效率表示了离开同一塔板两相的平均组成之间的关系，可适应实际塔板数计算的需要。

同样的，默弗里板效率也可用液相组成表示为

$$E_{mL} = \frac{\overline{x}_{n-1} - \overline{x}_n}{\overline{x}_{n-1} - x_n^*} \tag{10-15}$$

默弗里板效率与点效率的主要区别是：

① 默弗里板效率中的 y_n^* 系离开塔板的液相平均组成 $\overline{x}_n$ 的平衡气相组成，而点效率中的 y^* 为塔板上某点的液相组成 x 的平衡气相组成；

② 点效率中的 y 为离开塔板某点的气相组成，而默弗里板效率中的 $\overline{y}_n$ 系由塔板各点离开液层的气相的平均组成。

显而易见，默弗里板效率的数值不仅与点效率即两相接触状况有关，而且下述两种流动因素也对其有着重要的影响。

（1）塔板上液体的返混　返混是对传质不利的因素，返混程度越大，默弗里板效率越低。

（2）塔板上两相的不均匀流动　首先必须明确的是，不均匀性究竟是一个有害还是有利的因素。

在塔板上气液两相的不均匀分布，一般说来是有害的因素，应尽量避免。严重的气液不均匀性会导致气液流动所不及的死区，其危害性是显而易见的。

综上所述，塔板上气液两相的流动情况对默弗里板效率有不容忽视的影响。减小返混程度，增加气液流动的均匀性都能提高默弗里板效率。

值得注意的是，在塔设备放大时，塔径增大，液体行程增加而其返混程度相对减小，可使默弗里板效率有所提高。但是，在大塔中液面落差增大，气流不均匀性增加，塔板上液体滞留区增大，液流不均匀性增加，故亦可使默弗里板效率降低。两种因素同时存在，如后者占优势，塔放大之后，板效率将下降；反之，如前者占优势，塔放大之后，板效率将上升。

湿板效率　定义的湿板效率

$$E_a = \frac{Y_n - Y_{n+1}}{y^* - Y_{n+1}} \tag{10-16}$$

式中，y^* 仍为离开第 n 块板的平均液相组成的平衡气相组成。

湿板效率在形式上和默弗里板效率没有区别，但它包含了液沫夹带的影响，实际意义不同。应用默弗里板效率时，必须作出真实的操作线 [式(10-17)]，而应用湿板效率时只需作出与无液沫夹带时相同的表观操作线 [式(10-18)]。

$$y_{n+1} - e_V(x_n - x_{n+1}) = \frac{L}{V}x_n + \frac{D}{V} \tag{10-17}$$

$$Y_{n+1} = \frac{L}{V}x_n + \frac{D}{V}x_D \tag{10-18}$$

湿板效率的实际测定　为获得湿板效率，还必须测定塔板的液沫夹带量，根据有关公式对测定的默弗里板效率进行必要的修正。

实际塔板数的计算与修正平衡线　由于引入理论板的概念，可在塔型没有确定之前计算所需理论板数，从而对分离任务的难易事先有一个粗略的认识。当塔型确定之后，可通过实验或经验获得湿板效率，进行所需实际板数的计算。

全塔效率　定义全塔效率

$$E_T = \frac{N_T}{N} \tag{10-19}$$

若全塔效率 E_T 为已知，并已算出所需理论板数，即可由上式直接求得所需的实际板数。

全塔效率是板式塔分离性能的综合度量，它不单与影响点效率、板效率的各种因素有关，而且把板效率随组成等的变化亦包括在内。全塔效率的可靠数据只能通过实验测定获得。

全塔效率是以所需理论板数为基准定义的，板效率是以单板理论增浓度为基准定义的，两者基准不同。因此，即使塔内各板效率相等，全塔效率在数值上也不等于板效率。

全塔效率的数据关联

① Drickamer 和 Bradford 根据 54 个泡罩精馏塔的实测数据，将全塔效率 E_T 关联成液体黏度 μ_L 的函数并作图，图中横坐标 μ_L 是根据加料组成和状态计算的液体平均黏度，即

$$\mu_L = \sum_{i=1}^{n} x_i \mu_i \tag{10-20}$$

② O'Connell 对上面的关联进行了修正，将全塔效率关联成 $\alpha\mu_L$ 的函数。其中 μ_L 是根据加料组成计算的液体平均黏度；α 为轻重关键组分的相对挥发度。μ_L 和 α 的估算都是以塔顶和塔底的算术平均温度为准。

10.3.1.7　提高塔板效率的措施

为提高塔板效率，设计者应当根据物系的性质选择合理的结构参数和操作参数，力图增强相际传质，减少非理想流动。

结构参数　影响塔板效率的结构参数很多，塔径、板间距、堰高、堰长以及降液管尺寸等对板效率皆有影响，必须按某些经验规则恰当地选择。此外，有以下两点值得特别指出。

① 合理选择塔板的开孔率和孔径。造成适应于物系性质的气液接触状态，已知轻组分表面张力小于重组分的物系宜采用泡沫接触状态，轻组分表面张力大

于重组分的物系宜采用喷射接触状态。

重组分表面张力较大的物系，宜采用泡沫接触状态。若以 x 表示重组分的浓度，这种物系的 $\dfrac{\mathrm{d}\sigma}{\mathrm{d}x}>0$，故可称为正系统。

重组分表面张力较小的物系，宜采用喷射接触状态。同样，若以 x 表示重组分的浓度，这种物系的 $\dfrac{\mathrm{d}\sigma}{\mathrm{d}x}<0$，故可称为负系统。

总之，正系统的液滴或液膜稳定性皆好，宜采用泡沫接触状态而不宜采用喷射接触状态；负系统的液滴或液膜稳定性差，宜采用喷射接触状态而不宜采用泡沫接触状态。

② 设置倾斜的进气装置，使全部或部分气流斜向进入液层。

适当采用斜向进气装置，可减少气液两相在塔板上的非理想流动，提高塔板效率。实现斜向进气的塔结构有多种形式。

操作参数和塔板的负荷性能图 对一定物系和一定的塔结构，必相应有一个适宜的气液流量范围。此范围由过量液沫夹带线、漏液线、溢流液泛线、液量下限线和液量上限线确定，构成塔板的负荷性能图。

上述各线所包围的区域为塔板正常操作范围。在此范围内，气液两相流量的变化对板效率影响不大。塔板的设计点和操作点都必须位于上述范围，方能获得合理的板效率。

如塔是在一定的液气比 L/V 下操作，塔内两相流量关系为通过原点、斜率为 V/L 的直线。此直线与负荷性能图的两个交点分别表示塔的上、下操作极限。上、下操作极限的气体流量之比称为塔板的操作弹性。

当物系一定时，负荷性能图完全由塔板的结构尺寸决定。不同类型的塔板，负荷性能图自然不同；就是直径相等的同一类型塔板，如板间距、降液管面积、开孔率、溢流堰形式与高度等结构参数不同，其负荷性能图也不相同。例如，若减少筛板塔的板间距，液沫夹带线 1 和溢流液泛线 3 将下移。而液量上限线 5 将左移。塔的正常操作范围减小。再如若减少降液管面积，液沫夹带线 1 和溢流液泛线 3 上移，液量上限线 5 左移可能与线 1 相交，而将液泛线划到正常操作范围之外。当液气比较低时，降液管面积减少使塔的生产能力有所提高。但是，如果液气比较大，降液管面积减少反而使塔的生产能力下降。

负荷性能图对于现有塔的操作，塔板的改造和设计有一定的指导意义，应予以充分重视。

10.3.1.8 板型式

工业生产对塔板的要求除高效率，通常按以下五项标准进行综合评价：

① 通过能力大，即单位塔截面能够处理的气液负荷高；

② 塔板效率高；

③ 塔板压降低；

④ 操作弹性大；

⑤ 结构简单，制造成本低。

效率与气液负荷　效率与允许气液负荷之间的关系，是塔板结构设计者必须首先正确处理的。对于产量小的高纯度分离，板效率自然是主要的；对于产量大的一般分离任务，重要的往往是允许气液负荷，即单位塔截面的处理能力要高。

气液负荷的限制来自两方面的原因，一是使塔无法正常操作的液泛，一是使板效率剧降的过量液沫夹带。当前者为主时，设计者可采取某些措施，不惜使气液接触略有恶化即牺牲一些效率，以获得更高的气液负荷。此时，负荷和效率似乎是矛盾的。当以后者为主时，设计者应当设法减少液沫夹带，从而提高气液负荷的上限。此时，负荷和效率是一致的。

效率和压降的关系　对一般精馏过程，塔板压降不是主要问题。但是，在真空精馏时，塔板压降则成为主要指标。采用真空精馏的目的是降低塔釜温度，塔板压降高将部分抵消抽真空的效果。这时，对塔板评价的判据是一块理论板的压降。理论板压降是板效率和板压降两者综合的指标。

液层增厚，板效率自然随之有所提高，但板压降也相应提高。液层达一定厚度后，效率随液层厚度增加的幅度不及板压降增加的幅度，一块理论板压降将随液层厚度的增加而增大。因此，真空精馏塔往往采用薄液层，但必须克服薄液层带来的种种问题，避免效率过低。

干板压降也是如此，干板压降大对提高板效率有利，但设计时其大小仍需根据理论板压降最小的原则决定。各种塔板性能各异，效率和板压降各有特征。

泡罩塔板　泡罩塔板的气体通路是由升气管和泡罩构成的。升气管是泡罩塔区别于其他塔板的主要结构特征。

这种结构不仅过于复杂，制造成本高，而且气体通道曲折多变、干板压降大、液泛气速低、生产能力小。

浮阀塔板　浮阀塔板对泡罩塔板的主要改革是取消了升气管，在塔板开孔上方设有浮动的盖板——浮阀。

由于降低了压降，塔板的液泛气速提高，故在高液气比 L/V 下，浮阀塔板的生产能力大于泡罩塔板。

筛孔塔板　筛板几乎与泡罩塔同时出现，但当时认为筛板容易漏液，操作弹性小，难以操作而未被使用。然而，筛板的独特优点——结构简单，造价低廉却一直吸引着不少研究者。

筛板的压降、效率和生产能力等大体与浮阀塔板相当。

舌形塔板　气流垂直向上穿过液层时（泡罩、浮阀和筛板皆是如此），不仅使液体破碎成小滴，而且还给液滴以相当的向上初速度。液滴的这种初速度无益于气液传质，却徒然增加了液沫夹带，因此，塔板研究者提出了舌形开孔的概念。

舌形塔板液沫夹带量较小，在低液气比 L/V 下，塔板生产能力较高。

此外，从舌孔喷出的气流，通过动量传递推动液体流动，从而降低了板上液层厚度和板压降。板压降减小，可提高塔板的液泛速度，所以在高液气比 L/V 下，舌形塔板的生产能力也是较高的。

为使舌形塔板能够适应低负荷生产，提高其操作弹性，可采用浮动舌片。这种塔板称为浮舌塔板。

在舌形塔板上，所有舌孔开口方向相同，全部气体从一个方向喷出，液体被连续加速。这样，当气速较大时，板上液层太薄，会使效率显著降低。

为克服这一缺点，可使舌孔的开口方向与液流垂直，相邻两排的开孔方向相反，这样既可允许较大气速，又不会使液体被连续加速。为适当控制板上液层厚度，消除液面落差，可每隔若干排布置一排开口与液流方向一致的舌孔。这种塔板称为斜孔塔板。

网孔塔板　网孔塔板采用冲有倾斜开孔的薄板制造，具有舌孔塔板的特点，并易于加工。这种塔板还装有若干块用同样薄板制造的碎流板，碎流板对液体起拦截作用，避免液体被连续加速，使板上液体滞留量适当增加。同时，碎流板还可以捕获气体夹带的小液滴，减少液沫夹带量。

因此，和舌形塔板相比，网孔塔板的气速可进一步提高，具有更大的生产能力。

垂直筛板　垂直筛板是在塔板上开有若干直径为 $100\sim200\text{mm}$ 的大圆孔，孔上设置圆柱形泡罩，泡罩的下缘与塔板有一定间隙使液体能进入罩内。泡罩侧壁开有许多筛孔，为两相传质提供了很大的不断更新的相际接触表面，提高了板效率。

和普通筛板不同，垂直筛板的喷射方向是水平的，液滴在垂直方向的初速度为零，液沫夹带量很小。因此，在低液气比 L/V 下，垂直筛板的生产能力将大幅度提高。

多降液管塔板　液体流量过大，塔板上的液层太厚并造成很大的液面落差。舌形板、网孔板等利用倾斜喷出的气流的动量推动液体流动，有助于提高允许液体流量。

此外，为避免过多占用塔板面积，降液管为悬挂式的。在这种降液管的底部开有若干缝隙，其开孔率必须正确设计，使液体得以流出同时又保持一定高度的液封，防止气体窜入降液管内，为避免液体短路，相邻两塔板的降液管交错成 $90°$。

当然，采用多降液管时液体行程缩短，在液体行程上不容易建立浓度差，板效率有所降低。

林德筛板　林德筛板是专为真空精馏设计的高效低压降塔板。

真空精馏塔板的主要技术指标是每块理论板的压降，即板压降与板效率的比值（而不单纯是板压降）。因此，和普通塔板相比，真空塔板有以下两点必须注意。首先，真空塔板为保证低压降，不能像普通塔板一样，依靠较大的干板阻力使气流均匀。其次，真空塔板存在一个最佳液层厚度。一个优良的真空塔板必须有足够的措施，使在正常操作条件下，塔板上能形成具有最佳厚度的均匀液层。为达到上述目的，林德筛板采用以下两个措施：

① 在整个筛板上布置一定数量的导向斜孔；

② 在塔板入口处设置鼓泡促进装置。

导向斜孔的作用是利用部分气体的动量推动液体流动，以降低液层厚度并保证液层均匀。同时，由于气流的推动，板上液体很少混合，在液体行程上能建立起较大的浓度差，可提高塔板效率。

鼓泡促进装置可使气流分布更加均匀。

由于采用以上措施，林德筛板压降小而效率高（一般为 80%～120%），操作弹性也比普通筛板有所增加。

无溢流塔板　无溢流塔板是一种简易塔板，它实际上只是一块均匀开有一定缝隙或筛孔的圆形平板。这种塔板在正常工作时，板上液体随机地经某些开孔流下，而气体则经另一些开孔上升。

无溢流塔板没有降液管，结构简单，造价低廉。由于这种塔板的塔板利用率高，其生产能力比普通筛板和浮阀塔板大。

无溢流塔板的缺点是操作弹性小，对设计的可靠性要求高。在无溢流塔板上，液相浓度是基本均匀的，故板效率较低。常用的无溢流塔板有两种：一种是无溢流栅板，一种是无溢流筛板。无溢流栅板可用金属条组成，也可用 3～4mm 的钢板冲出长条形缝隙制成，缝隙宽度一般为 3～8mm，开孔率为 15%～30%。无溢流筛板孔径一般为 4～12mm，开孔率为 10%～30%。

10.3.1.9　筛板塔的设计

筛板塔通常是在泡沫状态下操作的。但是，为增加塔的生产能力，喷射型操作越来越受到重视。特别是对于 $\dfrac{d\sigma}{dx}<0$ 的物系，喷射状态既可提高塔的生产能力又可提高板效率，应尽量采用。

筛孔塔板的板面布置　在筛孔塔板（简称筛板）上，气液两相的接触和传质主要发生在开有筛孔的区域内。但是，对于错流型塔板，塔板上有些区域是不能开孔的，塔板面积可分为以下几部分：

① 有效传质区，即塔板上开有筛孔的面积，以符号 A_a 表示；

② 降液区，包括降液管面积 A_f 和接受上层塔板液体的受液盘面积 A_f'，对

垂直降液管 $A_f = A'_f$；

③ 塔板入口安定区，即在入口堰附近一狭长带上不开孔，以防止气体进入降液管或因降液管流出的液流的冲击而漏液，其宽度以 W'_s 表示；

④ 塔板出口安定区，即在靠近溢流堰处一狭长带上不开孔，使液体在进入降液管前，有一定时间脱除其中所含气体，其宽度以 W_s 表示；

⑤ 边缘区，即在塔板边缘留出宽度为 W_c 的面积不开孔供塔板固定用。

以上各面积的分配比例与塔板直径及液流形式有关。在塔板设计时，应在允许的条件下尽量增大有效传质区面积 A_a。

当溢流堰长 l_w 和塔径 D 之比已定，溢流管面积 A_f 和塔板总面积 A_T 之比可以算出。

对于具有垂直弓形降液管的单流型塔板。当 l_w/D，W_s，W'_s，W_c 和塔径 D 确定后，有效面积 A_a 可由下式计算：

$$A_a = \left(x'\sqrt{r^2 - x'^2} + r^2\sin^{-1}\frac{x'}{r} \right) + \left(x\sqrt{r^2 - x^2} + r^2\sin^{-1}\frac{x}{r} \right) \qquad (10\text{-}21)$$

当塔径很大时，横跨塔径的支撑梁也占据很大面积，此时应从式（10-21）计算的 A_a 中扣除支撑面积，才是真正的有效传质区。

在有效传质区内，筛孔按正三角形排列。若孔径为 d_o，孔间距为 t，筛孔总面积 A_o 与有效面积 A_a 之比，即有效传质区的开孔率为

$$\varphi = \frac{A_o}{A_a} = \frac{\dfrac{1}{2} \times \dfrac{\pi}{4} d_o^2}{\dfrac{1}{2} t^2 \sin 60°} = 0.907 \left(\frac{d_o}{t} \right)^2 \qquad (10\text{-}22)$$

由式（10-22）可以看出，有效传质区的开孔率是由孔径与孔间距之比唯一决定的。

筛孔塔板的设计参数　液体在塔板上的流动型式确定之后，一个完整的筛板设计必须确定的主要结构参数有：

① 塔板直径 D；

② 板间距 H_T；

③ 溢流堰的型式、长度 l_w 和高度 h_w；

④ 降液管型式，降液管底部与塔板间距的距离 h_o；

⑤ 液体进、出口安定区的宽度 W'_s、W_s，边缘区宽度 W_c；

⑥ 筛孔直径 d_o，孔间距 t。

筛孔塔板的设计程序　筛板塔的各种性能是由上述各设计参数共同决定的。因此，上述各参数不是独立的，而是通过液沫夹带、液泛、漏液、板压降等流动现象相互关联的。塔板设计的基本程序是：

① 选择板间距和初步确定塔径；

② 根据初选塔径，对筛板进行具体结构的设计；

③ 对所设计的塔板进行流体力学校核，如有必要，需对某些结构参数加以调整。

Ⅰ. 板间距的选择和塔径的初步确定

板间距对塔板的液沫夹带量和液泛气速有重要的影响。对于相同的气液负荷，板间距 H_T 越大，允许气速越大，所需塔径 D 越小。因此，存在一个在经济上最佳的板间距。

板间距 H_T 选定之后，可根据夹带液泛条件初步确定塔径 D。

由已知的气液两相流动参数 F_{LV} 和选定的板间距 H_T 从费尔关联图查得 C_{f20} 后，可按下式求出液泛气速

$$u_f = C_{f20}\left(\frac{\sigma}{20}\right)^{0.2}\left(\frac{\rho_L - \rho_V}{\rho_V}\right)^{0.5} \tag{10-23}$$

设计气速必须低于液泛气速（泛点气速），两者之比称为泛点百分率。费尔等建议，泛点百分率可取为 0.8～0.85，对于易起泡物系可取为 0.75。

因液泛速度 u_f 是以气体流通面积为基准的净速度，为计算所需塔径，必须首先确定液流型式及堰长与塔径之比 l_w/D。但必须保证 $\Delta < \frac{h_d}{2}$。l_w/D 的选取与液体流量 L 及系统发泡情况有关。通常，单流型可取 $l_w/D = 0.6～0.8$，双流型可取为 $l_w/D = 0.5～0.7$。对容易发泡的物系，l_w/D 可取得高一些，以保证液体在降液管内有更长的停留时间。

根据液泛速度 u_f、泛点百分率、液流型式和 l_w/D 可求出所需塔径。

Ⅱ. 塔板结构设计

塔径确定之后，可根据经验适当选择其余设计参数，初步完成塔板设计。

(1) 溢流堰的型式和高度的选择　通常溢流堰为平顶的，当堰上液高 $h_{ow} \leqslant$ 6mm 时应采用齿形堰。

溢流堰的高度 h_w 对板上泡沫层高度和液层阻力有很大影响。h_w 太低，板上泡沫层亦低，相际接触表面小；h_w 太高，液层阻力大，板压降高。

(2) 降液管和受液盘的结构和有关尺寸的选择　弓形降液管一般是垂直的，降液面积 A_f 与受液面积 A_f' 相等。有时，为增大两相分离空间而又不过多占据塔板面积，降液管可做成倾斜的。

为保证液封，降液管底部与塔板的间隙 h_o 应小于堰高 h_w，但一般不应小于 20～25mm 以免堵塞。为使液体进入塔板时更加平稳，防止头几排筛孔因冲击而漏液，对于直径大于 800mm 的塔板，现在推荐使用凹形受液盘。

(3) 安定区和边缘区宽度的选择　入口安定区宽度 W_s' 可取为 50～100mm，出口安定区宽度 W_s 一般等于 W_s'，但根据大量的工业实践，目前多主张不设出口安定区。

边缘区宽度为 W_c 与塔径有关，一般可取 25～50mm。

W_s、W_s'、W_c 取定以后，单流型塔板的有效传质面积 A_a 可由式(10-22)计算。

(4) 孔径和开孔率的选择　在工业筛板塔中，筛孔直径变化范围很大。筛孔小，加工麻烦、容易堵塞；但筛板不易漏液，操作弹性大。筛孔大，加工容易，不易堵塞；但漏液点高，操作弹性小。

开孔率 φ 是由孔径 d_o 与孔间距 t 的比值 d_o/t 决定的，可计算。开孔率 φ 与板压降直接有关，故对塔板的性能有重要影响。开孔率 φ 太小，相际接触表面亦小，不利于传质，而且板压降大容易液泛。开孔率 φ 太大，干板压降小而漏液点高，塔板的操作弹性下降。因此，在选择 d_o/t 时，应对压降和操作弹性进行全面考虑。在一般情况下，可取孔间距 $t=(2.5～5)d_o$。

Ⅲ. 塔板的校核

对初步设计的筛板必须进行校核，以判断设计工作点是否位于筛板的正常操作范围之内，板压降是否超过允许值等。最后，应对设计的塔板作出负荷性能图，以全面了解塔板的操作性能。

(1) 板压降的校核　板压降对塔板的性能有着重要的影响。在减压精馏时，对板压降的数值本身也有限制。因此，对初步设计的筛板的板压降必须进行校核。

已知板压降等于干板压降与液层阻力之和，即

$$h_f = h_d + h_L \tag{10-24}$$

干板压降 h_d 可由式(10-4)计算，式中孔流系数 C_0 可查图求取。

液层阻力 h_L 可由下式计算：

$$h_L = \beta(h_w + h_{ow}) \tag{10-25}$$

式中，β 为液层充气系数。图中横坐标 $F_a = u_a \rho_V^{0.5}$ 中的 u_a 是以塔截面积与降液区面积之差即 $(A_T - 2A_f)$ 的基准计算的气体速度，m/s；ρ_V 是气体密度，kg/m³。

如算出的板压降 h_f 超过允许值，可增大开孔率 φ 或降低堰高 h_w 使 h_f 下降。

(2) 液沫夹带的校核　为使所设计的筛板具有较高的板效率，液沫夹带量不可太大，因此必须校核塔板在设计点的夹带量。

(3) 溢流液泛条件的校核　为避免发生溢流液泛，必须满足以下条件

$$H_{fd} = \frac{H_d}{\phi} < H_T + h_w \tag{10-26}$$

式中，相对泡沫密度 ϕ 与物系的发泡性有关。对于一般物系，ϕ 可取为0.5；对于不易发泡物系，ϕ 可取为 0.6～0.7；对于容易发泡物系，ϕ 可取为0.3～0.4。对于发泡性未知的物系，必要时可通过实验，对照发泡性已知的物系决定 ϕ 的取值。降液管内的清液高度 H_d 可由式(10-7)计算，即

$$H_d = h_w + h_{ow} + \Delta + \sum h_f + h_f$$

式中，h_w 已选定，h_f 由式(10-2) 计算。其余三项分别计算如下：

① 堰上液高 h_{ow}　液体翻越堰板的溢流，已从理论上推出堰上液高 h_{ow} 的计算式具有如下形式：

$$h_{ow} = \frac{1}{C_0 \sqrt{2g}} \left(\frac{L_h}{l_w} \right)^{2/3} = 2.84 \times 10^{-3} \left(\frac{L_h}{l_w} \right)^{2/3} \tag{10-27}$$

考虑到圆形塔壁对液流收缩的影响，上式须加以校正，即

$$h_{ow} = 2.84 \times 10^{-3} E \left(\frac{L_h}{l_w} \right)^{2/3} \tag{10-28}$$

式中，E 为校正系数也称为液流收缩系数。

当采用齿形堰而且液层高度不超过齿顶时，从齿根算起的堰上液高为

$$h_{ow} = 1.17 \left(\frac{L_s h_n}{l_w} \right)^{2/5} \tag{10-29}$$

当液层超过齿顶时，从齿根算起的液高可由下式算出

$$L_s = 0.735 \left(\frac{l_w}{h_n} \right) \left[h_{ow}^{5/2} - (h_{ow} - h_n)^{5/2} \right] \tag{10-30}$$

在以上两式中，h_n 为齿形堰的齿深，m；L_s 为液体体积流量，m³/s。

② 液面落差 Δ　液体沿筛板流动，阻力损失小，其液面落差通常可忽略不计。若塔径和液体流量很大，液面落差可由式(10-31) 计算

$$\Delta = 0.0476 \frac{(b+4H_f)^2 \mu_L L_s Z}{(bH_f)^3 (\rho_L - \rho_V)} \tag{10-31}$$

③ 降液管阻力 $\sum h_f$　降液管内沿程阻力损失可以忽略不计，降液管阻力损失主要集中于降液管出口。液体经过降液管出口可当作小孔流出来处理，阻力损失可由下式计算：

$$\sum h_f = \frac{1}{2gC_0^2} \left(\frac{L_s}{l_w h_0} \right)^2 = 0.153 \left(\frac{L_s}{l_w h_0} \right)^2 \tag{10-32}$$

④ 液体在降液管内停留时间的校核　为避免发生严重的气泡夹带现象，通常规定液体在降液管的停留时间不小于 3～5s，即

$$\tau = \frac{A_f H_d}{L_s} \geqslant 3 \sim 5 \tag{10-33}$$

对易起泡物系，可取其中较高数值。

须指出，大量的工业实践表明，上式所规定的条件是相当保守的。

⑤ 漏液点的校核　漏液点气速的高低，对筛板塔的操作弹性影响很大。为保证所设计的筛板具有足够的操作弹性，通常要求设计孔速 u_0 与漏液点孔速 u_{ow} 之比（称为筛板的稳定系数，以 k 表示）不小于 1.5～2.0，即

$$k = \frac{u_0}{u_{ow}} \geqslant 1.5 \sim 2.0 \tag{10-34}$$

已知漏液点干板压降 h_d 决定于板上液层的不均匀性，而液层的不均匀性又与板上当量清液高度有关。因此，漏液点的干板压降 h_d 或孔速 u_{ow} 必与当量清液层高度有某种关系。戴维斯和戈登（Davies and Gordon）正是利用漏液点干板压降 h_d 和当量清液层高度对许多文献中的漏液点数据进行了关联，h_c 为漏液点当量清液高度，可由下式计算

$$h_c = 0.0061 + 0.725h_w - 0.006F + 1.23\frac{L_s}{l_w} \tag{10-35}$$

试差求出漏液点的干板压降和相应的孔速 u_{ow}，再由式（10-34）求出稳定系数 k。如算出的 k 值太小，可适当减少开孔率 φ 和降低堰高 h_w。

10.3.2　填料塔

填料塔也是一种应用很广泛的气液传质设备。填料塔的基本特点是结构简单、压降低、填料易用耐腐蚀材料制造。

10.3.2.1　填料塔的结构及填料特性

填料塔的结构　典型填料塔塔体为一圆形筒体，筒内分层安放一定高度的填料层。填料按其在塔内的堆放方式可分为两类：乱堆填料和整砌填料。

填料塔操作时，液体自塔上部进入，通过液体分布器均匀喷洒于塔截面上。在填料层内，液体沿填料表面呈膜状流下。各层填料之间设有液体再分布器，将液体重新均布于塔截面之后，进入下层填料。

气体自塔下部进入，通过填料缝隙中的自由空间，从塔上部排出。离开填料层的气体可能夹带少量雾状液滴，因此，有时需要在塔顶安装除沫器。

气液两相在填料塔内进行逆流接触，填料上的液膜表面即为气液两相的主要传质表面。

填料塔内液体是自动分散成膜状的。

液体成膜的条件　填料具有较大的表面。这些表面只有被液膜覆盖方能成为传质表面。液体能否成膜与填料表面的润湿性有关。液体自动成膜的条件是

$$\sigma_{LS} + \sigma_{GL} < \sigma_{GS} \tag{10-36}$$

式中，σ_{LS}、σ_{GL} 及 σ_{GS} 分别为液固、气液及气固间的界面张力。

上式中两端差值越大，表明填料表面越容易被液体润湿，即液体在填料表面上的铺展趋势越强。当物系系统和操作温度、压强一定时，气液界面张力 σ_{GL} 为一定值。因此，适当选择填料的材质和表面性质，液体将具有较大的铺展趋势，可使用较少的液体获得较大的润湿表面。如填料的材质选用不当，液体将不呈膜而呈细流下降，使气液传质面积大为减少。

填料塔内液膜表面的更新　在填料塔内液膜所流经的填料表面是许多填料堆积而成的，形状极不规则。这种不规则的填料表面有助于液膜的湍动。当液体自

一个填料通过接触点流至下一个填料时，原来在液膜内层的液体可能转而处于表层，而原来处于表层的液体可能转入内层，由此产生所谓表面更新现象。这种表面更新现象有力地加快液相内部的物质传递，是填料塔内汽液传质中的重要因素。

但是，在乱堆填料层中可能存在某些液流所不及的死角。这些死角虽然是润湿的，但液体基本上处于静止状态，对两相传质贡献很小。

填料使液体均布的能力和向壁偏流现象　液体在乱堆填料层内流动所经历的路径是随机的。当液体集中在某点进入填料层，随着液体沿填料下流，液体将呈锥形逐渐散开。这表明乱堆填料是具有分散液体即自动均布液体的能力。因此，乱堆填料只要求进入填料层的液体大体均布于塔截面，对液体预分布没有过苛的要求。

在填料层内部，液体沿随机路径下流时，既可能向内也可能向外，但是，曲折向外的液体一旦触及塔壁，流动的随机性便不复存在。此时液体将沿壁流下，不能返回填料层。因此，从总体看来，在填料层内流动的液体似乎存在着一个向壁偏流的现象。这样，当填料层过高时，其下部将有大量液体沿壁流下，使液体分布严重不均。填料在塔内之所以必须分层安装，其原因就在于此。

与乱堆填料不同，整砌填料无均布液体的能力，但也不存在偏流现象，整砌填料无需分层安装。但必须有严格的液体预分布。

填料的重要特性　各种填料的主要特征可由以下三个特性数字表征：

（1）比表面积 a　填料的表面是填料塔内传质表面的基础。显然，填料应具有尽可能多的表面积。填料所能提供的表面，通常以单位堆积体积所具有的表面即比表面积 a 表示，其单位是（m^2/m^3）。

（2）空隙率 ε　在填料塔内气体是在填料间的空隙内通过的。第四章已经述及，流体通过颗粒层的阻力与空隙率 ε 密切相关。为减少气体的流动阻力提高填料塔的允许气速（处理能力），填料层应有尽可能大的空隙率。对于各向同性的填料层，空隙率等于填料塔的自由截面百分率。

（3）单位堆积体积内的填料数目 n　对于同一种填料，单位堆积体积内所含填料的个数是由填料尺寸决定的。减少填料尺寸，填料的数目增加，填料层的比表面积增大而空隙率减少，气体的流动阻力亦相应增加，若填料尺寸过小，还会使填料的造价提高。反之，若填料尺寸过大，在靠近塔壁处，填料层空隙很大，将有大量气体由此短路通过。为控制这种气流分布不均的现象，填料尺寸不应大于塔径的 1/10～1/8。

此外，一个性能优良的填料还必须满足制造容易、造价低廉，耐腐蚀并具有一定机械强度等多方面的要求。

几种常用填料

（1）拉西环　拉西环是于 1914 年最早使用的人造填料。拉西环形状简单，制造容易，其流体力学和传质方面的特性比较清楚，曾得到极为广泛的应用。

大量的工业实践表明，拉西环由于高径比太大，堆积时相邻环之间容易形成线接触、填料层的均匀性较差。因此，拉西环填料层存在着严重的向壁偏流和勾流现象。目前，拉西环填料在工业上的应用日趋减少。

（2）鲍尔环　鲍尔环是在拉西环的基础上发展起来的，是近期具有代表性的一种填料。鲍尔环结构上提高了环内空间和环内表面的有效利用程度，使气体流动阻力大为降低，因而对真空操作尤为适用。鲍尔环上的两层方孔是错开的，在堆积时即使相邻填料形成线接触，也不会阻碍气液两相的流动产生严重的偏流和沟流现象。因此，采用鲍尔环填料，床层一般无需分段。

鲍尔环是近年来国内外一致公认的性能优良的填料，其应用越来越广。鲍尔环可用陶瓷、金属或塑料制造。

（3）矩鞍形填料　矩鞍形填料又称英特洛克斯鞍（Intalox saddle）。这种填料结构不对称，填料两面大小不等，堆积时不会重叠，填料层的均匀性大为提高。矩鞍形填料的气体流动阻力小，处理能力大，各方面的性能虽不及鲍尔环，仍不失为一种性能优良的填料。矩鞍形填料的制造比鲍尔环方便。

（4）阶梯环填料　阶梯环填料的构造与鲍尔环相似，环壁上开有长方形孔，环内有两层交错 45°的十字形翅片。阶梯环比鲍尔环短，高度通常只有直径的一半。阶梯环的一端制成喇叭口形状，因此，在填料层中填料之间多呈点接触，床层均匀且空隙率大。

（5）金属英特洛克斯（Intalox）填料　金属英特洛克斯填料把环形结构与鞍形结构结合在一起，它具有压降低，通量高，液体分布性能好，传质效率高，操作弹性大等优点，在现有工业散装填料中且有明显的优势。

（6）网体填料　还有一类以金属网或多孔金属片为基本材料制成的填料，通称为网体填料。网体填料的种类也很多，如网环和鞍形网等。

网体填料的特点是网材薄，填料尺寸小，比表面积和空隙率都很大，液体均布能力强。因此，网体填料的气体阻力小，传质效率高。但是，这种填料的造价过高，在大型的工业生产中难以应用。

（7）规整填料　在乱堆散装填料层中，气液两相的流动路径往往是完全随机的，加上填料装填难以做到处处均一，因而容易产生沟流等不良的气液流量分布，放大效应较显著。若能人为地"规定"塔中填料层内的气液流动路径，则可以大大改善填料的流体力学性能和传质性能。规整填料具有压降低、传质效率高、通量大，气液分布均匀，放大效应小等优良性能。对于小直径塔，规整填料可整盘装填，大直径塔可分块组装。近年来，丝网波纹和板波纹规整填料得到了广泛的应用。

10.3.2.2　气液两相在填料层内的流动

液体在填料表面上的膜状流动　液体借重力在填料表面作膜状流动，当液体流量一定时，膜内平均流速决定于流动的阻力。流动阻力来自液膜与填料表面及液膜与上升气流之间的摩擦。显然，液膜与上升气流间的摩擦阻力同气速即气体流量有关。上升气体流量越大，阻力越大，膜内平均流速越低。

由此可知，填料表面的液膜厚度不仅决定于液体流量，也与气体流量有关。液体流量越大，气体流量越大，则液膜越厚，填料层内的滞液量也越大。

不过填料塔在低气速下操作时，气速造成的阻力较小，液膜厚度与气体流量关系不大。但在高气速下操作时，气体流量对液膜厚度将有不容忽视的影响。

气体在填料层内的流动　气体在填料层内的流动类似于流体在颗粒层内的流动。两者的主要区别是，在颗粒层内流速一般较低，通常处于层流状态，流动阻力与气速成正比；而在填料层内，由于填料尺寸远较颗粒尺寸大，气体的流速也较高，因而一般处于湍流状态。

当气液两相逆流流动时，液膜有一定厚度，占有一定空间。在气体流量相同的情况下，液膜的存在使气体在填料空隙间的实际流速有所增加，压降也相应增大。同理，在气体流量相同的情况下，液体流量越大，液膜越厚，压降越大。

气液两相流动的交互影响和载点　已知在干填料层内，气体流量的增大，将使压降按 $1.8\sim2.0$ 次方增长。当填料层内存在两相逆流流动（液体流量不变）时，压强随气体流量增加的趋势要比干填料层大。这是因为气体流量的增大，使液膜增厚，塔内自由截面减少，气体的实际流速更大，从而造成附加的压降增高的缘故。

低气速操作时，膜厚随气速变化不大，液膜增厚所造成的附加压降增高并不显著。此时压降曲线基本上与干填料层的压降曲线平行。高气速操作时，气速增大引起的液膜增厚对压降有显著影响，此时压降曲线变陡，其斜率可远大于 2。

在不同液体流量下，气液两相流动的交互影响开始变得比较显著。这些点称为载点。不难看出，载点的位置不是十分明确的，但它提示人们，自载点开始，气液两相流动的交互影响已不容忽视。

填料塔的液泛　自载点以后，气液两相的交互作用越来越强烈。当气液流量达到某一定值时，两相的交互作用恶性发展，将出现液泛现象，在压降曲线上，出现液泛现象的标志是压降曲线近于垂直。压降曲线明显变为垂直的转折点称为泛点。

在一定液体流量下，气体流量越大，液膜所受的阻力亦随之增大，液膜平均流速减小而液膜增厚。在泛点之前，平均流速减小可由膜厚增加而抵消，进入和流出填料层的液量可重新达到平衡。因此，在泛点之前，每一个气量对应一个膜厚，此时，液膜可能很厚，但气体仍保持为连续相。

但是，当气速增大至泛点时，出现了恶性的循环。此时，气量稍有增加，液膜将增厚，实际气速将进一步增加；实际气速的增大反过来促使液膜进一步增厚。泛点时，尽管气量维持不变，如此相互作用终不能达成新的平衡，塔内滞液量将迅速增加。最后，液相转为连续相，而气体转而成为分散相，以气泡形式穿过液层。

泛点对应于上述转相点，此时，塔内充满液体，压降剧增，填料塔在液泛点虽仍能维持操作，但塔内液体返混合气体的液沫夹带现象严重，传质效果极差。

泛点和压降的经验关联　泛点或转相点是填料塔的极限操作条件，正确地估算泛点气速对于填料塔的设计和操作十分重要。影响泛点的因素很多，其中包括填料的种类、物系的性质及气液两相负荷等。目前，应用最广的是埃克特（Eckert）提出的泛点关联图。

埃克特关联线图适用于乱堆颗粒型填料如拉西环、鞍形填料、鲍尔环等，其上还绘制了整砌拉西环和弦栅填料两种规则填料的泛点曲线。

根据两相流动参数 $\frac{G_L}{G_V}\left(\frac{\rho_V}{\rho_L}\right)^{0.5}$ 和填料因子，由埃克特泛点关联图可求出泛点气速。液泛点是填料塔的操作上限，设计点的气速通常取泛点气速的 $50\%\sim80\%$。根据设计气速和给定的气体流量，可由下式计算填料塔的直径

$$D=\sqrt{\frac{4V_S}{\pi U}} \tag{10-37}$$

利用埃克特关联线图计算压降时，填料因子 ϕ 与计算泛点时的填料因子 ϕ 在数值上稍有不同。通常可采用液泛条件下的填料因子计算压降，但结果有一定误差。

填料塔的操作范围　不同种类的填料操作范围不同，埃克特关于金属鲍尔环填料得到的实验曲线是具有代表性的。

填料塔的操作状况可分为三个区域：A 区，气体流速很低，两相传质主要靠扩散过程，分离效果差，填料层的等板高度 HETP（即分离效果相当于一块理论板的填料层高度）较大；B 区，气体速度增加，液膜湍动促进传质，等板高度较小。当气速接近于泛点时，两相交互作用剧烈，传质效果最佳，等板高度最小；C 区，气速已达到或超过泛点，塔内液体返混或夹带现象严重，分离效果下降，等板高度剧增。

填料塔的正常操作范围位于区域 B 内。

液体流量对填料塔正常操作的气速范围有重要影响。若液体流量过大，泛点气速下降，正常操作范围 B 区将缩小。反之，若液体流量过小，填料表面得不到足够的润湿，填料塔内的传质效果亦将急剧下降，特别是在气速较低的范围内。因此，在填料塔设计时，必须根据经验确定一个最小液体速度，如对水溶液之类的液体，液体速度不应小于 $7.3\text{m}^3/(\text{h}\cdot\text{m}^2)$。

10.3.2.3　填料塔的传质

填料塔的直径由其水力学决定，而填料塔的高度与填料层内的传质速率有关。填料塔内的传质速率是一个极为复杂的问题。解决填料塔的传质问题即确定塔高的基本途径是通过实验。

相际接触面积　在填料塔内两相有效接触面积是真正参与质量交换的面积。有效面积必定是润湿的，但润湿的表面不一定是有效的。在填料层内的某些局部区域，液体运动极其缓慢或静止不动，此处的液体已达平衡状态，对传质不起作用。因此，有效接触表面积比两相实际接触表面积要小。但是有效接触面积不仅限于填料的润湿表面，除填料的有效润湿表面外，还包括可能存在的液滴和气泡面积。无论是有效接触面积还是填料润湿表面积都难以确定。

传质系数　恩田（Onda）等关联了大量液相和气相传质数据，分别提出液、气两相传质系数的经验关联式如下：

（1）液相传质系数

$$k_L(\rho_L/\mu_L g)^{1/3} = 0.0051(G_L/a_w\mu_L)^{2/3}(\mu_L/\rho_L D_L)^{-1/2}(ad_p)^{0.4} \qquad (10\text{-}38)$$

（2）气相传质系数

$$k_G RT/aD_G = C(G_V/a\mu_G)^{0.7}(\mu_G/\rho_G D_G)^{1/3}(ad_p)^{-2} \qquad (10\text{-}39)$$

填料塔的传质速率也可以直接用体积传质总系数、传质单元高度和等板高度表示。

10.3.2.4　填料塔的附属结构

支承板　支承板的主要用途是支承塔内的填料，同时又能保证气液两相顺利通过。支承板若设计不当，填料塔的液泛可能首先在支承板上发生。对于普通填料，支承板的自由截面积应不低于全塔面积的 50%，并且要大于填料层的自由截面积。常用的支承板有栅板和各种具有升气管结构的支承板。

液体分布器　液体分布器对填料塔的性能影响极大。

填料塔内产生向壁偏流是因为液体触及塔壁之后，其流动不再具有随机性而沿壁流下。既然如此，直径越大的填料塔，塔壁所占的比例越小，向壁偏流现象应该越小才是。然而，长期以来填料塔确实由于偏流现象而无法放大。除填料本身性能方面的原因之外，液体初始分布不均，特别是单位塔截面上的喷淋点数太少，是产生上述状况的重要因素。

填料塔只要设计正确，保证液体预分布均匀，特别是保证单位塔截面的喷淋点数目与小塔相同，填料塔的放大效应并不显著，大型塔和小型塔将具有一致的传质效率。

多孔管式分布器能适应较大的液体流量波动，对安装水平度要求不高，对气体的阻力也很小。但是，由于管壁上的小孔容易堵塞，被分散的液体必须是洁净的。

　　槽式分布器多用于直径较大的填料塔。这种分布器不易堵塞，对气体的阻力小，但对安装水平要求较高，特别是当液体负荷较小时。

　　孔板型分布器对液体的分布情况与槽式分布器差不多，但对气体阻力较大，只适用于气体负荷不太大的场合。

　　除以上介绍的几种分布器外，各种喷洒式分布器（如莲蓬头）也是比较常用的，特别是在小型填料塔内。这种分布器的缺点是，当气量较大时会产生较多的液沫夹带。

　　液体再分布器　为改善向壁偏流效应造成的液体分布不均，可在填料层内部每隔一定高度设置一液体分布器。每段填料层的高度因填料种类而异，偏流效应越严重的填料，每段高度越小。通常，对于偏流现象严重的拉西环，每段高度约为塔径的 3 倍；而鞍形填料大约为塔径的 5～10 倍。

　　常用的液体再分布器为截锥形。如考虑分段卸出填料，再分布器之上可另设支承板。

　　除沫器　除沫器是用来除去由填料层顶部逸出的气体中的液滴，安装在液体分布器上方。当塔内气速不大，工艺过程又无严格要求时，一般可不设除沫器。

　　除沫器种类很多，常见的有折板除沫器、丝网除沫器、旋流板除沫器。折板除沫器阻力较小（50～100Pa），只能除去 $50\mu m$ 以上的液滴。丝网除沫器是用金属丝或塑料丝编结而成，可除去 $5\mu m$ 的微小液滴，压降不大于 250Pa，但造价较高。旋流板除沫器压降为 300Pa 以下，其造价比丝网便宜，除沫效果比折板好。

10.3.2.5　填料塔与板式塔的比较

　　对于许多逆流气液接触过程，填料塔和板式塔都是可以适用的，设计者必须根据具体情况进行选用。填料塔和板式塔有许多不同点，简述如下：

　　① 填料塔操作范围较小，特别是对于液体负荷的变化更为敏感。当液体负荷较小时，填料表面不能很好地润湿，传质效果急剧下降；当液体负荷过大时，则容易产生液泛。设计良好的板式塔，则具有大得多的操作范围。

　　② 填料塔不宜于处理易聚合或含有固体悬浮物的物料，而某些类型的板式塔（如大孔径筛板、泡罩塔等）则可以有效地处理这种物系。另外，板式塔的清洗亦比填料塔方便。

　　③ 当气液接触过程中需要冷却以移除反应热或溶解热时，填料塔因涉及液体均布问题而使结构复杂化，板式塔可方便地在塔板上安装冷却盘管。同理，当有侧线出料时，填料塔也不如板式塔方便。

　　④ 以前乱堆填料塔直径很少大于 0.5m，后来人们又认为不宜超过 1.5m，根据近十年来填料塔的发展状况，这一限制似乎不再成立。板式塔直径一般不小于 0.6m。

⑤ 关于板式塔的设计资料更容易得到而且更为可靠，因此板式塔的设计比较准确，安全系数可取得更小。

⑥ 当塔径不很大时，填料塔因结构简单而造价便宜。

⑦ 对于易起泡物系，填料塔更适合，因填料对泡沫有限制和破碎的作用。

⑧ 对于腐蚀性物系，填料塔更适合，因可采用瓷质填料。

⑨ 对热敏性物系宜采用填料塔，因为填料塔内的滞液量比板式塔少，物料在塔内的停留时间短。

⑩ 填料塔的压降比板式塔小，因而对真空操作更为适宜。

第11章

液液萃取

11.1　教学方法指导

　　液液萃取最常遇到的情况是油水二相，油水彼此很少溶解，因此，可以认为是不互溶的二相。最常使用的情况是，水相合成，用甲苯等有机溶剂将产物转入油相，将水溶性杂质留在水相。或者，油相合成，用水洗、酸洗、碱洗，将水溶解性杂质萃离。

　　这些最常见的萃取与吸收章的情况非常相似，只是将吸收中的溶解度换成萃取中的分配系数。物料衡算方程和传递速率方程都一样。因此，萃取过程分析可以完全复制吸收过程的分析。

　　在教材中一上来就介绍三元相平衡和三元相图，是偏离了工程方面的主要问题，是节外生枝。在我看来，与其强调吸收和萃取在这点上的区别，不如强调吸收和萃取的一致性，更能巩固教学效果。我认为，作为入门课程，甚至可以不涉及部分互溶的情况。

　　萃取与吸收的真正区别在相上，萃取是液液二相，吸收是气液二相，因此引起设备上的重大区别。传质设备要求有足够的相传递表面积，要求能实现逆流流动。液液萃取时，这两个要求是矛盾的。液液二相的密度差小，只有大的液滴才有足够的上浮速度或下沉速度，但要有大的相接触表面，液滴必须足够小。要造成小的液滴，需要输入能量进行液滴的破碎，但是，破碎不可能是均匀的，不可避免会形成不期望出现的细小液滴。细小的液滴会被连续相带走，破坏了整个操作。因此，大处理量和高分离要求在萃取中形成尖锐的矛盾。

　　如果处理量很大，连续相流量大，就不允许有小的液滴，因此，不能要求有很多的理论级，至多2～3个理论级。反之，如果要求有5～6个理论级，就不能出现过于小的液滴，就不能有很大处理量。总之，萃取设备难以同时满足高处理量和高萃取率的要求。目前，要求高处理量、低理论级，可以用转盘塔，要求多理论级、处理量不大的可以用Kunni塔。转盘塔对液滴破碎力很小，因此，通量可以大。Kunni塔则在塔内间隔地设置破碎区和凝并区，液滴交替地被分散和合并。

　　萃取过程中一个致命的问题是乳化。乳化问题与吸收设备中出现的发泡问题相当。如果物料中含有小量的有表面活性的污染物，使液滴能以合并，就出现乳化层，使液液二相得以分层。选定萃取时，必须确保不出现乳化现象，或者有足够的破乳措施。

　　当可以被萃取的组分不止一个，要求选择性地萃出分配系数最大的一个，可以采用回流萃取。介绍回流萃取的目的是加深回流的概念。

11.2　教学随笔

11.2.1　萃取过程

　　▲液液萃取章的讲授，应尽可能地环绕与吸收过程的异同而展开，强调其与吸收过程相似之处，可加深学生对传质分离过程一般原理的掌握；强调其与吸收过程之不同点，可使学生深刻理解萃取过程的特殊性。

　　▲萃取过程涉及的是液液系统，故萃取流程可是单级与多级逆流，也可组织多级错流、回流萃取等，以处理多组分系统。

　　▲萃取过程的数学描述与吸收过程在本质上是相仿的，只是在多级模型中应引入平衡级的假设，唯一的差别是，萃取过程的各组分具有相互溶解度，不存在"惰性"组分，因此，萃取过程的操作线和平衡线在一般情况下为曲线。

　　▲萃取过程处理的是液液系统，而吸收过程处理的是气液系统，因而萃取设备与吸收设备差异极大，况且，萃取过程还存在返混以及液滴的分散、合并、再分散问题，影响到设备的选型与结构。

　　液液萃取章是安排在气体吸收章之后讲解的，因此，在讲授萃取章时，要十分注意联系吸收章的内容，应尽可能地环绕与吸收过程的异同而展开。

　　强调萃取过程与吸收过程的相仿之处，可以使学生更深刻地掌握传质分离过程的一般原理，理解其间的统一性，而强调萃取过程与吸收过程的不同点，可以使学生更深刻地理解萃取过程的特殊性。这样，才能在讲授中兼顾一般性和特殊性，理顺传质分离过程的脉搏，切忌孤立地就萃取讨论萃取。

　　萃取过程和吸收过程都是利用溶解度的差异而实现组分的分离，这也是萃取与吸收之所以具有许多相仿之处的原因所在。萃取与吸收两者之间的主要差异来自以下两个方面：

　　① 从过程看，吸收过程主要着眼于单一组分可溶的情况，而在萃取过程中则只能从各组分都具有一定相互溶解度这一前提出发展开讨论；

　　② 从物系看，吸收过程涉及气液两相系统，萃取过程则为液液两组分系统，因而在物性上存在较大差异。

11.2.2 萃取过程的数学描述

萃取过程的数学描述与吸收过程在本质上是相仿的，其基础同样是相平衡和物料衡算，只不过在萃取的多级式模型中必须引入平衡级的假设。

在相平衡方面，萃取与吸收乍看上去似乎有很大的不同，而实质上相同之处远多于不同之处。

在双组分系统的吸收过程中，只有一个组分可溶时，则每一相都只包含两个组分，因此，组成的自由度为1，这样，每一相的组成都可以用一个组分的浓度予以表示，其相平衡可以采用平面坐标上的一条线表示。在通常情况下的萃取过程中，各组分都有一定的相互溶解度，这样，在双组分溶液的萃取分离过程中，无论是萃取相或萃余相，一般均含有三个组分，因此，组成的自由度为2，每一个相的组成都必须在平面坐标上表示，从而构成了三角形相图。从这一角度看，吸收与萃取似乎有很大的差异；但在实际上，一旦引入了平衡级的概念，当两相共处于平衡状态时，两相组成必须落在联结线上，每个相的组成的自由度仍为1，即已知任一组分的浓度后，就可以从联结线上得到其他两个组分的浓度，故实质上仍然与吸收相平衡相仿，其相平衡关系可以用平面坐标上的一条曲线予以表示。

操作线亦具有同样的特征。引入平衡级概念后，组成操作线的有效的点，也必定落在联结线上。

唯一的差别是，由于在萃取过程中各组分都具有一定的相互溶解度，不存在"惰性"组分，因此，操作线和平衡线在一般情况下均为曲线。

对萃取过程作数学描述时，原则上与吸收过程并无差异，即对每一级写出其物料衡算式和相平衡关系式，然后联立求解。采用图解法求解时，重要的是要讲解清楚如何从三角形相图标绘出平衡线和操作线，然后采用梯级法求解。这样，就最大限度地描述了吸收与萃取过程的共同点，最鲜明地指出了萃取过程的特殊性。

11.2.3 工业萃取过程的组织

萃取过程与吸收过程相仿，它们都不能单独完成组分间的分离。严格地讲，它们只能算是一种转换器、一个转换过程，即将难以分离混合物转换成较易分离的混合物。因此，作为完整的分离过程，都需要辅助的分离过程，通常是借助于精馏过程以完成组分间的分离。对于萃取过程来说，由于各组分通常都具有一定的相互溶解度，因此，不仅萃取液需要进一步分离，萃余液往往也同样需要进一步分离以回收溶剂。

萃取过程涉及的是液液系统，因此，工业萃取过程的组织实施，即萃取过的流程，除典型的单级和多级逆流流程外，也可以在需要的时候，很方便地组织成多级错流萃取流程。尤其是液液系统，还可以采用回流萃取的流程，以处理多组分系统，这在吸收过程中是难以实施的。正因为如此，吸收章的讨论中只能局限于双组分系统，其所依据的原理是一个组分完全不溶，而另一组分可溶；在萃取章中，可以基于溶解度的差异，作为分离的基本依据，这一点颇与精馏过程相仿。

11.2.4 萃取过程动力学与萃取设备

萃取过程处理的是液液系统，而吸收过程处理的是气液系统，由于这两个系统的物性有很大的差异，因而萃取设备与吸收设备的差异也极大。

液液系统较之气液系统在物性上的一个主要差别，在于液液系统的两相密度差比气液系统小得多。

两相密度差小，就很难利用一相的能量去分离另一相；因此，萃取设备往往需要外加能量以造成一个相的分散。

两相密度差小，就很容易造成液泛；因此，萃取设备的通量问题较吸收设备严重。

两相密度差小，两相分离较气液系统困难得多；以混合澄清槽为例，通常澄清槽所需体积较混合槽还大，可见，两相分离比两相混合难。

这样，萃取设备面临着一对尖锐的矛盾。为使两相的接触界面增大，一个相应呈细小的液滴分散于另一相中，这一要求依靠外加能量不难实现；但是，液滴愈小，两相的分离就愈困难；液滴愈小，亦愈易引起夹带而造成溶剂的损失，因为萃取溶剂一般价格较贵，溶剂损失量是衡量过程经济效益的一个重要指标；况且，液滴愈小，愈容易造成液泛，设备的通量就受到限制。萃取设备的成功与否，在很大程度上取决于能否恰当地处理好这一对矛盾。课堂讲授中，显然也应当从这一观点出发，评价形形色色的萃取设备，帮助学生理解各种萃取设备的设计意图。

此外，还有两个因素影响到萃取设备的选型和结构。

① 返混。在萃取设备中由于外加能量的引入，很容易造成连续相与分离相之间的返混，这种返混会使实际的传质推动力大大减少，在高萃取率时，这种影响尤其严重。因此，萃取设备还得面对着第二个重要矛盾，即传质速率和返混（实际的传质推动力）之间的矛盾。

② 液滴的分散、合并和再分散的问题。由于分散相液滴内部的传质速率一般很小，增加传质速率的一个重要手段，就是使液滴不断地经历着合并、再分散的过程和由此形成的传质表面的不断更新。外加能量不难造成液滴的分散，但萃取设备的设计不能只着眼于液滴的分散，而还应当造成液滴不断碰撞、合并的适

当环境。尤其是对某些物系，由于表面活性物质量存在而使液滴难以合并时，更应引起注意。

11.3　教学内容精要

11.3.1　概述

11.3.1.1　液液萃取过程

液液萃取原理　液液萃取是分离液体混合物的一种方法，利用液体混合物各组分在某溶剂中溶解度的差异而实现分离。

设有一溶液内含 A、B 两组分，为将其分离可加入某溶剂 S。该溶剂 S 与原溶液不互溶或只是部分互溶，于是混合体系构成两个液相。溶剂 S 中出现了 A 和少量 B，称为萃取相；被分离混合液中出现了少量溶剂 S，称为萃余相。

今以 A 表示原混合物中的易溶组分，称为溶质；以 B 表示难溶组分，习称稀释剂。由此可知，所使用的溶剂 S 必须满足两个基本要求：①溶剂不能与被分离混合物完全互溶，只能部分互溶；②溶剂对 A、B 两组分有不同的溶解能力，或者说，溶剂具有选择性：

$$y_A/y_B > x_A x_B$$

即萃取相内 A、B 两组分浓度之比 y_A/y_B 大于萃余相内 A、B 两组分浓度之比 x_A/x_B。

选择性的最理想情况是组分 B 与溶剂 S 完全不互溶。

在工业生产中经常遇到的液液两相系统中，稀释剂 B 都或多或少地溶解于溶剂 S，溶剂也少量地溶解于被分离混合物。这样，三个组分都将在两相之中出现，从而使过程的数学描述和计算较为复杂。本章将着重讨论仅限于两组分 A、B 混合液的萃取分离。

工业萃取过程　由于萃取相和萃余相中均存在三个组分，上述萃取操作并未最后完成分离任务，萃取相必须进一步分离成溶剂和增浓了的 A、B 混合物，萃余相中所含的少量溶剂也必须通过分离加以回收。在工业生产中，这两个后继的分离通常是通过精馏实现的。

萃取过程的经济性　萃取过程本身并未直接完成分离任务，而只是将一个难于分离的混合物转变为两个易于分离的混合物。因此，萃取过程在经济上是否优越取决于后继的两个分离过程是否较原溶液的直接分离更容易实现。一般说来，在下列情况下采用萃取过程较为有利：

① 混合液的相对挥发度小或形成恒沸物，用一般精馏方法不能分离或很不经济；

② 混合液浓度很稀，采用精馏方法须将大量稀释剂 B 汽化，能耗过大；

③ 混合液含热敏性物质（如药物等），采用萃取方法精制可避免物料受热破坏。

萃取过程的经济性在很大程度上取决于萃取剂的性质，萃取溶剂的优劣可由以下条件判断：

① 溶剂应对溶质有较强的溶解能力，这样，单位产品的溶剂用量可以减少，后继的精馏分离的能耗可以降低。

② 溶剂对组分 A、B 应有较高的选择性，这样才易于获得高纯度产品。

③ 溶剂与被分离组分 A 之间的相对挥发度要高（通常都选用高沸点溶剂），这样可使后继的精馏分离所需要的回流比较小。

④ 溶剂在被分离混合物中的溶解度要小，这将使萃余相中溶剂回收的费用减少。

11.3.1.2　两相的接触方式

萃取设备按两相的接触方式可分成两类，即微分接触式和分级接触式。

微分接触　喷洒式萃取塔是一种典型的微分接触式萃取设备。料液与溶剂中的较重者（称为重相）自塔顶加入，较轻者（轻相）自塔底加入。两相中有一相经分布器分散成液滴，另一相保持连续。液滴在浮升或沉降过程中与连续相呈逆流接触进行物质传递，最后轻重两相分别从塔顶与塔底排出。

级式接触　由于液液两相系统的特殊性，级式萃取设备常采用混合沉降槽。

单级连续萃取装置包括混合器和沉降槽两个部分，常称为混合沉降槽。料液和溶剂连续加入混合器，在搅拌桨作用下一相被分散成液滴均布于另一相中。自混合器流出的两相混合物在沉降槽内分层并分别排出。

采用多个混合沉降槽可以实现多级接触，各级间可作逆流和错流的安排。多级错流萃取时原料液依次通过各级，新鲜溶剂则分别加入各级混合器。多级逆流萃取时，物料和溶剂依次按相反方向通过各级。在溶剂用量相同时，逆流可以提供最大的传质推动力，因而为达到同样分离要求所需的设备容积较小；反之，对指定的设备和分离要求，逆流时所需的溶剂用量较少。

11.3.2　液液相平衡

11.3.2.1　三角形相图

溶液组成的表示方法　双组分溶液的萃取分离中，萃取相及萃余相一般均为三组分溶液。如各组分的浓度以质量分数表示，为确定某溶液的组成必须规定其中两个组分的质量分数，而第三组分的质量分数可由归一条件决定。溶质 A 及溶剂 S 的质量分数 x_A、x_S 规定后，组分 B 的质量分数为

$$x_B = 1 - x_A - x_S \tag{11-1}$$

可见三组分溶液的组成包含两个自由度。这样，三组分溶液的组成须用平面坐标上的一点表示，点的纵坐标为溶质 A 的质量分数 x_A，横坐标为溶剂 S 的质量分数 x_S。因三个组分的质量分数之和为 1，故三角形范围内可表示任何三元溶液的组成。三角形的三个顶点分别表示三个纯组分，而三条边上的任何一点则表示相应的双组分溶液。

物料衡算与杠杆定律　设有组成为 x_A、x_B、x_S（R 点）的溶液 R kg 及组成为 y_A、y_B、y_S（E 点）的溶液 E kg，若将两溶液相混，混合物总量为 M kg，组成为 z_A、z_B、z_S，此组成可用相图中的 M 点表示。则可列总物料衡算式及组分 A、组分 S 的物料衡算式如下：

$$\left.\begin{array}{l} M = R + E \\ M z_A = R x_A + E y_A \\ M z_S = R x_S + E y_S \end{array}\right\} \tag{11-2}$$

由此可以导出

$$\frac{E}{R} = \frac{z_A - x_A}{y_A - z_A} = \frac{z_S - x_S}{y_S - z_S} \tag{11-3}$$

此式表明，表示混合液组成的 M 点的位置必在 R 点与 E 点的联线上，且线段 $\overline{RM}$ 与 $\overline{ME}$ 之比与混合前两溶液的质量成反比，即

$$\frac{E}{R} = \frac{\overline{RM}}{\overline{EM}} \tag{11-4}$$

式(11-4) 为物料衡算的简捷图示方法，称为杠杆定律。根据杠杆定律，可较方便地在图上定出 M 点的位置，从而确定混合液的组成。须指出，即使两溶液不互溶，则 M 点（z_A，z_B，z_S）仍可代表该两相混合物的总组成。

混合物的和点和差点　相图中的点 M 可表示溶液 R 与溶液 E 混合之后的数量与组成，称为 R、E 两溶液的和点。反之，当从混合物 M 中移去一定量组成为 E 的液体，表示余下的溶液组成的点 R 必在 $\overline{EM}$ 联线的延长线上，其具体位置同样可由杠杆定律确定：

$$\frac{E}{M} = \frac{\overline{MR}}{\overline{RE}} \tag{11-5}$$

因 R 点可表示余下溶液的数量和组成，故称为溶液 M 与溶液 E 的差点。

今有组成在 P 点的 B、S 双组分溶液，加入少量溶质 A 后构成三组分溶液，其组成可以 P_1 点表示。若再增加 A 的数量，溶液组成移至点 P_2。点 P_1、P_2 均为和点，它们都在 A、P 的联线上，由此可知，在 $\overline{PA}$ 线任一点所代表的溶液中 B、S 两个组分的相对比值必相同。

反之，若从三组分溶液 Q_1 中除去部分溶剂 S，所得溶液的组成在点 Q_2。若

将此溶液中的 S 全部除去，则将获得仅含 A、B 两组分的溶液，其组成在 Q 点。点 Q_2、Q 均为差点，其位置必在 $\overline{SQ_1}$ 的延长线上。同理，在 $\overline{SQ}$ 线任一点所代表的溶液中 A、B 两组分含量的相对比值均相同。

11.3.2.2　部分互溶物系的相平衡

萃取操作中的溶剂 S 必须与原溶液中的组分 B 不相溶或部分互溶。在全部操作范围内，物系必包含以溶剂 S 为主的萃取相及组分 B 为主的萃余相。

萃取操作常按混合液中的 A、B、S 各组分互溶度的不同而将混合液分成两类。

第 I 类物系：溶质 A 可完全溶解于 B 及 S 中，而 B、S 为一对部分互溶的组分。

第 II 类物系：组分 A、B 可完全互溶，而 B、S 及 A、S 为两对部分互溶的组分。

以下讨论第 I 类物系的液-液相平衡。

溶解度曲线　在三角形烧瓶中称取一定量的纯组分 B，逐渐滴加溶剂 S，不断摇动使其溶解。由于 B 中仅能溶解少量溶剂 S，故滴加至一定数量后混合液开始发生混浊，即出现了溶剂相。记取所滴加的溶剂量，即为溶剂 S 在组分 B 中的饱和溶解度。此饱和溶解度可用直角三角形相图中的点 R 表示，该点称为分层点。

现在上述溶液中滴加少量溶质 A。溶质的存在增加了 B 与 S 的互溶度，使混合液又成透明，此时混合液的组成在 $\overline{AR}$ 联线上的 H 点。如再滴加数滴 S，溶液再次呈现混浊，从而可算出新的分层点 R_1 的组成，此 R_1 必在 $\overline{SH}$ 联线上。在溶液中交替滴加 A 与 S，重复上述实验，可获得若干分层点 R_2、R_3……等。

同样，在另一烧瓶中称取一定量的纯溶剂 S，逐步滴加组分 B 可获得分层点 E。再交替滴加溶质 A 与 B，亦可得若干分层点。将所有分层点联成一条光滑的曲线，称为溶解度曲线。因 B、S 的互溶度与温度有关，上述全部实验均须在恒定温度下进行。

平衡联结线　利用所获得的溶解度曲线，可以方便地确定溶质 A 在互成平衡的两液相中的浓度关系。现取组分 B 与溶剂 S 的双组分溶液，其组成以相图中的 M_1 点表示，该溶液必分为两层，其组成分别为 E_1 和 R_1。

在此混合液中滴加少量溶质 A，混合液的组成将沿联线 $\overline{AM_1}$ 移至点 M_2。充分摇动，使溶质 A 在两相中的浓度达到平衡。静止分层后，取两相试样进行分析，它们的组成分别在点 E_2、R_2。互成平衡的两相称为共轭相，E_2、R_2 的联线称为平衡联结线，M_2 点必在此平衡联结线上。

在上述两相混合液中逐次加入溶质 A，重复上述实验，可得若干条平衡联结线，每一条平衡联结线的两端为互成平衡的共轭相。

相图中溶解度曲线将三角形相图分成两个区。该曲线与底边 R_1E_1 所围的区域为分层区或两相区，曲线以外是均相区。若某三组分物系的组成位于两相区内的 M 点，则该混合液可分为互成平衡的共轭相 R 及 E，故溶解度曲线以内是萃取过程的可操作范围。

临界混溶点 在第 I 类物系中溶质 A 的加入使 B 与 S 的互溶度加大。当加入的溶质 A 至某一浓度，两共轭相的组成无限趋近而变为一相，表示这一组成的点 P 称为临界混溶点。

相平衡关系的数学描述 液液相平衡给出如下两种关系：

（1）分配曲线 平衡联结线的两个端点表示液液平衡两相之间的浓度关系。

组分 A 在两相中的平衡浓度也可用下式表示

$$k_A = \frac{\text{萃取相中 A 的质量分数}}{\text{萃余相中 A 的质量分数}} = \frac{y_A}{x_A} \qquad (11\text{-}6)$$

称为组分 A 的分配系数。同样，对组分 B 也可写出类似的表达式：

$$k_B = \frac{y_B}{x_B} \qquad (11\text{-}7)$$

称为组分 B 的分配系数。分配系数一般不是常数，其值随浓度和温度而异。

将组分 A 在液液平衡两相中的浓度 y_A、x_A 之间的关系在直角坐标中表示，该曲线称为分配曲线。分配曲线可用某种函数形式表示，即

$$y_A = f(x_A) \qquad (11\text{-}8)$$

此即为组分 A 的相平衡方程。

（2）溶解度曲线 临界混溶点左方的溶解度曲线表示平衡状态下萃取相中溶质浓度 y_A 与溶剂浓度 y_S 之间的关系，即

$$y_S = \varphi(y_A) \qquad (11\text{-}9)$$

类似地将临界混溶点左方的溶解度曲线表示为

$$x_S = \psi(x_A) \qquad (11\text{-}10)$$

综上所述，一处于单相区的三组分溶液，其组成包含两个自由度，若指定 x_A、x_S，则 x_B 值由归一条件 $x_A + x_B + x_S = 1$ 决定。若三组分溶液处于两相区，则平衡两相中同一组分的浓度关系由分配曲线决定，而每一个液相的组成即每一相中 A、S 的浓度关系必满足溶解度曲线的函数关系。这样，处于平衡的两相虽有 6 个浓度，但只有 1 个自由度。

11.3.2.3 液液相平衡与萃取操作的关系

萃取操作的自由度 双组分溶液萃取分离时涉及的是两个部分互溶的液相，其组分数为 3。根据相律，系统的自由度为 3。当两相处于平衡状态时，组成只占用一个自由度。因此，操作压强和操作温度可以人为选择。

级式萃取过程的图示　单级萃取过程图示：设某 A、B 双组分溶液，其组成用相图中的 F 点表示。加入适量纯溶剂 S，其量应足以使混合液的总组成进入两相区的某点 M。经充分接触两相达到平衡后，静置分层获得萃取相为 E，萃余相为 R。现将萃取相与萃余相分别取出，在溶剂回收装置中脱除溶剂。在溶剂被完全脱除的理想情况下，萃取相 E 将成为萃取液 E°，萃余相 R 则成为萃余液 R°，于是，整个过程是将组成为 F 点的混合物分离成为含 A 较多的萃取液 E° 与含 A 较少的萃余液 R°。

实际萃取过程可由多个萃取级构成，最终所得萃取液与萃余液中溶质的浓度差异可以更大。

溶剂的选择性系数　若所用的溶剂能使萃取液与萃余液中的溶质 A 浓度差别越大，则萃取效果越佳。溶质 A 在两液体中浓度的差异可用选择性系数 β 表示，其定义为：

$$\beta = \frac{y_A/y_B}{x_A/x_B} = \frac{k_A}{k_B} \tag{11-11}$$

式中，y、x 分别为萃取相、萃余相中组分 A（或 B）的质量分数。因萃取相中 A、B 浓度比（y_A/y_B）与萃取液中 A、B 的浓度比（y_A^0/y_B^0）相等，萃余相中浓度比（x_A/x_B）与萃余液中浓度比（x_A^0/x_B^0）相等，故有

$$\beta = \frac{y_A^0/y_B^0}{x_A^0/x_B^0} \tag{11-12}$$

在萃取液及萃余液中，$y_B^0 = 1 - y_A^0$，$x_B^0 = 1 - x_A^0$，式（11-12）可写成

$$y_A^0 = \frac{\beta x_A^0}{1 + (\beta - 1)x_A^0} \tag{11-13}$$

可见，选择性系数 β 相当于精馏操作中的相对挥发度 α，其值与平衡联结线的斜率有关。当某一平衡联结线延长恰好通过 S 点，此时 $\beta = 1$，这一对共轭相不能用萃取方法进行分离，此种情况恰似精馏中的恒沸物。因此，萃取溶剂的选择应在操作范围内使选择性系数 $\beta > 1$。

当组分 B 不溶解于溶剂时，β 为无穷大。

互溶度的影响　通常的萃取溶剂与组分 B 之间不可避免地具有或大或小的互溶度，互溶度大则两相区小。由相图可知，萃取液的最大浓度 $y_{A,max}^0$ 与组分 B、S 之间的互溶度密切相关，互溶度越小萃取的操作范围越大，可能达到的萃取液最大浓度 $y_{A,max}^0$ 越高。可见互溶度小的物系选择性系数 β 较大，分离效果好。

温度可以影响物系的互溶度从而影响选择性系数。一般说来，温度降低，溶剂 S 与组分 B 的互溶度减小，对萃取过程有利。萃取操作温度应作适当的选择。

11.3.3 萃取过程的计算

11.3.3.1 萃取级内过程的数学描述

级式萃取过程的数学描述也应以每一个萃取级作为考察单元，即原则上应对每一级写出物料衡算式、热量衡算式及表示级内传递过程的特征方程式。萃取过程基本上是等温的，无须作热量衡算及传热速率计算。

单一萃取级的物料衡算 在级式萃取设备内任取第 m 级（从原料液入口端算起）作为考察对象，根据进、出该级的各物流流量及组成，对此萃取级作物料衡算可得：

总物料衡算式
$$R_{m-1}+E_{m+1}=R_m+E_m \tag{11-14}$$

溶质 A 衡算式
$$R_{m-1}x_{m-1,A}+E_{m+1}y_{m+1,A}=R_m x_{m,A}+E_m y_{m,A} \tag{11-15}$$

溶剂 S 衡算式
$$R_{m-1}x_{m-1,S}+E_{m+1}y_{m+1,S}=R_m x_{m,S}+E_m y_{m,S} \tag{11-16}$$

萃取级内传质过程的简化——理论级与级效率

引入理论级的概念，即假定进入一个理论级的两股物流 R_{m-1} 和 E_{m+1}，不论组成如何，经过传质之后的最终结果可使离开该级的两股物流 R_m 和 E_m 达到平衡状态。这样，表达萃取级内传质过程特征的方程式可简化为

分配曲线 $\qquad y_{m,A}=f(x_{m,A}) \tag{11-17}$

溶解度曲线 $\qquad x_{m,S}=\psi(x_{m,A}) \tag{11-18}$

$$y_{m,S}=\varphi(y_{m,A}) \tag{11-19}$$

式(11-18)、式(11-19) 分别是临界混溶点左、右两侧溶解度曲线的函数式。

一个实际萃取级的分离能力不同于理论级，两者的差异可用级效率表示。

和精馏过程一样，理论级这一概念的引入，将级式萃取过程的计算分为理论级和级效率两部分，其中理论级的计算可在设备决定之前通过解析方法解决，而级效率则必须结合具体设备型式通过实验研究确定。

11.3.3.2 单级萃取

单级萃取的解析计算 单级萃取可以连续操作，也可以间歇操作。根据进、出萃取器的各股物料与组成，则物料衡算式(11-14)～式(11-16) 可具体化为

$$F+S=R+E \tag{11-20}$$
$$Fx_{FA}+Sz_A=Rx_A+Ey_A \tag{11-21}$$
$$F\times0+Sz_S=Rx_S+Ey_S \tag{11-22}$$

假设萃取器相当于一个理论级，离开该级的萃取相 E 与萃余相 R 成平衡，两相

的组成满足相平衡方程式(11-17)～式(11-19)，即

$$y_S = \varphi(y_A) \tag{11-23}$$

$$x_S = \psi(x_A) \tag{11-24}$$

$$y_A = f(x_A) \tag{11-25}$$

在设计型问题中，料液流量 F 及组成 x_{FA}、物系的相平衡数据为已知，萃余相溶质浓度 x_A 由工艺要求所规定，可选择溶剂组成 z_A 与 z_S（在回收溶剂中往往含有少量被分离组分 A 与 B），联立求解式(11-20)～式(11-25) 可计算溶剂需用量 S、萃取相流量 E 及其组成 y_A 与 y_S、萃余相流量 R 及其中溶剂浓度 x_S 共六个未知数。

在操作型问题中，原料及溶剂的流量和组成为已知，联立求解以上诸式，可以计算萃取、萃余两相的流量和组成。

单级萃取的图解计算　在三角形相图上，采用图解的方法可以很方便地完成以上的求解步骤。

图解计算时，可首先由规定的萃余相浓度 x_A 在溶解度曲线上找到萃余相的组成点 R，过点 R 用内插法作一平衡联结线 $\overline{RE}$ 与溶解度曲线相交，进而定出萃取相的组成点 E。然后根据已知的原料组成与溶剂组成，可以确定原料与溶剂的组成点 F 及 S（图中所示 S 点为纯溶剂）。

由物料衡算可知，进入萃取器的总物料量及其总组成应等于流出萃取器的总物料量及其总组成。因此，总物料的组成点 M 必同时位于 $\overline{FS}$ 和 $\overline{RE}$ 两条联线上，即为两联线之交点。

根据杠杆定律，溶剂用量 S 与料液流量 F 之比为

$$\frac{S}{F} = \frac{\overline{FM}}{\overline{SM}} \tag{11-26}$$

此比值称为溶剂比。根据溶剂比可由已知料液流量 F 求出溶剂流量 S。

进入萃取器的总物料量与溶剂流量之和，即

$$M = F + S \tag{11-27}$$

萃取相流量

$$E = M \frac{\overline{MR}}{\overline{RE}} \tag{11-28}$$

萃余相流量
$$R = M - E \tag{11-29}$$

单级萃取的分离范围　对于一定的料液流量 F 及组成 x_{FA}，溶剂的用量越大，混合点 M 越靠近 S 点，但以 c 点为限。相当于 c 点的溶剂用量为最大溶剂用量，超过此用量，混合物将进入均相区而无法实现萃取操作。与 c 点成平衡的萃余相溶质浓度 x_{Amin} 为单级萃取可达到的最低值，除去溶质后萃余液的最低浓度为 x_{Amin}°。

从 S 点作平衡溶解度曲线的切线 $\overline{Se}$ 并延长至 AB 边，交点组成 $y_{A,max}^{\circ}$ 是单级萃取所能获得的最高浓度。通过切点 e 作一平衡联结线 $\overline{er}$，与联线 $\overline{FS}$ 交于 M 点，应用杠杆定律可求得该操作条件下的溶剂用量。

当料液组成 x_{FA} 较低而分配系数 k_A 又较小时，不可能用单级萃取使萃取相组成达到切点 e。此时溶剂用量越少，萃取液的溶质浓度越高，最少溶剂用量的总物料组成为点 d。过 d 点作平衡联结线 $\overline{dg}$，延长联线 $\overline{Sg}$ 至 AB 边，所得交点 $y_{A,max}^{\circ}$ 是该情况下单级萃取操作可能达到的最大极限浓度。

11.3.3.3　多级错流萃取

为进一步降低萃余相中的溶质浓度，可在上述单级萃取获得的萃余相中再次加入新鲜溶剂进行萃取，即多级错流萃取。

多级错流萃取的计算只是单级萃取的多次重复。

多级错流操作最终可得组分 A 浓度很低的萃余相，但溶剂用量较多。

11.3.3.4　多级逆流萃取

在级数足够多的情况下，多级逆流操作的最终萃余相中 A 的最低浓度受溶剂中 A 的浓度及平衡条件所限制，而最终所得萃取相中 A 的最大浓度受加料组成及平衡条件限制。逆流操作可在溶剂用量较少的情况下获得较大的分离程度。

多级逆流萃取的解析计算　由多级逆流萃取过程中物料进、出各级的流向及相应参数，现以设计型问题为例说明理论级的求取方法。

设待分离混合液的流量下及组成 x_{FA}、x_{FS} 为已知，选定溶剂量 S 并已知溶剂的组成 z_A、z_S；根据工艺要求规定离开末级最终萃余相的溶质浓度 x_{NA}，求理论级数 N 及离开每一级的萃取相与萃余相流量及组成共 $6N$ 个未知数。

如 11.3.1 节中所述，对多级逆流萃取的每一个理论级，皆可列出相应的物料衡算式(11-14)～式(11-16) 及相应的相平衡关系式(11-17)～式(11-19) 共 $6N$ 个方程。

计算时可首先以萃取设备整体为控制体列出物料衡算式

总物料衡算式

$$F+S=R_N+E_1 \tag{11-30}$$

溶质 A 衡算式

$$Fx_{FA}+Sz_A=R_Nx_{NA}+E_1y_{1A} \tag{11-31}$$

溶剂 S 衡算式

$$Fx_{fS}+Sz_S=R_Nx_{NS}+E_1y_{1S} \tag{11-32}$$

式中，x_{NS} 与 x_{NA} 及 y_{1S} 与 y_{1A} 须分别满足溶解度曲线关系式

$$x_{NS}=\Psi(x_{NA}) \tag{11-33}$$

$$y_{1S}=\Phi(y_{1A}) \tag{11-34}$$

联立以上五式可以解出 5 个未知数：E_1、y_{1A}、y_{1S}、R_N、x_{NS}。这样，进出总控制体的物流量及组成均已知。

以原料进入的第 1 级为控制体，列出物料衡算和相平衡方程。联立求解式 (11-14)～式 (11-19) 可得 R_1、E_2 的量及组成共 6 个未知数，然后如此类推逐级计算，直至 y_{NA}。最后用分配曲线由 y_{NA} 求出 x_{NA}。当 x_{NA} 低于规定数值，N 即为所求的理论级数。

溶剂比对逆流萃取理论级数的影响 在多级逆流萃取中，溶剂比 S/F 的大小对达到指定分离要求所需的理论级数有显著影响。当溶剂比 S/F 减小时，经上述逐级计算，可以发现所需的理论级数增加。当理论级数增至无穷多时，相对应的溶剂比称为最小溶剂比，该值可以通过逐次逼近求出。

最小溶剂比表示达到指定分离要求时溶剂的最小用量。实际溶剂用量可指定为最小用量的某一倍数。

11.3.3.5 完全不互溶物系萃取过程的计算

当所用的溶剂 S 与稀释剂 B 极少互溶，而且溶质组分的存在在操作范围内对 B、S 的互溶度又无明显影响时，可近似将溶剂与稀释剂看作完全不互溶。

组成与相平衡的表示方法 由于溶剂与稀释剂完全不互溶，纯溶剂 S 与稀释剂 B 可视为惰性组分，其量在整个萃取过程中均保持不变。因此，为计算方便，可以惰性组分为基准表示溶液的浓度，即以 X 和 Y 分别表示溶质在萃余相中的比质量分数（kg 溶质/kg 稀释剂）及溶质在萃取相中的比质量分数（kg 溶质/kg 纯溶剂）。

相应地，溶质在两相中的平衡关系可用 $Y \sim X$ 直角坐标图中的分配曲线表示，即

$$Y = KX \tag{11-35}$$

式中，K 也称为分配系数，其值一般随浓度不同而异。

单级萃取 对单级萃取器，作物料衡算可得

$$S(Y - Z) = B(X_F - X) \tag{11-36}$$

同时，假设物料在萃取器内充分接触，离开时两相已达平衡状态，则

$$Y = KX$$

在以上两式中，B、X_F 及 Z 一般为已知量，或选择萃取剂量计算萃取相与萃余相的溶质浓度 Y、X；或规定萃余相浓度 X，计算萃取相浓度 Y 与萃取剂用量 S。

上述计算也可用图解法代替。由点 $H(X_F、Z)$ 作一斜率为

$$-\frac{B}{S} = \frac{Z - Y}{X_F - X} \tag{11-37}$$

的直线 HD 与平衡线相交，交点 D 的坐标即为所求的萃取相与萃余相浓度 Y、X。

多级错流萃取

若在操作范围内，平衡线为通过原点的直线，即分配系数 K 为一常数，则多级错流萃取的理论级数可通过解析计算。

对多级错流萃取中任意第 m 级的有关物流及组成，若假设溶剂中不含溶质 A（$Z=0$），对其作物料衡算可得

$$B(X_{m-1}-X_m)=S_m Y_m$$

将平衡关系

$$Y_m=KX_m$$

代入上式，则得

$$X_m=\frac{X_{m-1}}{1+\dfrac{S_m}{B}K}=\frac{X_{m-1}}{1+\dfrac{1}{A_m}} \tag{11-38}$$

式中

$$\frac{1}{A_m}=\frac{S_m}{B}K \tag{11-39}$$

或

$$\frac{1}{A_m}=\frac{S_m Y_m}{BX_m}=\frac{\text{萃取相中的组分 A 量}}{\text{萃余相中的组分 A 相}}$$

称为萃取因数。当各级所用的溶剂量均相等，各级萃取因数 $1/A_m$ 为一常数（$1/A$）时，式(11-38) 可写成

$$X_m=\frac{X_{m-1}}{1+\dfrac{1}{A}} \tag{11-40}$$

从 $m=1$（$X_0=X_f$）至最后一级 $m=N$，逐级递推可得最终萃余相浓度 X_N 为

$$X_N=\frac{X_F}{\left(1+\dfrac{1}{A}\right)^N} \tag{11-41}$$

达到 X_N 所需的理论级数为

$$N=\frac{\lg\left(\dfrac{X_F}{X_N}\right)}{\lg\left(1+\dfrac{1}{A}\right)} \tag{11-42}$$

经 N 级后，溶质 A 在最终萃余相中的萃余百分数为

$$\varphi=\frac{BX_N}{BX_F}=\frac{1}{\left(1+\dfrac{1}{A}\right)^N} \tag{11-43}$$

多级逆流萃取　完全不互溶物系逆流萃取的计算方法与液体的解吸完全相同，以下介绍的理论级计算方法对萃取及解吸过程均可适用。

对整个萃取设备作物料衡算可得

$$B(X_F - X_N) = S(Y_1 - Z) \tag{11-44}$$

自第 $1 \sim m$ 级为控制体作物料衡算，则

$$B(X_F - X_m) = S(Y_1 - Y_{m+1}) \tag{11-45}$$

或

$$Y_{m+1} = \frac{B}{S} X_m + \left(Y_1 - \frac{B}{S} X_F \right) \tag{11-46}$$

式(11-46) 为逆流操作时的操作线方程。因 (B/S) 对各级为一常数，操作线为一直线，其上端位于 $X = X_F$、$Y = Y_1$ 的 H 点，下端位于 $X = X_N$、$Y = Z$ 的 D 点。在分配曲线（平衡线）与操作线之间作若干梯级，便可求得所需的理论级数。

若将平衡线用某一数学方程表达，则可如精馏过程一样，逐级计算离开各级的液流浓度及达到规定萃余相浓度 X_N 所需要的理论级数。

若平衡线为一通过原点的直线，则精馏、解吸、萃取均可使用式(9-90) 以计算理论级（板）数，即

$$N = \frac{1}{\ln\left(\frac{1}{A}\right)} \ln \left[(1-A) \left(\frac{X_F - \dfrac{Z}{K}}{X_N - \dfrac{Z}{K}} \right) + A \right] \tag{11-47}$$

式中，X_F、X_N 为液相（萃余相）进、出设备的溶质 A 浓度；Z 为溶剂入口的溶质浓度（或汽相进口浓度）；A 为操作线斜率与平衡线斜率之比，式中 $\dfrac{1}{A} = \dfrac{S}{B} K$ 为萃取因数。

11.3.3.6　回流萃取

回流萃取过程　采用一般的多级逆流萃取虽然可以使最终萃余相中组分 A 的浓度降至很低，但最终萃取相中仍含有一定量的物质 B，只要组分 B 与溶剂 S 之间有一定的互溶度，组分 B 的存在对一般萃取过程是无法避免的。为实现 A、B 两组分的高纯度分离，可采用精馏中所用的回流技术。此种带回流的萃取过程称为回流萃取。

11.3.3.7　微分接触式逆流萃取

在不少塔式萃取设备中，萃取相与萃余相呈逆流微分接触，两相中的溶质浓度沿塔高连续变化。此种设备的塔高计算有两种方法，即理论级当量高度法和传质单元数法。现分述如下。

理论级当量高度法　微分接触萃取塔的理论级当量高度是指萃取效果相当于一个理论级的塔高，以 HETP（m）表示。若逆流萃取所需要的理论级数已经算

出，则塔高 H 为

$$H = N_T(\text{HETP}) \tag{11-48}$$

HETP 的数值与设备型式、物系性质及操作条件有关，须经实验研究确定。

传质单元法 设萃取相自下而上连续通过萃取塔，经微元塔高 dH，萃取相单位塔截面的流率 E 及溶质浓度 y 分别发生微小变化 dE 和 dy，即在微元塔高内，两相传质的结果使萃取相中的溶质组分增加了 $d(Ey)$。以此微元塔高为控制体，对溶质组分作物料衡算可得

$$dH = \frac{d(Ey)}{K_y a (y_e - y)} \tag{11-49}$$

式(11-49) 与式(8-98) 相类似，可以采用逐段计算求取塔高，也可以采用传质单元法作近似计算。

设萃取相在塔底、塔顶处的溶质浓度分别为 y_1 和 y_2，并近似假定萃取相中非溶质组分的总量变化不大，则可与高浓度气体吸收相类似，将式(11-49) 沿塔高积分并改写为

$$H = \int_{y_2}^{y_1} \left[\frac{E}{K_y a (1-y)_m} \times \frac{(1-y)_m dy}{(1-y)(y_e - y)} \right] \tag{11-50}$$

工程上取如下形式

$$H = H_{OE} N_{OE} \tag{11-51}$$

式中传质单元高度

$$H_{OE} = \frac{E}{K_y a (1-y)_m} \tag{11-52}$$

传质单元数

$$N_{OE} = \int_{y_2}^{y_1} \frac{(1-y)_m dy}{(1-y)(y_e - y)} \tag{11-53}$$

$$(1-y)_m = \frac{(1-y) - (1-y_e)}{\ln \dfrac{1-y}{1-y_e}} \tag{11-54}$$

将塔高写成式(11-51) 的形式，是将 $\dfrac{E}{K_y a (1-y)_m}$ 作为常数移至积分号外。这样的简化处理虽不严格，却为工程计算和实验测定带来很大方便。因为传质单元数 N_{OE} 可直接按工艺条件及相平衡数据计算，而传质单元高度可视具体设备及操作条件由实验测得。

11.3.4 萃取设备

萃取设备的目的是实现两液相之间的质量传递。目前，萃取设备的种类很多。此处介绍一些常用的萃取设备，然后着重分析影响设备的主要因素。

11.3.4.1 萃取设备的主要类型

液-液传质设备的类型亦很多，目前已有 30 余种不同型式的萃取设备在工业上获得应用。若根据两相接触方式，萃取设备可分为逐级接触式和微分接触式两类，而每一类又可分为有外加能量和无外加能量两种。

逐级接触式萃取设备

（1）多级混合-澄清槽 多级混合-澄清槽是一种典型的逐级接触式液液传质设备，其每一级包括混合器和澄清槽两部分。混合-澄清槽可以单级使用，也可以多级按逆流、并流或错流方式组合使用。

混合-澄清槽的主要优点是传质效率高，操作方便，能处理含有固体悬浮物的物料。其主要缺点有：

① 水平排列的多级混合-澄清槽，占地面积较大；

② 每一级内均设有搅拌装置，流体在级间的流动一般需用泵输送，因而设备费用和操作费用均较大。

（2）筛板塔 总体而言，轻重两相在塔内作逆流流动，而在每块塔板上两相呈错流接触。作为分散相的轻液穿过各层塔板自下而上流动，而作为连续相的重液则沿每块塔板横向流动，由降液管流至下层塔板。轻液通过板上筛孔被分散为液滴，与板上横向流动的连续相接触和传质。液滴穿过连续相之后，在每层塔板的上层空间（即在上一层塔板之下）形成一清液层。该清液层在两相密度差的作用下，经上层筛板再次被分散成液滴而浮升。可见，每一块筛板及板上空间的作用相当于一级混合-澄清槽。为产生较小的液滴，液液筛板塔的孔径一般较小，通常为 3~6mm。

若重液作为分散相，则须将塔板上的降液管改为升液管。此时，轻液在塔板上部空间横向流动，经升液管流至上层塔板，而重相穿过每块筛板自上而下流动。

在筛板塔内分散相液体的分散和凝聚多次发生，而且筛板的存在又抑制了塔内的轴向返混，其传质效率是比较高的。目前筛板塔在液液传质过程中已得到相当广泛的应用。

微分接触式液液传质设备

（1）喷洒塔 喷洒塔是由无任何内件的圆形壳体及液体引入和移出装置结构的，是结构最简单的液液传质设备。

喷洒塔在操作时，轻、重两液体分别由塔底和塔顶加入，并在密度差作用下呈逆流流动。塔体两端各有一个澄清室，以供两相分离。在分散相出口端，液滴凝聚分层。

喷洒塔结构简单，塔内传质效果差。

（2）填料塔 填料层的存在减小了两相流动的自由截面，塔的通过能力下降。但是，和喷洒塔相比，填料层使连续相速度分布较为均匀，使液滴之间多次凝聚与分散的机会增多，并减少了两相的轴向混合。这样，填料塔的传质效果比喷洒塔有所提高，所需塔高则可相应降低。

填料塔结构简单，操作方便，特别适用于腐蚀性料液，但填料塔的效率仍然是比较低的。

(3) 脉冲填料塔和脉冲筛板塔　为改善两相接触状况，强化传质过程，可在填料塔内提供外加机械能以造成脉动。这种填料塔称为脉冲填料塔。脉动的产生，通常可由往复泵来完成。

脉动的加入，使塔内物料处于周期性的变速运动之中，重液惯性大加速困难，轻液惯性小加速容易，从而使两相液体获得较大的相对速度。两相的相对速度大，可使液滴尺寸减小，湍动加剧，两相传质速率提高。

脉冲筛板塔的传质效率很高，能提供较多的理论板数，但其允许通过能力较小，在化工生产的应用上受到一定限制。

(4) 振动筛板塔　振动筛板塔的基本结构特点是塔内的无溢流筛板不与塔体相连，而固定于一根中心轴上。中心轴由塔外的曲柄连杆机构驱动，以一定的频率和振幅往复运动。当筛板向上运动时，筛板上侧的液体经筛孔向下喷射；当筛板向下运动时，筛板下侧的液体向上喷射。

振动筛板塔可大幅度增加相际接触表面及其湍动程度，但其作用原理与脉冲筛板塔不同。脉冲筛板塔是利用轻重液体的惯性差异，而振动筛板基本上起机械搅拌作用。为防止液体沿筛板与塔壁间的缝隙短路流过，可每隔几块筛板放置一块环形挡板。

振动筛板塔操作方便，结构可靠，传质效率高，是一种性能较好的液液传质设备，在化工生产上的应用日益广泛。由于机械方面的原因，这种塔的直径受到一定限制，目前还不能适应大型化生产的需要。

(5) 转盘塔　转盘塔的主要结构特点是在塔体内壁按一定间距设置许多固定环，而在旋转的中心轴上按同样间距安装许多圆形转盘。固定环将塔内分隔成许多区间，在每一个区间有一转盘对液体进行搅拌，从而增大了相际接触表面及其湍动程度，固定环起到抑制塔内轴向混合的作用。为便于安装制造，转盘的直径要小于固定环的内径。圆形转盘是水平安装的，旋转时不产生轴向力，两相在垂直方向上的流动仍靠密度差推动。

转盘塔采用平盘作为搅拌器，其目的是不让分散相液滴尺寸过小而限制塔的通过能力。

转盘塔操作方便，传质效率高，结构也不复杂，特别是能够放大到很大的规模，因而在化工生产中的应用极为广泛。

(6) 离心式液液传质设备　离心式液液传质设备，借高速旋转所产生的离心力，使密度差很小的轻、重两相以很大的相对速度逆流流动，两相接触密切，传质效率高。离心式液液传质设备的转速可达 $2000\sim5000r/min$，所产生的离心力可为重力的几百倍乃至几千倍。

离心式液液传质设备的特点是：设备体积小，生产强度高，物料停留时间短，分离效果高。但离心式传质设备结构复杂，制造困难，操作费用高，其应用受到一定的限制。

11.3.4.2　液液传质设备的液泛与两相极限速度

液液传质设备的主要技术性能是：

① 设备的允许通过能力，即两相的极限通过能力；

② 设备的传质速率。

前者决定设备的直径，后者决定设备的高度。本节讨论两相的极限速度。

设备的特性速度　首先以最基本的喷洒塔为例进行分析。设轻相为连续相，重相为分散相。连续相从塔底进入，自塔顶溢流；重相从塔顶进入经分散器成滴状自由沉降。

若分散相空塔速度为 u_D，连续相空塔速度为 u_C，分散相在塔内液体中所占的体积分率即分散相滞液率为 φ_D，则塔内两相的实际速率分别为 u_D/φ_D 和 $u_C/(1-\varphi_D)$，两相的相对速度为

$$u_S = \frac{u_D}{\varphi_D} + \frac{u_C}{1-\varphi_D} \tag{11-55}$$

在液滴和连续流体组成的两相系统中，两相的相对速度 u_S 不是自由的，必须符合颗粒沉降的规律。因此，相对速度 u_S 必等于液滴群中单个液滴的沉降速度。根据斯托克斯定律，液滴群中单个液滴的沉降速度为

$$u_S = \frac{gd_p^2(\rho_D - \rho_m)}{18\mu_C} \tag{11-56}$$

式中，ρ_m 为设备内液体混合物的平均密度，可由下式计算

$$\rho_m = \rho_D\varphi_D + \rho_C(1-\varphi_D) \tag{11-57}$$

将式(11-57) 代入式(11-56) 可得

$$u_S = \frac{gd_p^2(\rho_D - \rho_C)}{18\mu_C}(1-\varphi_D) = u_t(1-\varphi_D) \tag{11-58}$$

式中，u_t 为单液滴在另一均匀液体中的沉降速度。沉降速度 u_t 与操作条件即空塔速度 u_D 和 u_C 无关，是由物性及液滴尺寸决定的常数。将式(11-58) 代入式(11-55) 可得

$$\frac{u_D}{\varphi_D(1-\varphi_D)} + \frac{u_C}{(1-\varphi_D)^2} = u_t \tag{11-59}$$

式(11-59) 以隐函数的形式揭示了空塔速度 u_D、u_C 与分散相滞液率 φ_D 的内在联系。若一相流量维持不变，另一相流量必与 φ_D 有一一对应的关系。也就是说，在液液传质设备内，两相流量的改变必导致滞液率 φ_D 的变化。

对于其他类型的液液传质设备（如转盘塔、脉冲筛板塔等），液滴的受力和运动情况比较复杂，两相的相对速度 u_S 并不严格地等于液滴群的自由沉降速度。但是，在这些设备内，两相相对速度 u_S 也不是自由的，其数值仍与密度差 $(\rho_D-\rho_m)$ 成正比。因此，可以设想在下面关系式

$$\frac{u_D}{\varphi_D(1-\varphi_D)}+\frac{u_C}{(1-\varphi_D)^2}=u_K \tag{11-60}$$

式中，u_K 虽不等于单液滴的自由沉降速度 u_t，但与两相空塔速度 u_D、u_C 无关。当物性一定时，u_K 完全由设备特性所决定，故称为特性速度。

设备的特性速度可通过冷模流体力学实验测定。不少研究者对各类设备的特性速度进行了测定，并关联成经验式供设计使用。例如，应用较广的转盘塔，其特性速度可由下式计算：

$$\frac{u_K\mu_C}{\sigma}=0.012\left(\frac{\Delta\rho}{\rho_C}\right)^{0.9}\left(\frac{D_S}{D_R}\right)^{2.3}\left(\frac{H_T}{D_R}\right)^{0.9}\left(\frac{D_R}{D}\right)^{2.5}\left(\frac{g}{D_Rn^2}\right)^{1.0} \tag{11-61}$$

临界滞液率与两相极限速度

在 u_C 固定不变的情况下，增大分散相流速 u_D，滞液量将随之上升，但有一个临界值 φ_{DF}。超过此临界值 φ_{DF}、u_D 继续增大，已不存在与之相应的滞液率可使式(11-59)或式(11-60)得到满足。此时，设备内将发生液滴的合并，从而使特性速度 u_K 增大；或者部分分散相液滴被连续相带走，使实际通过设备的分散相流量减少。在液液传质设备内发生这种情况，工程上称为液泛。液泛时两相的空塔速度称为极限速度。

临界滞液量可由 $\frac{\partial u_D}{\partial \varphi_D}=0$ 求得，即

$$u_{CF}=u_K(1-2\varphi_{DF})(1-\varphi_{DF})^2 \tag{11-62}$$

此式以隐函数的形式表达了临界滞液量 φ_{DF} 与连续相极限空塔速度 u_{CF} 的关系。

同理，由可 $\frac{\partial u_C}{\partial \varphi_D}=0$ 求得 φ_{DF} 与分散相极限空塔速度 u_{DF} 的关系为

$$u_{DF}=2u_K\varphi_{DF}^2(1-\varphi_{DF}) \tag{11-63}$$

由以上两式消去 u_K，可求得临界滞液率

$$\varphi_{DF}=\frac{(L_R^2+8L_R)^{1/2}-3L_R}{4(1-L_R)} \tag{11-64}$$

式中，$L_R=\frac{u_D}{u_C}$ 为两相空塔速度比。值得注意的是，此式不含有特性速度 u_K，表明临界滞液率 φ_{DF} 与系统物性、液滴尺寸、设备类型等无关，而只为两相流量比所决定。

若两相流量比 L_R 已知，可由式(11-64)求出 φ_{DF}，然后代入式(11-62)或式(11-63)，分别计算两相的极限速度 u_{DF} 和 u_{CF}。实际设计速度 u_C 和 u_D 可取

极限速度的 $60\%\sim70\%$，并由下式计算所需塔径

$$D=\sqrt{\frac{4V_C}{\pi u_C}}=\sqrt{\frac{4V_D}{\pi u_D}} \tag{11-65}$$

11.3.4.3　液液传质设备中的传质速率

混合澄清槽的级效率很高，近似地等于 1。对于其他逐级接触式液液传质设备，必须通过实验或根据经验数据确定级效率之后，才能求出所需的实际级数。

微分接触式液液传质设备的高度通常按式(11-51)或式(11-48)计算。

连续相传质单元高度 H_{OC} 或理论级当量高度 HETP 因塔型、物系性质和操作条件而异。影响传质速率从而影响 H_{OC} 的主要因素如下：

分散相液滴尺寸　液液传质设备内单位容积的相际传质表面决定于滞液量和液滴尺寸两个因素，其间有如下关系

$$a=\frac{6\varphi_D}{d_p} \tag{11-66}$$

相际接触表面积与 d_p 成反比，液滴尺寸愈小，相际接触表面愈大，传质效率愈高。此外，由式(11-59)或式(11-60)可知，当两相空塔速度 u_C 和 u_D 给定时，滞液率与 u_t 或 u_K 有关，因而也与液滴尺寸 d_p 有关。液滴尺寸愈小，u_t 或 u_K 愈小，滞液率愈大。可见液滴尺寸对传质速率的重要影响。

在某些液液传质设备如喷洒塔、筛板塔内，分散装置的开孔尺寸对液滴大小有着决定性的影响。除孔径以及表面张力 σ 和密度 ρ 等物性外，分散相通过小孔时生成的液滴尺寸还与以下两个因素有关：

① 分散相液体与喷嘴或孔板材料之间的润湿性；

② 分散相液体通过小孔的速度。

反之，当分散相对喷嘴或孔板具有很好的湿润性时，在同样的孔速下，将形成较大的液滴且尺寸不能控制。

液滴内的环流　除相际表面外，塔内的传质速率还与相际传质系数的大小有关。按双膜理论，传质系数可分写成

$$K_C=\frac{1}{\dfrac{1}{k_C}+\dfrac{k_A}{k_D}} \tag{11-67}$$

在无外加能量的液液传质设备内，两相的相对速度决定于两相的密度差。和气液系统相比，液液两相的密度差很小，因而滴外传质分系数也不会大。

然而，使液液传质设备传质较慢的主要原因往往还不在于此。通常滴内传质分系数较之滴外传质分系数更小，而且外加能量只能改善液滴外侧的流动条件，而不能在滴内形成湍动。

若滴内没有流体流动，物质的传递只能借助于分子扩散，而液体中的分子扩

散极慢是众所周知的事实。实际上，滴内还是存在流体运动的。液滴对连续相液体作相对运动时，界面上的摩擦力会诱导出滴内环流。正是这一环流大大提高了滴内传质分系数，使其不至于低到毫无工业应用价值的程度。

界面骚动现象　界面骚动现象可从两个方面影响液液传质过程：

① 界面液体质点的抖动及其迸发出来的纤细射流，增强了两相在表面附近的湍动程度，减小了传质阻力，提高了传质系数；

② 界面张力不均匀可影响液滴合并和再分散的速率，从而改变液滴的尺寸和相际传质表面的大小。

和气液系统相同，为说明界面张力不均匀对液滴大小的影响，可根据界面张力随溶质浓度（以 x 表示）的变化规律，将液液系统分为界面张力梯度 $\mathrm{d}\sigma/\mathrm{d}x > 0$ 与界面张力梯度 $\mathrm{d}\sigma/\mathrm{d}x < 0$ 两种类型。

液滴的凝聚和再分散　促使液滴凝聚和再分散的重要措施是在设备内造成凝聚的有利条件。只要发生凝聚过程，必有大液滴生成；大液滴易于破碎，因而必然会有再分散过程。

在筛板塔内，由于筛孔的阻力，液滴在筛板附近积聚并合并成清液层，该清液层又经筛孔分散成液滴。这样，每一块筛板造成一次凝聚和再分散，因而筛板本身就是强化传质的手段。

在转盘塔中，液滴在盘外环形空间凝聚成较大的液滴，待其回到转盘区时又被粉碎成较小液滴，这里同样发生着液滴的凝聚和再分散。

任何高效液液传质设备都以不同的方式促进液滴的凝聚和再分散，以此作为强化传质的手段。

轴向混合　液液传质设备内无论是连续相还是分散相都会发生一定的轴向混合。轴向混合皆属返混。

返混只影响推动力的大小，严格说来，只能改变传质单元数 N_{OC} 的数值。但在实用上，有时仍按无返混理想情况计算 N_{OC}，而将返混的影响归入 H_{OC} 中，即在其他条件相同时，返混愈严重，传质单元高度愈大。

液液传质设备中返混的影响更为严重，其原因有二：

① 两相空塔速度（单位截面的体积流量）都比较小，因此，较小的返混量就会有显著的影响。

② 多数液液传质设备如振动筛板塔、转盘塔等都有外加机械能，有关机械装置将破坏严格的逆流流动而造成一定的返混。

11.3.4.4　液液传质设备的选择

液液传质设备的特点　液液传质设备的性能主要取决于设备内的液滴行为，而液滴行为主要取决于液滴的尺寸。液液传质设备内液滴尺寸的选择面临着双重矛盾。

① 通过能力和传质速度的矛盾。液滴尺寸过大，则传质表面过小，对传质速率不利。反之，液滴尺寸过小，设备的特性速度 u_k 过小，将限制设备的通过能力。

② 传质和凝聚的矛盾。液滴尺寸小，传质表面固然大，但凝聚速度随之降低。以混合澄清槽为例，强烈的搅拌造成细小的液滴，增大了混合器内的传质效率，但凝聚速率过慢将使澄清段过于庞大。

液液传质设备的选择

分散相的选择　在液液传质过程中，两相流量比由液液平衡关系和分离要求决定，但在设备内究竟哪一液相作为分散相是可以选择的。通常分散相的选择，可从以下几个方面考虑：

① 当两相流量比相差较大时，为增加相际接触面积，一般应将流量大者作为分散相。

② 当两相流量比相差很大，而且所选用的设备又可能产生严重的轴向混合，为减小轴向混合的影响，应将流量小者作为分散相。

③ 为减少液滴尺寸并增加液滴表面的湍动，对于 $d\sigma/dx > 0$ 的系统，分散相的选择应使溶质从液滴向连续相传递；对于 $d\sigma/dx < 0$ 的系统，分散相的选择应使溶质从连续相传向液滴。

④ 为提高设备能力，减小塔径，应将黏度大的液体作为分散相。因为连续相液体的黏度越小，液滴在塔内沉降或浮升速度越大。

⑤ 对于填料塔、筛板塔等传质设备，连续相优先润湿填料或筛板是极为重要的，此时应将润湿性较差的液体作为分散相。

⑥ 从成本和安全考虑，应将成本高和易燃易爆的液体作为分散相。

分散相的液体选定后，确保该液体被分散成液滴的主要手段是控制两相在塔内的滞液量。若分散相滞液量过大，液滴相互碰撞凝聚的机会增多，可能由分散相转化为连续相。另外，液体进塔的初始条件也有影响，分散相液体总是先通过分布器分散之后再流入连续相内。

11.3.5　超临界流体萃取和液膜萃取

11.3.5.1　超临界流体萃取

基本原理　超临界流体萃取是用超过临界温度、临界压力状态下的气体作为溶剂以萃取待分离混合物中的溶质，然后采用等温变压或等压变温等方法，将溶剂与溶质分离的单元操作。

超临界流体萃取的流程　根据溶剂再生方法的不同，超临界流体萃取的流程可分为四类：①等温变压法；②等压变温法；③吸附吸收法，即用吸附剂或吸收剂脱除溶剂中的溶质；④添加惰性气体的等压法，即在超临界流体中加入 N_2、

Ar 等惰性气体，可使溶质的溶解度发生变化而将溶剂再生。

11.3.5.2 液膜萃取

基本原理 液膜萃取是萃取和反萃取同时进行的过程。原液相（待分离的液液混合物）中的溶质首先溶解于液膜相（主要组成为溶剂），经过液膜相又传递至回收相，并溶解于其中。溶质从原液相向液膜相传递的过程即为萃取过程；溶质从液膜相向回收相传递的过程即为反萃取过程。通常，当原液相为水相时，液膜相为油相，回收相为水相；当原液相为油相时，液膜相为水相，回收相为油相。液膜分离按操作方式可分为乳状液型液膜萃取和支撑体型液膜萃取。

第12章

其他传质分离方法

12.1　教学方法指导

12.1.1　关于结晶

这一节中介绍的是溶液结晶，即让待分离的混合物溶解于某个溶剂中，通过冷却或蒸发浓缩，使产物成结晶析出，而杂质留在溶剂中。结晶将待分离混合物分离成纯品和结晶母液，结晶母液中含有溶剂、部分产品和几乎全部杂质。

结晶是利用溶解度不同达到分离的目的。在结晶过程中为了达到高纯度，杂质在溶剂中的溶解度不一定要大于产物的溶解度，只要在结晶条件下，杂质浓度不超过其饱和溶解度即可实现分离，杂质含量愈低，要求的溶解度也愈低。因此，原则上结晶过程能同时脱除各种微量杂质，但不能脱除不溶性杂质。

结晶过程的直接指标是产品纯度和一次成品率。

产品纯度反映出成品中含有微量的杂质。这些杂质的存在不表示该杂质在溶剂中已超过其溶解度，杂质的出现是产物结晶过程中夹带出来的。其夹带量当然与其在母液中的浓度有关，因此，也就与溶剂的用量有关。

一次成品率反映出产物析出量与母液中残存量之间的关系。它同样与溶剂用量有关，溶剂用量愈多，结晶母液中残存的量必定愈多。

显然，溶剂的用量要在产品纯度和一次成品率之间权衡。

需要提醒的是，结晶过程的成本不只是结晶过程中的加热和冷冻，或者蒸发能耗，主要成本在结晶母液的处理。结晶母液中含有相当数量的产物，结晶母液的处理要完成两个任务：一方面需要将这些产物从杂质中分离出来，返回结晶，另一方面要将杂质排放。杂质的排放是主要的成本。杂质的分离需要能耗，杂质排放是无可避免地带有产物，造成产物的损失（带走损失）。这个物耗和能耗通常是决定性的。

所谓分离是将混合物一分为二，分离产物与杂质。结晶没有完成这个分离，它只将部分或大部分产物以纯品分出，但是，没有分出杂质。因此，确切地说，结晶过程，只是精制过程，它只解决产物的纯度问题，它需要与另一个分离过程相结合，才组成完整的分离精制过程。

通常说，难以精馏分离的混合物可以尝试用结晶分离。实际上，结晶母液如果仍用精馏分离，其难度依然存在。尽管产物馏分只需要提浓，不需要高纯度，但是，排出的杂质馏分所带走的产物损失将构成主要的成本。

结晶产品的质量指标除纯度外还有形态指标，如晶形，粒度和粒度分布等。细小晶粒过多，会造成后继的过滤（分离溶剂）操作异常困难。

晶形是个工艺问题，涉及溶剂和添加剂的选择，晶粒则不仅是工艺问题而且是工程问题。晶粒大小决定于晶核生成速率和晶体成长速率的对比。如果晶核生成速率远大于晶粒成长速率，得到的晶粒就小。晶核生成速率与物料性质有关，有的物料晶核生成速率极大，很难得到较大的晶粒。除与物料性质有关外，在工程上影响晶核生成速率的因素有二：结晶时的过饱和度和搅拌强度。

过饱和度愈大，晶核生成速率愈大。为了控制过饱和度，工程上需要控制冷却速率和蒸发速率。对于晶核生成速率大的物料进行间歇结晶时，冷却速率常控制在每小时几度。

湍动也加速晶核的生成，但是结晶器内为了保持小晶粒悬浮、为了传热和混合，需要搅拌，因此，通常结晶器选用的搅拌为低转速大桨叶的旋桨，造成足够大的主体流动但尽量小的湍动。

连续结晶时，除上述问题外，还需关注晶粒粘壁的问题。间歇结晶时，粘壁的晶粒在每釜结晶之处会溶解，连续结晶时粘壁的晶粒会积累，造成问题。

结晶的教学更体现出其要点不是设计计算而是过程分析。

12.1.2 关于吸附

吸附是用固体吸附剂处理气体或液体混合物。吸附的原理是物理化学问题，吸附剂的选择是工艺问题。吸附的结果集中体现在吸附平衡线上。我们需要研究的是工程问题。

工业上实施吸附操作时通常有三种方式。最先进的是移动床或模拟移动床或多级流化床。其中的过程与吸收和萃取非常接近。其过程分析完全可以套用吸收和萃取中的概念和方法。只需将液相内的传递改换成固相内的传递。

工业上实施常用的另两种方式。一种是颗粒状吸附剂、固定床，间歇操作，定期切换；另一种是粉状吸附剂、一次性吸附，例如，液相产品的吸附脱色。

粉状吸附剂一次性吸附时，起决定作用的是吸附平衡线的低端。吸附结束时液固处于平衡状态。为达到杂质的低浓度，由吸附平衡线的低端，可以得知吸附剂上的允许吸附量，并由此确定吸附剂用量。显然，应当选用Ⅰ型的"有利等温线"。高端的曲线形态与过程无关。

颗粒状吸附剂的间歇固定床吸附则需要确定工作段长度。我们需要知道的是固定床吸附的负荷曲线。我们实际测定的是透过曲线。我们的任务是，从实验室或小型实验中测得的透过曲线预估工业装置中的工作段长度。

工作段长度由传递速率决定，当然与流体的线速度有关。需要确定流体线速度对工作段长度的影响。可以用例题予以说明。

吸附教学内容的重点也在过程的分析。

12.2 教学内容精要

12.2.1 结晶

12.2.1.1 概述

结晶操作的类型和经济性 由蒸汽、溶液或熔融物中析出固态晶体的操作称为结晶，其目的是混合物的分离。

应用最广泛的是溶液结晶，即采用降温或浓缩的方法使溶液达到过饱和状态，析出溶质，以获取固体产品。此外，还有熔融结晶、升华结晶、反应沉淀、盐析等多种类型。

与其他单元操作相比，结晶操作的特点是：

① 能从杂质含量较多的混合液中分离出高纯度的晶体。

② 高熔点混合物、相对挥发度小的物系、共沸物、热敏性物质等难分离物系，可考虑采用结晶操作加以分离。

③ 由于结晶热一般约为汽化热的 $1/3 \sim 1/7$，过程的能耗较低。

对结晶产物的要求 结晶操作不仅希望能耗低、产物的纯度达到要求，往往还出于应用目的，希望晶体有适当的粒度和较窄的粒度分布。控制结晶的粒度和晶形是结晶操作的一项重要技术。

晶系和晶习 构成晶体的微观粒子（分子、原子或离子）按一定的几何规则排列，由此形成的最小单元称为晶格。晶体可按晶格空间结构的区别分为不同的晶系。同一种物质在不同的条件下可形成不同的晶系，或为两种晶系的混合物。

微观粒子的规则排列可以按不同方向发展，即各晶面以不同的速率生长，从而形成不同外形的晶体，晶体的习性以及最终形成的晶体外形称为晶习。同一晶系的晶体在不同结晶条件下的晶习不同，改变结晶温度、溶剂种类、pH 值以及少量杂质或添加剂的存在往往因改变晶习而得到不同的晶体外形。

控制结晶操作的条件以改善晶习，获得理想的晶体外形，这是结晶操作区别于其他分离操作的重要特点。

12.2.1.2 溶解度及溶液的过饱和

溶解度曲线及溶液状态 溶解度曲线表示溶质在溶剂中的溶解度随温度而变化的关系。溶解度的单位常采用单位质量溶剂中所含溶质的量表示，但也可以用其他浓度单位来表示，如质量分数等。

多数物质的溶解度随温度升高而增大，少数物质则相反，或在不同的温度区域有不同的变化趋向。

溶液浓度等于溶解度的溶液称为饱和溶液；溶液浓度低于溶质的溶解度时，为不饱和溶液；当溶液浓度大于溶解度时，称为过饱和溶液。

过饱和溶液的浓度与溶解度之差为过饱和度。若将完全纯净的溶液缓慢冷却，当过饱和度达到一定限度后，澄清的过饱和溶液就会开始析出晶核。表示溶液开始产生晶核的极限浓度曲线称为超溶解度曲线。一个特定物系只存在一根明确的溶解度曲线，而超溶解度曲线则在工业结晶过程中受多种因素的影响，如搅拌强度、冷却速率等。当浓度低于溶解度时，不可能发生结晶，处于稳定区。当溶液浓度大于超溶解度曲线值时，会立即自发地发生结晶作用，为不稳区。在溶解度曲线与超溶解度曲线之间的区域称为介稳区，介稳区又分为第一介稳区和第二介稳区。在第一介稳区内，溶液不会自发成核，加入晶种，会使晶体在晶核上生长；在第二介稳区内，溶液可自发成核，但又不像不稳区那样立刻析出结晶，需要一定的时间间隔，这一间隔称为延滞期，过饱和度越大，延滞期越短。

过饱和度的表示方法 过饱和度指过饱和溶液的浓度超过该条件下饱和浓度的程度，可用过饱和度 Δc、过饱和度比 S 或相对过饱和度 δ 表示。

$$\Delta c = c - c^* \tag{12-1}$$

$$S = c/c^* \tag{12-2}$$

$$\delta = \Delta c/c^* \tag{12-3}$$

形成溶液过饱和状态的方法 溶液的过饱和度是结晶过程的推动力。在溶剂结晶中，形成过饱和状态的基本方法有两种：一种方法是直接将溶液降低温度，达到过饱和状态，溶质结晶析出，此称为冷却结晶；另一种方法是使溶液浓缩，通常采用蒸发以除去部分溶剂。

溶解度曲线的形状是选择上述操作方法的重要依据。具有陡峭的溶解度曲线的物系选用降温的方法较为有利，而溶解度与温度关系不大的体系则适宜用浓缩的方法。

12.2.1.3 结晶机理与动力学

晶核生成与晶体成长 溶质从溶液中结晶出来，需经历两个阶段，即晶核的生成（成核）和晶体的成长。

晶核的大小通常在几纳米至几十微米，成核的机理有三种：初级均相成核、初级非均相成核和二次成核。

初级均相成核是指溶液在较高过饱和度下自发生成晶核的过程。初级非均相成核则是溶液在外来物的诱导下生成晶核的过程，它可以在较低的过饱和度下发生。二次成核是含有晶体的溶液在晶体相互碰撞或晶体与搅拌桨（或器壁）碰撞时所产生的微小晶体的诱导下发生的。由于初级均相成核速率受溶液过饱和度的影响非常敏感，操作时对溶液过饱和度的控制要求过高而不宜采用。初级非均相成核因需引入诱导物而增加操作步骤。因此，一般工业结晶主要采用二次成核。

晶核形成以后，溶质质点（原子、离子、分子）会在晶核上继续一层层排列上去而形成晶粒，并且使晶粒不断增大，这就是晶体的成长。晶体成长的传质过程主要有两步，第一步是溶质从溶液主体向晶体表面扩散传递，它以浓度差为推动力。第二步是溶质在晶体表面上附着并沿表面移动至合适位置，按某种几何规律构成晶格，并放出结晶热。

再结晶现象　小晶体因表面能较大不稳定而有被溶解的趋向。当溶液的过饱和度较低时，小晶体被溶解，大晶体则不断成长并使晶体外形更加完好，这就是晶体的再结晶现象。工业生产中常利用再结晶现象而使产品"最后熟化"，使结晶颗粒数目下降，粒度提高，达到一定的产品粒度要求。

结晶速率　结晶速率包括成核速率和晶体成长速率。

成核速率是指单位时间、单位体积溶液中产生的晶核数目，即

$$r_{核} = \frac{dN}{dt} = K_{核} \, \Delta c^m \tag{12-4}$$

晶体的成长速率是指单位时间内晶体平均粒度 L 的增加量，即

$$r_{长} = \frac{dL}{dt} = K_{长} \, \Delta c^n \tag{12-5}$$

式中，n 为晶体成长级数；$K_{长}$ 为晶体成长速率常数。通常，m 大于 2，n 在 1~2 之间。由式（12-4）与式（12-5）相比可得

$$\frac{r_{核}}{r_{长}} = \frac{K_{核}}{K_{长}} \Delta c^{m-n} \tag{12-6}$$

由于 $m-n$ 大于零，所以当过饱和度 Δc 较大时，晶核生成较快而晶体成长较慢，有利于生产颗粒小，颗粒数目多的结晶产品。当过饱和度 Δc 较小时，晶核生成较慢而晶体成长较快，有利于生产大颗粒的结晶产品。

影响结晶速率的因素　影响结晶的工程因素很多，以下列出几个主要的影响因素。

（1）过饱和度的影响　温度和浓度都直接影响到溶液的过饱和度。过饱和度的大小影响晶体的成长速率，又对晶习、粒度、晶粒数量、粒度分布产生影响。

（2）黏度的影响　溶液黏度大，流动性差，溶质向晶体表面的质量传递主要靠分子扩散作用。这时，由于晶体的顶角和棱边部位比晶面部位容易获得溶质，而出现晶体棱角长得快、晶面长得慢的现象，结果会使晶体长成形状特殊的

骸晶。

（3）密度的影响　晶体周围的溶液因溶质不断析出而使局部密度下降，结晶放热作用又使该局部的温度较高而加剧了局部密度下降。在重力场的作用下，溶液的局部密度差会造成溶液的涡流。如果这种涡流在晶体周围分布不均，就会使晶体处在溶质供应不均匀的条件下成长，结果会使晶体生长成形状歪曲的歪晶。

（4）位置的影响　在有足够自然空间的条件下，晶体的各晶面都将按生长规律自由地成长，获得有规则的几何外形。当晶体的某些晶面遇到其他晶体或容器壁面时，就会使这些晶面无法成长，形成歪晶。

（5）搅拌的影响　搅拌是影响结晶粒度分布的重要因素。搅拌强度大会使介稳区变窄，二次成核速率增加，晶体粒度变细。温和而又均匀的搅拌，则是获得粗颗粒结晶的重要条件。

12.2.1.4　结晶过程的物料和热量衡算

过程分析　溶液在结晶器中结晶形成的晶体和余下的母液的混合物称为晶浆，晶浆实际上是液固悬浮液。母液是过程最终温度下的饱和溶液。由投料的溶质初始浓度、最终温度下的溶解度、蒸发水量，就可以计算结晶过程的晶体产率。因此，料液的量和浓度与产物的量和浓度之间的关系可由物料衡算和溶解度决定。

溶质从溶液中结晶析出时会发生焓变化而放出热量，这同纯物质从液态变为固态时发生焓变化而放热是类似的。两者都属于相变热，但在数值上是不相等的，溶液中溶质结晶焓变化还包括了物质浓缩的焓变化。溶液结晶过程中，生成单位质量溶质晶体所放出的热量称为结晶热。结晶的逆过程是溶解。单位溶质晶体在溶剂中溶解时所吸收的热量为溶解热，许多溶解热数据是在无限稀释溶液中以 1kg 溶质溶解引起的焓变化来表示的。如果在溶液浓度相等的相平衡条件下，结晶热应等于负的溶解热。一般地，结晶热近似地等于负的溶解热。

结晶过程中溶液与加热介质（或冷却介质）之间的传热速率计算与传热章中所述的间壁式传热过程相同。溶液与晶体颗粒之间的传热速率、传质速率均与结晶器内的流体流动情况密切相关，可近似采用球形颗粒外的传热、传质系数关联式作估算。溶液与晶体颗粒之间的传热、传质速率都会影响结晶晶习、产品纯度、外观质量，所以在提高速率、提高设备生产能力时必须兼顾产品的质量。

物料衡算　作物料衡算时，须考虑晶体是否为水合物，当晶体为非水合物时，晶体可按纯溶质计算。当晶体为水合物时，晶体中溶质的质量分数浓度可按溶质分子量与晶体分子量之比计算。物料衡算主要是总物料的衡算和溶质的物料衡算（或水的物料衡算）。

取控制体作溶质物料衡算有

$$Fw_1 = mw_2 + (F - W - m)w_3 \tag{12-7}$$

热量衡算 取控制体作热量衡算可得

$$Fi_1 + Q = WI + mi_2 + (F - W - m)i_3 \tag{12-8}$$

式中，Q 为外界对控制体的加热量（当 Q 为负值时，为外界从控制体移走热量）；i_1 为单位质量进料溶液的焓；i_2 为单位质量晶体的焓；i_3 为单位质量母液的焓。将式(12-8) 整理后可得

$$W(I - i_3) = m(i_3 - i_2) + F(i_1 - i_3) + Q \tag{12-9}$$

$$\underbrace{}_{\text{汽化潜热}} \quad \underbrace{}_{\text{溶液结晶放热}} \quad \underbrace{}_{\text{溶液降温放热}} \quad \underbrace{}_{\text{外界加热}}$$

式(12-9) 表明结晶器中水分汽化所需的热量为溶液结晶放热量、溶液降温放热量和外界加热量之和。上式也可写成

$$Wr = mr_{\text{结晶}} + Fc_p(t_1 - t_3) + Q \tag{12-10}$$

12.2.1.5 结晶设备

结晶设备的类型很多，有些结晶器只用于一种结晶方法，有些结晶器则适用于多种结晶方法。结晶器按结晶方法可分为冷却结晶器、蒸发结晶器、真空结晶器；按操作方式又可分为间歇式和连续式；按流动方式又可分为混合型和分级型、母液循环型和晶浆循环型。

搅拌式冷却结晶器 这种结晶器即可连续操作又可间歇操作。采用不同的搅拌速度可制得不同的产品粒度。经验表明，制备大颗粒结晶采用间歇式操作较好，制备小颗粒结晶则可采用连续式操作。

外循环搅拌式冷却结晶器，它由搅拌结晶釜、冷却器和循环泵组成。从搅拌釜出来的晶浆与进料溶液混合后，在泵的输送下经过冷却器降温形成过饱和度进入搅拌釜结晶。泵使晶浆在冷却器和搅拌结晶釜之间不断循环，外置的冷却器换热面积可以做得较大，这样大大强化了传热速率。

奥斯陆蒸发结晶器 此结晶器由蒸发室与结晶室两部分组成。蒸发室在上，结晶室在下，中间由一根中央降液管相连接。结晶室的器身带有一定的锥度，下部截面较小，上部截面较大。母液经循环泵输送后与加料液一起在换热器中被加热，经再循环管进入蒸发室，溶液部分汽化后产生过饱和度。过饱和溶液经中央降液管流至结晶室底部，转而向上流动。晶体悬浮于此液体中，因流道截面的变化而形成了下大上小的液体速度分布，从而使晶体颗粒成为粒度分级的流化床。粒度较大的晶体颗粒富集在结晶室底部，与降液管中流出的过饱和度最大的溶液接触，使之长得更大。随着液体往上流动，速度渐慢，悬浮的晶体颗粒也渐小，溶液的过饱和度也渐渐变小。当溶液达到结晶室顶层时，已基本不含晶粒，过饱和度也消耗殆尽，作为澄清的母液在结晶室顶部溢流进入循环管路。这种操作方式是典型的母液循环式，其优点是循环液中基本不含晶体颗粒，从而避免发生泵的叶轮与晶粒之间的碰撞而造成的过多二次成核，加上结晶室的粒度分级作用，使该结晶器所产生的结晶产品颗粒大而均匀。

该结晶器的缺点是操作弹性较小，因母液的循环量受到了产品颗粒在饱和溶液中沉降速度的限制。

多级真空结晶器　此结晶器与多效蒸发类似，多级真空结晶器也是为了节约能量。这种结晶器为横卧的圆筒形容器，器内用垂直隔板分隔成多个结晶室。各结晶室的下部是相连通的，晶浆可从前一室流至后一室；而结晶室上部的蒸汽空间则相互隔开，分别与不同的真空度相连接。加料液从储槽吸入到第一级结晶室，在真空下自蒸发并降温，降温后的溶液逐级向后流动，结晶室的真空度逐级升高，使各级自蒸发蒸汽的冷凝温度逐级降低。最后一级的冷凝温度可降低至摄氏几度。在各结晶室下部都装有空气分布管，与大气相通，利用室内真空度而吸入少量空气，空气经分布管鼓泡通过液体层，从而起到搅拌液体的作用。当溶液温度降至饱和温度以下时，晶体开始析出。在空气的搅拌下，晶粒得以悬浮、成长，并与溶液一起逐级流动。晶浆经最后一级结晶室后从溢流管流出。

这种多级真空结晶器直径可达 3m，长度可达 12m，级数为 5～8 级。其处理量与所处理的物系性质、温度变化范围等因素有关。用这种结晶器生产的无机盐产品粒度可达 0.7～1.0mm。

结晶器的选择　选择结晶器时，须考虑能耗、物系的性质、产品的粒度和粒度分布要求、处理量大小等多种因素。

首先，对于溶解度随温度降低而大幅度降低的物系可选用冷却结晶器或真空结晶器，而对于溶解度随温度降低而降低很少、不变或少量上升的物系则可选择蒸发结晶器。其次要考虑结晶产品的形状、粒度及粒度分布的要求。要想获得颗粒较大而且均匀的晶体，可选用具有粒度分级作用的结晶器。这类结晶器生产的晶体颗粒也便于过滤、洗涤、干燥等后处理。结晶器的选择还须考虑设备投资费用和操作费用的大小，以及操作弹性等因素。

12.2.1.6　其他结晶方法

熔融结晶　熔融结晶是在接近析出物熔点温度下，从熔融液体中析出组成不同于原混合物的晶体的操作，过程原理与精馏中因部分冷凝（或部分汽化）而形成组成不同于原混合物的液相类似。熔融结晶过程中，固液两相需经多级（或连续逆流）接触后才能获得高纯度的分离。

熔融结晶主要用作有机物的提纯、分离以获得高纯度的产品。熔融结晶的产物外形往往是液体或整体固相，而非颗粒。

反应沉淀　反应沉淀是液相中因化学反应生成的产物以结晶或无定形物析出的过程。

沉淀过程首先是反应形成过饱和度，然后成核、晶体成长。与此同时，还往往包含了微小晶粒的成簇及熟化现象。显然，沉淀必须以反应产物在液相中的浓度超过溶解度为条件，此时的过饱和度取决于反应速率。因此，反应条件（包括反应物浓度、温度、pH 值及混合方式等）对最终产物晶粒的粒度和晶形有很大影响。

盐析　这是一种在混合液中加入盐类或其他物质以降低溶质的溶解度、从而析出溶质的方法。盐析剂也可以是液体。加入水使溶质析出的方法又称水析。

盐析的优点是直接改变固液相平衡，降低溶解度，从而提高溶质的回收率。此外，还可以避免加热浓缩对热敏物的破坏。

升华结晶　物质由固态直接相变而成为气态的过程称为升华，其逆过程是蒸汽的骤冷直接凝结成固态晶体。升华结晶主要指后一过程，如含水的湿空气骤冷形成雪，有时也泛指上述两个过程。

12.2.2　吸附分离

12.2.2.1　概述

吸附与解吸　利用多孔固体颗粒选择性地吸附流体中的一个或几个组分，从而使流体混合物得以分离的方法称为吸附操作。通常称被吸附的物质为吸附质，用作吸附的多孔固体颗粒称为吸附剂。

吸附作用起因于固体颗粒的表面力。此表面力可以是由于范德华力的作用使吸附质分子单层或多层地覆盖于吸附剂的表面，这种吸附属物理吸附。吸附时所放出的热量称为吸附热。物理吸附的吸附热在数量上与组分的冷凝热相当，大致为 $42 \sim 62 kJ/mol$。吸附也可因吸附质与吸附剂表面原子间的化学键合作用造成，这种吸附属化学吸附，吸附热相对较高。化工吸附分离多为物理吸附。

与吸附相反，组分脱离固体吸附剂表面的现象称为解吸（或脱附）。吸附-解吸的循环操作构成一个完整的工业吸附过程。

脱附的方法有多种，原则上是升温和降低吸附质的分压以改变平衡条件使吸附质脱附。工业上根据不同的脱附方法，赋予吸附-脱附循环操作以不同的名称。

（1）变温吸附　用升高温度的方法使吸附剂的吸附能力降低，从而达到解吸的作用，也即利用温度变化来完成循环操作。小型吸附设备常直接通入蒸汽加热床层，它具有传热系数高，升温快，又可以清扫床层的优点。

（2）变压吸附　降低系统压力或抽真空使吸附质解吸，升高压力使之吸附，利用压力的变化完成循环操作。

（3）变浓度吸附　利用惰性溶剂冲洗或萃取剂抽提而使吸附质解吸，从而完成循环操作。

（4）置换吸附　用其他吸附质把原吸附质从吸附剂上置换下来，从而完成循环操作。

除此之外，改变其他影响吸附质在流固两相之间分配的热力学参数，如 pH

值、电磁场强度等都可实现吸附脱附循环操作。另外，也可同时改变多个热力学参数，如变温变压吸附、变温变浓度吸附等。

常用吸附剂　化工生产中常用天然和人工制作的两类吸附剂。天然矿物吸附剂有硅藻土、白土、天然沸石等。虽然其吸附能力小，选择吸附分离能力低，但价廉易得，常在简易加工精制中采用，而且一般使用一次后即舍弃，不再进行回收。人工吸附剂则有活性炭、硅胶、活性氧化铝、合成沸石等。

吸附剂的基本特性

(1) 吸附剂的比表面　吸附剂的比表面 a 是指单位质量吸附剂所具有的吸附表面积，它是衡量吸附剂性能的重要参数。吸附剂的比表面主要是由颗粒内的孔道内表面构成的。孔的大小可分为三类：即微孔（孔径 $<2nm$），中孔（孔径为 $2\sim200nm$）和大孔（孔径 $>200nm$）。

(2) 吸附容量　吸附容量 x_m 为吸附表面每个空位都单层吸满吸附质分子时的吸附量。吸附量 x 指单位质量吸附剂所吸附的吸附质的质量，即 kg 吸附质/kg 吸附剂。吸附量也称为吸附质在固体相中的浓度。观察吸附前后吸附气体体积的变化，或者确定吸附剂经吸附后固体颗粒的增重量，即可确定吸附量。吸附容量与系统的温度、吸附质的孔径大小和孔隙结构形状、吸附剂的性质有关。吸附容量表示了吸附剂的吸附能力。

(3) 吸附剂密度　根据不同需要，吸附剂密度有不同的表达方式。

① 装填密度 ρ_B 与空隙率 ε_B：装填密度指单位填充体积的吸附剂质量。通常，将烘干的吸附剂颗粒放入量筒中摇实至体积不变，吸附剂质量与量筒所测体积之比即为装填密度。吸附剂颗粒与颗粒之间的空隙体积与量筒所测体积之比为空隙率 ε_B。

② 颗粒密度 ρ_p：又称表观密度，它是单位颗粒体积（包括颗粒内孔腔体积）吸附剂的质量。显然

$$\rho_p(1-\varepsilon_B)=\rho_B \tag{12-11}$$

③ 真密度 ρ_t：指单位颗粒体积（扣除颗粒内孔腔体积）吸附剂的质量。内孔腔体积与颗粒总体积之比为内孔隙率 ε_p，即

$$\rho_t(1-\varepsilon_p)=\rho_p \tag{12-12}$$

工业吸附对吸附剂的要求　吸附剂应满足下列要求：

① 有大的内表面：比表面越大吸附容量越大。

② 活性高：内表面都能起到吸附的作用。

③ 选择性高：吸附剂对不同的吸附质具有选择性吸附作用。不同的吸附剂由于结构、吸附机理不同，对吸附质的选择性有显著的差别。

④ 要有一定的机械强度和物理特性（如颗粒大小）。

⑤ 具有良好的化学稳定性、热稳定性以及价廉易得。

12.2.2.2　吸附相平衡

吸附等温线　气体吸附质在一定温度、分压（或浓度）下与固体吸附剂长时间接触，吸附质在气、固两相中的浓度达到平衡。平衡时吸附剂的吸附量 x 与气相中的吸附质组分分压 p（或浓度 c）的关系曲线称为吸附等温线。常见的吸附等温线可粗分为三种类型。类型 I 表示平衡吸附量随气相浓度上升起先增加较快，后来较慢，曲线呈向上凸出。类型 I 在气相吸附质浓度很低时，仍有相当高的平衡吸附量，称为有利的吸附等温线。类型 II 则表示平衡吸附量随气相浓度上升起先增加较慢，后来较快，曲线呈向下凹形状，称为不利的吸附等温线。类型 III 是平衡吸附量与气相浓度呈线性关系。

液固吸附平衡　与气固吸附相比，液固吸附平衡的影响因素较多。溶液中吸附质是否为电解质、pH 值大小，都会影响吸附机理。温度、浓度和吸附剂的结构性能，以及吸附质的溶解度和溶剂的性质对吸附机理、吸附等温线的形状都有影响。

吸附平衡关系式　基于对吸附机理的不同假设，可以导出相应的吸附模型和平衡关系式。常见的有以下几种。

① 低浓度吸附：当低浓度气体在均一的吸附剂表面发生物理吸附时，相邻的分子之间互相独立，气相与吸附剂固体相之间的平衡浓度是线性关系，即

$$x = Hc \tag{12-13}$$

或

$$x = H'p \tag{12-14}$$

② 单分子层吸附——朗格缪尔方程：当气相浓度较高时，相平衡不再服从线性关系。记 $\theta(=x/x_m)$ 为吸附表面遮盖率。吸附速率可表示为 $k_a p(1-\theta)$，解吸速率为 $k_d \theta$，当吸附速率与解吸速率相等时，达到吸附平衡，这时

$$\frac{\theta}{1-\theta} = \frac{k_a}{k_d}p = k_L p \tag{12-15}$$

式（12-15）经整理后可得

$$\theta = \frac{x}{x_m} = \frac{k_L p}{1+k_L p} \tag{12-16}$$

此式即为单分子层吸附朗格缪尔方程，此方程能较好地描述类型 I 在中、低浓度下的等温吸附平衡。当气相吸附质浓度很低时，式（12-16）可简化为式（12-14）。朗格缪尔方程中的模型参数 x_m 和 k_L，可通过实验确定。

③ 多分子层吸附——BET 方程：Brunauer、Emmet 和 Teller 提出固体表面吸附了第一层分子后对气相中的吸附质仍有引力，由此而形成了第二、第三乃至多层分子的吸附。据此导出了如下关系式：

$$x = x_m \frac{bp/p^\circ}{(1-p/p^\circ)[1+(b-1)p/p^\circ]} \tag{12-17}$$

此式即为 BET 方程，其中 $p°$ 为吸附质的饱和蒸气压；b 为常数；$p/p°$ 通常称为比压。BET 方程常用氮、氧、乙烷、苯作吸附质以测量吸附剂或其他细粉的比表面，通常适用于比压（$p/p°$）为 $0.05\sim0.35$ 的范围。用 BET 方程进行比表面求算时，将式(12-17) 改写成

$$\frac{p/p°}{x(1-p/p°)}=\frac{1}{x_m b}+\frac{b-1}{x_m b}\left(\frac{p}{p°}\right)=A+B\left(\frac{p}{p°}\right) \tag{12-18}$$

直线形式，其中 A、B 分别为直线的截距和斜率。由截距和斜率可求出吸附容量为

$$x_m=\frac{1}{A+B} \tag{12-19}$$

比表面积为

$$a=N_0 A_0 x_m/M \tag{12-20}$$

　　气体混合物中双组分吸附　　如果吸附剂对气体混合物中两个组分具有较接近的吸附能力，吸附剂对一个组分的吸附量将受另一组分存在的影响。以 A、B 两组分混合物为例，在一定的温度、压强下，气相中两组分的浓度之比（c_A/c_B）与吸附相中两组分的浓度之比（x_A/x_B）有一一对应关系。如将吸附相中两组成之比除以气相中两组成之比，即得到分离系数 α_{AB}

$$\alpha_{AB}=\frac{x_A/x_B}{c_A/c_B} \tag{12-21}$$

α_{AB} 偏离 1 越远，该吸附剂越有利于两组分气体混合物的分离。

12.2.2.3　传质及吸附速率

　　吸附传质机理　　组分的吸附传质分外扩散、内扩散及吸附三个步骤。吸附质首先从流体主体通过固体颗粒周围的气膜（或液膜）对流扩散至固体颗粒的外表面，这一传质步骤称为组分的外扩散；吸附质从固体颗粒外表面沿固体内部微孔扩散至固体的内表面，称为组分的内扩散；最后，组分被固体吸附剂吸附。对多数吸附过程，组分的内扩散是吸附传质的主要阻力所在，吸附过程为内扩散控制。

　　因吸附剂颗粒孔道的大小及表面性质的不同，内扩散有以下四种类型：

　　① 分子扩散：当孔道的直径远比扩散分子的平均自由程大时，其扩散为一般的分子扩散。

　　② 努森（Knudsen）扩散：当孔道的直径比扩散分子的平均自由程小时，则为努森（Knudsen）扩散。此时，扩散因分子与孔道壁碰撞而影响扩散系数的大小。

　　③ 表面扩散：吸附质分子沿着孔道壁表面移动形成表面扩散。

　　④ 固体（晶体）扩散：吸附质分子在固体颗粒（晶体）内进行扩散。

孔道中扩散的机理不仅与孔道的孔径有关，也与吸附质的浓度（压力）、温度等其他因素有关。通过孔道的扩散流 J 一般可用费克定律表示

$$J = -D \frac{\partial c}{\partial z} \qquad (12\text{-}22)$$

吸附速率 吸附速率 N_A 表示单位时间、单位吸附剂外表面所传递吸附质的质量，$kg/(m^2 \cdot s)$。对外扩散过程，吸附速率的推动力用流体主体浓度 c 与颗粒外表面的流体浓度 c_i 之差表示，即

$$N_A = k_f(c - c_i) \qquad (12\text{-}23)$$

式中，k_f 为外扩散传质分系数，m/s。

内扩散过程的传质速率用与颗粒外表面流体浓度呈平衡的吸附相浓度 x_i 和吸附相平均浓度 x 之差作推动力来表示，即

$$N_A = k_s(x_i - x) \qquad (12\text{-}24)$$

式中，k_s 为内扩散传质分系数，$kg/(m^2 \cdot s)$。

为方便起见，常使用总传质系数来表示传质速率，即

$$N_A = K_f(c - c_e) = K_s(x_e - x) \qquad (12\text{-}25)$$

式中，K_f 是以流体相总浓度差为推动力的总传质系数；K_s 是以固体相总浓度差为推动力的总传质系数；c_e 为与 x 达到相平衡的流体相浓度；x_e 为与 c 达到相平衡的固体相浓度。

对于内扩散控制的吸附过程，总传质系数 $K_s \approx k_s$。

12.2.2.4 固定床吸附过程分析

理想吸附过程 理想吸附满足下列简化假定：

① 流体混合物仅含一个可吸附组分，其他为惰性组分，且吸附等温线为有利的相平衡线；

② 床层中吸附剂装填均匀，即各处的吸附剂初始浓度、温度均一；

③ 流体定态加料，即进入床层的流体浓度、温度和流量不随时间而变；

④ 吸附热可忽略不计，流体温度与吸附剂温度相等，因此可类似于低浓度气体吸收，不作热量衡算和传热速率计算。

吸附相的负荷曲线 设一固定床吸附器在恒温下操作。初始时床内吸附剂经再生解吸后的浓度为 x_2，入口流体浓度为 c_1。经操作一段时间后，入口处吸附相浓度将逐渐增大并达到与 c_1 成平衡的浓度 x_1。在后继一段床层（L_0）中，吸附相浓度沿轴向降低至 x_2。床层中吸附相浓度沿流体流动方向的变化曲线称为负荷曲线。显然，负荷曲线的波形将随操作时间的延续而不断向前移动。吸附相饱和段 L_1 与时增长，而未吸附的床层长度 L_2 不断减小。在 L_1、L_2 床层段中气固两相各自达到平衡，唯有在负荷曲线 L_0 段中发生吸附传质，故 L_0 称为传质区或传质前沿。

流体相的浓度波与透过曲线 浓度波和负荷曲线均恒速向前移动直至达到出口，此后出口流体的浓度将与时增高。若考察出口处流体浓度随时间的变化，所得曲线，称为透过曲线。该曲线上流体的浓度开始明显升高时的点称为透过点，一般规定出口流体浓度为进口流体浓度的 5% 时为透过点（$c_B = 0.05c_1$）。操作达到透过点的时间为透过时间 τ_b。若继续操作，出口流体浓度不断增加，直至接近进口浓度，该点称为饱和点，相应的操作时间为饱和时间 τ_S。一般取出口流体浓度为进口流体浓度的 95% 时为饱和点（$c_S = 0.95c_1$）。

透过曲线是流体相浓度波在出口处的体现，透过曲线与浓度波呈镜面对称关系。因此，可以用实验测定透过曲线的方法来确定浓度波、传质区床层厚度，以及确定总传质系数。

负荷曲线或透过曲线的形状与吸附传质速率、流体流速以及相平衡有关。传质速率越大，传质区就越薄，对于一定高度的床层和气体负荷，其透过时间也就越长。流体流速越小，停留时间越长，传质区也越薄。当传质速率无限大时，传质区无限薄，负荷曲线和透过曲线均为一阶跃曲线。显然，操作完毕时，传质区厚度的床层未吸附至饱和，当传质区负荷曲线为对称形曲线时，未被利用的床层相当于传质区厚度的一半。因此，传质区越薄，床层的利用率就越高。若以床内全部吸附剂达到饱和时的吸附量为饱和吸附量，则用硅胶作吸附剂时，操作结束时的吸附量可达饱和吸附量的 60%～70%；用活性炭作吸附剂时，可以增大到 85%～95%。

固定床吸附过程的数学描述

（1）物料衡算微分方程式 床层内流体的浓度 c 和吸附相浓度 x 随时间和距离而变，是二维函数。为了便于考察，可取传质区为控制体，使控制体具有与浓度波相同的速度 u_c 向前移动。这样，控制体内的 c 分布和 x 分布均与时间无关，c 和 x 只是传质区内相对位置的函数。流体在床层空隙中的速度为

$$u_0 = \frac{q_V}{A\varepsilon_B} = \frac{u}{\varepsilon_B} \tag{12-26}$$

式中，q_V 为流体体积流量，m^3/s；u（$=q_V/A$）为空塔速度，m/s；A 为床截面，m^2。流体进入控制体的速度应为 $u_0 - u_c$，体积流量为 $(u_0 - u_c)A\varepsilon_B$。吸附剂进入控制体的速度为 u_c，质量流量为 $u_c A(1-\varepsilon_B)\rho_p$，即 $u_c A \rho_B$。单位床体积吸附剂颗粒的外表面积为 $a_B(m^2/m^3)$。取微元段为控制体，其中的传质面积为 $a_B A dz$、传质量为 $N_A a_B A dz$，对流体相作物料衡算可得

$$(u_0 - u_c)A\varepsilon_B dc = N_A a_B A dz \tag{12-27}$$

对吸附相作物料衡算可得

$$u_c A \rho_B dx = N_A a_B A dz \tag{12-28}$$

（2）相际传质速率方程式 由式(12-25)可得相际传质速率方程式为

$$N_A = K_f(c - c_e) = K_s(x_e - x) \tag{12-25}$$

固定床吸附过程的计算

（1）吸附过程的积分表达式　将式（12-25）代入式（12-27）并写成积分式，可得

$$\int dz = \frac{(u_0 - u_c)\varepsilon_B}{K_f a_B} \int \frac{dc}{c - c_e} = \frac{u - u_c \varepsilon_B}{K_f a_B} \int \frac{dc}{c - c_e} \tag{12-29}$$

为了既能使积分式具有实际意义又能使浓度波的绝大部分变化曲线包含在传质区内，视 z 从 0 至 L_0 变化时，c 从 c_B 至 c_S 变化，由此可得积分式

$$L_0 = \frac{u - u_c \varepsilon_B}{K_f a_B} \int_{c_B}^{c_S} \frac{dc}{c - c_e} \tag{12-30}$$

（2）浓度波移动速度　将式（12-27）和式（12-28）联立可得

$$(u - u_c \varepsilon_B) A \, dc = u_c A \rho_B dx \tag{12-31}$$

对应于 c 从 c_1 变化至 c_2，x 从 x_1 变化至 x_2，积分可得

$$(u - u_c \varepsilon_B)(c_1 - c_2) = u_c \rho_B (x_1 - x_2) \tag{12-32}$$

整理后可得浓度波的移动速度表达式为

$$u_c = \frac{u}{\varepsilon_B + \rho_B (x_1 - x_2)/(c_1 - c_2)} \tag{12-33}$$

显然，浓度波移动速度是与进料速度成正比的。

（3）传质单元数与传质单元高度　通常浓度波的移动速度 u_c 远小于流体的空塔速度 u，因此，式（12-30）可写成

$$L_0 = \frac{u}{K_f a_B} \int_{c_B}^{c_S} \frac{dc}{c - c_e} = H_{OF} N_{OF} \tag{12-34}$$

式中，$H_{OF} = \dfrac{u}{K_f a_B}$ 为传质单元高度；$N_{OF} = \displaystyle\int_{c_B}^{c_S} \frac{dc}{c - c_e}$ 为传质单元数。

（4）传质区两相浓度关系——操作线方程　仍取传质区作考察对象，对控制体进行物料衡算，可得

$$(u - u_c \varepsilon_B)(c - c_2) = u_c \rho_B (x - x_2) \tag{12-35}$$

将上式与式（12-32）相除，经整理可得

$$x = x_2 + \frac{x_1 - x_2}{c_1 - c_2}(c - c_2) \tag{12-36}$$

此式即为操作线方程，它表示了同一塔截面上两相浓度之间的关系。由式（12-36）可知，操作线方程为一直线。操作线和平衡线之间的垂直距离表示了吸附相总浓度差推动力 $(x_e - x)$，两线之间的水平距离表示了流体相总浓度差推动力 $(c - c_e)$。

（5）总物料衡算　当固定床吸附塔操作至透过点时，未被利用的床层高度相当于传质区高度的某一分率，这一分率一般为 0.5 左右。对透过时间段内的流体

相和吸附相作物料衡算可得

$$\tau_B q_V (c_1 - c_2) = (L - 0.5L_0) A \rho_B (x_1 - x_2) \qquad (12\text{-}37)$$

式中，L 为床层高度，m。

（6）过程的计算　固定床吸附塔的计算可分为设计型计算和操作型计算两类。这两类问题皆可使用下列四式进行计算：

总物料衡算式　$\tau_B u (c_1 - c_2) = (L - 0.5L_0) \rho_B (x_1 - x_2) \qquad (12\text{-}38)$

传质区计算式　$L_0 = H_{OF} N_{OF} = \dfrac{u}{K_f a_B} \displaystyle\int_{c_B}^{c_S} \dfrac{dc}{c - c_e} \qquad (12\text{-}34)$

相平衡方程式　$c_e = f(x)$　或　$x = F(c_e) \qquad (12\text{-}39)$

操作线方程式　$x = x_2 + \dfrac{x_1 - x_2}{c_1 - c_2}(c - c_2) \qquad (12\text{-}40)$

对具体的吸附分离任务，处理量、流体进出口浓度、工艺条件等都是确定的。设计型计算主要解决在一定操作时间下的吸附剂用量 m、设备的直径和床层高度；操作型计算主要解决在一定的设备直径和床层高度下的操作时间。

12.2.2.5　吸附分离设备

工业吸附器有固定床吸附器、釜式（混合过滤式）吸附器及流化床吸附器等多种，操作方式因设备不同而异。

12.2.3　膜分离

12.2.3.1　概述

膜分离的种类和特点　利用固体膜对流体混合物中的各组分的选择性渗透从而分离各个组分的方法统称为膜分离。膜分离过程的推动力是膜两侧的压差或电位差。

膜分离过程的特点是：

① 多数膜分离过程中组分不发生相变化，所以能耗较低；

② 膜分离过程在常温下进行，对食品及生物药品的加工特别适合；

③ 膜分离过程不仅可除去病毒、细菌等微粒，而且也可除去溶液中大分子和无机盐，还可分离共沸物或沸点相近的组分；

④ 由于以压差及电位差为推动力，因此装置简单，操作方便。

分离用膜　膜分离的效果主要取决于膜本身的性能，膜材料及膜的制备是膜分离技术发展的制约因素。

分离用固体膜按材质分为无机膜及聚合物膜两大类，而以聚合物膜使用最多。无机膜由陶瓷、玻璃、金属等材料制成，孔径为 $1\,nm \sim 60\,\mu m$。膜的耐热性、化学稳定性好，孔径较均匀。聚合物膜通常用醋酸纤维素、芳香族、聚酰胺、聚砜、聚四氟乙烯、聚丙烯等材料制成，膜的结构有均质致密膜或多孔膜，非对称膜及复合膜等多种。膜的厚度一般很薄，如对微孔过滤所用的多孔膜而言，约为 $50 \sim 250\mu m$。因此，一般衬以膜的支撑体使之具有一定的机械强度。

对膜的基本要求　首先要求膜的分离透过特性好，通常用膜的截留率、透过通量、截留分子量等参数表示。不同的膜分离过程习惯上使用不同的参数以表示膜的分离透过特性。

（1）截留率 R　其定义为

$$R = \frac{c_1 - c_2}{c_1} \times 100\% \tag{12-41}$$

式中，c_1、c_2 分别表示料液主体和透过液中被分离物质（盐、微粒或大分子等）的浓度。

（2）**透过速率（通量）** J　指单位时间、单位膜面积的透过物量，常用的单位为 $kmol/(m^2 \cdot s)$。由于操作过程中膜的压密、堵塞等多种原因，膜的透过速率将随时间而衰减。透过速率与时间的关系一般服从下式：

$$J = J_0 \tau^m \tag{12-42}$$

式中，J_0 为操作初始时的透过速率；τ 为操作时间；m 称为衰减指数。

（3）**截留分子量**　当分离溶液中的大分子物时，截留物的分子量在一定程度上反映膜孔的大小。但是通常多孔膜的孔径大小不一，被截留物的分子量将分布在某一范围内。所以，一般取截留率为 90% 的物质的分子量称为膜的截留分子量。

截留率大、截留分子量小的膜往往透过通量低。因此，在选择膜时需在两者之间作出权衡。

此外，还要求分离用膜有足够的机械强度和化学稳定性。

12.2.3.2　反渗透

原理　用一张固体膜将水和盐水隔开，若初始时水和盐水的液面高度相同，则纯水将透过膜向盐水侧移动，盐水侧的液面将不断升高，这一现象称为渗透。渗透达到平衡时，两侧液面高差产生的静压强称为盐水溶液的渗透压，以 π 表示。渗透压 π 的大小是溶液的物性，且与溶质的浓度有关。

若在膜两侧施加压差 Δp，且 $\Delta p > \pi$，则水将从盐水侧向纯水侧作反向移动，此称为反渗透。利用反渗透现象截留盐（溶质）而获取纯水（溶剂），从而达到混合物分离的目的。

当反渗透膜的两侧是浓度不同的溶液，则反渗透所需的外压 Δp 应大于膜两侧溶液渗透压之差 $\Delta \pi$。实际反渗透过程所用的压差 Δp 比渗透压高许多倍。

反渗透膜常用醋酸纤维、聚酰胺等材料制成。

反渗透膜对溶质的截留机理并非按尺度大小的筛分作用，膜对溶剂（水）和溶质（盐）的选择性是由于水和膜之间存在各种亲和力使水分子优先吸附，结合或溶解于膜表面，且水比溶质具有更高的扩散速率，因而易于在膜中扩散透过。因此，对水溶液的分离而言，膜表面活性层是亲水的。

浓差极化　反渗透过程中，大部分溶质在膜表面截留，从而在膜的一侧形成溶质的高浓度区。当过程达到定态时，料液侧膜表面溶液的浓度 x_3 显著高于主体溶液浓度 x_1，这一现象称为浓差极化。近膜处溶质的浓度边界层中，溶质将反向扩散进入料液主体。

为建立浓度边界层中溶质浓度 x 的分布规律，采用气体吸收中分子扩散速率的解析方法。取浓度边界层内平面 I 与膜的低浓度侧表面 II 之间的容积为控制体作物料衡算得

$$Jx - Dc\frac{\mathrm{d}x}{\mathrm{d}z} - Jx_2 = 0 \tag{12-43}$$

将上式从 $z=0$，$x=x_1$ 到 $z=L$（浓度边界层厚度），$x=x_3$ 积分，可得边界层内的黏度分布为

$$\ln\frac{x_3 - x_2}{x_1 - x_2} = \frac{JL}{cD} \tag{12-44}$$

通常反渗透过程有较高的截留率，透过物中的溶质浓度 x_2 很低，故有

$$\frac{x_3}{x_1} = \exp\left(\frac{J}{ck}\right) \tag{12-45}$$

透过速率　当膜两侧溶液的渗透压之差为 $\Delta\pi$ 时，反渗透的推动力为 $(\Delta p - \Delta\pi)$。故可将溶剂（水）的透过速率 J_V 表示为：

$$J_V = A(\Delta p - \Delta\pi) \tag{12-46}$$

式中，A 为纯溶剂（水）的透过系数，其值表示单位时间、单位膜表面在单位压差下的水透过量，是特征膜性能的重要参数。

与此同时，少量溶质也将由于膜两侧溶液有浓度差而扩散透过薄膜。溶质的透过速率 J_S 与膜两侧溶液的浓度差有关，通常写成如下形式：

$$J_S = B(c_3 - c_2) \tag{12-47}$$

透过系数 A、B 主要取决于膜的结构，同时也受温度、压力等操作条件的影响。

总透过速率 J 为

$$J = J_V + J_S \tag{12-48}$$

由以上分析可知，影响反渗透速率的主要因素是：

① 膜的性能：具体表现为透过系数 A、B 值的大小。

② 混合液的浓缩程度：浓缩程度高，膜两侧浓度差大，渗透压差 $\Delta\pi$ 大。

③ 浓差极化：由于存在浓差极化使膜面浓度 x_3 增高，加大了渗透压 $\Delta\pi$，在一定压差 Δp 下使溶剂的透过速率下降。同时 x_3 的增高使溶质的透过速率提高，即截留率下降。因浓差极化的存在使透过速率受到限制。此外，膜面浓度

x_3 升高，可能导致溶质的沉淀，额外增加了膜的透过阻力。因此，浓差极化是反渗透过程中的一个不利操作因素。

由式(12-43)可知，减轻浓差极化的根本途径是提高传质系数。通常采用的方法是提高料液的流速和在流道中加入内插件以增加湍流程度。也可以在料液的定态流动基础上人为加上一个脉冲流动。此外，可以在管状组件内放入玻璃珠，它在流动时呈流化状态，玻璃珠不断撞击膜壁从而使传质系数大为增加。

反渗透的工业应用　海水脱盐是反渗透技术使用得最广泛的领域之一。此外，反渗透也用于浓缩蔗糖、牛奶和果汁，除去工业废水中的有害物等。

12.2.3.3　超滤

原理　超滤是以压差为推动力、用固体多孔膜截留混合物中的微粒和大分子溶质而使溶剂透过膜孔的分离操作。

超滤的分离机理主要是多孔膜表面的筛分作用；大分子溶质在膜表面及孔内的吸附和滞留虽然也起截留作用，但易造成膜污染。在操作中必须采用适当的流速、压力、温度等条件，并定期清洗以减少膜污染。

常用超滤膜为非对称膜，表面活性层的微孔孔径约 $1\sim20\text{nm}$，截留分子量为 $500\sim5\times10^5$。

超滤则截留溶液中的大分子溶质，即使溶液的浓度较高，但渗透压较低，操作使用的压强相对较低，通常为 $0.07\sim0.7\text{MPa}$。

透过速率和浓差极化　超滤的透过速率仍可用式(12-46)表示。当大分子溶液浓度低、渗透压可以忽略时，超滤的透过速率与操作压差成正比，

$$J_{\mathrm v}=A\Delta p \tag{12-49}$$

有时用 $R_{\mathrm m}=1/A$ 表示透过阻力，称为膜阻。透过系数 A 和膜阻 $R_{\mathrm m}$ 是表示膜性能优劣的重要参数。

与反渗透过程相似，超滤也会发生浓差极化现象。由于实际超滤的透过速率约为 $(7\sim35)\times10^{-6}\text{m/s}$，比反渗透速率大得多，而大分子物的扩散系数小，浓差极化现象尤为严重。当膜表面大分子物浓度达到凝胶化浓度 $c_{\mathrm g}$ 时，膜表面形成一不流动的凝胶层。凝胶层的存在大大增加膜的阻力。同一操作压差下的透过速率显著降低。

对纯水的超滤，$J_{\mathrm v}$ 与 Δp 成正比，图中两条直线的斜率分别是两种不同膜的透过系数 A_1 与 A_2。但对高分子溶液超滤时，由于膜污染和浓差极化等原因，透过速率随压差的增加为一曲线。当压差足够大时，由于凝胶层的形成，透过速率到达某一极限值，称为极限通量 $J_{\lim}$。

当过程到达定态时，超滤的极限通量可由式(12-45)求出，即

$$J_{\lim}=kc\ln\frac{x_{\mathrm g}}{x_1} \tag{12-50}$$

式中，k 是凝胶层以外浓度边界层中大分子溶质的传质系数。极限通量 J_{lim} 与膜本身的阻力无关，但与料液浓度 x_1（或 c_1）有关。料液浓度 c_1 越大，凝胶层较厚，对应的极限通量小。可见超滤中料液浓度 c_1 对操作特性有很大影响。对一定浓度的料液。操作压强过高并不能有效地提高透过速率。实际可使用的最大压差应根据溶液浓度和膜的性质由实验决定。

超滤的工业应用　超滤主要适用于热敏物、生物活性物等含大分子物质的溶液分离和浓缩。

① 在食品工业中用于果汁、牛奶的浓缩和其他乳制品加工。超滤可截留牛奶中几乎全部的脂肪及 90% 以上的蛋白质。从而可使浓缩牛奶中的脂肪和蛋白质含量提高三倍左右，且操作费和设备投资都比双效蒸发明显降低。

② 在纯水制备过程中使用超滤可以除去水中的大分子有机物（分子量大于 6000）及微粒、细菌、热原等有害物。因此可用于注射液的净化。

此外，超滤可用于生物酶的浓缩精制，从血液中除去尿毒素以及从工业废水中除去蛋白质及高分子物质等。

12.2.3.4　电渗析

原理　电渗析是以电位差为推动力、利用离子交换膜的选择透过特性使溶液中的离子作定向移动以达到脱除或富集电解质的膜分离操作。

离子交换膜有两种类型：基本上只允许阳离子透过的阳膜和只允许阴离子透过的阴膜。它们交替排列组成若干平行通道。通道宽度约 $1\sim2mm$，其中放有隔网以免阳膜和阴膜接触。在外加直流电场的作用下，料液流过通道时 Na^+ 之类的阳离子向阴极移动，穿过阳膜，进入浓缩室；而浓缩室中的 Na^+ 则受阻于阴膜而被截留。同理，Cl^- 之类的阴离子将穿过阴膜向阳极方向移动，进入浓缩室；而浓缩室中的 Cl^- 则受阻于阳膜而被截留。于是，浓缩液与淡化液得以分别收集。

离子交换膜用高分子材料为基体，在其分子链上接了一些可电离的活性基团。阳膜的活性基团常为磺酸基，在水溶液中电离后的固定性基团带负电；阴膜中的活性基团常为季铵，电离后的固定性基团带正电：

阳膜　　　　　　　　阴膜

$$R—SO_3^- —H^+ \quad R—CH_2N^+(CH_3)_3—OH^-$$

产生的反离子（H^+、OH^-）进入水溶液。阳膜中带负电的固定基团吸引溶液中的阳离子（如 Na^+）并允许它透过，而排斥溶液中带负电荷的离子。类似地，阴膜中带正电的固定基团则吸引阴离子（如 Cl^-）而截留带正电的离子。由此形成离子交换膜的选择性。

电渗析中非理想传递现象　与膜所带电荷相反的离子穿过膜的现象称为反离子透过。它是电渗析过程中起分离作用的原因。与此同时电渗析过程中还存在一些不利于分离的传递现象。

① 实际上与固定基团相同电荷的离子不可能完全被截留，同性离子也将在电场作用下少量地透过，称为同性离子透过。

② 由于膜两侧存在电解质（盐）的浓度差，一方面产生电解质由浓缩室向淡化室的扩散；另一方面，淡化室中的水在渗透压作用下向浓缩室渗透。两者都不利于电解质的分离。

此外，水电离产生 H^+ 和 OH^- 造成电渗析，以及淡化室与浓缩室之间的压差造成泄漏。都是电渗析中的非理想流动现象，会加大过程能耗和降低截留率。

电渗析的应用　从溶液中除去各种盐是电渗析的重要应用方面。

电渗析的耗电量与除去的盐量成正比。当电渗析用于盐水淡化以制取饮用水或工业用水时，盐的浓度过高则耗电量过大，浓度低则因淡化室中水的电阻太大，过程也不经济。最经济的盐浓度为几百至几千毫克/升（mg/L）。因此，对苦咸水的淡化较为适宜。

电渗析在废水处理中的典型应用是从电镀废水中回收铜、镍、铬等重金属离子，而净化的水则可返回工艺系统重新使用。

化工生产中使用电渗析将离子性物质与非离子性物质分离。

在临床治疗中电渗析作为人工肾使用。将人血经动脉引出，通过电渗析器以除去血中盐类和尿素，净化后的血由静脉返回人体。

12.2.3.5　气体混合物的分离

基本原理　在压差作用下，不同种类气体的分子在通过膜时有不同的传递速率，从而使气体混合物中的各组分得以分离或富集。用于分离气体的膜有多孔膜、非多孔（均质）膜以及非对称膜三类。

多孔膜一般由无机陶瓷、金属或高分子材料制成，其中的孔径必须小于气体的分子平均自由程，一般孔径在 50nm 以下。气体分子在微孔中以努森流（Knudson flow）的方式扩散透过。

均质膜由高分子材料制成。气体组分首先溶解于膜的高压侧表面，通过固体内部的分子扩散移到膜的低压侧表面，然后解吸进入气相，因此，这种膜的分离机理是各组分在膜中溶解度和扩散系数的差异。

非对称膜则是以多孔底层为支撑体，其表面覆以均质膜构成。

透过率和分离系数　对非多孔膜而言，组分在膜表面的溶解度和扩散系数是两个直接影响的膜的分离能力的物理量。设下标 1、2 分别表示膜的高压侧和低压侧，透过组分 A 溶解于膜两面上摩尔浓度分别为 c_{A1}、c_{A2}。则膜中的 A 组分扩散速率为

$$J_A = \frac{D_A}{\delta}(c_{A1} - c_{A2}) \tag{12-51}$$

式中，D_A 为 A 组分在膜中的扩散系数；δ 为膜厚。溶解于膜中的 A 组分浓度 c_A 与气相分压 p_A 的关系可写成类似于亨利定律的形式，即 $p_A = Hc_A$，则上式成为

$$J_A = \frac{Q_A}{\delta}(p_{A1} - p_{A2}) \tag{12-52}$$

渗透速率 Q 的大小是膜—气的系统特性，其值的量级一般为 $10^{-13} \sim 10^{-19}$ $\frac{m^3(STP)m}{m^2 \cdot s \cdot Pa}$。由于膜的材料、制膜工艺千差万别，不同研究者测得的 Q 值有较大的差别。

气体膜分离中常用分离系数 α 表示膜对组分透过的选择性，其定义为

$$\alpha_{AB} = \frac{(y_A/y_B)_2}{(y_A/y_B)_1} \tag{12-53}$$

式中，y_A、y_B 为 A、B 两组分在气相中的摩尔分率；下标 2、1 分别为原料侧与透过侧。对理想气体式(12-53) 可写为：

$$\alpha_{AB} = \frac{p_{2A}/p_{2B}}{p_{1A}/p_{1B}} \tag{12-54}$$

式中，p 为分压。联立式(12-54)、式(12-52)，在低压侧压强远小于高压侧压强的条件下得

$$\alpha_{AB} = Q_A/Q_B \tag{12-55}$$

典型的渗透速率及分离系数值参见相关资料。

气体膜分离的应用　工业上用膜分离气体混合物的典型过程有：

从合成氨尾气中回收氢，氢气浓度可从尾气中的 60% 提高到透过气中的 90%，氢的回收率达 95% 以上；

从油田气中回收 CO_2，油田气中含 CO_2 约 70%，经膜分离后，渗透气中含 CO_2 达 93% 以上；

空气经膜分离以制取含氧约 60% 的富氧气，用于医疗和燃烧；

此外还用膜分离除去空气中的水汽（去湿），从天然气中提取氦等。

12.2.3.6　膜分离设备

膜分离器的基本组件有板式、管式、螺旋卷式和中空纤维式四类。

平板式膜分离器　分离器内放有许多多孔支撑板，板两侧覆以固体膜。待分离液进入容器后沿膜表面逐层横向流过，穿过膜的透过液在多孔板中流动并在板端部流出。浓缩液流经许多平板膜表面后流出容器。

平板式膜分离器的原料流动截面大，不易堵塞，压降较小，单位设备内的膜面积可达 $160 \sim 500 m^2/m^3$，膜易于更换。缺点是安装、密封要求高。

管式膜分离器　用多孔材料制成管状支撑体，管径一般为 1.27cm。若管内

通原料液，则膜覆盖于支撑管的内表面，构成内压型。图中管内放有内插件以人为扰动原料液的流动，提高传质系数。反之，若管外通原料液，则在多孔支撑管外侧覆膜，透过液由管内流出。

为提高膜面积，可将多根管式组件组合成类似于列管式换热器那样的管式膜分离器。

管式膜分离器的组件结构简单，安装、操作方便，但单位设备体积的膜面积较小，约为 $33 \sim 330 \mathrm{m}^2 / \mathrm{m}^3$。

螺旋卷式膜分离器　其构造原理与螺旋板换热器类似。在多孔支撑板的两面覆以平板膜，然后铺一层隔网材料，一并卷成柱状放入压力容器内。原料液由侧边沿隔网流动，穿过膜的透过液则在多孔支撑板中流动，并在中心管汇集流出。

螺旋卷式膜分离器结构紧凑，膜面积可达 $650 \sim 1600 \mathrm{m}^2 / \mathrm{m}^3$；缺点是制造成本高，膜清洗困难。

中空纤维式膜分离器　将膜材料直接制成极细的中空纤维，外径约 $40 \sim 250 \mu\mathrm{m}$，外径与内径之比约为 $2 \sim 4$。由于中空纤维极细，可以耐压而无需支撑材料。将数量为几十万根的一束中空纤维一端封死，另一端固定在管板上，构成外压式膜分离器。原料液在中空纤维外空间流动，穿过纤维膜的透过液在纤维中空腔内流出。

中空纤维膜分离器结构紧凑，膜面积可达 $(1.6 \sim 3) \times 10^4 \mathrm{m}^2 / \mathrm{m}^3$；缺点是透过液侧的流动阻力大，清洗困难，更换组件困难。

第 13 章

热、质同时传递

13.1 教学方法指导

这一章用两个实例介绍热、质同时传递的过程，热气体的直接水冷和热水的直接空气冷却（凉水塔）。我认为，这一章的教学目的不是塔的计算，塔的计算过于复杂，不是课内能够解决的，到真正需要的时候另行解决。本章的教学要求是检验学生的过程分析能力。传热和传质都已分别学习过，现在要检验能否综合运用已经学过的知识理解新的对象——热、质同时进行的过程。

所谓过程分析，就是根据传递的原理、物料衡算和热量衡算：

① 确定热、质传递的方向；

② 确定过程的极限；

③ 确定最小用量。

考察热气体在直接水冷塔内沿塔高气液两相的温度分布和水蒸气压分布。热量在整塔中是由热气体传向冷水。水蒸气传递的方向在塔上部和下部却相反，塔下部由液相向汽相传递（水汽化），塔上部则由气相向液相传递（水冷凝）。质量传递的方向发生逆转，这是热、质同时传递的一个特征。

当冷水量过量，塔足够高时，塔顶部（冷水入口处）接近平衡（推动力接近零）。由此，可以确定塔顶部的气体状态。常压下，塔底部水温度最高 100℃。

根据以上条件，通过水衡算和热量衡算，可以计算出最小冷水流量。

考察凉水塔沿塔高气液两相的温度分布和水蒸气压分布。水蒸气的传递在整塔中是由液相转向气相。但是，热传递的方向塔上部和下部相反，塔下部由气相向液相传递，塔上部则由液相向气相传递。热量传递方向发生了逆转。

当空气量过量时，塔足够高时，塔底部（空气进口处）接近平衡。这里出现了一个新的现象。热、质传递方向相反，当液相温度降低到某个值，气相传来的热量恰好与汽化耗热相等时，温度不再下降。此时，热、质传递都在进行，但液体温度不再变化，这个温度被称为湿球温度。为避免误解，不把这种状态称作平衡，而称为过程极限。湿球温度是个重要的概念，是热、质反向进行时的过程极限。

将其称为湿球温度是从测量方法来的。在流动的空气中用湿布包裹水银温度计的感温泡，测得的温度正是这个湿球温度。

湿球温度表明，用气体冷却液体，液体可以冷却到比气体温度更低的温度。气体中含湿量愈少（愈干燥，湿度愈低），湿球温度愈低。

湿球温度在现实生活中也常遇到。人出汗后感觉凉爽，从热衡算的观点，可以解释为水汽化消耗了热量；也可以解释为出汗后温度降低到湿球温度，该温度低于周围的空气温度。这两个是完全不同的机理。

确定了塔底的状态后，就可以通过水衡算和热量衡算计算凉水塔最少空气用量。

至于塔的设计计算可以在需要时再解决。

13.2 教学随笔

13.2.1 热、质同时传递过程

▲热、质同时传递的过程在实践中有着广泛的应用，讲授热、质同时传递过程可将已经学过的传热过程和传质过程综合起来，使学生融会贯通；

▲当传热与传质两类过程同时存在并出现交联时，会出现新的现象，传递方向可能发生逆转；

▲单一传递过程的极限是平衡状态，因此也是唯一的，不因设备类型而异；传热与传质过程同时进行时的过程极限不是平衡状态，因而也不是唯一的，可因设备类型的不同而异；

▲热、质同时传递的过程其在过程的数学描述方面并无特殊之处，只是两类过程方程的联立求解而已。

我建议在化工原理课程中增设一个小章——热、质同时传递的过程。这是因为热、质同时传递的过程在实践中有着广泛的应用，例如，热气体的直接水冷、热水的直接空气冷却、气体的增减湿等；更重要的是通过这一章的讲授可将前面学过的传热过程和传质过程综合起来，使学生融会贯通，并使学生看到两类过程同时发生时会出现一些新的现象。

在传热过程的讨论中，只限于间壁传热，因此，不存在物质传递，在传质过程中，又假设气液或液液两相间不存在温差，从而仅着眼于物质传递。在本章中，考察热、质同时传递的过程，不仅对前两类过程可以作为一种复习，而且可以阐述由此而出现的三个特殊之处：传递方向可能发生逆转、过程的极限不是平衡状态、过程的计算只能通过联立方程逐段计算或有限差计算。

13.2.2　传递方向可能发生逆转

在塔设备中进行热气体的直接水冷时，塔下部发生的是水的汽化，而塔上部则进行水的冷凝，传质方向发生了逆转；在凉水塔中，塔下部空气温度下降，塔上部空气温度上升，其间出现传热方向的逆转。

产生上述逆转的原因是传质时的相平衡（平衡蒸气压）随温度而变。纯传质过程中不可能发生传质方向的逆转，过程的极限是相平衡；但当伴随有传热过程时，液体温度的变化使相平衡移动，从而可能引起相反方向的传质。同样，纯传热过程中不可能发生传热方向的逆转、过程的极限是温度相等；而当伴随有传质过程时，即使温度相等，由于不满足相平衡的条件，传质过程继续进行，如在空气、水系统中水将因汽化而降温，从而引发相反方向的传热。

由此，可以向学生说明如下的重要事实：当两类过程同时存在且相互间存在交联时，会出现新的现象。这里所指的交联，即相平衡与温度有关。没有这种交联，两类过程将平行不悖地进行，恰如各自单独进行时一样。有了这种交联，就可能产生新的现象。反应工程中也有类似情况，当化学反应和传热同时进行时，产生的热稳定性问题，即源于反应速率与温度有关，产生了交联，出现了新现象。学习化工原理，应当掌握这样的观点。

13.2.3　过程的极限

热、质传递过程同时进行且其间又有交联，在过程的极限方面也产生新的特点。

当热、质两种传递的方向相同时，过程有可能达到平衡状态，即既有传热的平衡，又有传质的平衡。例如热气体直接水冷时，只要用于热、质传递的塔设备无限高，原则上可以达到塔顶出口气体与进口的冷却水处于热、质两方面的平衡状态。

当热、质两种传递的方向相反时，过程不可能达到平衡状态。传热过程达到平衡时，两相温度相等，但传质未必平衡；反之亦然。例如在凉水塔底部即发生这种状态，因此，即使塔高无限大，塔底也不可能出现平衡状态。

尽管凉水塔底无法同时达到热、质的相平衡，但过程仍存在有极限，当热水的冷却温度降到一极限温度时，不能再继续下降，而此极限温度取决于气体的状态（温度和蒸汽分压）。显然，这只是热水冷却过程的极限而非平衡状态，这是应当注意的。

为了导出此极限温度，可分别对微分接触式和分级接触式设备进行推导。微分接触式凉水塔塔底水的极限温度，决定于方向相反的热、质传递过程在热量方面的动态平衡，不难列出方程式，其结果必然是湿球温度。分级接触式凉水塔每级假设为理论级，不难列出热衡算式，而其结果恰是绝热饱和温度。

由此不仅可以看出湿球温度是动态平衡的结果，绝热饱和温度是热衡算的结果；而且又有其具体的物理意义，即一是微分式设备的过程极限，另一是分级式设备的过程极限。同时，也可以让学生体察到：单一传递过程的极限是平衡状态，且是唯一的，不因设备类型而异；热、质两种传递过程同时进行的过程极限不是平衡状态，因而不是唯一的，可能因设备类型不同而不同。

13.2.4　过程的计算方法

对于复杂的过程，尤其是传递方向可能发生逆转的情况，最好的方法是逐段计算或有限差计算法，而且，这种方法更适合于运用电子计算机计算。

虽然热、质同时进行且两者相互交联时出现了一些新的现象，但过程的数学描述并无不同，只是两类过程联立求解而已，在数学上并无特殊之处。上述所谓新的现象正是联立求解的结果，而不是分别求解。

曾经发展过一种以焓差为推动力的计算方法。在作出一些理想化假设以后，确实能将热、质两类过程综合成一个过程，即焓的传递过程，并以焓差作为推动力。但是，仔细分析一下推导过程，可以看出，焓变是显热的变化和潜热（由传质——汽化、冷凝引起的）的变化的代数和。当热、质传递方向相同时，两者相加；反之，两者相减。因热、质传递方向相反时焓变可能是两个大数量之差，从误差理论看，显然是不合适的，它会导致较大的误差。极而言之，如显热的变化和潜热的变化恰好相抵，焓变为零，似乎过程不再进行，而实际上，温度和浓度都在明显变化。热气体直接水冷时，塔的下半部就出现相似的情况。

因此，以焓差为推动力的计算方法，原则上只适合于热、质传递方向相同的情况，不适用于热、质传递方向不同的场所。

最后要说明的是，增添了这一小章以后，就为后续的干燥过程的讲授作了较好的铺垫。干燥过程本质上就是热、质同时传递的过程，但比上述讨论的更复杂些，因为还要计入固体内部的传递过程。有了这一小章，从教学角度看，符合循序渐进的原则，先将热、质传递两个过程综合起来，然后进一步再考虑固相内的传递，避免使干燥章讲授时难点过多而不易为学生所接受。

13.3　教学内容精要

13.3.1　概述

生产实践中的某些过程，热、质传递同时进行，热、质传递的速率互相影响。此种过程大体上有两类：

① 以传热为目的，伴有传质的过程：如热气体的直接水冷，热水的直接空

气冷却等。

② 以传质为目的，伴有传热的过程：如空气调节中的增湿和减湿等。

热气体的直接水冷 为快速冷却反应后的高温气体，可令热气体自塔底进入，冷水由塔顶淋下，气液呈逆流接触。在塔内既发生气相向液相的热量传递，也发生水的汽化或冷凝，即传质过程。

气相和液相的温度显然自塔底向塔顶单调下降。液相的水汽平衡分压 p_e 与液相温度有关，因而也相应地单调下降；可是，气相中的水蒸气分压 p 则可能出现非单调变化。气、液两相的分压曲线在塔中某处相交，其交点将塔分成上、下两段，各段中的过程有各自的特点。

① 塔下部。塔下部过程的特点是：热、质反向传递，液相温度变化和缓，气相温度变化急剧，水汽分压自下而上急剧上升，但气体的热焓变化较小。

② 塔上部。塔上部过程的特点是：热、质同向进行，水温急剧变化。

过程的显著特点是塔内出现了传质方向的逆转，下部发生水的汽化，上部则发生水汽冷凝。

热水的直接空气冷却 工业上的凉水塔是最常见的热水用直接空气冷却的实例。热水自塔顶进入，空气自塔底部进入，两相呈逆流接触使热水冷却，以便返回生产过程作冷却水用。

此过程中气、液两相的水汽分压及水温沿塔高呈单调变化，但气相温度则可能出现非单调变化，使两相曲线在某处相交，交点将塔分成上、下两段。

① 塔上部。热、质同向传递，都是由液相传向气相。

② 塔下部。热、质传递是反向的。

过程的突出特点是塔内出现了传热方向的逆转，塔上部热量由液相传向气相，塔下部则由气相传向液相。

尤其值得注意的是，用直接空气冷却热水时，热水终温可低于入口空气的温度，这是由于该传热过程同时伴有传质过程（水的汽化）而引起的。

13.3.2 气液直接接触时的传热和传质

13.3.2.1 过程的分析

过程的方向 温度是传热方向的判据，分压是传质方向的判据。

过程的速率 热、质同时传递时，各自的传递速率表达式并不因另一过程的存在而变化。设气液界面温度 θ_i 高于气相温度 t，则传热速率式可表达为

$$q = \alpha(\theta_i - t) \tag{13-1}$$

一般情况下，水-气直接接触时液相一侧的给热系数远大于气相，气液界面温度 θ_i 大体与液相主体温度 θ 相等，故以下讨论均以水温 θ 代替界面温度 θ_i。

$$q = \alpha(\theta - t) \tag{13-2}$$

同理，当液相的平衡分压高于气相中的水汽分压时，传质速率式可表示为：

$$N_A = k_g(p_\theta - p_{水汽}) \tag{13-3}$$

上述传质速率式是以水汽分压差为推动力。工程上为便于作物料衡算，常以气体的湿度差为推动力，将传质速率 N_A 用单位时间、单位面积所传递的水分质量表示 $[kg/(s \cdot m^2)]$。气体的湿度 H 定义为单位质量干气体带有的水汽量，kg 水汽/kg 干气。气体的湿度 H 与水汽分压 $p_{水汽}$ 的关系为

$$H = \frac{M_水}{M_气} \times \frac{p_{水汽}}{p - p_{水汽}} \tag{13-4}$$

对空气-水系统：

$$H = 0.622 \frac{p_{水汽}}{p - p_{水汽}} \quad kg \text{ 水汽/kg 干气} \tag{13-5}$$

以湿度差为推动力的传质速率式为

$$N_A = k_H(H_\theta - H) \quad kg/(s \cdot m^2) \tag{13-6}$$

$$H_\theta = 0.622 \frac{p_\theta}{p - p_\theta} \tag{13-7}$$

过程的极限　热、质传递同时进行的情况则不同，此时应区分两种不同的情况：

① 液相状态固定不变，气相状态变化。大量液体与少量气体长期接触的过程极限为：气相将在塔顶同时达到热平衡和相平衡，即气体温度将无限趋近于液体温度、气相中的水汽分压将无限趋近于液体的平衡分压。

② 气相状态固定不变、液相状态变化。只要进口气相不是饱和状态（$p < p_\theta$），不能达到相平衡状态，传质过程仍将进行；传质过程（水分汽化）所伴随的热效应必将破坏已达成的热平衡状态。反之，如果两相的分压相等（即达成相平衡状态），则只要进口气相不是饱和状态，液相温度必低于气相温度，传热过程仍继续进行，从而将改变液相温度破坏原有的相平衡。

即使不能达成平衡状态，过程仍有其极限。

换言之，当气体状态固定不变时，液相温度将无限趋近某一极限温度，该极限温度与气体的状态（温度 t、水汽分压 p）有关，而与液相的初态无关。一般说来，大量气体与少量液体长期接触的过程极限皆如上所述。

13.3.2.2　极限温度——湿球温度与绝热饱和温度

凉水塔塔底液相极限温度——湿球温度

微分接触设备，大量气体自塔底进入，底部液体温度趋于某极限温度 t_w 时，液体温度不再变化，但传热、传质仍在同时进行。此时由气相向液相的传热速率与液相向气相传质时带走潜热的速率应相等，即

$$\alpha(t - t_w) = k_H(H_w - H)\gamma_w \tag{13-8}$$

t_w 下的饱和湿度可由下式计算：

$$H_w = 0.622 \frac{p_w}{p - p_w} \qquad (13-9)$$

由式(13-8) 可得

$$t_w = t - \frac{k_H}{\alpha}\gamma_w(H_w - H) \qquad (13-10)$$

由此可知，液相的极限温度 t_w 决定于三方面的因素：

① 物系性质，汽化热 γ_w、液体饱和蒸气压与温度的关系即 $p_w = f(t_w)$ 以及其他与 α、k_H 有关的性质；

② 气相状态，气体温度 t、湿度 H 或气相中的水汽分压 p；

③ 流动条件，影响着 α 及 k_H。

对指定的物系，极限温度 t_w 仅由气相状态（H、t）唯一确定，而在较宽范围内可以认为与流动条件无关。此极限温度 t_w 称为气体的湿球温度。

湿球温度的实验测定　从湿球温度的实验测定方法可进一步认识湿球温度的含义及湿球温度名称的由来。

只要空气流速足够大（大于 5m/s），气温不太高，湿球温度的实质是空气状态（t、H 或 p）在水温上的体现，即 $t_w = f(t, H)$。因此只需用两只温度计，一只不包纱布以测量空气的真实温度 t（也称干球温度），另一只包以湿纱布以测量湿球温度 t_w，空气的湿度即被唯一地确定。

湿球温度的计算及路易斯（Lewis）规则　式(13-10) 有两方面的应用：

① 已知气体状态（t、H），求气体的湿球温度 t_w。由于式(13-10) 中的饱和湿度 H_w 及汽化热 γ_w 是 t_w 的函数，故需试差求解。

② 已知气体的干、湿球温度（t、t_w），求气体的湿度 H，这是测量湿球温度的目的。

两类计算均需已知比值 α/k_H，为避免传热、传质系数同时测量的困难，借 Chilton-Colburn J 因子类比关系

$$j_H = j_D \qquad (8-31)$$

即

$$\frac{Nu}{RePr^{1/3}} = \frac{Sc}{ReSc^{1/3}} \qquad (13-11)$$

将式中的无量纲数群按定义式代入，则得

$$\frac{\alpha}{k_C \rho c_p} = \left(\frac{Sc}{Pr}\right)^{2/3} = Le^{2/3} \qquad (13-12)$$

式中已定义传质物性的无量纲数 Sc 与传热物性的无量纲数 Pr 之比为一新的物性特征数 Le，即路易斯数。

式(13-12) 中的传质系数 k_C 与推动力（$c_1 - c_2$）相配，即传质速率 N_A［以 kg/(s·m²) 为单位］为：

$$N_A = k_C(c_1 - c_2)M_{水} \qquad (13-13)$$

对湿度不大的气体,将上式与式(13-6)联立可得

$$k_C \rho = k_H \qquad (13-14)$$

于是,式(13-12)可写成如下的路易斯规则:

$$\frac{\alpha}{k_H c_p} = Le^{2/3} \qquad (13-15)$$

式(13-15)表明比值 α/k_H 仅与系统物性有关,可按指定物系及状态算出。经计算,对空气-水系统,常压下 $Le^{2/3}$ 约为 0.91,比值 α/k_H 约为 1.09kJ/(kg·℃)。对氢气-水系统,$Le^{2/3} \approx 1.22$,α/k_H 约为 17.4kJ/(kg·℃)。

绝热饱和温度 因气相传热给液体的显热仍由汽化水分所带的潜热返回气相,液体并未获得净的热量。气体状态的变化是在绝热条件下降温、增湿直至饱和的过程。

湿球温度和绝热饱和温度的关系 湿球温度是传热和传质速率均衡的结果,属于动力学范围。而绝热饱和温度却完全没有速率方面的含义,它是由热量衡算和物料衡算导出的,因而属于静力学范围。

对空气-水系统可以认为绝热饱和温度与湿球温度是相等的。但对其他物系,如某些有机液体和空气系统,湿球温度高于绝热饱和温度。

13.3.3 过程的计算

热、质同时传递时过程的数学描述

全塔物料与热量衡算 对全过程作出总体的热量和物料衡算以确定塔的两端各参数之间的关系。

气相经凉水塔后水分的增量应等于水的蒸发量,即

$$V(H_2 - H_1) = L_2 - L_1 \qquad (13-16)$$

全塔热量衡算式为

$$V(I_2 - I_1) = L_2 c_{pL}\theta_2 - L_1 c_{pL}\theta_1 \qquad (13-17)$$

一般凉水塔内水分的蒸发量不大,约为进水量的 1%~2.5%。式(13-17)中 $L_1 \approx L_2$,并将进塔水量写成 L,则成为

$$V(I_2 - I_1) = L c_{pL}(\theta_2 - \theta_1) \qquad (13-18)$$

微分接触式设备在计算过程的速率时,由于设备的传热、传质推动力各处不同,因而必须对微元塔段发生的过程作出数学描述,即列出微元塔段的物料衡算、热量衡算及传热、传质速率方程组,并沿塔高积分或逐段计算。

物料衡算微分方程式 设一逆流微分接触式凉水塔,单位容积所具有的有效相际接触表面积为 a,气液两相的流率与状态沿塔高连续变化。在与流动垂直的方向上取一微元塔段 dZ,以此微元塔段为控制体,对水分作物料衡算可得

$$VdH = dL \tag{13-19}$$

式中　V——气相流率，以干气体为基准，kg 干气/(s·m² 塔截面)；

　　　L——液相流率，kg/(s·m² 塔截面)。

显然，气体经过微元塔段水分的变化量，应等于两相在此微元塔段内的水分传递量，即

$$VdH = N_A a dZ \tag{13-20}$$

将传质速率 N_A 的表达式(13-6) 代入上式则得

$$VdH = k_H a(H_e - H)dZ \tag{13-21}$$

热量衡算微分方程式　同样以微元塔段为控制体作热量衡算可得

$$VdI = c_{pL}(Ld\theta + \theta dL) \tag{13-22}$$

式中　c_{pL}——液体比热容，水为 4.19kJ/(kg·℃)；

　　　I——湿空气的热焓，kJ/kg 干气。

湿空气的热焓定义为 1kg 干气体的焓及其所带 H kg 水汽的焓之和。通常，干气体的焓以 0℃ 的气体为计算基准，水汽的焓以 0℃ 的水为基准。据此定义，温度 t、湿度 H 的湿气体的焓为

$$I = c_{pg}t + c_{pV}Ht + \gamma_0 H \tag{13-23}$$

对空气-水系统

$$I = (1.01 + 1.88H)t + 2500H \tag{13-24}$$

令空气的湿比热容

$$c_{pH} = c_{pg} + c_{pV}H = 1.01 + 1.88H \quad [\text{kJ}/(\text{kg 干气·℃})] \tag{13-25}$$

则

$$I = c_{pH}t + \gamma_0 H \tag{13-26}$$

此式表明，热焓 I 也是湿空气的状态参数之一，其数值与气体的温度 t、湿度 H 有关。

式(13-22) 等号右方包含两项。由于凉水塔内水分的汽化量不大，汽化的水所携带的显热 ($c_{pL}\theta dL$) 与水温降低所引起的水的热焓变化 ($c_{pL}Ld\theta$) 相比可略去不计，故热量衡算式化简为：

$$VdI = c_{pL}Ld\theta \tag{13-27}$$

此外，从传热速率角度来考察，气液两相在微元塔段内所传递的热量为 $q(adZ)$，此热量可使气体温度升高 dt，即

$$Vc_{pH}dt = qadZ \tag{13-28}$$

将传热速率方程式(13-2) 代入式(13-28) 可得

$$Vc_{pH}dt = \alpha a(\theta - t)dZ \tag{13-29}$$

设计型计算的命题　凉水塔设计型计算的命题方式是：

设计任务：将一定流量的热水从入口温度 θ_2 冷却至指定温度 θ_1；

设计条件：可供使用的空气状态，即进口空气的温度 t 与湿度 H；

计算目的：选择适当的空气流量（kg 干气/s），确定经济上合理的塔高及其

他有关尺寸。

在计算过程中用到的容积传质系数 $k_{\mathrm{H}}a\,[\mathrm{kg/(s \cdot m^3)}]$ 与容积传热系数 $\alpha a\,[\mathrm{kJ/(s \cdot m^3)}]$ 须通过实验或根据经验数据确定，在此可作为已知量。

计算方法　式(13-21)～式(13-27) 及式(13-29) 组成的方程式组是求解热、质同时传递过程的基础。该方程组的求解方法有两种：逐段计算法和以焓差为推动力的近似计算法。逐段计算法的适用范围广，且可获得沿塔高的两相状态分布。焓差近似计算法仅适用于 $\dfrac{\alpha}{k_{\mathrm{H}}} \approx c_{p\mathrm{H}}$ 的物系（如空气-水系统），计算比较简便，但有时可能产生较大误差。

第14章

固 体 干 燥

14.1 教学方法指导

固体干燥是一个常用的单元操作，与第 13 章相同，都是热、质同时传递的过程。用热空气将湿物料干燥，热量由热空气传向湿物料，水则由湿物料传向空气，热、质传递方向相反。该章的教学内容应当尽量保持与前一章的共同处，集中注意于二者的区别。

固体干燥的特殊性和复杂性在于固体物料的参与。

首先，从相平衡看，固体物料中的水分可以与固体物料有某种形式的结合，导致其平衡分压降低。其次，从传递角度看，水分在固体物料内进行传递、迁移，固体内部的传递阻力对干燥速率会产生严重的影响。从设备角度看，干燥设备也需要适应固体物料的参与。总之，教学内容应当集中在这个特殊性上。

固体内部的传递阻力与固体的结构密切相关，很难得到普遍适用的关联式，干燥速率都需实验测定，干燥器难以设计计算。因此，教学内容应当更注重于过程分析，而不必勉强于设计计算。

作过程分析时，我们照旧分别考察气体和固体的状态变化规律。

在热、质同时传递的过程中，温度差是传热的推动力，水蒸气的分压差是传递的推动力，因此，相关的空气状态应该是温度和水蒸气分压。特别要指出，与湿含量、相对湿度等比较，水蒸气分压是更为本质的，它决定传递的方向，传递的推动力。湿含量用以进行物料衡算，相对湿度则用以判断热空气的使用价值。露点和湿球温度都有自己的特定含义，但是，确定空气状态时列出这些参数，是因为露点和湿球温度最容易测定。通常，通过温度和露点温度或湿球温度的测定确定空气状态，计算其他参数。介绍各种空气状态参数时应当说明其功能，指出其意义。

在干燥过程中，空气状态变化，温度降低，水蒸气分压（湿含量）增高。通过物料衡算和热量衡算可以确定二者的变化规律。如果不求太精确，如果忽略湿物料的显热变化，在干燥过程中，空气状态沿等热焓线变化。

　　在干燥过程中，固体状态的变化规律涉及两个方面。一是，含水量减少时，其表面的平衡分压如何变化；二是，水分减少时，干燥速率如何变化。需要介绍两个实验事实。一是固体物料表面水的平衡蒸气压与固体物料中湿含量的关系曲线。二是干燥速率与固体物料湿含量的关系曲线。对实验事实进行推理。

　　由平衡蒸气压的下降引出结合水与非结合水、平衡水量与自由水分等概念。

　　由干燥速率的下降引出干燥的两个阶段，恒速阶段和降速阶段。两个阶段中固体物料有不同的温度。在恒速阶段，表面水分的汽化，根据十三章中所述，物料温度应当趋近于湿球温度。进入降速阶段，汽化耗热的速率减慢，物料温度上升，向空气温度靠拢，干燥速率愈小，气固间的温差愈小。

　　干燥过程的分析是为了弄清空气状态在干燥过程中的变化、固体状态的变化和与之相应的传递速率的变化。过程分析清楚后，不难作出过程的数学描述。至于设计计算，决定于是否有足够的数据。

　　过程分析清楚后，就可以讨论干燥过程的热效率。提高热效率的两条措施是，降低排出的空气的温度、提高进口空气的温度。降低废汽温度的代价是干燥速率下降，干燥装置增大，其优化的幅度较小。提高进汽温度的界限是物料的耐热温度。并流时进口热空气与湿物料相遇，与热空气接触的固体物料的温度不超过湿球温度，因而是安全的，反之，逆流时，进口的高温空气与干物料相接触，干物料的温度将向空气温度靠拢。物料的耐热性将限制进口空气的温度。并流对于干燥有特殊意义。

　　过程分析清楚，对设备的开发同样助益良多。对表面水分的脱除，可以采用气流干燥和喷雾干燥等汽固接触时间很短的设备。对于内部水分的脱除，则需要流化床干燥器，尤其是，多室流化床干燥器。

14.2　教学随笔

14.2.1　干燥过程

　　▲固体物料的对流干燥也是一种热、质同时传递的过程，但由于涉及水分在固体内的传递，问题变得更为复杂；

　　▲由于水分与固体物料之间存在各种物理的或化学的作用力，从而使水分在气、固之间的平衡关系不同于气、水系统的相平衡关系；

　　▲从工程应用上看，空气、水系统的焓—湿图比湿—温图更为方便；

　　▲固体干燥过程是一种热耗极大的单元操作，因此，设法提高热量利用率有着十分重要的意义；

　　▲由于水分在固体内部的传递规律难以搞清，固体干燥过程的数学描述尚不完善，干燥设备的计算主要是根据实验结果或按照经验处理。

　　固体干燥的方法有多种，其中以对流干燥的应用最为广泛。对流干燥也是一种热、质同时传递过程，在讲解时应尽量与"热、质同时传递"章进行比较。当传热与传质两类过程同时存在并出现交联时，会出现新的现象，传递方向可能发生逆转，其过程的极限不是平衡状态，因而也不是唯一的。干燥过程本质上就是热、质同时传递的过程，但比气液系统的情况更复杂，因为对流干燥过程不可避免地要涉及水分在固体内部的传递问题。各种固体物料的性能、结构千变万化，水分在固体物料中的存在形态亦各不相同，因此，要搞清水分在固体内部的扩散规律是十分困难的，这就必然给干燥过程的深入研究带来了困难。

14.2.2 水分在气、固两相间的平衡关系

在空气、水系统，水分的传递方向取决于水的平衡分压及与之相接触的空气中水汽分压的相对大小，传递方向由高分压指向低分压；对于气、固系统，这种关系依然成立。由于固体中的水分子如欲从固相中逸出，不仅要克服水分子之间的引力，同时还要克服固体与水分子之间的各种物理的或化学的附加作用力的束缚，因而其水汽平衡分压要比同一温度下纯水的低。此外，固体中水分所受的附加作用力的大小还与固体含水量有关，如对多孔性物料而言，水分总是最易为最细的毛细孔管吸收，此时，毛细管力最大；而干燥过程总是最先从较大毛细孔中逸出水分，此时毛细管力最小。对于固体中的结合水而言，其平衡分压不仅与温度、而且还与水与固体的结合方式、含水量的大小有关。对于机械附着于固体的非结合水，其平衡分压与纯水相同，而与非结合水的多少无关。

若使状态一定的空气掠过一润湿物体，首先除去的是润湿物体表面的非结合水，与此同时，物体内部的非结合水不断向表面转移。若内部非结合水分的传递速率大于或等于表面蒸发速率，此时物体表面温度为空气的湿球温度，干燥速率不变，过程与纯水蒸发完全相同；若内部非结合水分的传递速率小于表面蒸发速率，则物体表面将出现局部干区或蒸发面内移，此时干燥速率将逐渐降低。显然，固体物料内的水分不仅平衡关系与纯水不同，其汽化速率也不一样。这些都是气、固系统与空气、水系统的不同之处。

14.2.3 湿空气性质

当总压一定时，湿空气的强度性质只有两个是独立的，即规定两个相互独立的参数，湿空气的状态即被唯一地确定，其余的任何参数皆可求出。由于只存在两个自由度，湿空气的各种状态参数可以在平面坐标上加以表示。

不少教科书和手册选择湿度与温度为坐标，得到空气、水系统的湿度-温度图。由于湿度和温度都是可以直接测量的参数，故此种表示比较直观。但从工程应用角度看，我们认为还是以焓和湿度为坐标的焓-湿度图较宜，应用此图可以方便地对干燥过程进行物料衡算和热量衡算。

　　湿空气的性质是干燥章的重要内容，应要求学生不仅会正确应用焓-湿度图，而且能够根据各状态参数之间的关系绘出各条曲线。

　　固体干燥过程是一种能耗极大的单元操作，因此，设法减少能耗、提高热量利用率具有重要意义。为减少能耗，湿物料应尽可能先用机械方法脱水；对于稀溶液，也可先进行蒸发、结晶和机械脱水，然后再进行对流干燥。为提高热量利用率，应尽可能提高空气的预热温度。但提高空气预热温度受到两方面限制：一是加热介质温值太高；二是物料不允许接触高温气流。采用废气再循环或中间加热流程，可避免使用高温加热介质，保证物料不直接接触高温气流，减少了新鲜空气用量，提高热效率；但这种操作方式是以降低过程推动力作为代价的，它使设备体积庞大，亦即设备费用增加。

　　为减少热耗，干燥器的保温措施必须良好。干燥器的热损失，不仅直接损失了热量，还降低了空气容纳水分的能力，增加了新鲜空气的用量，导致干燥器热效率的降低。

14.2.4　干燥过程的数学描述

　　干燥过程是气、固两相间的热、质同时传递过程，在进行数学描述时，可以对所取设备微元写出物料衡算式、热量衡算式及相际传热与传质的速率方程式。在相际传质、传热速率方程式中，分别包含界面温度与界面上的水汽分压。对于气、液系统，这两个界面参数不难确定；但对于气、固系统，这两个界面参数与物料内部的热量和质量传递过程有关。而物料内部的传递过程，必然受到物料内部结构、水分的存在形态、物料层厚度等许多因素影响，因此，定量地描述这两个内部传递过程的速率方程式是相当困难的，干燥问题至今未能得到圆满解决，在某种程度上说，与干燥过程本身的复杂性有关。由于干燥过程的数学描述还很不完善，至今为止，干燥过程的设计计算基本上还是通过实验或凭实践经验解决问题。

14.3　教学内容精要

14.3.1　概述

固体去湿方法和干燥过程

　　化工生产中的固体产品（或半成品）为便于贮藏、使用或进一步加工的需要，须除去其中的湿分（水或有机溶剂）。去除湿分的过程即干燥过程。

　　物料的去湿方法　去除固体物料中湿分的方法有多种：

　　① 机械去湿：当物料带水较多，可先用离心过滤等机械分离方法以除去大量的水。

② 吸附去湿：用某种平衡水汽分压很低的干燥剂与湿物料并存，使物料中水分相继经气相而转入干燥剂内。

③ 供热干燥：向物料供热以汽化其中的水分。供热方式又有多种，工业干燥操作多是用热空气或其他高温气体为介质，使之掠过物料表面，介质向物料供热并带走汽化的湿分。此种干燥常称为对流干燥。

此外，借蒸发过程，溶剂或水的汽化在沸腾条件下脱除也可得到固体产品；而湿分在低于沸点条件下汽化而脱除，工业上称为喷雾干燥。

这里讨论以空气为干燥介质、湿分为水的对流干燥过程。

对流干燥过程的特点　当温度较高的气流与湿物料直接接触时，气固两相间所发生的是热、质同时传递的过程。

物料表面温度 θ_i 低于气流温度 t，气体传热给固体。气流中的水汽分压 p 低于固体表面水的分压 p_i，水将汽化并进入气相，湿物料内部的水分以液态或水汽的形式扩散至表面。因此，对流干燥是一热、质反向传递过程。

对流干燥流程及经济性　对流干燥可以是连续过程也可以是间歇过程。对连续过程，物料被连续地加入与排出，物料与气流可呈并流、逆流或其他形式的接触。对间歇过程，湿物料成批放入干燥器内，待干燥至指定的含湿要求后一次取出。

干燥操作的经济性主要取决于能耗和热的利用率。在干燥操作中，加热空气所消耗的热量只有一部分用于汽化水分，相当可观的一部分热能随含水分较高的废气流失。此外，设备的热损失、固体物料的温升也造成了不可避免的能耗。为提高干燥过程的经济性，应采取适当措施降低这些能耗，提高过程的热利用率。

14.3.2　干燥静力学

干燥静力学是考察气固两相接触时过程的方向与极限。

14.3.2.1　湿空气的状态参数

空气中水分含量的表示方法　湿空气的状态参数除总压 p、温度 t 之外，与干燥过程有关的是水分在空气中的含量。水蒸气在空气中的含量有不同的定义或不同的表示方法。

（1）水汽分压 $p_{水汽}$ 与露点 t_d　在总压不变的条件下将空气与不断降温的冷壁相接触，直至空气在光滑的冷壁面上析出水雾，此时的冷壁温度称为露点 t_d。达到露点时，水汽分压为 $p_{水汽}$ 的湿空气在露点温度下达到饱和状态。因此，测出露点温度 t_d，便可查得此温度下的饱和蒸气压，此即为空气中的水汽分压 $p_{水汽}$。在总压 p 一定时，露点与水汽分压之间有单一函数关系。

（2）空气的湿度　为便于物料衡算，常将水汽分压 $p_{水汽}$ 换算成湿度。空气的湿度 H 定义为每千克干空气所带有的水汽量，单位是 kg/kg 干气，即

$$H = \frac{M_水}{M_气} \times \frac{p_{水汽}}{p - p_{水汽}} = 0.622\frac{p_{水汽}}{p - p_{水汽}} \tag{14-1}$$

（3）相对湿度　空气中的水汽分压 $p_{水汽}$ 与一定总压及一定温度下空气中水汽分压可能达到的最大值之比定义为相对湿度，以 φ 表示。

当总压为 101.3kPa，空气温度低于 100℃ 时，空气中水汽分压的最大值应为同温度下的饱和水蒸气压 p_s，故有

$$\varphi = \frac{p_{水汽}}{p_s} \quad （当 \, p_s \leqslant p） \tag{14-2}$$

当空气温度较高，该温度下的饱和水蒸气压 p_s 会大于总压。但因空气的总压业已指定，水汽分压的最大值最多等于总压，故取

$$\varphi = \frac{p_{水汽}}{p} \quad （当 \, p_s > p） \tag{14-3}$$

相对湿度 φ 表示了空气中水分含量的相对大小。$\varphi=1$，表示空气已达饱和状态，不能再接纳任何水分；φ 值愈小，表明空气尚可接纳的水分愈多。

（4）湿球温度　湿球温度是大量空气与少量水长期接触后水面的温度，它是空气湿度和干球温度的函数。测量水汽含量的简易方法是测量空气的湿球温度 t_w，以下式可以计算空气湿度。

$$t_w = t - \frac{k_H}{\alpha}r_w(H_w - H) \tag{14-4}$$

对空气-水系统，当被测气流的温度不太高、流速 >5m/s 时，α/k_H 为一常数，其值约为 1.09kJ/(kg·℃)，故

$$t_w = t - \frac{r_w}{1.09}(H_w - H) \tag{14-5}$$

空气的湿球温度 t_w 总是低于干球温度 t。t_w 与 t 差距愈小，表示空气中的水分含量愈接近饱和；对饱和湿空气 $t_w = t$。

与过程计算有关的参数　湿空气的焓和比体积。

（1）湿空气的焓　定义湿空气的焓 I 为每千克干空气及其所带水汽（H kg）所具有的焓，kJ/kg 干气。取干气体的焓以 0℃ 的气体为基准，水汽的焓以 0℃ 的液态水为基准，故有

$$I = (c_{pg} + c_{pV}H)t + r_0 H \tag{14-6}$$

$c_{pg} + c_{pV}H$ 为湿空气的比热，又称为湿比热 c_{pH}。

$$c_{pH} = c_{pg} + c_{pV}H \tag{14-7}$$

对空气-水系统有

$$I = (1.01 + 1.88H)t + 2500H \tag{14-8}$$

（2）湿空气的比体积　湿空气的比体积 v_H 是指每千克干气及其所带的水汽（H kg）所占的总体积，m³/kg 干气。

通常条件下，气体比体积可按理想气体定律计算。在常压下 1kg 干空气的体积为

$$\frac{22.4}{M_{气}} \times \frac{t+273}{273} = 2.83 \times 10^{-3}(t+273)$$

H kg 水汽的体积为

$$H\frac{22.4}{M_{水}} \times \frac{t+273}{273} = 4.56 \times 10^{-3}H(t+273)$$

常压下温度为 t℃、湿度为 H 的湿空气比容为

$$v_H = (2.83 \times 10^{-3} + 4.56 \times 10^{-3}H)(t+273) \tag{14-9}$$

湿度图　在总压 p 一定时，湿空气的各个参数（t、$p_{水汽}$、φ、H、I、t_w 等）中，只有两个参数是独立的，即规定两个互相独立的参数，湿空气的状态即被唯一地确定。工程上将诸参数之间的关系在平面坐标上绘制成湿度图。根据目的和使用上的方便可选择不同的独立参数作为坐标，由此所得湿度图的形式也就不同。如以气体的温度 t 与湿度 H 为坐标，称为湿度-温度图（$H \sim t$ 图）。在干燥过程中的物料（水分）衡算与热量衡算时使用湿空气的焓-湿度图（$I \sim H$ 图）颇为方便。该图的横坐标为空气湿度 H，纵坐标为焓 I。图中横坐标实为与纵轴互成135°的斜线，使图中有用部分的图线不致过于密集。因此，图中等焓线为一组与水平夹 45°角的斜线。

14.3.2.2　湿空气状态的变化过程

加热与冷却过程　湿空气的加热或冷却属等压过程。

湿空气被加热时的状态变化可用 $I \sim H$ 图上的线段表示。空气加热过程中，空气的湿度不变（等湿度线）。可见：温度升高，空气的相对湿度减小，表示它接纳水汽的能力增大。

空气的冷却过程：当冷却终温 t_2 高于空气的露点 t_d，则此冷却过程为等湿度过程；若冷却终温 t_3 低于露点，则必有部分水汽凝结为水，空气的湿度降低。

绝热增湿过程　设温度为 t、湿度为 H 的不饱和空气流经一管路或设备，在设备内向气流喷洒少量温度为 θ 的水滴。这些水接受来自空气的热量后全部汽化为蒸汽而混入气流之中，致使空气温度下降、湿度上升。当不计热损失时，空气给水的显热全部变为水分汽化的潜热返回空气，因而称为绝热增湿过程。忽略空气焓变，将绝热增湿过程视为等焓过程。

如果喷水量足够，两相接触充分，出口气体的湿度可达饱和值 H_{as}。若规定加入水的温度 θ 与出口饱和气的温度相同，此出口气温称为绝热饱和温度，以 t_{as} 表示。这一过程的特点是：气体传递给水的热量恰好等于水汽化所需要的潜热。

在 $\theta = t_{as}$ 条件下对此过程作热量衡算可得

$$V(I_{as}-I)=V(H_{as}-H)c_{pL}t_{as} \qquad (14\text{-}10)$$

（气体焓的增加）　　（水带入的显热）

将焓的定义式(14-8)代入上式可得

$$t_{as}=t-\frac{r_{as}}{c_{pH}}(H_{as}-H) \qquad (14\text{-}11)$$

由此可知，绝热饱和温度是气体在绝热条件下增湿直至饱和的温度。

对空气-水系统，湿球温度与绝热饱和温度近似相等〔比较式(14-11)与式(14-5)，且 $c_{pH}=1.09$ 即可明了〕，而绝热饱和温度又可近似地在 $I \sim H$ 图上作等焓线至 $\varphi=1$ 处获得。因此，作工程计算时常将等焓线近似地看作既是绝热增湿线，又是等湿球温度线。

两股气流的混合　设有流量为 V_1、V_2（kg 干气/s）的两股气流相混，其中第一股气流的湿度为 H_1，焓为 I_1，第二股气流的湿度为 H_2，焓为 I_2，分别在 $I \sim H$ 图上的两点 AB 表示。此两股气流混合后的空气状态不难由物料衡算、热量衡算获得。设混合后空气的焓为 I_3，湿度为 H_3，则

总物料衡算 $\qquad\qquad V_1+V_2=V_3 \qquad (14\text{-}12)$

水分衡算 $\qquad\qquad V_1H_1+V_2H_2=V_3H_3 \qquad (14\text{-}13)$

焓衡算 $\qquad\qquad V_1I_1+V_2I_2=V_3I_3 \qquad (14\text{-}14)$

显然，混合气体的状态点 C 必在 AB 联线上，其位置也可由杠杆规则定出。

14.3.2.3　水分在气-固两相间的平衡

结合水与非结合水　借化学力或物理化学力与固体相结合的水统称为结合水。

当物料中含水较多时，除一部分水与固体结合外，其余的水只是机械地附着于固体表面或颗粒堆积层中的大空隙中（不存在毛细管力），这些水称为非结合水。

结合水与非结合水的基本区别是其表现的平衡蒸气压不同。非结合水的性质与纯水相同，其表现的平衡蒸气压即为同温度下纯水的饱和蒸气压。结合水则不同，因化学和物理化学力的存在，所表现的蒸气压低于同温度下的纯水的饱和蒸气压。

平衡蒸气压曲线　一定温度下湿物料的平衡蒸气压 p_e 与含水量的关系可用平衡蒸气压曲线所示（物料的含水量以绝对干物料为基准，即每千克绝对干物料所带有的水量，以 X_t 表示）。

物料中只要有非结合水存在而不论其数量多少，其平衡蒸气压不会变化，总是纯水的饱和蒸气压。当含水量减少时，非结合水不复存在，此后首先除去的是结合较弱的水，余下的是结合较强的水，因而平衡蒸气压逐渐下降。测定平衡蒸气压曲线就可得知固体中有多少水分属结合水，多少属非结合水。

上述平衡曲线也可用另一种形式表示，即以气体的相对湿度 φ（即 p_e/p_s）代替平衡蒸汽压 p_e 作为纵坐标。此时，固体中只要存在非结合水，则 $\varphi=1$。除去非结合水后，φ 即逐渐下降。

以相对湿度 φ 代替 p_e 有其优点，此时平衡曲线随温度变化较小。因为温度升高时，p_e 与 p_s 都相应地升高，温度对此比值的影响就相对减少了。

平衡水分与自由水分　设想以相对湿度 φ 的空气掠过同温度的湿固体，长时间后，固体物料的含水量将由原来的含水量 X_t 降为 X^*，但不可能绝对干燥。X^* 是物料在指定空气条件下的被干燥的极限，称为该空气状态下的平衡含水量。这一过程中被去除的水分（相当于 X_t-X^*）包括两部分，一部分是非结合水（相当于 X_t-X_{max}），另一部分是结合水（相当于 $X_{max}-X^*$）。所有能被指定状态的空气带走的水分称自由水分，相应地称 X_t-X^* 为自由含水量，即

自由含水量 $\qquad\qquad\qquad X=X_t-X^* \qquad\qquad\qquad$ (14-15)

自由含水量是干燥过程的推动力。结合水与非结合水、平衡水分与自由水分是两种不同的区分。

14.3.3　干燥速率与干燥过程计算

14.3.3.1　物料在定态空气条件下的干燥速率

干燥动力学实验　将湿物料试样置于恒定空气流中进行干燥，干燥过程中空气状态（气流的温度 t、相对湿度 φ 及流速）保持不变，物料表面各处的空气状况基本相同。随着干燥时间的延续，水分被不断汽化，湿物料的质量减少，因而可以记取物料试样的自由含水量 X 与时间 τ 的关系，作图得曲线，此曲线称为干燥曲线。随干燥时间的延长，物料的自由含水量趋近于零。

物料的干燥速率即水分汽化速率 N_A 可用单位时间、单位面积（气固接触界面）被汽化的水量表示，即

$$N_A=-\frac{G_C dX}{A d\tau} \qquad\qquad (14-16)$$

由干燥曲线求出各点斜率 $\dfrac{dX}{d\tau}$，按上式计算物料在不同自由含水量时的干燥速率，由此可得干燥速率曲线 $N_A=f(X)$。

干燥曲线或干燥速率曲线是恒定的空气条件（指一定的流速、温度、湿度）下获得的。

考察实验所得的干燥速率曲线可知，整个干燥过程可分为恒速干燥与降速干燥两个阶段，每个干燥阶段的传热、传质有各自的特点。

恒速干燥阶段　此时气-固经较短的接触时间后，物料表面即达空气的湿球

温度 t_w，且维持不变。按传质速率式

$$N_A = k_H (H_w - H) \tag{14-17}$$

式中，H_w 为物料表面温度 t_w 下空气的饱和湿度。可见：只要物料表面全部被非结合水所覆盖，干燥速率必为定值。

降速干燥阶段　在降速阶段，干燥速率的变化规律与物料性质及其内部结构有关。降速阶段出现的原因大致有如下四个：①实际汽化表面减小；②汽化面的内移；③平衡蒸气压下降；④固体内部水分的扩散极慢。

临界含水量　固体物料在恒速干燥终了时的含水量称为临界含水量，而从中扣除平衡含水量后则称为临界自由含水量 X_c。临界含水量不但与物料本身的结构、分散程度有关，也受干燥介质条件（流速、温度、湿度）的影响。物料分散越细，临界含水量越低。等速阶段的干燥速率越大，临界含水量越高，即降速阶段较早地开始。

物料干燥至临界含水量时，物料仍含少量非结合水。临界含水量只是等速阶段和降速阶段的分界点。

干燥操作对物料性状的影响　在恒速阶段，物料表面温度维持在湿球温度。降速阶段，物料温度逐渐升高，故在干燥后期须注意不使物料温度过高。

14.3.3.2　间歇干燥过程的计算

干燥时间　一批物料在恒定空气条件下干燥所需的时间原则上应由同一物料的干燥试验确定，且试验物料的分散程度（或堆积厚度）必须与生产时相同。当生产条件与试验差别不大时，可根据下述方法对物料干燥时间进行估算。

（1）恒速阶段的干燥时间 τ_1　如物料在干燥之前的自由含水量 X_1 大于临界自由含水量 X_c，则干燥必先有一恒速阶段。忽略物料的预热阶段，恒速阶段的干燥时间 τ_1 可由式(14-16)积分求出。

$$\int_0^{\tau_1} \mathrm{d}\tau = -\frac{G_C}{A} \int_{X_1}^{X_c} \frac{\mathrm{d}X}{N_A} \tag{14-18}$$

因干燥速率 N_A 为一常数

$$\tau_1 = \frac{G_C}{A} \times \frac{X_1 - X_c}{N_A} \tag{14-19}$$

速率 N_A 由实验决定，也可按传质或传热速率式估算，即

$$N_A = k_H (H_w - H) = \frac{a}{r_w}(t - t_w) \tag{14-20}$$

式中，H_w 为湿球温度 t_w 下气体的饱和湿度。

传质系数 k_H 的测量技术不及给热系数测量那样成熟与准确，在干燥计算中常用经验的给热系数进行计算。

（2）降速阶段的干燥时间 τ_2　当物料的自由含水量减至临界值时，降速阶

段开始。物料从临界自由含水量 X_c 减至 X_2 所需时间 τ_2 为

$$\int_0^{\tau_2} d\tau = -\frac{G_C}{A} \int_{X_c}^{X_2} \frac{dX}{N_A} \tag{14-21}$$

此时因干燥速率 N_A 与自由含水量有关，若写成 $N_A = f(X)$，则

$$\tau_2 = \frac{G_C}{A} \int_{X_2}^{X_c} \frac{dX}{f(X)} \tag{14-22}$$

如果物料在降速阶段的干燥曲线可近似作为通过临界点与坐标原点的直线处理，则降速阶段的干燥速率可写成

$$N_A = K_X X \tag{14-23}$$

式中比例系数 K_X 可由物料的临界自由含水量与物料的恒速干燥速率 $(N_A)_恒$ 求取，即

$$K_X = \frac{(N_A)_恒}{X_c} \tag{14-24}$$

于是

$$\tau_2 = \frac{G_C}{AK_X} \ln \frac{X_c}{X_2} \tag{14-25}$$

物料经恒速及降速阶段的总干燥时间为

$$\tau = \tau_1 + \tau_2 \tag{14-26}$$

干燥结束时的物料温度

在降速阶段，$d\tau$ 瞬间中气固之间的传热量应等于水分汽化及物料升温所需的热，故有

$$\alpha A(t-\theta)d\tau = -rG_C dX + G_C c_{pm} d\theta \tag{14-27}$$

在降速阶段，设干燥速率与物料的自由含水量成正比，即

$$-\frac{G_C dX}{A d\tau} = K_X X \tag{14-28}$$

联立以上两式以消去 $d\tau$，得

$$-\frac{\alpha(t-\theta)}{K_X X} dX = -r dX + c_{pm} d\theta \tag{14-29}$$

方程的边界条件为

$$\left. \begin{array}{l} 当\ X = X_c, \quad \theta = t_w \\ 当\ X = X_2, \quad \theta = \theta_2 \end{array} \right\} \tag{14-30}$$

解上述微分方程可得

$$t - \theta_2 = (t - t_w) \left\{ \frac{rX_2 - c_{pm}(t-t_w)\left(\frac{X_2}{X_c}\right)^{\frac{X_c r}{c_{pm}(t-t_w)}}}{rX_2 - c_{pm}(t-t_w)} \right\} \tag{14-31}$$

式（14-31）的近似条件为：

① 物体内部温度均一，即指悬浮颗粒或薄层物料；

② 降速阶段的速率与物料的自由含水量成正比；

③ 水的汽化热 r 取为常数（可取 t_w 下的值），物料比热容 c_{pm} 也取常数（取绝对干燥物的比热容）。

14.3.3.3 连续干燥过程一般特性

在连续干燥器中，气流与物料的接触方式可为并流、逆流、错流或其他更为复杂的形式。

连续干燥过程的特点 当物料的含水量大于临界含水量时，物料的温度在进入干燥器一小段距离后即可由初温 θ_1 升到气流的湿球温度，此为物料预热段。由于水分汽化，空气的湿度沿途增加，温度降低。在连续干燥器内，因物料在设备的不同部位与之接触的空气状态不同，即使物料含水量大于临界值，也不存在恒速干燥阶段，而只有一个表面水分的汽化阶段。如忽略设备的热损失，在此表面汽化段中气体绝热增湿，物料温度维持不变。某点以后，表面水分汽化完毕，干燥速率进一步下降，物料温度逐渐升高至出口温度 θ_2。此时连续干燥器中的这一升温阶段与定态空气条件下的降速阶段不同，此时与同一物料接触的空气状态不断变化，其干燥速率不能假设与物料的自由含水量成正比。

连续干燥过程的数学描述 首先对干燥过程作物料和热量衡算，然后对干燥过程作出简化，列出传热、传质速率方程，计算设备容积。

14.3.3.4 干燥过程的物料衡算与热量衡算

对典型的对流干燥器，空气经预热后进入燥器与湿物料相遇，将固体物料的含水量由 X_1 降为 X_2，物料温度则由 θ_1 升高为 θ_2。根据需要，干燥器内可对空气补充加热。干燥过程的物料衡算和热量衡算是确定空气用量、分析干燥过程的热效率以及计算干燥器容积的基础。

物料衡算 以干燥器为控制体对水分作物料衡算可得

$$W = G_C(X_1 - X_2) = V(H_2 - H_1) \tag{14-32}$$

物料的含水量习惯上也用水在湿物料中的质量分数 w 表示，它与以绝对干物质为基准的含水量 X_t[❶] 之间的关系为

$$X_t = \frac{1-w}{w} \tag{14-33}$$

湿物料量与绝干物料量 G_C 的关系为

$$G_C = G_1(1-w_1) = G_2(1-w_2) \tag{14-34}$$

---

❶ 为简化起见，含水量 X_t 的下标 t 在不发生混淆时常被忽略。

干燥器中物料失去的水分 W 为

$$W = G_1 - G_2 = G_1 \frac{w_1 - w_2}{1 - w_2} \tag{14-35}$$

预热器的热量衡算　以预热器为控制体作热量衡算可得

$$Q = V(I_1 - I_0) = Vc_{pH1}(t_1 - t_0) \tag{14-36}$$

干燥器的热量衡算　取干燥器作控制体作热量衡算可得

$$VI_1 + G_C c_{pm1}\theta_1 + Q_{补} = VI_2 + G_C c_{pm2}\theta_2 + Q_{损} \tag{14-37}$$

$$c_{pm} = c_{ps} + c_{pL}X_t \tag{14-38}$$

物料衡算与热量衡算的联立求解　在设计型问题中，G_C、θ_1、X_1、X_2 是干燥任务规定的，气体湿度 $H_1 = H_0$ 由空气初始状态决定，$Q_{损}$ 可按传热章有关公式求取，一般可按规模设备假定为预热器热负荷的 $5\% \sim 10\%$。气体进干燥器的温度 t_1 可以选定。这样，干燥过程的物料和热量衡算常遇以下两种情况：

① 选择气体出干燥器的状态（如 t_2 及 φ_2），求解空气用量 V 及补充加热量 $Q_{补}$；

② 选定补充的加热量（如在许多干燥器中 $Q_{补} = 0$）及气体出干燥器状态的一个参数（H_2、φ_2、t_2 中的一个），求 V 及另一个气体出口参数（如 H_2）。

在第②种情况下，由于出口气体状态参数之一是未知数，联立求解式(14-32)和式(14-37)的计算比较繁复，因而常对干燥过程作出简化，以便于初步估算。

理想干燥过程的物料和热量衡算　若在干燥过程中物料汽化的水分都是在表面汽化阶段除去的，设备的热损失及物料温度的变化可以忽略，也未向干燥器补充加热，此时干燥器内气体传给固体的热量全部用于汽化水分所需的潜热进入气相。由热量衡算式(14-37)可知，气体在干燥过程中的状态变化为等焓过程，这种简化的干燥过程称为理想干燥过程。

实际干燥过程的物料和热量衡算　干燥过程中若不向干燥器补充热量或补充的热量 $Q_{补}$ 不足以抵偿物料带走热量 $G_C(c_{pm2}\theta_2 - c_{pm1}\theta_1)$ 与热损失之和，则出口气体的焓将低于进口气体的焓。实际干燥过程气体出干燥器的状态需由物料衡算式(14-32)和热量衡算式(14-37)联立求解决定。

14.3.3.5　干燥过程的热效率

空气在干燥器中放出热量的分析　为分析空气在干燥器中放出热量的有效利用程度，可将热量衡算式(14-37)中的焓 I_1、I_2 及湿物料比热容 c_{pm1} 用各自的定义代入，经整理可得

$$Vc_{pH1}(t_1 - t_2) = Q_1 + Q_2 + Q_{损} - Q_{补} \tag{14-39}$$

式中，等号左方表示气体在干燥器中放出的热量，它由等式右方的四部分决

定，其中

$$Q_1 = W(r_0 + c_{pV}t_2 - c_{pL}\theta_1) \tag{14-40}$$

为汽化水分并将它由进口态的水变成出口态的蒸汽所消耗的热：

$$Q_2 = G_C c_{pm2}(\theta_2 - \theta_1) \tag{14-41}$$

为物料温度升高所带走的热。

由式（14-36）可知，空气在预热器中获得的热量可分解成两部分，即

$$Q = Vc_{pH1}(t_1 - t_2) + Vc_{pH1}(t_2 - t_0) \tag{14-42}$$

或

$$Q = Vc_{pH1}(t_1 - t_2) + Q_3 \tag{14-43}$$

式中

$$Q_3 = Vc_{pH1}(t_2 - t_0) \tag{14-44}$$

可理解为废气离干燥器时带走的热量。

式（14-43）中等号右方第一项，即为气体在干燥器中放出的热量，用式（14-39）代入式（14-43）得

$$Q + Q_补 = Q_1 + Q_2 + Q_3 + Q_损 \tag{14-45}$$

干燥过程中空气受热和放热的分配可作图表示。

干燥过程中热量的有效利用程度是决定过程经济性的重要方面。由式（14-45）可知，空气在预热器及干燥器中加入的热量消耗于四个方面，其中 Q_1 直接用于干燥目的，Q_2 是为达到规定含水量所不可避免的。因此，干燥过程热量利用的经济性可用如下定义的热效率来表示

$$\eta = \frac{Q_1 + Q_2}{Q + Q_补} \tag{14-46}$$

若干燥器内未补充加热，热损失也可忽略，$Q_补 = Q_损 = 0$，则上式中分子 $Q_1 + Q_2$ 可用式（14-39）代入，而分母用式（14-36）代入，得

$$\eta = \frac{t_1 - t_2}{t_1 - t_0} \tag{14-47}$$

可见：提高热效率可从提高预热温度 t_1 及降低废气出口温度 t_2 两方面着手。

14.3.3.6　连续干燥过程设备容积的计算方法

理想干燥过程　在理想干燥过程中，所有水分都是在表面汽化阶段除去的。此时，只需以设备微元 $\mathrm{d}\overline{V}$ 为控制体列出物料衡算式、热量衡算式以及相际传热、传质速率式，便可对理想干燥器作出数学描述，然后沿气流或物料运动方向积分或叠加以求得干燥设备的容积。以并流操作的理想干燥过程为例加以说明。

在流动方向上取一设备微元 $\mathrm{d}\overline{V}$，根据进、出该微元的气、固两相流量与组成，以微元 $\mathrm{d}\overline{V}$ 为控制体，对水分作物料衡算可得

$$V\mathrm{d}H = -G_C\mathrm{d}H \tag{14-48}$$

根据理想干燥过程的有关假定，以 $\mathrm{d}\overline{V}$ 为控制体作热量衡算可得

$$\mathrm{d}I = 0 \tag{14-49}$$

在微元体内两相传热与传质速率分别为

$$-c_{pH}V\mathrm{d}t=\alpha a(t-\theta)\mathrm{d}\overline{V} \tag{14-50}$$

$$V\mathrm{d}H=k_Ha(H_\theta-H)\mathrm{d}\overline{V} \tag{14-51}$$

式中，H_θ 为物料表面温度 θ 下气体的饱和湿度。

在理想干燥过程中，汽化水分所需的热量只能由气体提供，即 $-c_{pH}V\mathrm{d}t=r_\theta V\mathrm{d}H$。于是，联立求解式（14-50）与式（14-51）两式可以求出物料表面温度为

$$\theta=t-\frac{k_Hr_\theta}{a}(H_\theta-H) \tag{14-52}$$

将此式与式（14-4）对照，不难看出，此物料表面温度 θ 即为与之接触的空气湿球温度 t_w。而且，在理想干燥器内由于气体状态变化是等焓过程，故物料表面温度处处相等。

将式（14-48）与式（14-49）积分，可分别得到

物料衡算式 $$V(H_2-H_1)=G_C(X_1-X_2) \tag{14-53}$$

热量衡算式 $$I_1=I_2$$

或 $$(c_{pg}+c_{pV}H_1)t_1+r_0H_1=(c_{pg}+c_{pV}H_2)t_2+r_0H_2 \tag{14-54}$$

将传热或传质速率式积分可以求出所需设备容积 $\overline{V}$。考虑到容积传热系数 αa 比传质系数 k_Ha 更容易获得，通常根据传热速率式计算设备容积，即

$$\overline{V}=\frac{V}{\alpha a}\int_{t_2}^{t_1}\frac{c_{pH}\mathrm{d}t}{t-\theta} \tag{14-55}$$

在理想干燥过程中，$\theta=t_w=\mathrm{const}$、$I=\mathrm{const}$，不难找出 C_H 与温度 t 的函数关系，通过数值积分由式（14-55）算出所需要的设备容积。

如作近似计算，湿比热容 $c_{pH}=c_{pg}+c_{pV}H$ 可取某一平均值作为常数，则式（14-55）可积分得

$$\overline{V}=\frac{Vc_{pH}}{\alpha a}\ln\frac{t_1-t_w}{t_2-t_w} \tag{14-56}$$

或写成如下的形式

$$Q=Vc_{pH}(t_1-t_2)=\alpha a\overline{V}\Delta t_m \tag{14-57}$$

式中

$$\Delta t_m=\frac{(t_1-t_w)-(t_2-t_w)}{\ln\dfrac{t_1-t_w}{t_2-t_w}} \tag{14-58}$$

为干燥器进、出口气固两相温差的对数平均值。

除物性之外，以上诸式共包含 10 个过程参数。在设计型计算中，G_C、X_1、X_2、H_1 是已知量，根据式（14-52）～式（14-55），选择 t_1 与 t_2，可以计算 V、H_2、θ、$\overline{V}$ 四个未知量。

　　实际干燥过程的简化及所需容积的估算　临界含水量很低、颗粒尺寸又很细小的松散物料的干燥，往往可以简化为理想干燥过程而不致产生很大的偏离。工程上可以根据具体物料和具体设备的特点对实际干燥过程作出某种程度的简化，然后通过计算对所需设备容积进行粗略的估算。

　　通常所用的简化假定有：

　　① 假定在预热段物料只改变温度，不改变含水量。这样，预热段只发生气、固两相间的传热过程，可通过热量衡算决定预热段与表面汽化段分界处的两相温度 θ_j（即 t_w）、t_j，有时，也可将物料预热段忽略不计。

　　② 表面汽化阶段可假设为理想干燥过程，于是，根据实验测定的临界含水量 X_c，不难求出该段与物料升温段分界处的 t_k、H_k、θ_k（即 t_w）与 X_k（即 X_c）。

　　③ 在物料升温阶段假定气、固两相温度呈线性关系，两相在此段的平均温差可取两端点温差的对数平均值。

　　这样，通过总物料衡算、总热量衡算确定干燥器两端状态，再根据上述假定确定各分界处有关参数，便可按式（14-57）分别求出各段所需要的设备容积，即

$$\overline{V_i} = \frac{Q_i}{\alpha a\,\Delta t_{mi}} \tag{14-59}$$

干燥过程所需要的总设备容积为三段所需容积之和。

14.3.4　干燥器

14.3.4.1　干燥器的基本要求

　　对被干燥物料的适应性　能够适应被干燥物料的外观性状是对干燥器的基本要求，也是选用干燥器的首要条件。但是，除非是干燥小批量、多品种的产品，一般并不要求一个干燥器能处理多种物料，通用的设备不一定符合经济、优化的原则。

　　设备的生产能力要高　设备的生产能力取决于物料达到指定干燥程度所需的时间。物料在降速阶段的干燥速率缓慢，费时较多。缩短降速阶段的干燥时间不外从两方面着手：①降低物料的临界含水量，使更多的水分在速率较高的恒速阶段除去；②提高降速阶段本身的速率。将物料尽可能地分散，可以兼达上述两个目的。许多干燥器（如气流式、流化床、喷雾式等）的设计思想就在于此。

　　能耗的经济性　干燥是一种耗能较多的单元操作。对流干燥中，提高热效率的主要途径是减少废气带热。干燥器结构应能提供有利的气固接触，在物料耐热允许的条件下应使用尽可能高的入口气温，或在干燥器内设置加热面进行中间加热。这两者均可降低干燥介质的用量，减少废气的带热损失。

　　在恒速干燥阶段，干燥速率与介质流速有关，减少介质用量会使设备容积增

大；而在降速阶段，干燥速率几乎与介质流速无关。这样，物料的恒速与降速干燥在同一设备、相同流速下进行在经济上并不合理。为提高热效率，物料在不同的干燥阶段可采用不同类型的干燥器加以组合。

此外，在相同的进、出口温度下，逆流操作可以获得较大的传热（或传质）推动力，设备容积较小。换言之，在设备容积和产品含水量相同的条件下，逆流操作介质用量较少，热效率较高。但对于热敏性物料，并流操作可采用较高的预热温度，并流操作将优于逆流。

14.3.4.2　常用对流式干燥器

厢式干燥器　厢式干燥器亦称烘房。

厢式干燥器一般为间歇式，但也有连续式的。此时堆物盘架搁置在可移动的小车上，或将物料直接铺在缓缓移动的传送网上。

厢式干燥器的最大特点是对各种物料的适应性强，干燥产物易于进一步粉碎。但湿物料得不到分散，干燥时间长，完成一定干燥任务所需的设备容积及占地面积大，热损失多。因此，主要用于产量不大、品种需要更换的物料的干燥。

喷雾干燥器　黏性溶液、悬浮液以至糊状物等可用泵输送的物料，以分散成粒、滴进行干燥最为有利。所用设备为喷雾干燥器。

喷雾干燥器由雾化器、干燥室、产品回收系统、供料及热风系统等部分组成。雾化器的作用是将物料喷洒成直径为 $10\sim60\,\mu\mathrm{m}$ 的细滴，从而获得很大的汽化表面（约 $100\sim600\,\mathrm{m}^2/\mathrm{L}$ 溶液）。

总的说来，喷雾干燥的设备尺寸大，能量消耗多。但由于物料停留时间很短（一般只需 $3\sim10\mathrm{s}$），适用于热敏物料的干燥，且可省去溶液的蒸发、结晶等工序，由液态直接加工为固体成品。喷雾干燥在合成树脂、食品、制药等工业部门中得到广泛的应用。

气流干燥器　当湿物料为粉粒体，经离心脱水后可在气流干燥器中以悬浮的状态进行干燥。

空气由风机吸入，经翅片加热器预热至指定温度，然后进入干燥管底部。物料由加热器连续送入，在干燥管中被高速气流分散。在干燥管内气固并流流动，水分汽化。干物料随气流进入旋风分离器，与湿空气分离后被收集。

气流干燥器操作的关键是连续而均匀地加料，并将物料分散于气流中。

流化干燥器　降低气速，使物料处于流化阶段，可以获得足够的停留时间，将含水量降至规定值。常用流化床干燥器。

工业用单层流化床多数为连续操作。物料自圆筒式或矩形筒体的一侧加入，自另一侧连续排出。颗粒在床层内的平均停留时间（即平均干燥时间）τ 为

$$\tau=\frac{床内固体量}{加料速率}$$

由于流化床内固体颗粒的均匀混合，每个颗粒在床内的停留时间并不相同，这使部分湿物料未经充分干燥即从出口溢出，而另一些颗粒将在床内高温条件下停留过长。

流化床干燥器对气体分布板的要求不如反应器那样苛刻。在操作气速下，通常具有 1kPa 压降（或为床层压降的 20%～100%）的多孔板已可满足要求。床底应便于清理，去除从分布板小孔中落下的少量物料。对易于黏结的粉体，在床层进口处可附设 3～30r/min 的搅拌器，以帮助物料分散。

流化床内常设置加热面，可以减少废气带热损失。

转筒干燥器　经真空过滤所得的滤渣、团块物料以及颗粒较大而难以流化的物料，可在转筒干燥器内获得一定程度的分散，使干燥产品的含水量能够降至较低的数值。

干燥器的主体是一个与水平略成倾斜的圆筒，圆筒的倾斜度约为 $\frac{1}{15}\sim\frac{1}{50}$，物料自高端送入，低端排出，转筒以 0.5～4r/min 缓缓地旋转。转筒内设置各种抄板，在旋转过程中将物料不断举起、撒下，使物料分散并与气流密切接触，同时也使物料向低处移动。

热空气或燃烧气可在器内与物料作总体上的同向或逆向流动。

物料在干燥器内的停留时间可借转速加以调节，通常停留时间为 5min 乃至数小时，因而使产品的含水量降至很低。此外，转筒干燥器的处理量大，对各种物料的适应性强，长期以来一直广为使用。

14.3.4.3　非对流式干燥器

耙式真空干燥器　耙式真空干燥器是一种以传导供给热量、间歇操作的干燥器。

在一个带有蒸汽夹套的圆筒中装有一水平搅拌轴，轴上有许多叶片以不断地翻动物料。汽化的水分和不凝性气体由真空系统排除，干燥完毕时切断真空并停止加热，使干燥器与大气相通，然后将物料由底部卸料口卸出。

耙式真空干燥器是通过间壁传导供热，操作密闭，不需空气作为干燥介质，故适用于在空气中易氧化的有机物的干燥。此种干燥器对糊状物料适应性强，物料的初始含水量允许在很宽的范围内变动，但生产能力很低。

红外线干燥器　利用红外线辐射源发出波长为 0.72～1000μm 的红外线投射于被干燥物体上，可使物体温度升高，水分或溶剂汽化。通常把波长为 5.6～1000μm 范围的红外线称为远红外线。

不同物质的分子吸收红外线的能力不同。像氢、氮、氧等双原子的分子不吸收红外线，而水、溶剂、树脂等有机物则能很好地吸收红外线。此外，当物体表面被干燥之后，红外线要穿透干固体层深入物料内部比较困难。因此红外线干燥器主要用于薄层物料的干燥。

目前常用的红外线辐射源有两种。一种是红外线灯，常用的单灯功率有190W、200W等。另一种辐射源是使煤气与空气的混合气（一般空气量是煤气量的3.5～3.7倍）在薄金属板或钻了许多小孔的陶瓷板的背面发生无烟燃烧，当板的温度达到340～800℃时（一般是400～500℃）即放出红外线。

间歇式的红外线干燥器可随时启闭辐射源；也可以制成连续的隧道式干燥器，用运输带连续地移动干燥物件。红外线干燥器的特点是：

① 设备简单，操作方便灵活，可以适应干燥物品的变化。

② 能保持干燥系统的密闭性，免除干燥过程中溶剂或其他毒物挥发对人体的危害，或避免空气中的尘粒污染物料。

③ 耗能大，但在某些情况下这一缺点可为干燥速率快所补偿。

④ 因固体的热辐射是一表面过程，故限于薄层物料的干燥。

冷冻干燥器　冷冻干燥是使物料在低温下将其中水分由固态直接升华进入气相而达到干燥目的。

湿物料置于干燥箱内的若干层搁板上。首先用冷冻剂预冷，将物料中的水冻结成冰。由于物料中的水溶液的冰点较纯水为低，预冷温度应比溶液冰点低5℃左右，一般约为-5～-30℃。随后对系统抽真空，使干燥器内的绝对压强约保持为130Pa，物料中的水分由冰升华为水汽并进入冷凝器中冻结成霜。此阶段应向物料供热以补偿冰的升华所需的热量，而物料温度几乎不变，是一恒速阶段。供热的方式可用电热元件辐射加热，也可通入热媒加热。干燥后期，为一升温阶段，可将物料升温至30～40℃并保持2～3h，使物料中剩余水分去除干净。

冷冻干燥器主要用于生物制品、药物、食品等热敏物料的脱水，以保持酶、天然香料等有效成分不受高温或氧化破坏。在冷冻干燥过程中物料的物理结构未遭破坏，产品加水后易于恢复原有的组织状态。但冷冻干燥费用很高，只用于少量贵重物品的干燥。

参考文献

［1］ 陈敏恒，丛德滋，方图南，齐鸣斋，潘鹤林. 化工原理（上册）. 第 4 版. 北京：化学工业出版社，2015.

［2］ 陈敏恒，丛德滋，方图南，齐鸣斋，潘鹤林. 化工原理（下册）. 第 4 版. 北京：化学工业出版社，2015.

［3］ 戴干策，陈敏恒. 化工流体力学. 第 2 版. 北京：化学工业出版社，2005.

［4］ 陈敏恒. 化工原理教与学. 北京：化学工业出版社，1998.

［5］ 陈敏恒. 化工原理教学随笔之一：综述. 化工高等教育，1985（1）：29-33.

［6］ 陈敏恒. 化工原理教学随笔之二：流体流动. 化工高等教育，1985（2）：30-33.

［7］ 陈敏恒. 化工原理教学随笔之三：流动阻力问题的研究方法. 化工高等教育，1985（3）：30-32，39.

［8］ 陈敏恒. 化工原理教学随笔之四：离心泵. 化工高等教育，1985（4）：37-39.

［9］ 陈敏恒. 化工原理教学随笔之五：液体的搅拌. 化工高等教育，1986（1）：44-46.

［10］ 陈敏恒. 化工原理教学随笔之六：流体通过颗粒层的流动. 化工高等教育，1986（2）：34-36，59.

［11］ 陈敏恒. 化工原理教学随笔之七：传热. 化工高等教育，1986（3）：24-27.

［12］ 陈敏恒. 化工原理教学随笔之八：气体的吸收. 化工高等教育，1986（4）：36-37，28.

［13］ 陈敏恒. 化工原理教学随笔之九：精馏. 化工高等教育，1987（1）：40-42.

［14］ 陈敏恒. 化工原理教学随笔之十：气液传质设备——板式塔. 化工高等教育，1987（2）：35-37.

［15］ 陈敏恒. 化工原理教学随笔之十一：液液萃取. 化工高等教育，1987（4）：34-36.

［16］ 陈敏恒. 化工原理教学随笔之十二：热质同时传递的过程. 化工高等教育，1988（1）：40-41，64.

［17］ 陈敏恒. 化工原理教学随笔之十三：固体干燥. 化工高等教育，1988（2）：32-33，8.